U0133769

21世纪计算机系列教材

ASP.NET 程序设计

主　编　闫洪亮　李　波　黎　杰
副主编　张延红　张俊峰　徐　勇

上海交通大学出版社

内 容 提 要

ASP.NET是新的网络程序设计技术，即Web开发技术，是基于Internet的开发和应用平台。本书采用由浅入深、层层深入的方式，较全面系统地介绍了ASP.NET2.0的基础知识、特点和具体的应用。本书采用的基础语言为C#，书中的大部分实例采用集成开发环境Visual Studio 2005制作，更切合当前Web程序设计教学和发展的实际，更能充分发挥ASP.NET的威力。全书分为9章，从ASP.NET2.0的基本概念、编程方法，到数据库的应用，再到高级应用和安全配置，内容较为翔实，特别适合于目前的Web开发和网络程序设计教学的需要。

本教程适用于高等学校本科计算机专业、高职高专计算机专业及相关专业的教学，也可作为从事动态网页制作及网络编程技术人员的自学和培训教材。

本书配有电子教案(PPT格式)和源码，需要的学校可联系：

Baiwen_sjtu@126.com

图书在版编目(CIP)数据

ASP. NET 程序设计/闫洪亮，李波，黎杰主编. —上海：上海交通大学出版社，2008

(21 世纪计算机系列教程)

ISBN 978-7-313-05475-3

Ⅰ. A...　Ⅱ. ①闫...　②李...　③黎...　Ⅲ. 主页制作—程序设计—教材　Ⅳ. TP393.092

中国版本图书馆 CIP 数据核字(2008)第 171295 号

ASP. NET 程序设计

闫洪亮　李　波　黎　杰　**主编**

上海交通大学出版社出版发行

(上海市番禺路 951 号　邮政编码 200030)

电话：64071208　出版人：韩建民

常熟文化印刷有限公司 印刷　全国新华书店经销

开本：787mm×1092mm 1/16　印张：22.75　字数：560 千字

2008 年 11 月第 1 版　2008 年 11 月第 1 次印刷

印数：1～5 050

ISBN 978-7-313-05475-3/TP・706　定价：38.00 元

前　言

随着社会的发展，Internet 已经成为人们生活、学习和工作中不可缺少的一部分，许多单位和个人都开始准备建立自己的网站。如果只使用 HTML 来设计成静态网页，就不能引入更多更强大的功能，因此创建动态的交互式网站显得尤其重要。为满足这种需要，相应的 Web 技术正在快速发展，社会对网络管理人员和 Web 应用程序开发人员的需求必将有一个大的飞跃。为了适应这种需求，在各类高等学校也相继开设了 Web 程序设计方面的课程。随着美国微软公司 Microsoft.NET 的发布，其中全新的技术架构让 Web 应用程序的开发人员的编程效率得到很大的提高。使用 ASP.NET 技术建立 Internet 网站的 Web 程序设计人员越来越多。为此，我们根据这几年从事 ASP.NET 课程教学和 Web 程序开发的经验体会，编写了这本教材。

ASP.NET 是面向下一代企业级的 Web 应用程序开发平台，是建立在.NET 框架的通用语言运行环境(Common Language Runtime，CLR)上的编程框架，可用于在服务器上生成功能强大的 Web 应用程序。与以前的 Web 开发模型相比，ASP.NET 具有开发效率高、使用简单快捷、管理更简便、全新的语言支持以及清晰的程序结构等优点。目前发布的版本有 ASP.NET1.1，ASP.NET2.0，ASP.NET3.0。其中 ASP.NET2.0 是 2005 年发布的，对应的开发工具为 Visual Studio 2005。其功能强大，开发效率高，书籍和参考资料丰富。故本书以 ASP.NET2.0 为基础编写。

本书讲述 ASP.NET 采用的基础编程语言是 C#语言，C#是从 C 和 C++发展而来的，它继承了 C++和 Java 语言的优点，是面向对象(微软也说是面向组件)的高级程序设计语言，它具有功能强大和语言简洁高效、与 Web 技术紧密结合、完整的安全机制和错误处理机制等特点。C#是 Microsoft .Net 的核心编程语言，能够最大限度地发挥.NET 平台的威力，使程序员能够在.NET 平台上快速地开发各种类型丰富的应用程序。目前，几乎所有的高校都开设有 C 和 C++课程，在此基础上学习基于 C#的 ASP.NET，使得学习者更容易上手。

本书共有 9 章，第 1 章介绍 ASP.NET 基础知识，第 2 章介绍集成开发环境 Visual Studio 2005，第 3 章介绍使用 Visual Studio 2005 建立 Web 站点，第 4 章介绍 HTML 服务器控件和 Web 服务器控件，第 5 章介绍如何使用 ASP．NET 对象，第 6 章介绍使用 ADO.NET2.0 访问数据库，第 7 章介绍 XML 和 Web 服务，第 8 章介绍 ASP.NET 应用程序的设置与安全，第 9 章为一个综合应用程序设计实例。每章的示例都用 Visual Studio 2005 编制。

本书由闫洪亮、李波、黎杰担任主编，张延红、张俊峰、徐勇担任副主编。参加编写的人员为：闫洪亮、张延红、魏新红、耿永军、张俊峰、李波、黎杰。全书由闫洪亮策划和统稿。由于时间紧、内容涉及面广、操作实例多，加上作者水平有限，书中不足和纰漏之处，敬请读者批评指正。

编　者

目 录

1　ASP.NET 基础知识

学习 ASP.NET 主要就是学习网络程序设计，即 Web 编程，也就是基于因特网的编程，其运行环境是 Internet，通俗地说就是做网页。Web 编程和传统的 Windows 应用程序设计不同，它不是一个简单的任务，传统的应用程序开发拥有许多结构化语言支持的、完整的编程模型和较好的开发工具，而 Web 应用程序开发则混合了标记语言、脚本语言和服务器平台。涉及的知识和概念较多，需要考虑到方方面面的诸多内容，本章主要介绍 ASP.NET 编程的网络基础知识和 Web 应用程序开发的概念及相关的基础知识。

1.1　网络基础知识

我们正在进入一个崭新的计算机 Internet 时代，世界各地的人们能够通过 Internet 查阅信息、相互交流、管理信息、实现电子商务和多种网络应用。Internet 正以前所未有的速度进入人们的工作和生活，成为现代社会不可缺少的组成部分之一。可从以下几点来认识 Internet：

(1) 从网络互联角度，Internet 是一个网间网，通过网络互联设备将全球范围众多的网络或网络群体互联起来形成的网络，是一个网络的集合，它是将全球范围成千上万台计算机互联在一起的、开放的国际计算机 Internet。

(2) 从提供信息资源角度，Internet 是一个集各个部门、各个领域的各种信息资源为一体，供网上用户共享的信息资源网。已经成为世界上覆盖面最广、规模最大、信息资源最丰富的计算机信息网络。

(3) 从网络通信角度，它采用了统一的 TCP/IP 通信协议，构成数据通信网。

(4) 从网络管理角度，在国外文献中，人们称它是“没有领导、没有法律、没有政治、没有军队……”，总之是不可思议的组织结构或社会。

一般地，可以将 Internet 看作是网络和网间信道的集合。就 Internet 的工作机制而言，其最鲜明的特征是“通过 TCP/IP 协议进行通信”。TCP/IP 协议的主要成就之一在于：可为加入 Internet 阵营的每台计算机或其他设备提供至少一个唯一的标识(IP 地址)，从而，屏蔽了网络的物理连接细节，使得用户可在浩如烟海的主机(Host)集合中定位并访问特定的主机。

目前，Interne 网络提供的服务主要有 WWW 浏览、电子信箱服务、FTP 服务、新闻组、Telnet 远程登录等服务，其中，WWW 浏览和电子信箱服务是最常用的服务。

1.1.1　客户端/服务器结构(Client/Server)

在计算机网络的世界里，凡是提供服务的一方被称为服务器(Server)，而接受服务的另一方被称为客户端(Client)。我们最常接触到的例子是在 Internet 上浏览网页，这种关系在 Internet 上一般都是网络使用者和网站的关系。使用者通过调制解调器等设备上网或通过网卡由局域网上网，在浏览器中输入网址，透过 HTTP 通讯协议向 Web 网站提出浏览网页的请求。网站收到使用者的请求后，将使用者要浏览的网页数据传输给使用者，这个动作称为响应。网站提供网页数据的服务，使用者接受网站所提供的数据服务；所以使用者在这里就是客户端，响应使用者请求的网站即称为服务器。网站中提供网页服务的计算机，可以说它是 WWW 服务器，也被称为 Web 服务器；浏览网页一方，则被称为客户端。但是谁是客户端谁是服务器也不是绝对的，倘若原提供网页的服务器要使用其他机器所提供的服务，则服务器自身即转变为客户端。见图 1.1。

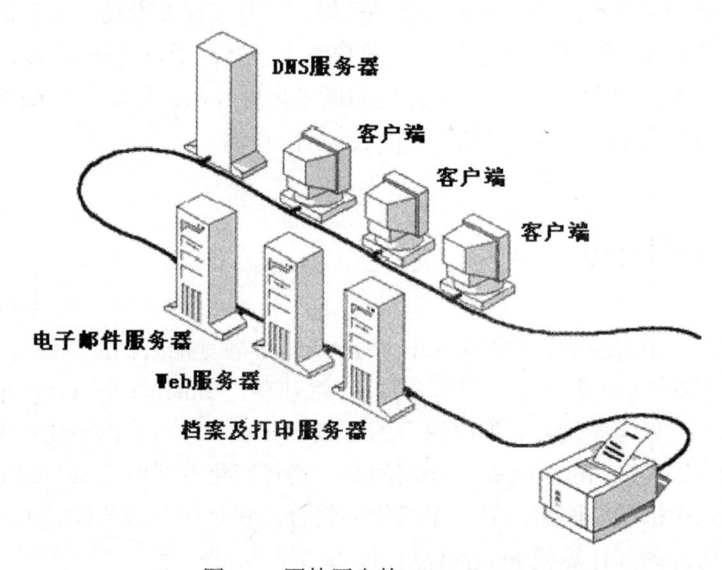

图 1.1 因特网上的 Client/Server

在实践中，客户端及服务器的关系不一定都建立在两台分开的机器上，同一台机器中也有这种主从关系的存在。提供服务的服务器及接受服务的客户端也有可能都在同一台机器上，例如我们在提供网页的服务器上执行浏览器浏览本机所提供的网页，这样在同一台机器上就同时扮演客户端及服务器的角色，Client/Server 都在同一台机器上。

1.1.2 C/S 和 B/S

C/S 又称 Client/Server 或客户/服务器模式。服务器通常采用高性能的 PC、工作站或小型机，并采用大型数据库系统，如 Oracle、Sybase、Informix 或 SQL Server。而在其客户端需要安装专用的客户端软件。

B/S 是 Browser/Server 的缩写，客户机上只要安装一个浏览器(Browser)，如 Internet Explorer 浏览器和 Firefox 等浏览器，服务器安装 Oracle、Sybase、Informix 或 SQL Server 等数据库。浏览器通过Web 服务器同数据库进行数据交互。

C/S 的优点是能充分发挥客户端 PC 的处理能力和客户端所安装软件的功能，很多工作可以在客户端处理后再提交给服务器。对应的优点就是客户端响应速度快。缺点主要有：

(1) 只适用于局域网。随着 Internet 的飞速发展，移动办公和分布式办公越来越普及，这需要我们的系统具有扩展性。这种方式远程访问需要专门的技术，同时要对系统进行专门的设计来处理分布式的数据。

(2) 客户端需要安装专用的客户端软件。首先涉及到安装的工作量，其次任何一台计算机出问题，如病毒、硬件损坏，都需要进行安装或维护。还有，系统软件升级时，每一台客户机需要重新安装，其维护和升级成本非常高。

B/S 最大的优点就是可以在任何地方进行操作而不用安装任何专门的软件。只要有一台能上网的计算机就能使用，客户端零维护。系统的扩展非常容易，只要能上网，再由系统管理员分配一个用户名和密码，就可以使用了。甚至可以在线申请，通过公司内部的安全认证(如CA 证书)后，不需要人的参与，系统可以自动分配给用户一个账号进入系统。

随着智能客户端的发展，C/S 模式的缺点正在逐步得到克服，正在焕发新的生命力。

1.1.3 WWW 资源及其概念

WWW(World Wide Web)又称“万维网”，也简称为 Web，起源于 1989 年欧洲粒子物理研究室(CERN)，当时是为了研究人员互相传递文献资料用的。1991 年，WWW 首次在 Internet 上亮相，立即引起了强烈反响，并迅速获得推广应用。它是基于客户/服务器模式的信息发布和超文本(Hyper Text)技术的综合。Web 服务器将信息组织成为分布式的超文本，这些信息可以是文本、子目录或信息指针。

WWW 浏览器为用户提供基于超文本传输协议 HTTP(Hyper Text Transfer Protocol)的用户界面，WWW 服务器的数据文件由超文本标记语言 HTML (Hyper Text Markup Language)描述。所谓超文本就是文本与检索项共存的一种文件表示，即在超文本中已实现了相关信息链接。这种相关信息的链接被称为“超链接”，所谓超链接，就是一个多媒体文档中存在着指向其他相关文档的指针。这种具有超链接功能的多媒体文档被称为“超媒体”。HTML 利用通用资源定位器 URL(Uniform Resource Locator)表示超媒体(Hypermedia)链接，并在文本内指向其他网络资源。用 HTML 可以编写超文本页面，用户可以使用浏览器通过超文本传输协议 HTTP 访问并显示超文本页面。

Web 服务器是 WWW 的核心部件。Web Server 软件安装在一台硬件服务器设备上就形成了 Web 服务器(Web Server)。

浏览器(如 IE 浏览器) 是一个网络的客户机，它的基本功能是一个 HTML 的解释器。用户可以在浏览器中显示要浏览的页面，在显示的页面上用鼠标选择检索项，以获取下一个要浏览的页面；浏览器的另一个重要功能是包括了通用资源定位器(URL)，通过 URL，在浏览器上除了可实现 WWW 浏览，还可实现 E-mail、FTP 等服务，从而有效地扩展浏览器的功能。

HTML 解释程序是必不可少的，而其他的解释程序则是可选的。HTML 解释程序的解释符合 HTML 语法的文档。解释程序将 HTML 规格转换为适合用户显示硬件的命令来处理版面的细节。例如，当遇到一个强制换行标志
时，解释程序就输出一个新的行。

HTML 解释程序对页中所有的可选项(即所有超链接的起点)都保存有其位置信息。当用户的鼠标点击某个选项时，浏览器就根据当前光标位置和存储的位置信息来决定哪个选项被用户选中。

最初的网站非常简单，在网络上，各种各样主题的HTML页面都有，早期的页面是静态的，即访问者无法以任何方式与之进行交互。因为HTML编写的仅是静态页面(包括文字和图像)。

随着Web的快速发展，新的功能不断被加入，其中包括图像、表格和表单等，这最终使得访问者可以与网站交互，从而出现了来客登记簿和用户调查等应用，人们也开始在站点中加入一些功能，如图像的翻转和下拉菜单等。这在某种程度上实现了交互性，但仍然缺乏真正的动态内容。为了达到对网上资源进行交互式动态访问的目的，浏览器必须能访问网上数据库资源。Web Server中包括了公共网关接口CGI，提供了与网上其他资源(包括数据库资源)连接的可能性。通过设计一个中间件就可以实现Web Server与数据库资源的连接。中间件的基本功能是将HTML的静态页面中的检索转换成SQL语句访问数据库，而回送的数据库资源经中间件转换成浏览器能解释的HTML页面。数据库资源可以经LAN或WAN与Web Server连接，也可以与Web Server同处在一个硬件服务器设备中。

1.1.4 静态网页和动态网页

从网页的发展看，网页分为：纯文本网页、支持图像的网页、增强的多媒体网页和动态网页。动态网页的页面由程序动态生成，一些代码在客户机端执行(脚本VBScript，JavaScript)，一些代码在服务器端执行(ASP、JSP、PHP等)。

静态网页：在动态网页出现之前，采用传统的HTML编写的网页是静态网页，目前大部分的网页仍然属于静态网页。静态网页无需系统实时生成，网页风格灵活多样，但是静态网页在交互性能上比动态网页要差，日常维护也更为繁琐。文件后缀一般为htm或html。

动态网页：就是网页内含有程序代码(脚本)，采用ASP、CGI、ASP.NET等技术动态生成页面，这种网页通常在服务器端以扩展名JSP、PHP、ASP或是ASPX储存，表示里面的内容是Active Server Pages(动态服务器页面)，有需要执行的程序。在接到用户的访问请求后，必须由服务器端先执行程序后，再将执行完的结果动态生成页面并传输到用户的浏览器中，在浏览器上显示出来。这种网页要在服务器端执行一些程序，由于执行程序时的条件不同，所以执行的结果也可能会有所不同，所以称为动态网页。由于动态网页由计算机实时生成，具有日常维护简单、更改结构方便、交互性能强等优点，同时动态网页需要大量的系统资源来合成网页。它常用的后台数据库有：Oracle、Sybase、Access、SQL Server 2000，SQL Server 2005等。

在平时见到的网页中，对于页面上有动的东西，如GIF图片、FLASH动画等，并非是动态网页。表1.1用来进一步比较静态网页和动态网页。为什么要用动态网页呢？是因为随着网络技术的发展和人们日常管理的需要，人们对网页的显示有了更高的需求。如：需要获取多媒体信息、更吸引人的页面、更及时的信息、更灵活及时的互动；需要在网上管理和处理信息、建立网上信息管理系统、进行电子商务等。其中很多需求，只有动态网页才可完成。

动态页面的开发技术按照代码(脚本)执行位置的不同分为客户端和服务器端。见图1.2。从而分为客户端动态网页开发技术和服务器端动态网页开发技术。客户端主要使用的脚本语言为JavaScript和VBScript。服务器端使用的脚本语言比较多，常用的有ASP，JSP，ASP.NET，PHP等，主要是处理的位置不同。真正在应用程序开发时，没有说只用客户端处理或只用服务器端处理，通常情况下是两种结合起来处理。

表 1.1 静态网页和动态网页

	静态网页	动态网页
内容	网页内容固定	网页内容动态生成
后缀	.htm；.html 等	.ASP，.JSP，.PHP，.CGI, .ASPx 等
优点	无需系统实时生成，网页风格灵活多样	日常维护简单，更改结构方便，交互性能强
缺点	交互性能较差，日常维护繁琐	需要大量的系统资源合成网页
数据库	不支持	支持

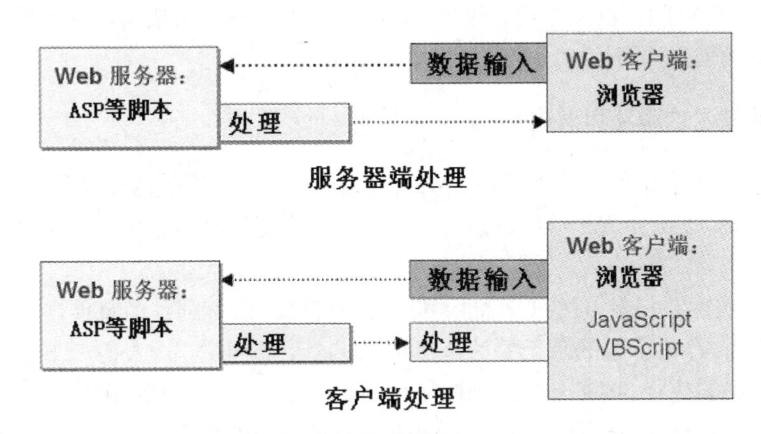

图 1.2 客户端和服务器端处理

1.2 Web 应用程序的开发

Web 编程不是一件简单的任务，传统的应用程序开发拥有许多结构化语言支持的完好编程模型和较好的开发工具，而 Web 应用程序开发混合了标记语言、脚本语言和服务器平台，需要考虑很多东西。这就是为什么产生一种使用简单、功能强大的网络程序设计的语言和相应的开发工具是如此的重要。在这种背景下，几种网页制作工具和几种 Web 网页编程工具和相对应网络程序设计语言应运而生。

1.2.1 Web 开发技术概念

简单地说，Web 包含了前端的 Web 浏览器，支持 HTTP 协议的 Web 服务器，基于 HTML 格式的 Web 页(文档)及相关的计算机硬件及辅助设备。从客户端的角度来看，用户 Web 浏览器可以访问 Internet 上各个 Web 站点，在每一个站点都有一个主页(Home Page)，它是作为进入一个 Web 站点的入口点的一种 Web 页。在这个 Web 页里，除了有一些信息外，最主要的是它含有超文本链接(Hyper Text Links)。当使用者以鼠标点击这个连接后，它可以让用户转到另一个 Web 站点或是其他的 Web 页。因此，通过一个图形化、易于使用的浏览器，使用户可以坐在 PC 机前面畅游全球 Internet 上的 Web 站点及浏览其所含的信息。从服务器角度来看，每一个 Web 站点是由一台主机、Web 服务器及许多 Web 页组成。以一个主页为首，其他的 Web 页为支点，形成一个结构，每一个 Web 页都是以 HTML 的格式编写的，它包含各种以文字、图形、声音、动画及超文本文件连接所组成的信息，例如，股票行情、报纸、杂志、体育新闻等。每个 Web 页的设计及 Web 站点的结构，完全取决于发布者如何发挥自己的想象力及审美观来表达自己想公之于世的信息与资料。

从技术层面看，Web 架构的精华有三个方面：用超文本技术(HTML)实现信息与信息的连接；用统一资源定位技术(URL)实现全球信息的精确定位；用新的应用层协议(HTTP)实现分布式的信息共享。这三个特点无一不与信息的分发、获取和利用有关。其实，Web 是一个抽象的(假想的)信息空间。也就是说，作为 Internet 上的一种应用架构，Web 的首要任务就是向人们提供信息和信息服务。

1.2.1.1 客户端技术的萌芽和演进

Web 是一种典型的分布式应用架构。Web 应用中的每一次信息交换都要涉及到客户端和服务器端两个层面。因此，Web 开发技术大体上也可以被分为客户端技术和服务器端技术两大类。

Web 客户端的主要任务是展现信息内容，而 HTML 语言则是信息展现的最有效载体之一。随着 Java 语言(具备了与平台无关的特点)在 1995 年的问世，让人们一下子找到了在浏览器中开发动态应用的捷径。1996 年，著名的 Netscape 浏览器在其 2.0 版中增加了对 Java Applets 和 JavaScript 的支持。Netscape 的冤家对头 Microsoft 的 IE 3.0 也在这一年开始支持 Java 技术。现在，喜欢动画、喜欢交互操作、喜欢客户端应用的开发人员可以用 Java 或 JavaScript 语言随心所欲地丰富 HTML 页面的功能了。JavaScript 语言在所有客户端开发技术中占有非常独特的地位，它是一种以脚本方式运行的、简化了的 Java 语言，这也是脚本技术第一次在 Web 世界里崭露头角。为了用纯 Microsoft 的技术与 JavaScript 抗衡，Microsoft 还为 1996 年的 IE 3.0 设计了另一种后来也声名显赫的脚本语言——VBScript 语言。

真正让 HTML 页面又酷又炫、动感无限的是 CSS(Cascading Style Sheets)和 DHTML(Dynamic HTML)技术。1996 年底，W3C 提出了 CSS 的建议标准，同年，IE 3.0 引入了对 CSS 的支持。CSS 大大提高了开发者对信息展现格式的控制能力。1997 年的 Netscape 4.0 不但支持 CSS，而且增加了许多 Netscape 公司自定义的动态 HTML 标记，这些标记在 CSS 的基础上，让 HTML 页面中的各种要素“活动”了起来。1997 年，Microsoft 发布了 IE 4.0，并将动态 HTML 标记、CSS 和动态对象模型(DHTML Object Model)发展成了一套完整、实用、高效的客户端开发技术体系，Microsoft 称其为 DHTML。同样是实现 HTML 页面的动态效果，DHTML 技术无需启动 Java 虚拟机或其他脚本环境，可以在浏览器的支持下，获得更好的展现效果和更高的执行效率。如今，已经很少有哪个 HTML 页面的开发者还会对 CSS 和 DHTML 技术视而不见了。

1.2.1.2 服务器端技术的成熟与发展

与客户端技术从静态向动态的演进过程类似，Web 服务器端的开发技术也是由静态向动态逐渐发展、完善起来的。

最早的 Web 服务器简单地响应浏览器发来的 HTTP 请求，并将存储在服务器上的 HTML 文件返回给浏览器。一种名为 SSI(Server Side Includes)的技术可以让 Web 服务器在返回 HTML 文件前，更新 HTML 文件的某些内容，但其功能非常有限。第一种真正使服务器能根据运行时的具体情况，动态生成 HTML 页面的技术是大名鼎鼎的 CGI(Common Gateway Interface)技术。CGI 技术允许服务器端的应用程序根据客户端的请求，动态生成 HTML 页面，这使客户端和服务器端的动态信息交换成为了可能。随着 CGI 技术的普及，聊天室、论坛、电子商务、信息查询、全文检索等各式各样的 Web 应用蓬勃兴起，人们终于可以享受到信息检索、信息交换、信息处理等更为便捷的信息服务了。

早期的 CGI 程序大多是编译后的可执行程序，其编程语言可以是 C、C++、Pascal 等任何通用的程序设计语言。为了简化 CGI 程序的修改、编译和发布过程，人们开始探寻用脚本语言实现 CGI 应用的可行方式。1994 年，Rasmus Lerdorf 发明了专用于 Web 服务器端编程的 PHP(Personal Home Page Tools)语言。与以往的 CGI 程序不同，PHP 语言将 HTML 代码和 PHP 指令合成为完整的服务器端动态页面，Web 应用的开发者可以用一种更加简便、快捷的方式实现动态 Web 功能。1996 年，Microsoft 借鉴 PHP 的思想，在其 Web 服务器 IIS 3.0 中引入了 ASP 技术。ASP 使用的脚本语言是我们熟悉的 VBScript 和 JavaScript。借助 Microsoft Visual Studio 等开发工具在市场上的成功，ASP 迅速成为了 Windows 系统下 Web 服务器端的主流开发技术。

当然，以 Sun 公司为首的 Java 阵营也不会示弱。1997 年，Servlet 技术问世；1998 年，JSP 技术诞生。Servlet 和 JSP 的组合(还可以加上 Java Bean 技术)让 Java 开发者同时拥有了类似 CGI 程序的集中处理功能和类似 PHP 的 HTML 嵌入功能，Java 的运行编译技术也大大提高了 Servlet 和 JSP 的性能，这也是 Servlet 和 JSP 被后来的 J2EE 平台吸纳为核心技术的原因之一。随后，两种重要的企业开发平台出现了。

1.2.1.3 两种重要的企业开发平台

Web 服务器开发技术的完善使开发复杂的 Web 应用成为了可能。在此起彼伏的电子商务大潮中，为了适应企业级应用开发的各种复杂需求，为了给最终用户提供更可靠、更完善的信息服务，两个最重要的企业级开发平台——J2EE 和.NET 在 2000 年前后分别诞生于 Java 和 Windows 阵营，它们随即就在企业级 Web 开发领域展开了竞争。这种针锋相对的竞争关系促使了 Web 开发技术以前所未有的速度提高和跃进。

J2EE 是基于 Java 的解决方案，1998 年，Sun 发布了 EJB 1.0 标准。EJB 为企业级应用中必不可少的数据封装、事务处理、交易控制等功能提供了良好的技术基础。至此，J2EE 平台的三大核心技术 Servlet、JSP 和 EJB 都已先后问世。1999 年，Sun 正式发布了 J2EE 的第一个版本。紧接着，遵循 J2EE 标准，为企业级应用提供支撑平台的各类应用服务软件争先恐后地涌现了出来。到 2003 年时，Sun 的 J2EE 版本已经升级到了 1.4 版，其中三个关键组件的版本也演进到了 Servlet 2.4、JSP 2.0 和 EJB 2.1。至此，J2EE 体系及相关的软件产品已经成为了 Web 服务器端开发的一个强有力的支撑环境。

与 J2EE 不同，Microsoft 的.NET 平台是一个强调多语言间交互的通用运行环境。尽管.NET 的设计者试图以.NET 平台作为绝大多数 Windows 应用的首选运行环境，但.NET 首先吸引的却是 Web 开发者的目光。2001 年，ECMA 通过了两个技术标准构成了.NET 平台的基石，它们也于 2003 年成为了 ISO 的国际标准。2002 年，Microsoft 正式发布.NET Framework 和 Visual Studio.NET 开发环境。早在.NET 发布之前，就已经有许多 Windows 平台的 Web 开发者迫不及待地利用 Beta 版本开发 Web 应用了。这大概是因为，.NET 平台及相关的开发环境不但为 Web 服务器端应用提供了一个支持多种语言的、通用的运行平台，而且还引入了 ASP.NET 这样一种全新的 Web 开发技术。ASP.NET 超越了 ASP 的局限，可以使用 VB.NET、C#等编译型语言，支持 Web Form、.NET Server Control、ADO.NET 等高级特性。客观地讲，.NET 平台，尤其是.NET 平台中的 ASP.NET，的确不失为 Web 开发技术在 Windows 平台上的一个集大成者。

1.2.2 Web 网页编程技术简介

Web 网页编程工具主要有：CGI、PHP、JSP、ASP 和 ASP.NET。从总的方面来说，基本上都是把脚本语言嵌入到 HTML 文档中。如果要说它们各自主要的优点，那就是：ASP 学习简单，使用方便；PHP 软件免费，运行成本低；JSP 多平台支持，转换方便。

1.2.2.1 CGI

CGI 公用网关接口(Common Gateway Interface)是在 WWW 服务器上可执行的程序代码。它的工作就是根据用户的需求产生并传回所需要的文件。其特点是运行速度快，兼容性好。任何一种高级语言，如 C、C++、VB、Perl，都可以用来书写 CGI 程序。但学习难度大，使得开发 CGI 应用的门槛较高，相应的程序员就少了，而且开发的成本非常的高。

1.2.2.2 PHP

PHP(Hypertext Preprocessor, 超文本预处理器)是一种易于学习和使用的服务器端脚本语言，PHP 是一种 HTML 内嵌式的语言(类似 IIS 上的 ASP)。而 PHP 独特的语法混合了 C、Java、Perl 及 PHP 式的新语法。它可以比 CGI 或者 Perl 更快速的执行动态网页。

PHP 不断地更新并加入新的功能，并且几乎支持所有主流与非主流数据库；再以其高速的执行效率，使得 PHP 在 1999 年中的使用网站超过了 15 万。它的源代码完全公开，在 Open Source 意识抬头的今天，它更是这方面的中流砥柱。不断地有新的函数库加入，不停地更新其活力，使得 PHP 无论在 UNIX 或是 Win32 的平台上都可以有更多新的功能。它提供丰富的函数，使其在程序设计方面有着更好的支持。

PHP 的第四代核心引擎已经进入测试阶段。整个脚本程序的核心大幅改动，让程序的执行速度满足更快的要求。在最佳化之后的效率，已较传统 CGI 或者 ASP 等程序有更好的表现。而且还有更强的新功能、更丰富的函数库。

PHP 是完全免费的，可以从 PHP 官方网站 http：//www.PHP.NET 自由下载。

1.2.2.3 JSP

JSP(Java Server Pages)用的编程语言是 Java。它是由太阳微系统公司(Sun Microsystems Inc.)提出，多家公司合作建立的一种动态网页技术。该技术的目的是为了整合已经存在的 Java

编程环境(例如 Java Server 等)，结果产生了一种全新的足以与 ASP 抗衡的网络程序语言。

JSP 的最大优点是开放的、跨平台的结构。它可以运行在几乎所有的服务器系统上，包括 Windows NT、Windows 2000、Unix、Linux、Windows 98 等。当然，需要安装 JSP 服务器引擎软件。SUN 公司提供了免费的 JDK、JSDK 和 JSWDK，供 Windows 和 Linux 系统使用。JSP 也是在服务器端运行的，对客户端浏览器要求很低。

1.2.2.4 ASP

ASP(Active Server Pages)是微软推出的用以取代 CGI(Common Gateway Interface)的动态服务器网页技术。其特点是简单易学，功能强大。对客户端没有任何特殊的要求，只要有一个普通的浏览器就行。ASP 文件就是在普通的 HTML 文件中嵌入 VBScript 或 Java script 脚本语言形成的。

ASP 程序的优点是所使用的 VB Script 脚本语言直接来源于 VB 语言，秉承了 VB 简单易学的特点，非常容易掌握。把脚本语言直接嵌入 HTML 文档中，不需要编译和连接就可以直接解释运行；利用 ADO 组件轻松存取数据库；ASP 存取数据库非常容易，没有 CGI 那么难学；面向对象编程，可扩展 ActiveX Server 组件功能；不存在浏览器兼容的问题；可以隐藏程序代码。

ASP 程序的缺点是运行速度比 HTML 程序的运行速度慢；有的网络操作系统不支持 ASP 文件或者支持得不好。这样，用 ASP 开发 Web 程序一般最好选用 Windows NT 或 Windows 2000 以上版本的操作系统。

ASP 文件举例如下：

```
<html>
<head>
<title>一个简单的ASP程序</title>
</head>
<body>
<H2 align="center">欢迎您光临我的主页</H2>
<p align="center">
<%
    n=Year(date())
    y=Month(date())
    r=Day(date())
    sj="您来访的时间是：" & n & "年" & y & "月" & r & "日"
    Response.Write sj                    '输出结果
%>
</body>
</html>
```

(注：该例子文件名的扩展名为 ASP。可命名为 example_1.ASP 在 IIS 中运行)

1.2.2.5 ASP.NET

ASP.NET 是微软公司于 2000 年推出的一种 Internet 编程技术，是.NET 框架的组成部分。

它采用效率较高的、面向对象的方法来创建动态 Web 应用程序。

ASP.NET 彻底抛弃了脚本语言，而代之以编译式语言(如 VB、C#等)，为开发者提供了更加强有力的编程资源。允许用服务器端控件取代传统的 HTML 元素，并充分支持事件驱动机制，也为开发者提供了强大的集成开发工具 Visual Studio.NET2003 和 Visual Studio.2005。

表 1.2 几种网页编程技术的比较

	特点	优点	缺点
CGI	公用网关接口 Common Gateway Interface	运行速度快，兼容性好，可用任何高级语言书写 CGI 程序。	较复杂
JSP	Java Server Page(JSP) Sun 公司开发，开放源码	简单，应用广泛，跨平台	在 Java 虚拟机中执行，速度较快
PHP	PHP 代表超文本预处理器 PHP：Hypertext Preprocessor	面向对象编程，可伸缩性，跨平台	解释执行，速度慢
ASP	ASP 是 Active Server Page (动态网页)，微软公司开发	简单，应用广泛，基于 Window	解释执行，速度慢，局限微软系统

1.3 ASP.NET 的基本概念

随着社会的发展，Internet 已经成为生活、学习和工作中不可缺少的一部分，许多单位和个人都开始准备建立自己的网站。如果使用 HTML 将网站仅设计成静态网页，就不能引入更多、更强大的功能，因此，创建动态的、交互式的网站显得很重要。为满足这种需要，微软公司开发出了一种被称为动态服务器页面(Active Server Pages，ASP)的 Web 开发平台。使用 ASP 进行 Web 开发，给网站设计者带来了方便，但是需要将服务器端代码和 HTML 及 JavaScript 代码放在同一页面中，常常会导致在 Web 页面中混合了服务器端逻辑代码和为用户界面设计的 HTML 代码，以及其他一些问题，这样使得网站的各种代码难于管理，并且由于一些脚本语言在使用上的局限性，很多功能都不能够轻松实现。为了解决上述这些问题，微软公司开发出了 ASP.NET——更优秀的 Web 开发环境。

ASP.NET 是一种独立于浏览器的编程模型，它可以在使用广泛的最新版本浏览器(例如 IE、Netscape)上运行，还可以在低版本的浏览器上运行。也就是说，在使用 ASP.NET 编写 Web 应用程序时，不需要编写浏览器特定的代码，Internet 的很大一部分用户就可以使用这些 Web 应用程序。但是，需要注意，并不是所有的浏览器在执行 Web 应用程序时执行效果都相同。

在 ASP.NET 中，所有程序的执行都是经过服务器编译的，当一个程序第 1 次被执行时，它先被编译为中间语言代码，再被编译器编译为二进制代码，当这个程序被再次执行时，只要程序没有变化，就会直接在服务器上执行已编译的、可执行的二进制代码，然后把执行结果通过网络返回给客户端，从而大大提升了执行效率。

1.3.1 ASP.NET 与 ASP 的比较

ASP.NET 是面向下一代企业级的网络计算 Web 平台，它在发展了 ASP 的优点的同时，也修复了许多 ASP 运行时会发生的错误。ASP.NET 是建立在.NET 框架的通用语言运行环境(Common Language Runtime，CLR)上的编程框架，可用于在服务器上生成功能强大的 Web 应用程序。与以前的 Web 开发模型相比，ASP.NET 具有更高的效率、更简单的开发方式、更简便的管理、全新的语言支持及清晰的程序结构等优点。

(1) 新的运行环境：新的运行环境引入受控代码(managed code)，它贯穿整个视窗开发平台。受控代码运行在 CLR 下面。CLR 管理代码的运行，使程序设计更为简便。

(2) 效率：ASP.NET 应用程序是在服务器上运行的编译好的通用语言运行环境(CLR)代码。而不是像 ASP 那样解释执行，而且 ASP.NET 可利用早期绑定、实时编译、本机优化和缓存服务来提高程序执行的性能，与 ASP 相比，ASP.NET 大大提高了程序执行的速度。

(3) Visual Studio.net 开发工具的支持：ASP.NET 应用程序可利用微软公司的 Visual Studio.net 进行产品开发，Visual Studio.net 比以前的 Visual Studio 集成开发环境增加了大量工具箱和设计器，来支持 ASP.NET 应用程序的可视化开发。使用 Visual Studio.net 并利用此平台的强大功能进行 ASP.NET 应用程序的开发，可使程序的开发效率大大提高，并且简化程序的部署和维护工作。

(4) 多语言支持：ASP.NET 支持多种语言，无论使用哪种语言编写程序，都将被编译为中间语言(Intermediate Language，IL)。目前，ASP.NET 支持的语言有 Visual Basic.NET，C#.NET，J#.NET 和 C++.NET，设计者可以选择最适合自己的语言来编写程序。

(5) 高效的管理能力：ASP.NET 使用基于文本的、分级的配置系统，使服务器环境和应用程序的设置更加简单。由于配置信息都保存在简单文本中，新的设置可以不需要启动本地的管理员工具就可以实现。一个 ASP.NET 应用程序在一台服务器系统的安装只需要简单地复制一些必须的文件，而不需要系统重新启动。

(6) 清晰的程序结构：ASP.NET 使用事件驱动和数据绑定的方式开发程序，将程序代码和用户界面彻底分离，具有清晰的结构。另外，使用 code-behind 方式将程序代码和用户界面标记分离在不同的文件中，使程序的可读性更强。

目前，ASP.NET 2.0 具有比 ASP.NET 1.0 更多的功能，本书主要介绍 ASP.NET2.0。

1.3.2 .NET Framework 介绍

微软的 Microsoft.NET Framework 是于 2000 年推出的用于构建新一代 Internet 集成服务平台的最新框架，2003 年推出 1.1 版，2005 年推出了 2.0 版，2008 年推出了 3.0 版。这种集成服务平台允许各种系统环境下的应用程序通过 Internet 进行通信和共享数据。为使用 ASP.NET，必须在 Web 服务器上安装.NET Framework(框架)。此框架不仅是为了 ASP.NET 而存在，它的目标是支持基于 Windows 的所有程序。它在系统中处于操作系统内核与应用程序之间，使得应用程序可以更好地利用操作系统提供的功能，并使程序开发更快更简单。

通俗地说，.NET 是一组用于建立 Web 服务器程序和 Windows 桌面程序的软件组件。用该平台创建的应用程序在公共语言运行环境(Common Language Runtime，CLR)的控制下运行。.NET 框架可分为两个部分：公共语言运行环境和.NET 框架类库。通用语言运行环境在底层，其作用是负责执行程序，提供内存管理、线程管理、安全管理、异常管理、通用类型系统与生命周期监控等核心服务。在通用语言运行环境之上的是.NET 框架类库，它提供了许多类与接口。.NET 框架利用通用语言运行环境解决了各种语言的运行时间不可共享的问题，它以中间语言实现程序转换，中间语言是介于高级语言和机器语言之间的语言。在.NET 框架之上，无论采用哪种编程语言编写的程序，都被编译成中间语言，中间语言经过再次编译形成机器码，这些二进制代码保存在缓存中，直到源代码改变为止。因此，对于.NET 框架支持的语言，所有的中间代码都是相似的。这样，完全可以实现多种语言编写的程序之间的相互调用，这种跨平台性为程序设计提供了一个十分方便快捷的设计环境，如图 1.3 所示。

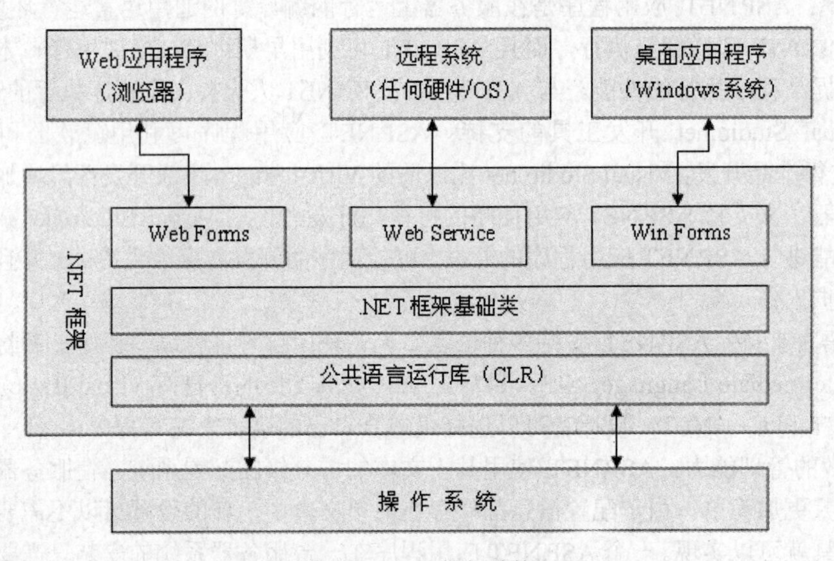

图 1.3 .NET 框架结构

可以看出，.NET 提供的编程环境，让我们可以方便地编写出 Windows、Web、移动设备等应用程序，还可以通过 Web Service 来与任何系统平台实现互操作。

1.3.3 .NET Framework 2.0 介绍

.NET Framework 2.0 在.NET Framework 1.1 版的基础上进行了扩展，不仅对原有的功能做了改进，还新增了一些功能和特性。

.NET Framework 2.0 架构主要包括以组成技术为最底层核心的 CLR 2.0 和基类库 BCL 2.0，开发种类分为 Web 类的 ASP.NET2.0 和 Windows 应用的 WinForm 2.0。常规通用语言包括 C#2.0、VB.NET 2005、J#2.0。

在.NET Framework 2.0 中，ASE.NET 2.0 作为解决方案其功能是非常强大的。从 1.0 版本到 2.0 版本，ASP.NET 技术已经完全成熟，经过无数项目的实践，ASP.NET 技术已经成为重要的 Web 开发技术，日益体现其强大开发的优势。

.NET Framework 2.0 架构较为突出的优势如下：

1) ASE.NET2.0 优势：

(1) 新的控件使得向窗体页添加常用功能更加方便。新的数据控件使得无须编写代码即可在 ASE.NET 网页上显示和编辑数据。经过改善的代码隐藏模型使得开发 ASP.NET 页更容易也更可靠。缓存功能提供了多种缓存页的方式，包括在 SQL Server 数据库的表上生成缓存依赖项的能力。

(2) 强大的 WebPart 解决方案可以实现以多种方式自定义网站和网页。配置文件属性使 ASPNET 能够自动跟踪单个用户的属性值。

(3) 新加入的控件可以帮助开发人员轻松实现诸如“动态导航菜单”等以往需要编写大量 JS 脚本才能实现的功能。

(4) “母版页”使开发人员可以为站点中的所有页创建一致的布局，而“主题”使开发人员可以为控件和静态文本定义一致的外观样式。

(5) 作为代码安全的重大改变，开发人员可以选择预编译网站(代码文件和 aspx 页中的 HTML)生成可执行代码，页面文件不包含任何源代码信息。

(6) 开发人员可以轻松地通过部署工具将开发完成的项目部署到生产服务器。

(7) 对 ASE.NET2.0 的增强还包括能够使网站开发人员、服务器管理员和托管人员更容易地进行网站管理中新的工具和类。

(8) ASP.NET 2.0 力争做到适合于多种浏览器和设备。默认情况下，控件输出显示符合 XHTML1.1 标准的输出。

2) 缓存增强：ASE.NET2.0 具有更加多样和强大的缓存方法。通过使用 System Net.cache 命名空间中的类，应用程序可以使用 WebRequest、WebResponse 和 WebClient 类控制所获取资源的缓存。开发人员可以使用.NET Frarmework 提供的预定义缓存策略或指定自定义缓存策略，还可以为每个请求指定一个缓存策略，并为未指定缓存策略的请求定义默认的缓存策略。

3) 全球化：对自定义区域性的支持使开发人员能够根据需要定义和部署区域性相关的信息，该功能对自定义区域性的支持使开发人员能够根据需要定义和部署区域性相关的信息，该功能将实现少量区域性自定义和创建.NET Framework 中尚不存在的区域性定义。编码和解码操作将 Unicode 字符与可传输到物理介质(如磁盘或通信线路)的字节流进行相互映像。如果映像操作无法完成，则可以使用 System.Text 命名空间中的多个类所支持的新编码和解码回退功能来加以补充。新的全球化功能对于开发多语言和多区域性的应用程序提供了优秀的解决方案。

4) Web 服务增强：可以使用基于事件的编程模式异步调用 Web 方法。Web 服务支持 SOAP 1.2。在使用定义共享类型的两个或更多 Web 服务时，为这些 Web 服务生成的客户端代理共享客户端上相应的类型。这使客户端可以在 Web 服务之间方便地传递共享类型的实例。

5) ADO.NET2.0 功能：ADO.NET 2.0 中的新功能支持用户定义类型(UDT)、异步数据库操作、XML 数据类型、大值类型和快照隔离。

6) 数据绑定模型：.NET Framework 使用 BindingSource 组件成为绑定控件和目标数据源的中间源，所以简化了数据绑定的过程。它可以自动管理很多更难的绑定问题，例如与数据有关的事件及目标数据源的更改。它还被设计为与其他和数据相关的 Windows 窗体控件交互操作。

7) clickOnce 部署：使开发人员能够部署自行更新的 Windows 应用程序，这类应用程序可以像 Web 应用程序一样轻松地安装和运行。开发人员可以部署 Windows 客户端和命令行应用程序。新的 Publish Project 命令位于 Visual Studio 中的 Build 和 Project 菜单上。

8) I / O 增强功能：最新的 IO 类对可用性功能进行了改进。开发人员可以更加容易地读写文本文件并获取有关驱动器的信息。

9) .NET Framework 2.0 的远程处理：支持 IPv6 地址及泛型类型的交换。System Runtime Remoting.Channels.Tcp 命名空间中的类支持使用安全支持提供程序接口(SSPI)的身份验证和加密。新的 System.Runtime Remoting Channels.Ipc 命名空间中的类允许同一台计算机上的应用程序迅速通信而无需使用网络。开发人员可以配置连接缓存超时的方法重试次数，提高网络负载平衡远程群集的性能。

10) 泛型：.NET Framework 2.0 中正式拥有泛型技术，开发人员能创建更有扩展度的可重用代码。泛型技术相当于模板，这些模板允许使用未指定的或泛型的类型参数来声明和定义类、结构、接口、方法和委托。使用泛型时，实际类型是在稍后指定的。.NET Framework 2.0 中支持新一代的 64 位计算机。通过该项技术开发人员能够创建比 32 位应用程序运行更快并且能高效使用内存的应用程序。

以上只是在.NET Framework 2.0 下的一些比较突出的技术特点，在后续章节中还将详细介绍。无论是通过.NET Framework 2.0 创建 Web 应用程序，还是 Windows 应用程序，.NET Framework 2.0 都提供了更多的选择方案和功能支持。在.NET Framework 2.0 架构下配合使用 Visual Studio 2005，开发人员能更多地从繁琐的编码中解放出来，把更多的精力投入到设计中，高效和高质量地开发出完善的应用程序。

1.3.4 ASP.NET 中使用的编程语言

在最新版本的.NET 框架中，微软公司推出了 4 种语言来实现程序代码的编写：

(1) Visual Basic.NET：简称 VB.NET，是这四种编程语言中最容易学习的编程语言。

(2) C#.NET：是从 C 和 C++派生而来的一种简单、面向对象的、类型安全的现代编程语言。C#意在将 Visual Basic 的高效性和 C++的威力融合在一起。

(3) J#.NET：是一种专门用于 Internet 的、功能强大的脚本编写语言。该语言的语法与 C#和 C++类似，不过实现起来要容易些。

(4) C++.NET：是 Visual C++语言的下一个版本，是一种功能强大的、面向对象的编程语言。通常，该语言被用来创建非常复杂的、非常高级的应用程序。

1.4 ASP.NET2.0 的运行环境

运行 ASP.NET 应用程序，需要配置合适的运行环境，ASP.NET 的运行环境包括硬件和软件要求，其中硬件要求主要包括 CPU、内存、硬盘、显示器和光驱等，软件要求主要包括操作系统、浏览器、Internet 信息服务器和.NET Framework2.0 等。

1.4.1 硬件要求

ASP.NET2.0 开发运行环境的硬件要求：

(1) CPU 处理器：最低配置 600MHz Pentium II 级处理器，建议使用 1GHz 以上 Pentium III 级处理器或 Pentium IV 级处理器。

(2) 内存：最低配置 256M，建议使用 512M。

(3) 硬盘空间：如果不安装 MSDN 帮助文档，系统驱动器上要求有 1GB 以上的可用空间；如果需要安装 MSDN 帮助文档，系统驱动器上要求有 2 GB 的可用空间。如果需要安装可选的 MSDN 库文档，则另外需要 1GB 的可用空间；安装完整的 MSDN 库文档，需要 3.8GB 可用空间；默认安装 MSDN 库文档，需要 2.8GB 可用空间。

(4) 光碟驱动器：CD-ROM 或 DVD-ROM 驱动器。

1.4.2 软件要求

ASP.NET2.0 开发运行环境的软件要求：

(1) 操作系统：.NET 应用程序虽然希望是跨平台的，但直到现在仍然只能在 Windows 类的操作系统上运行。支持 ASP.NET 应用程序的操作系统有：

Windows 2000 SP4
Windows XP Professional SP2
Windows Server 2003 SP1
Windows XP Professional X64 Edition
Windows Server 2003 X64 Edition

(2) Web 浏览器：Web 客户端需要至少为 IE5.5 版本的浏览器，IE 可以在安装系统时安装，也可以单独安装。

(3) Internet 信息服务器(Internet Information Server，IIS)：ASP.NET 是基于 Web 的应用，需要 Web 服务器环境的支持，在 Windows 操作系统下使用 IIS5.0 及以上版本作为 Web 服务器。

(4) .NET Framework：要让 Web 服务器执行 ASP.NET 应用程序，还必须安装.NET Framework。

1.5 安装 Internet 信息服务器(IIS)

ASP.NET 应用程序的执行由 IIS 服务器完成，IIS 的安装操作如下：点击桌面上的“开始”菜单，选择“设置”，进而选择“控制面板”菜单项，双击“添加/删除程序”项，出现如图 1.4 所示的界面。

选择“添加/删除 Windows 组件”，出现如图 1.5 所示的对话框，选择“Internet 信息服务”(注意，前面小方框里勾上小对号)，单击“下一步”按钮，即开始安装 IIS 服务器。

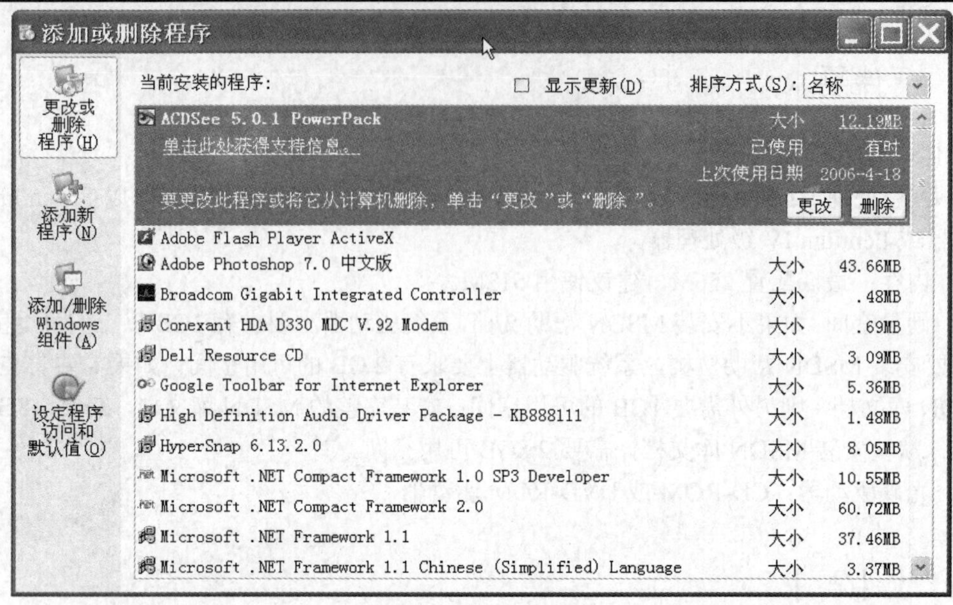

图 1.4 添加/删除程序

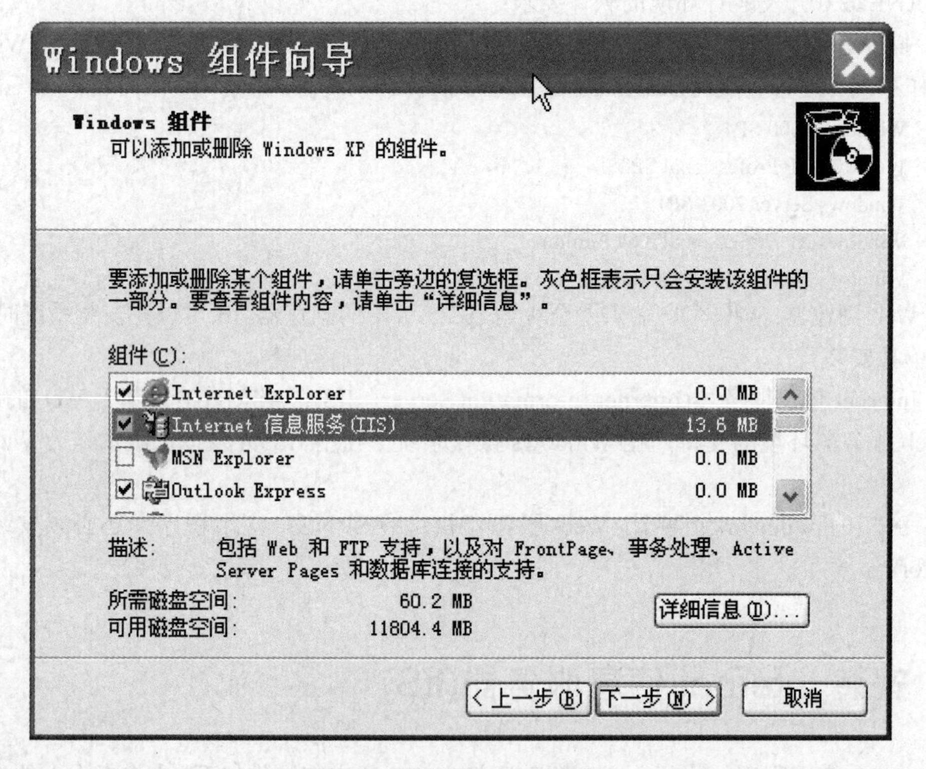

图 1.5 添加 Windows 组件

在安装过程中，安装程序将提示放入 Windows 系统光碟。在文件复制完成后，单击“完成”按钮结束安装。安装完成后，启动 Internet Explorer 浏览器，在地址栏中输入 http://localhost，出现如图 1.6 所示的主页，即为 IIS 安装成功。

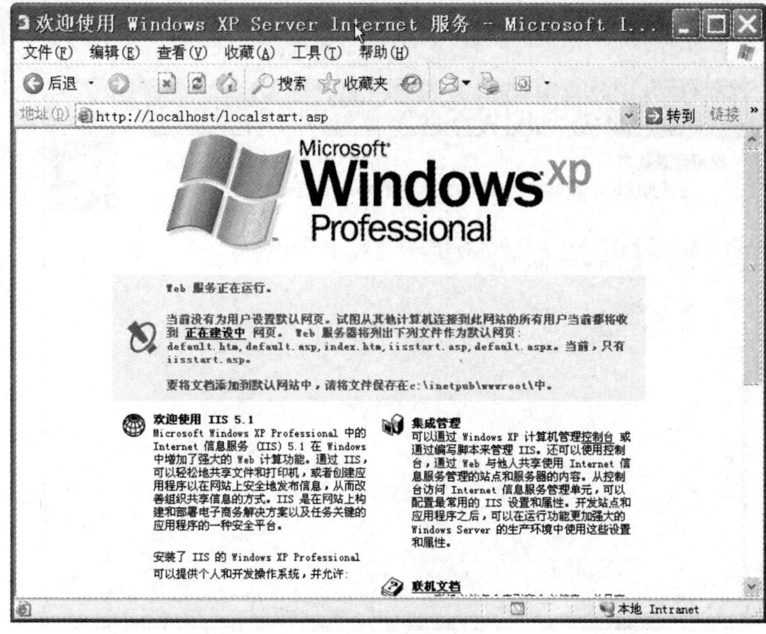

图 1.6 IIS 的默认主页

1.6 配置 Internet 信息服务器(IIS)

IIS 安装成功后还要对其进行适当的配置，可以将要执行的 ASP.NET 应用程序配置为一个虚拟目录。在 Windows 2000 Advanced Server 的 IIS 中配置虚拟目录的方法如下：

启动 IIS，如图 1.7 所示，在左侧窗口里右击默认 Web 站点，在弹出的快捷菜单中选择“新建”菜单的“虚拟目录”，出现“虚拟目录创建向导”对话框。

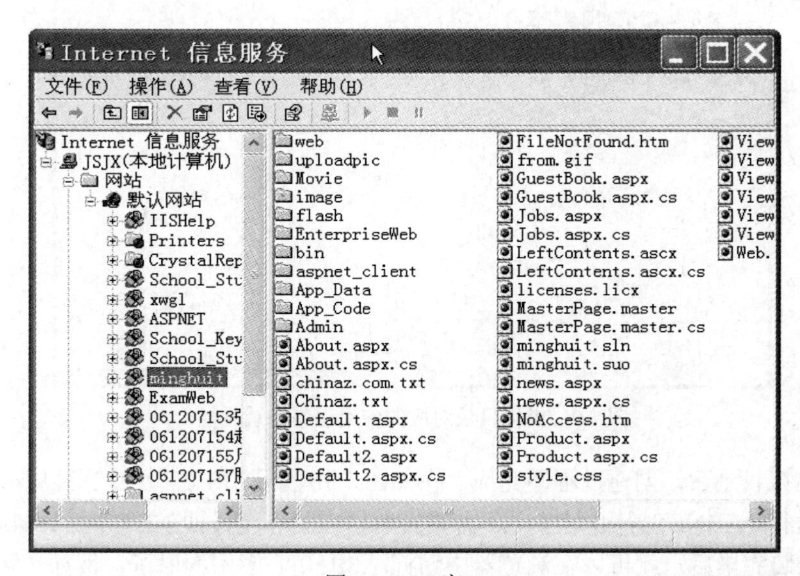

图 1.7 IIS 窗口

点“下一步”，在如图 1.8 所示的对话框中输入虚拟目录的别名，例如 ASPNET_test。

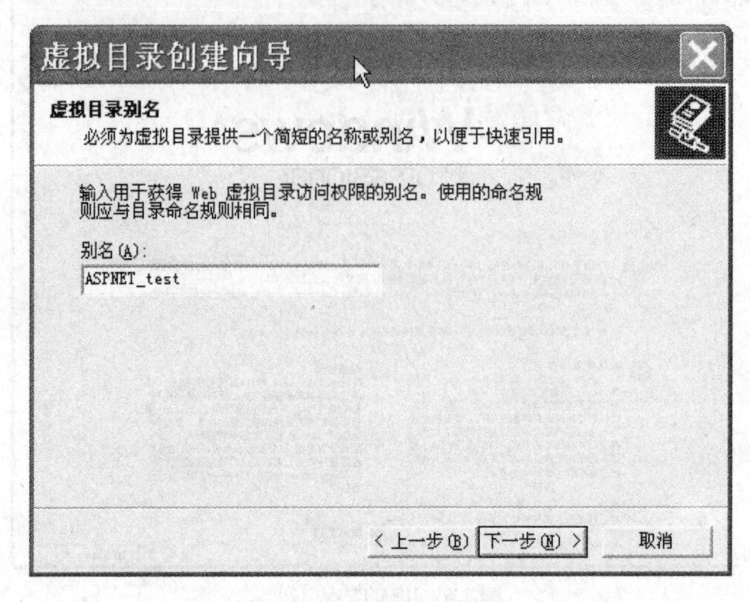

图 1.8 创建虚拟目录别名

在如图 1.9 所示的对话框中，输入要包含或要创建 ASP.NET 应用程序的目录，然后在出现的对话框中对该虚拟目录进行合适的权限访问设置后，选择“下一步”按钮，直到出现“完成”对话框，创建虚拟目录完成后如图 1.10 所示，该虚拟目录就在 IIS 中的默认 Web 站点中。

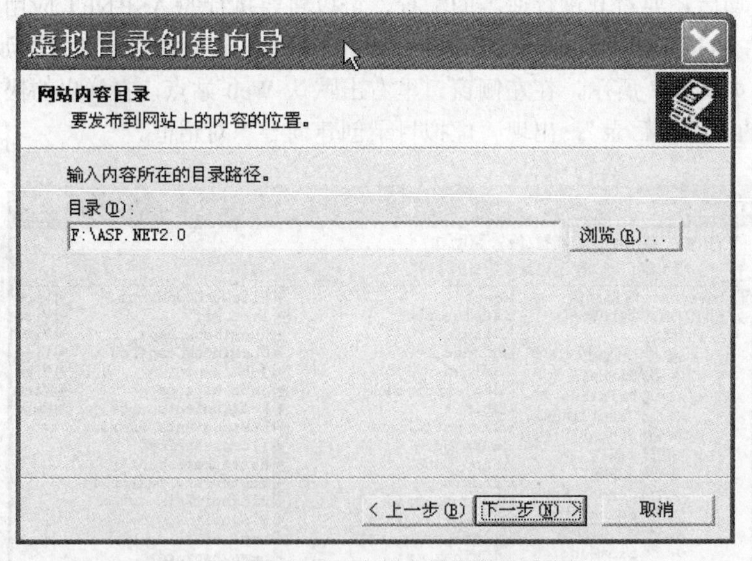

图 1.9 虚拟目录对应的应用程序目录路径

创建了虚拟目录后，创建过程即完成。在如图 1.10 所示 IIS 窗口中，可以发现“test”虚拟目录。要运行 ASP.NET 应用程序，还需要安装相应的环境，即.NET Framework，当.NET Framework 安装完毕后，就可以在浏览器中访问 ASP.NET 应用程序了，例如，可以在 IE 的地址栏中输入 http://localhost/test/webform1.aspx，就可以访问 webform1.aspx 文件。

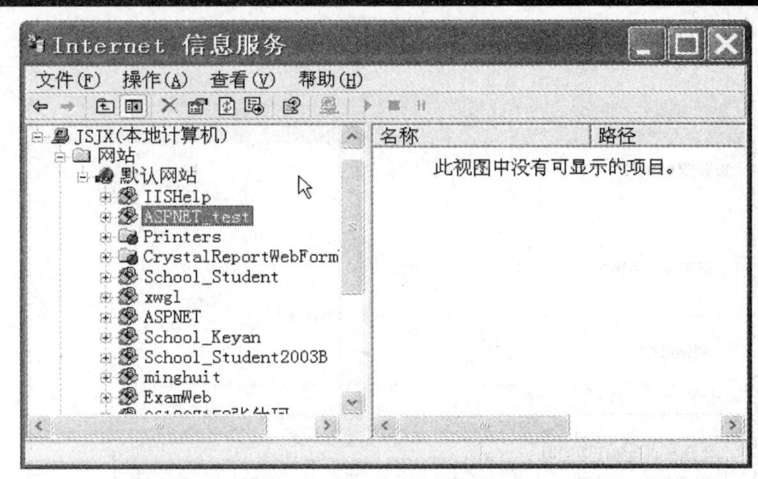

图 1.10　创建 ASPNET_test 虚拟目录后的 IIS 窗口

1.7　安装.NET Framework 2.0

要让 Web 服务器执行 ASP.NET 应用程序，还必须安装.NET Framework。在安装之前请先检查是否安装了 IIS，如果已经安装了 IIS，安装程序在安装过程中会自动注册 ASP.NET。如果先安装了.NET Framework，后安装 IIS，则需要手动去注册 ASP.NET。安装.NET Framework 2.0 的文件名为 dotnetfx2.exe(在安装.NET Framework 2.0 之前，还必须先安装 IE 和数据访问组件 MDAC)。

(1) 双击 dotnetfx2.exe 程序图标，如图 1.11 所示。

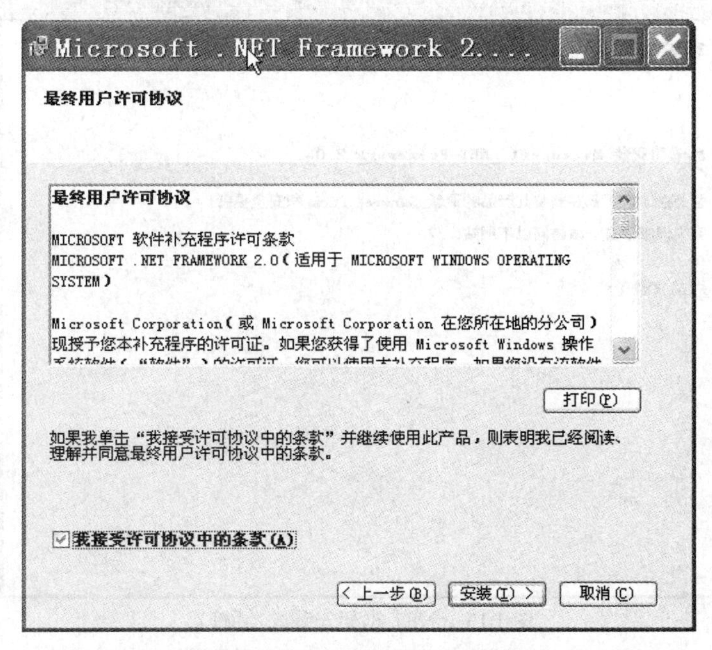

图 1.11　询问是否安装.NET 框架

(2) 选择“是”，进入安装界面如图 1.12 所示。

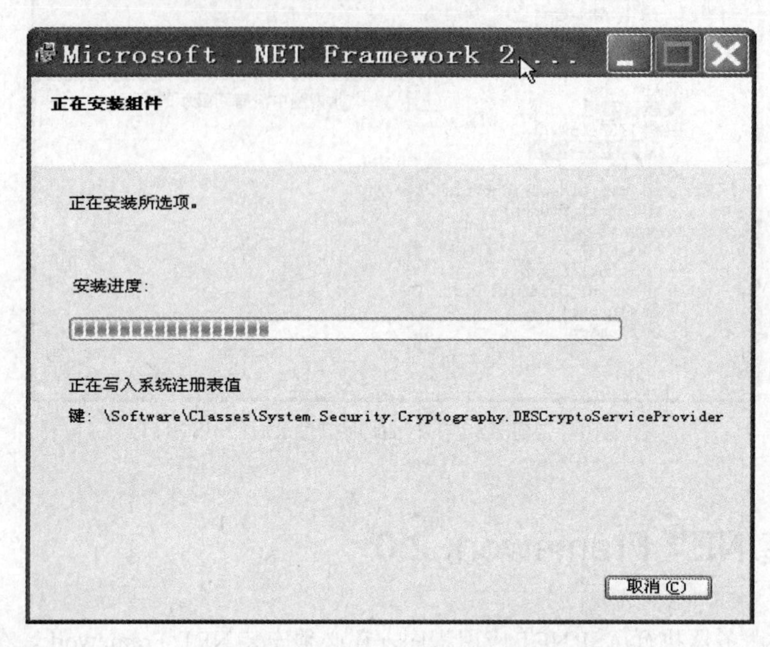

图 1.12 安装.NET 框架的组件

(3) 安装程序提示进行安装的选项以及安装路径等相关信息，接下来复制所需的系统文件。

(4) 所有安装完成后如图 1.13 所示，单击“确定”按钮，即.NET 框架安装完成。

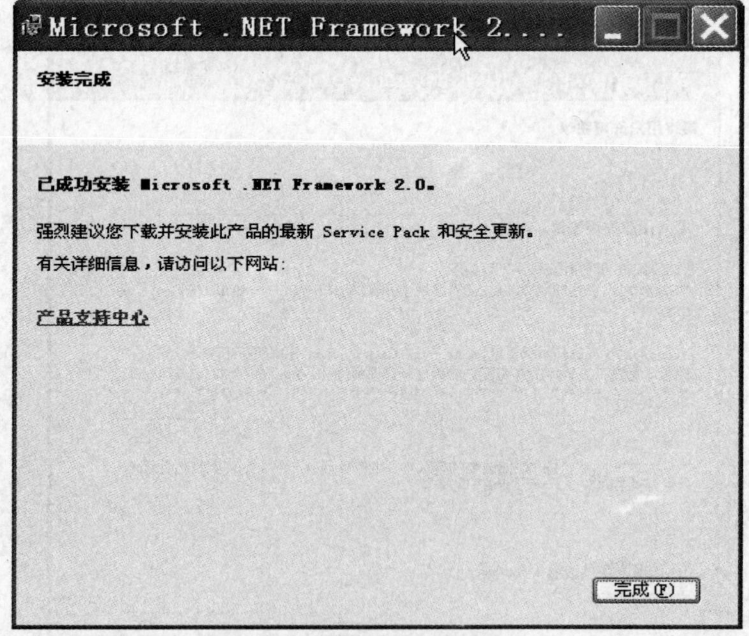

图 1.13 .NET 框架安装成功窗口

(5) 打开控制面板中的管理工具，如图 1.14 所示，管理工具里边多了一项为：“Microsoft.

NET Framework 2.0 配置”，即为安装成功的.NET 框架的快捷方式。

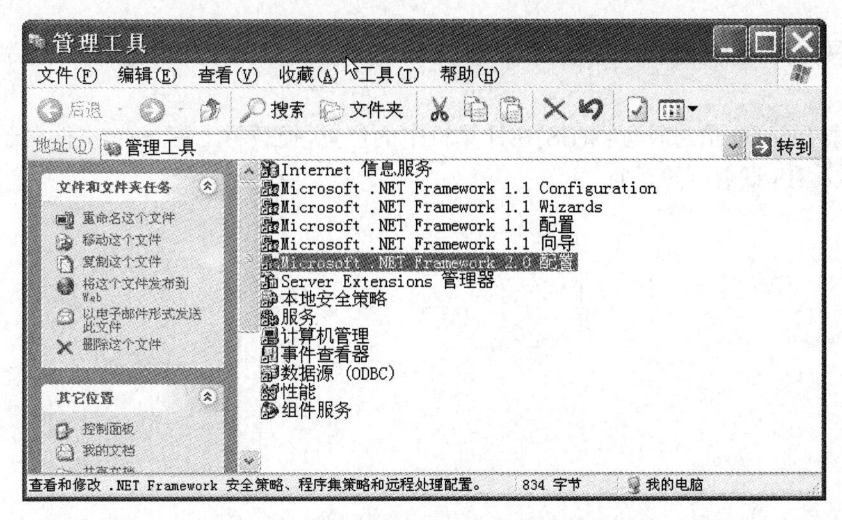

图 1.14 安装成功的.NET2.0 框架的快捷方式

安装配置完能运行 ASP.NET 应用程序的软件环境以后，就可开发编制 ASP.NET 的应用程序了。目前常用的开发工具有两种：一种用类似于开发 ASP 的方式，用记事本开发；另一种就是可利用微软公司为开发.NET 技术所量身定制的、功能强大的集成开发工具 Visual Studio.NET2003。后来发展到 Visual Studio 2005 版本，目前已发展到 Visual Studio 2008 版本，本书在后面的章节中要重点介绍 Visual Studio 2005 的使用。

本章小结

本章主要介绍了学习 ASP.NET 需要掌握的一些预备知识，如网络及其应用的概念，静态网页和动态网页的概念，网络程序设计即 Web 应用程序开发的一些基本概念和相关知识。介绍了 ASP.NET 的发展、功能、特点，以及对 ASP.NET 和 ASP 的比较，指出了 ASP.NET 在程序开发模型、语言支持及可管理性等方面的优势。还介绍了 ASP.NET 运行平台的构建和应用程序的开发方法，通过本章的学习，了解这些基本概念和知识点，为后续章节的学习打下一个好的基础。

习题

(1) 请说明 C/S 结构和 B/S 结构的共同点和不同点。
(2) 何谓静态网页？何谓动态网页？
(3) 什么是 web 应用程序？
(4) 常用的网页制作工具有哪些？有何优缺点？
(5) 请简述网络编程技术的发展。
(6) 简述如何在 IIS 中创建一个虚拟目录。
(7) 简述.NET2.0 框架中 CLR 的作用。
(8) 简述 ASP.NET2.0 的新特性。

上机操作题

(1) 用网页开发工具 FrontPage 或 Dreamweaver 制作一个简单的静态网页，观察其 HTML 代码。

(2) 观察 Internet 信息管理器(IIS)在计算机中的位置，把教材上的 ASP 文件例子用记事本编辑后，存入 IIS 试着浏览运行。

2 Visual Studio 2005 的集成开发环境

Visual Studio 2005 是微软公司推出的集成开发环境。它是为 ASP.NET 2.0 应用程序量身定做的，和 Visual Studio 2003 相比，增加了很多新的功能。

本章首先简要介绍 Visual Studio 2005 的安装及功能窗口，然后针对 ASP.NET 应用程序的开发，概括性地列举 Visual Studio 2005 新增加功能的特性，最后，介绍在 Visual Studio 2005 集成环境下开发 Web 应用程序的一般步骤。

2.1 Visual Studio 2005 的安装及使用

Visual Studio 2005(通常简写为 VS2005)有速成版(Express)、标准版(standard)、专业版(Professional)和团队版(Team Edition)四种，各版本的功能均有所不同。速成版是免费版，具有最基本的开发功能，不支持很多高级特性，适合于初学者。标准版与专业版相比较,专业版支持 Click Once 方式以外的程序部署方式、远程调试及与 SQL Server 2005 的集成环境，而标准版不支持这些功能，但在普通程序开发以及 Web 开发上，标准版与专业版的功能完全相同。团队版在专业版的基础上，提供了软件开发生命周期所需的管理与开发工具，增加了团队协作以及测试等功能，对于需要团队开发合作的公司来说，是一个比较好的选择，可以将团队开发的项目工作全部纳入控制中，使得公司或团队的开发工作通过其方法步入正轨。

2.1.1 Visual Studio 2005 的安装

1) 硬件及软件配置

在安装 Visual Studio 2005 之前，需要确认计算机硬件和软件配置是否符合安装的最低要求。即：

(1) 计算机 CPU 的主频至少在 600MHz 以上，建议使用 1GHz 以上的 CPU。

(2) 内存最低配置 192MB，建议使用 256MB 及以上的内存。

(3) 系统盘至少 1GB 空闲空间，安装盘至少 2GB 空闲空间

(4) 操作系统的版本可以是 Windows 2000 Service Pack4、WindowsXP Service Pack2 和 Windows Server 2003 Service Pack1 及以上版本。

2) Visual Studio 2005 的安装步骤

Visual Studio 2005 的安装过程，继承了 Visual Studio 2003 简洁、实用的特点，其步骤如下：

(1) 双击安装光碟或者下载的安装包中的 Setup.exe 安装文件后，显示如图 2.1 所示的

Visual Studio 2005 安装界面。安装过程要求首先安装 Visual Studio 2005，然后安装产品文档。

图 2.1 Visual Studio 2005 安装界面一

(2) 单击“安装 Visual Studio 2005”后，首先展示的是欢迎界面，如图 2.2 所示。然后，进行必要的系统更新，用户计算机中安装的组件不同，安装向导可以自动检测并执行安装。

图 2.2 Visual Studio 2005 安装界面二

(3) 接着可以选择“默认值”、“完全”或者“自定义”方式安装 Visual Studio 2005，如图 2.3 所示。窗口左面显示了 3 种安装方式，右边显示了“功能说明”、“产品安装路径”及“磁盘空间要求”。用户可以根据需要，选择安装方式。

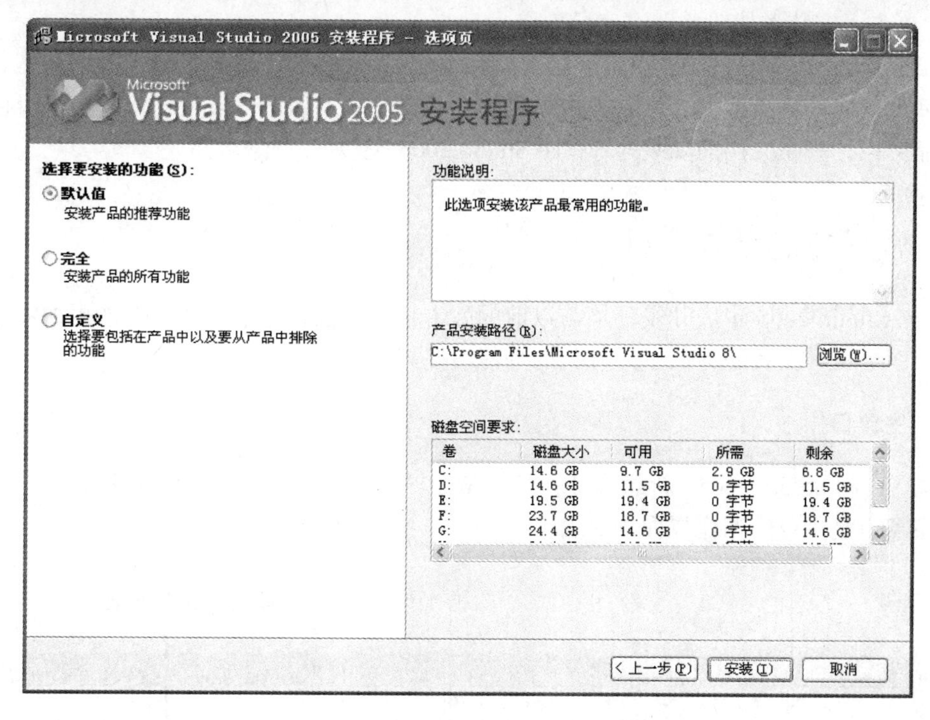

图 2.3 Visual Studio 2005 安装界面三

(3) 如果选择自定义安装方式，则出现图 2.4 所示的界面。左边选择安装的功能，选中则表示安装到本机，否则表示不安装。右边选择要安装到的位置。

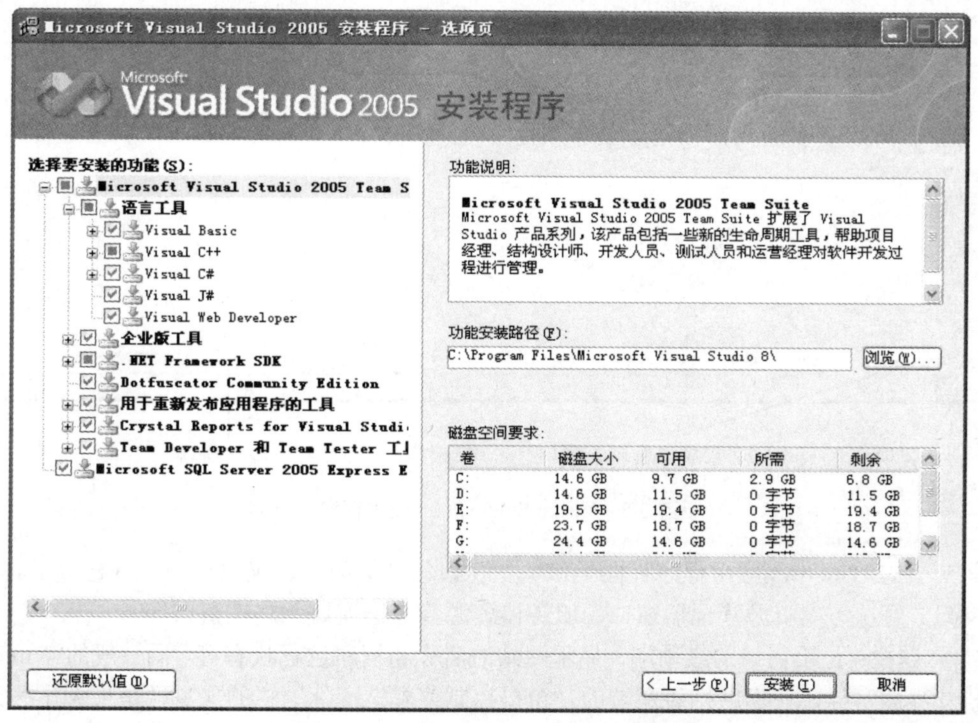

图 2.4 Visual Studio 2005 安装界面四

(4) 单击“安装”按钮，即可完成安装。

Visual Studio 2005 的安装过程高度自动化，除进行必要的配置外，无需多余操作。在成功安装完后，向导将显示安装结果报告，最后返回到图 2.1 所示的安装窗口，用户可以接着安装产品文档。产品文档的安装与 Visual Studio 2005 类似。

2.1.2 常用功能窗口介绍

Visual Studio 2005 集成开发环境与以前的版本相比，操作更加方便，功能更加实用，程序启动速度更快，而且还提供了人性化的功能，提高了工作效率。

2.1.2.1 主窗口

启动 Visual Studio 2005，新建或打开一个 Web 应用程序，首先打开的是主窗口，如图 2.5 所示。主窗口是主要的工作界面。

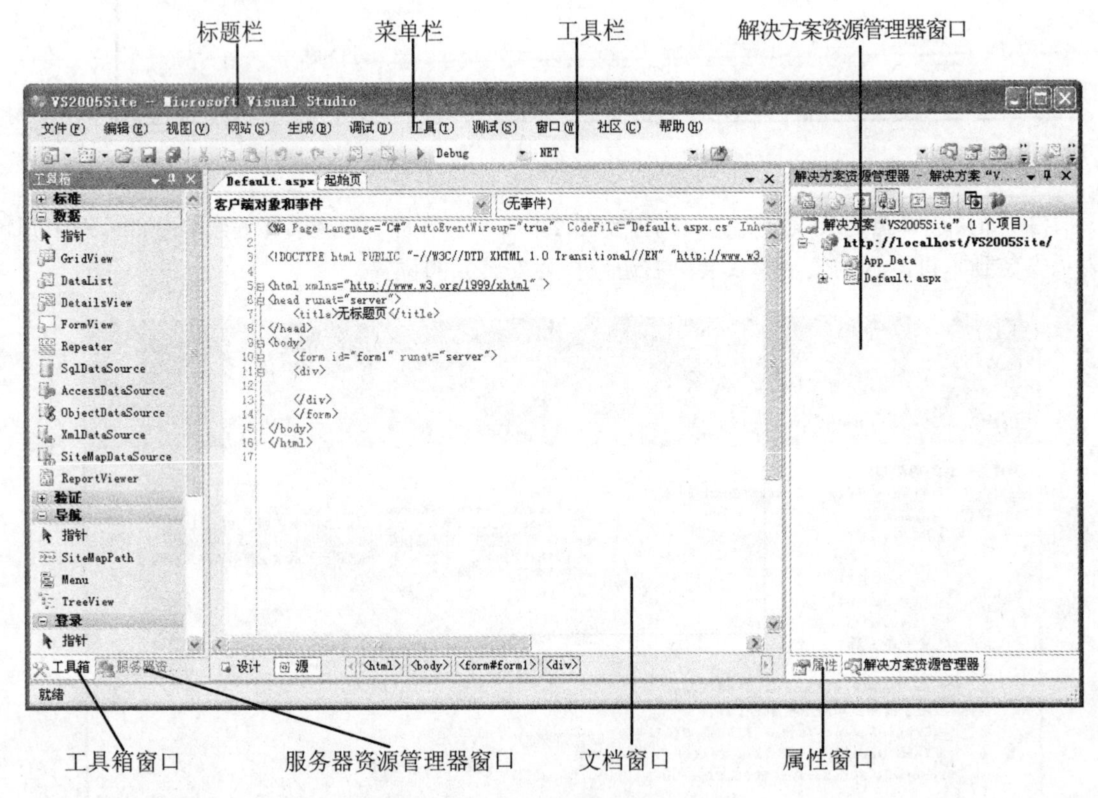

图 2.5 Visual Studio 2005 的主窗口

与一般的 Windows 应用程序界面类似，主窗口包括标题栏、菜单栏、工具栏、工具箱、文档窗口、解决方案资源管理器窗口、服务器资源管理器窗口、属性窗口等。

1) 标题栏：位于窗口的最顶端，显示网站的名称和程序运行状态等。同一般的 Windows 应用程序界面一样，在标题栏最左端的是窗口控制菜单框，标题栏的最右端是最大化按钮、最小化按钮和关闭按钮。

2) 菜单栏：菜单栏中的主菜单及其子菜单提供了 Visual Studio 2005 集成开发环境的所有功能。与一般的 Windows 应用程序菜单一样，当某菜单处于灰暗状态时，它是不可用的。菜单栏除了包括一般的 Windows 应用程序都具有的文件、编辑、视图和帮助等菜单外，还有网站、生成及调试等菜单项，下面介绍常用的菜单功能：

(1) 文件菜单：主要提供文件的创建、打开、保存、关闭、页面设置及打印等功能。文件管理是开发一个应用系统必不可少的，Visual Studio 2005 以解决方案来管理应用程序。

(2) 编辑菜单：主要功能包括对程序代码和控件对象的编辑两个方面。

(3) 视图菜单：主要用于管理显示或隐藏各类窗口。

(4) 网站菜单：主要用于对各种网站的管理，包括添加 Web 窗体、添加控件、添加 HTML 页、复制网站和从项目排除等功能。

(5) 生成菜单：主要作用是生成解决方案，使其可以运行。

(6) 调试菜单：主要用于程序的调试。

3) 工具栏：提供了与菜单栏中常用的菜单命令相对应的命令按钮，可以实现在不打开主菜单的情况下而进行相关操作，从而达到快捷操作的目的。

4) 功能窗口：是开发人员在开发时常用的窗口。

2.1.2.2 文档窗口

文档窗口是 Visual Studio 2005 中最重要的功能窗口，如图 2.6 所示，用于页面代码的编辑或可视化控件的编辑。

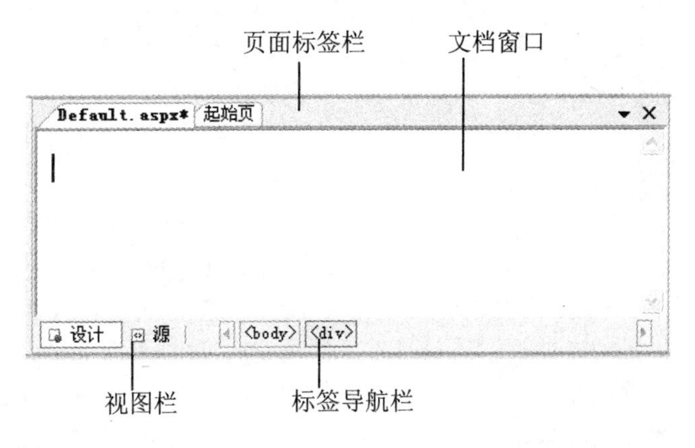

图 2.6 文档窗口

文档窗口由 4 部分组成。上面是页面标签栏，中间是文档窗口，下面是视图栏和标签导航栏。页面标签采用选项卡的方式，允许用户同时打开多个文档。在页面标签上单击鼠标右键，会弹出如图 2.7 所示的下拉菜单，菜单中提供了保存、关闭、复制等功能，方便开发人员对文件的操作。

文档窗口下部是视图栏和标签导航栏。单击视图栏中的“设计”或“源”标签，可以在设计视图和源代码视图之间进行切换。在设计视图下，能够真正实现“所见即所得”。在源代码视图下，Visual Studio 2005 提供了符合国标标准、具有严格验证的提示功能代码编辑环境，可以方便地编辑源代码。标签导航是 Visual Studio 2005 所独有的，显示具有一定层次的代码标签，这些标签按照包含关系，按由左向右的顺序排列。

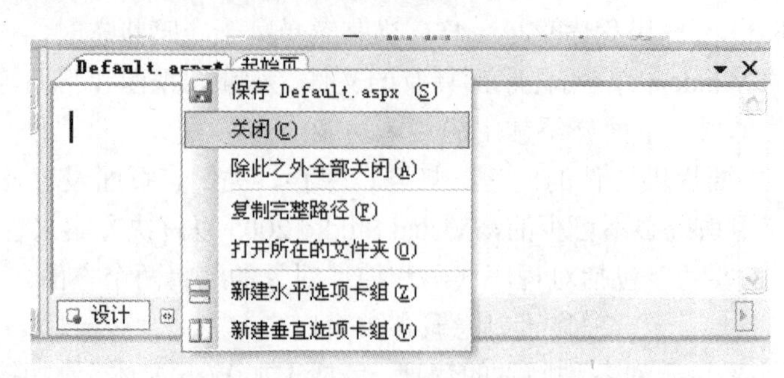

图 2.7 文档窗口的下拉菜单

2.1.2.3 工具箱窗口

工具箱通常位于设计调试窗口的左侧，它们是隐藏式的窗口，当鼠标移到此位置时，该窗口出现；当鼠标移开时，该窗口将隐藏。工具箱的主要作用是用来设计界面，它主要包括标准、数据、验证、导航、登录、WebParts、HTML、Crystal RePorts 及常规控件组别，如图 2.8 所示。

图 2.8 工具箱窗口

(1) 标准控件组：是最常用的 Web 控件，常见的如标签、文本框、命令按钮等。

(2) 数据控件组：包含多个数据源和数据绑定控件，这些控件可以连接和显示不同的数据源数据。

(3) 验证控件组：包含所有与数据验证有关的控件，利用这些控件可以快速实现数据验证的功能。

(4) 导航控件组：用于实现站点的导航功能。

(5) 登录控件组：实现用户登录及管理等功能。

(6) HTML 控件组：是常用的 HTML 控件。

(7) 常规：不包括任何控件，可以将自定义的常用控件添加到该控件中。

工具箱中列出了丰富的控件，但这只是 Visual Studio 2005 所提供控件中的一部分。用户可以通过单击鼠标右键等操作，自行管理工具箱窗口中的控件，例如可以添加控件、删除控件、重置工具箱、创建新的控件组等操作。

2.1.2.4 解决方案资源管理器窗口

解决方案资源管理器窗口用于管理 Visual Studio 2005 应用程序方案、网站或项目的管理工具，主要用于代码查看、视图与代码窗口的切换、网站复制、添加新项等操作。

图 2.9 解决方案资源管理器窗口

如图 2.9 所示，解决方案资源管理器窗口中包括了一个存储在本机 IIS 上的一个

VS2005 Site 的网站，以树型目录结构显示在窗口中，同时，在窗口上还包括了“属性”、“显示所有文件”、“刷新”、“复制网站”等多个按钮的工具条。选定一个文件或网站，单击鼠标右键，会弹出一个下拉快捷菜单，图 2.10 所示的是选定 VS2005 Site 网站，弹出的菜单，方便了用户的操作。

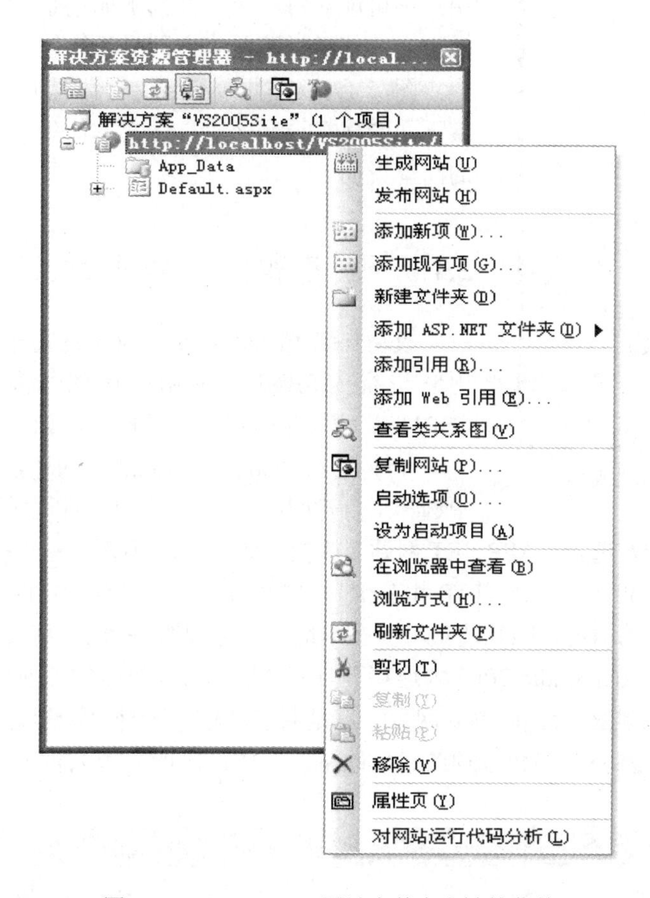

图 2.10　VS2005 Site 网站上单击右键的菜单

2.1.2.5　服务器资源管理器窗口

服务器资源管理器窗口主要用于服务器和数据库服务器的管理。图 2.11 所示，窗口中有一个资源树，树中包括数据库连接、服务、管理等内容，利用这个服务器资源树，可以方便地完成如连接数据库、连接服务器及查看服务器信息等任务。

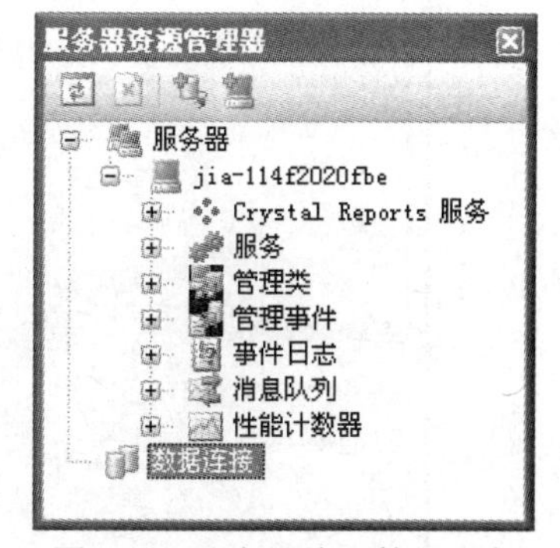

图 2.11　服务器资源管理器窗

2.1.2.6　属性窗口

属性窗口的主要作用是对选定控件的属性进行设置。图 2.12 所示是文本框控件的相关属性。

属性窗口的上部是一个下拉列表框，框中显示了当前

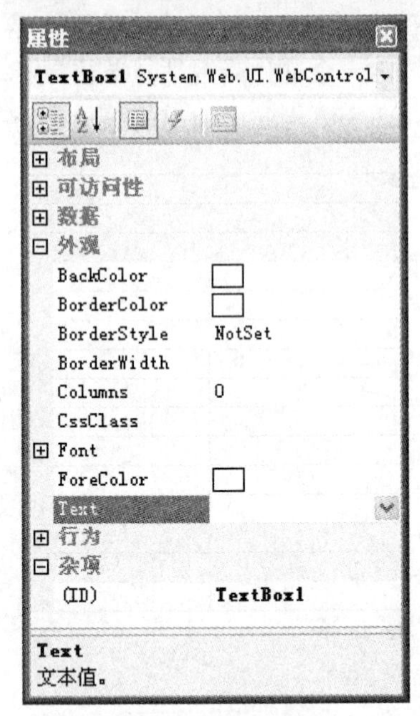

图 2.12 文本框属性窗口

被选中对象名称的完整类名，可以使用该下拉框对页面中的其他对象进行选择并设置属性，下拉列表框的下面是一个工具条，工具条中包含按分类顺序、按字母顺序、属性、事件、属性页按钮。再下面就是属性信息，由于属性众多，用户不可能对每一个属性都了如指掌，因此单击任何属性，最下面的信息说明区将立即显示该属性的简单说明。

图 2.12 文本框属性窗口中，选定的属性是“Text”，最下面的信息说明区“Text 文本值”，就是对属性“Text”的简单说明。

2.1.3 创建和打开 Web 站点

成功安装 Visual Studio 2005 集成开发环境后，就可以用它进行 ASP.NET 应用程序的开发了，建立第一个 ASP.NET 站点应用程序，操作步骤如下：

(1) 进入 Visual Studio 2005 的环境，在“文件”菜单中选择“新建网站”命令，打开“新建网站”对话框窗口，在对话框窗口模板中，选择“ASP.NET 网站”模板，如图 2.13 所示。单击位置所示下拉列表框，出现三个选项：文件系统、HTTP 和 FTP，图 2.14 所示。HTTP 项目需要 IIS，类似于以前使用 ASP.NET 1.x 的情况。FTP 选项可以在本地或在远程服务器上开启运行于 FTP 服务器上的网站，可以从 Visual Studio 2005 内连接到具有读取、写入权限的任何 FTP 服务器，接着就可以在该服务器上建立及编辑 Web 网页。这是共享环境的一种可能配置，在共享环境下，许多人可以同时使用网站。FTP 选项的最大缺陷是，团队中的多个人可能对项目进行相互矛盾的改动。

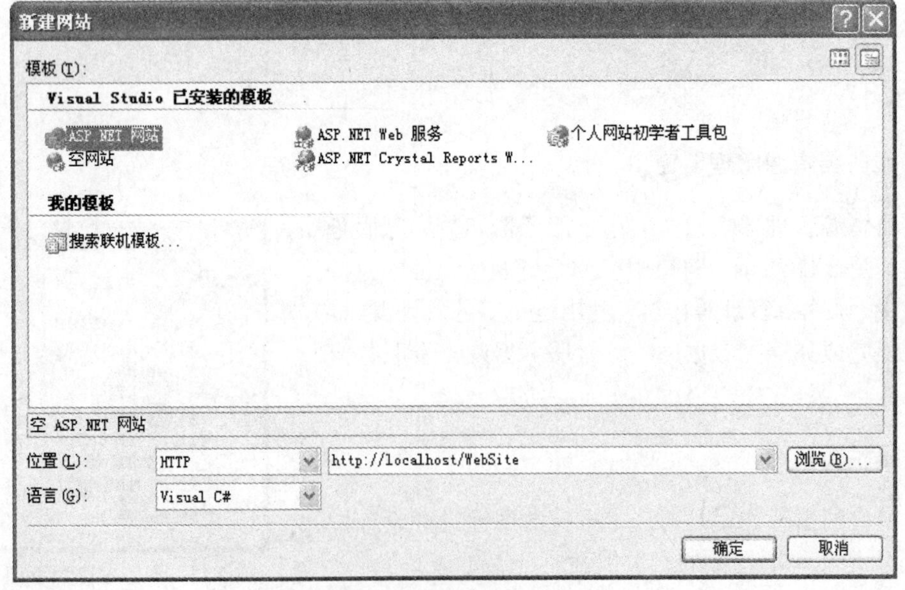

图 2.13 新建网站对话框

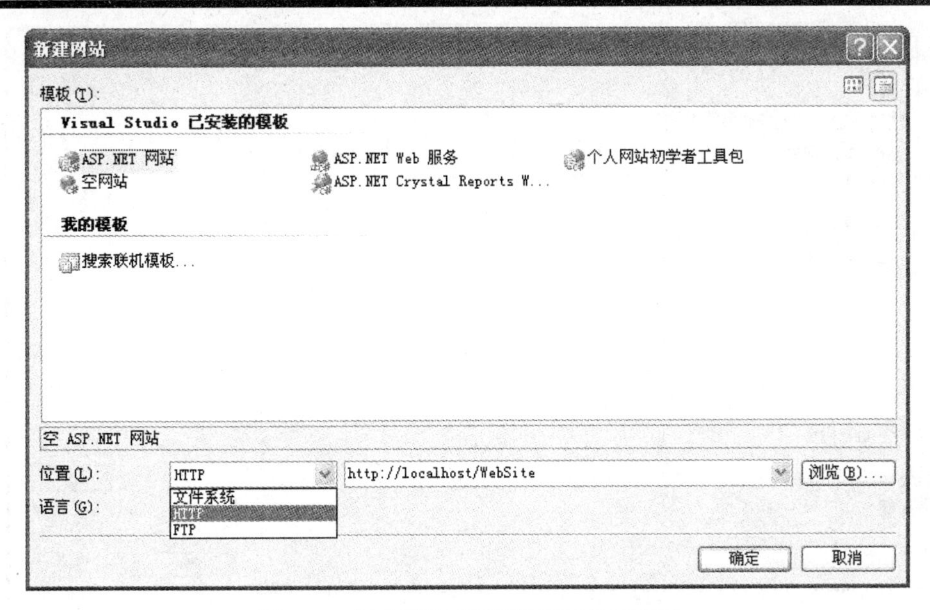

图 2.14 新建网站对话框位置下拉列表框

文件系统选项是基于开发人员所使用的物理目录，在该目录及其子目录中创建或复制的任何文件或文件夹都是网站的一部分。文件系统不需要 IIS 服务器。

(2) 在图 2.14 的“位置”下拉列表框中，选择“HITP”，通过“语言”下拉列表框选择“C#”，然后输入想要建立的站点名称替代 http://localhost/WebSite 后面的“Website”。也可以单击“浏览”按钮，弹出“选择位置”对话框，图 2.15 所示，单击“本地 IIS”图标，在右边“默认网站”中，选择已建好的虚拟目录，单击“打开”按钮，就又返回到新建网站对话框。这里站点的名称用 VS2005 Site，如图 2.16 所示。

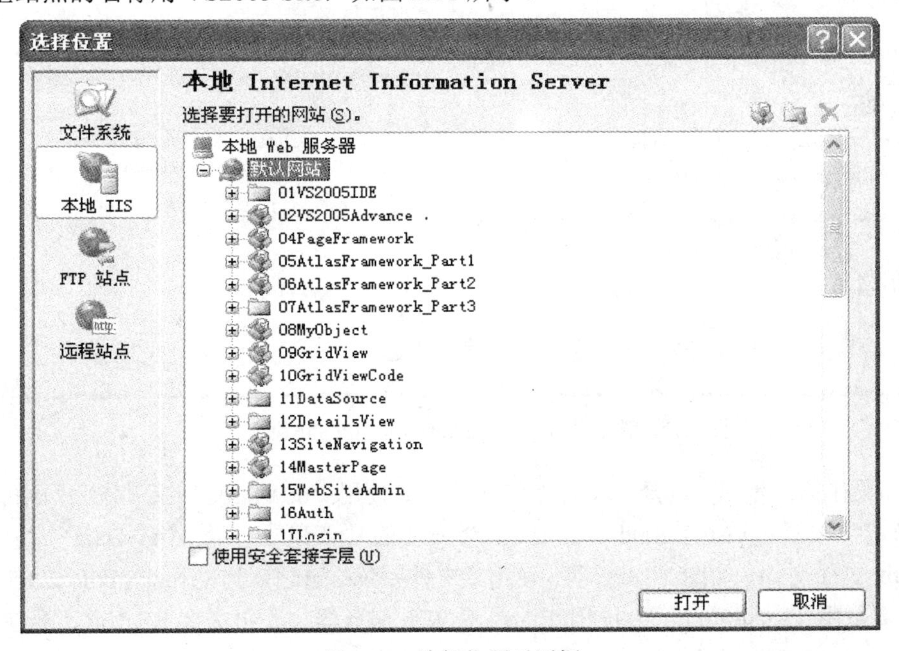

图 2.15 选择位置对话框

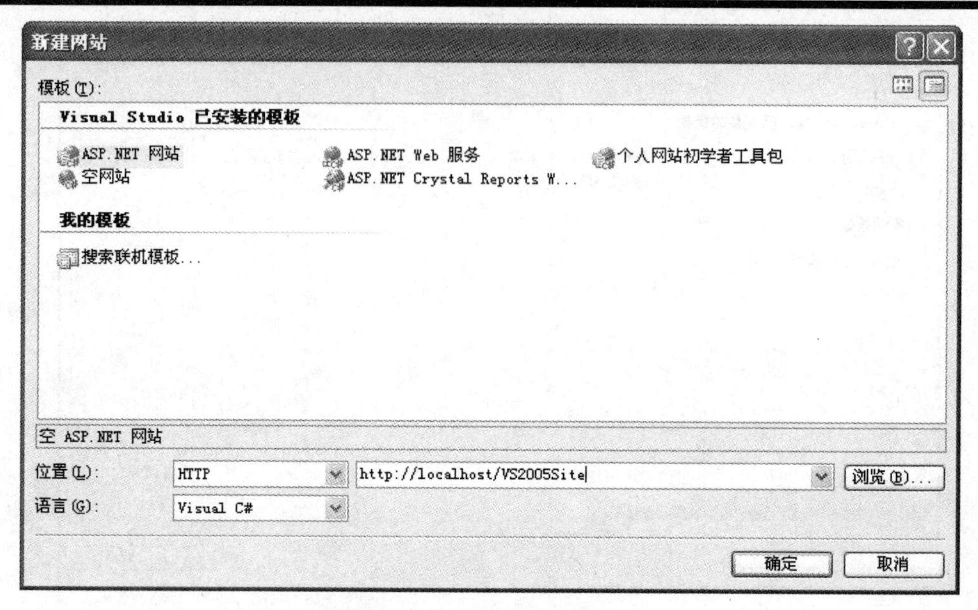

图 2.16　新建 VS2005Site 网站

(3) 单击“确定”按钮完成 ASP.NET 站点的创建，Visual Studio 2005 会为新的站点建立一个 App_Data 目录和一个 default.aspx 页面文件。如图 2.17 所示，左侧的区域是“代码编辑和界面设计”区域，单击下面的“设计”和“源”标签可以在页面的源代码编辑和界面设计视图之间切换。右侧的部分是“解决方案资源管理器”窗口，列出了网站的相关文件。

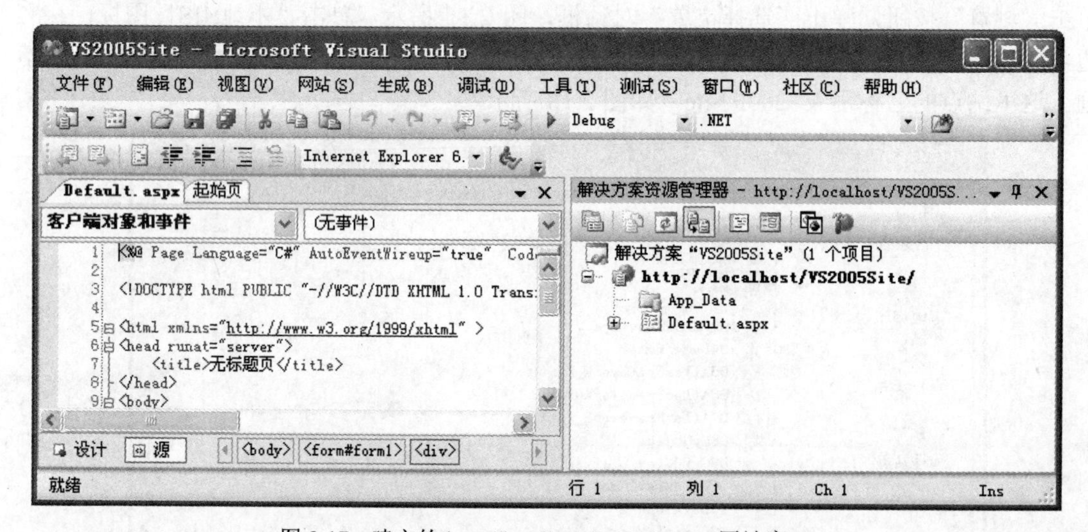

图 2.17　建立的 http://localhost/VS2005 Site 网站窗口

(4) 如果在第二步中，选择“文件系统”选项，使用“d:\VS2005Site”作为网站的目录，单击“确定”按钮，Visual Studio 2005 也会为新的站点建立一个 App_Data 目录和一个 default.aspx 页面文件。如图 2.18 所示。使用“文件系统”选项，从 Visual Studio 2005 中启动网站，就要使用 Visual Studio 2005 附带的内置 Web 服务器。不再需要 IIS，也不会在默认情况下创建新的 IIS 虚拟目录。

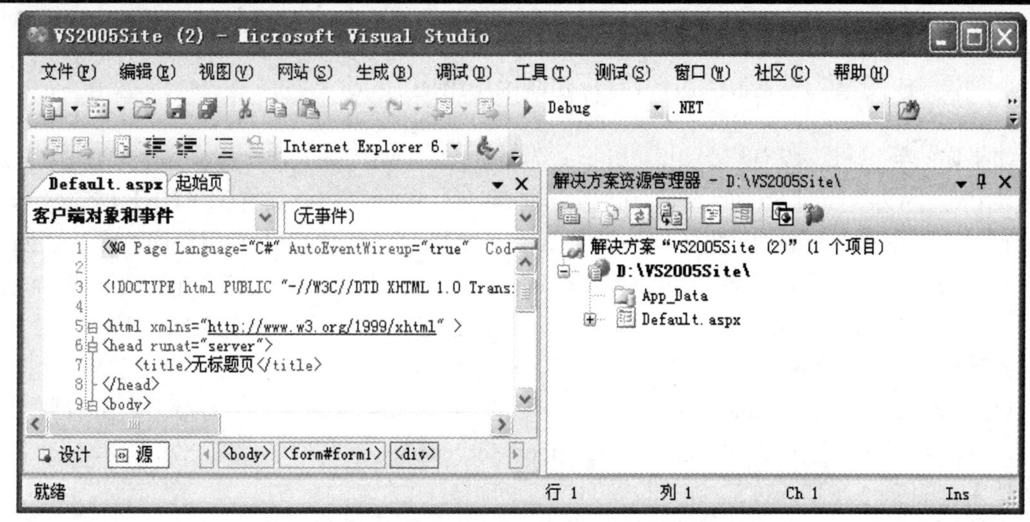

图 2.18 建立的 D:\VS2005 Site 网站窗口

对于现有的 ASP.NET 站点进行编辑，首先在“文件”菜单中选择“打开”，单击“网站”命令，会弹出“打开网站”对话框窗口，如图 2.19 所示，进入要选择打开的网站。

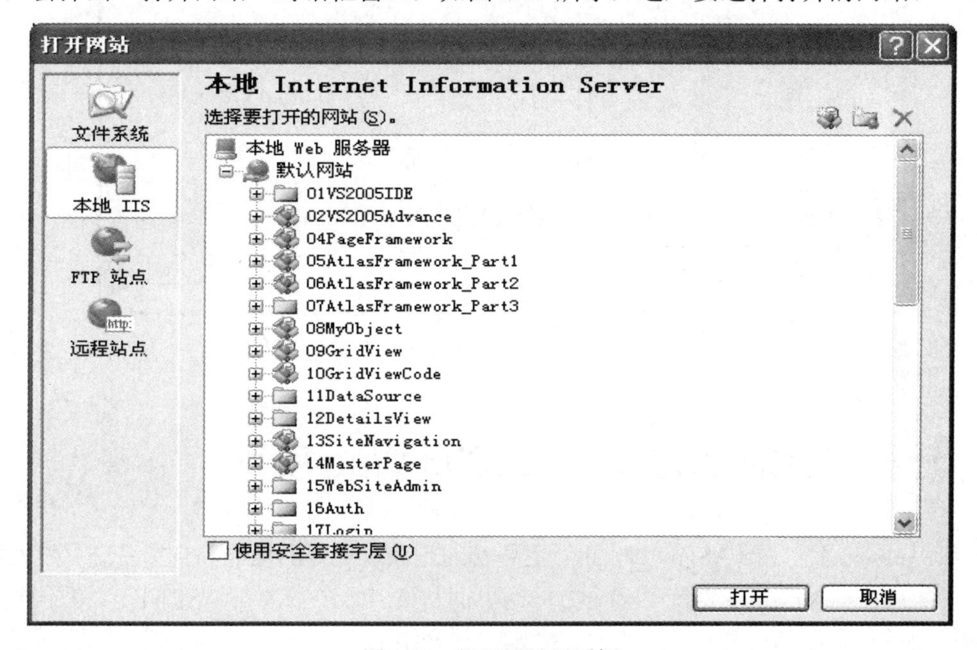

图 2.19 打开网站对话框

如果创建网站时使用文件系统，就单击文件系统图标，选择相应的文件夹。同样，如果网站指定了使用 IIS，就单击本地 IIS 图标，从中选择对应的站点。如果 IIS 服务器配置了文件传输协议，那么也可以使用 FTP 打开现有网站。现在从本地 IIS 视图中选择刚才创建的 VS2005 Site 站点，单击打开，于是又回到了图 2.17 所示的界面，这时就可以对站点的内容进行编辑。

文件想要保存，可以在“文件”菜单中选择“全部保存”项，也可以直接在工具栏中单击磁盘图标进行保存。

2.1.4 使用内置的 ASP.NET Deployment Server

如果你的计算机上没有安装 IIS，也不必为了要开发 ASP.NET 2.0 网站应用程序，而特意去安装 IIS，因为 Visual Studio 2005 任何版本中都自带了一个内置的“ASP.NET Deployment Server”，可以在没有安装 IIS 服务器的计算机上开发和调试 ASP.NET 应用程序。或者在创建新的 Web 站点时，指定用文件系统的方式创建，在默认的情况下启动站点进行调试时，就会启用“ASP.NET Deployment Server”作为 Web 服务器来运行。当运行 ASP.NET 应用程序时，系统会随机指定一个 Port，让它可以运行 ASP.NET 网页应用程序及调试。

启用 ASP.NET Deployment Server 后，可以在 Windows 任务栏右边的指示器上看到的图标，双击图标，打开 ASP.NET Deployment Server 的配置窗口，如图 2.20 所示，图中指定文件系统的文件夹是 d:\VS2005Site 文件夹，随机分配的端口是 5741。

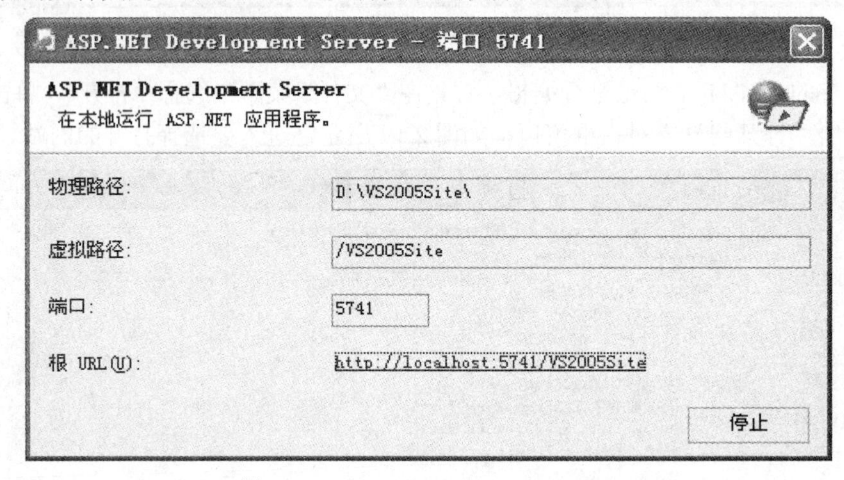

图 2.20 ASP.NET Deployment Server

2.2 迁移现有的 VS2002/VS2003 Web 项目

升级 Web 应用程序到 ASP.NET 2.0 的主要目的是获取更好的性能，包括系统并发性能、稳定性能、响应时间、安全性能等多个方面。下面从 ASP.NET 1.x 与 ASP.NET 2.0 不同点和利用转换向导来升级到 ASP.NET 2.0 两方面来进行介绍。

2.2.1 ASP.NET 1.x 与 ASP.NET 2.0 的不同点

ASP.NET 2.0 在操作上与 ASP.NET 1.x 相比做了较大改进，这些改进使得 ASP.NET 2.0 更易于使用，但却使得 ASP.NET 1.x 的开发人员在一开始接触到时，有些不知所措的感觉。下面简要对这些主要的不同加以说明：

(1) 项目文件：ASP.NET 2.0 应用程序不再使用项目文件(.vbproj 或.csproj)，因为 Web 站点目录下的所有文件都被视为 Web 站点的一部分。

(2) 特殊目录：ASP.NET 1.x 中应用程序具有一个必需的目录(\bin)，用于包含程序集。ASP.NET 2.0 应用程序中则定义了一种更大的目录结构。新目录均以前缀“App_”开头，用于存储资源、公共源代码、主题和其他组件。使用这种新的目录结构将不再需要项目文件，并且还可以选用某些新的部署方法。

(3) 代码分离模式：在 ASP.NET 1.x 中，代码分离模式使内容与代码分离，内容页面从代码分离页面继承而来，代码分离页面包含用户和设计器生成代码。ASP.NET 2.0 通过使用局部类来增强代码分离模式，它允许一个类跨越多个文件。在新的代码分离模式中，内容页面从编译的类继承而来，它由相应的代码分离页面及自动生成的存根文件组成。使代码分离页面显著变小且更加简洁。

(4) 编译模式(一个程序集到多个程序集)：在 ASP.NET 1.x 中，所有的内容页代码、分离页面和支持代码都预先编译到具有固定名称的单个程序集中。ASP.NET 2.0 中，则默认创建文件名各不相同的多个程序集，这种新的编译模式使 ASP.NET 应用程序的结构发生了一些变化，但大大丰富了部署方式，以及在 Web 服务器上提供 Web 应用程序的方式。

(5) 部署方式(预编译、完整编译、可更新站点等)：在 ASP.NET l.x 中，Web 应用程序是作为一个大型程序集而预编译和部署的。而 ASP.NET 2.0 借助新的页面编译模式和目录结构，可以使用多种不同的配置来部署 ASP.NET 2.0 应用程序。

2.2.2 ASP.NET 1.x 升级到 ASP.NET 2.0

从 ASP.NET 1.x 升级到 ASP.NET 2.0 非常容易，因为 Visual Studio 2005 有一个自动向导，可以把原来的 ASP.NET 1.x 应用程序转换到 ASP.NET 2.0 中，而且成功率也非常大。

给定一个已有的网站，开始迁移转换是很简单的。操作步骤如下：

(1) 运行 Visual Studio 2005，打开使用 ASP.NET l.x 的项目虚拟目录已有的网站。将会自动加载 Visual Studio 转换向导。如图 2.21 所示。

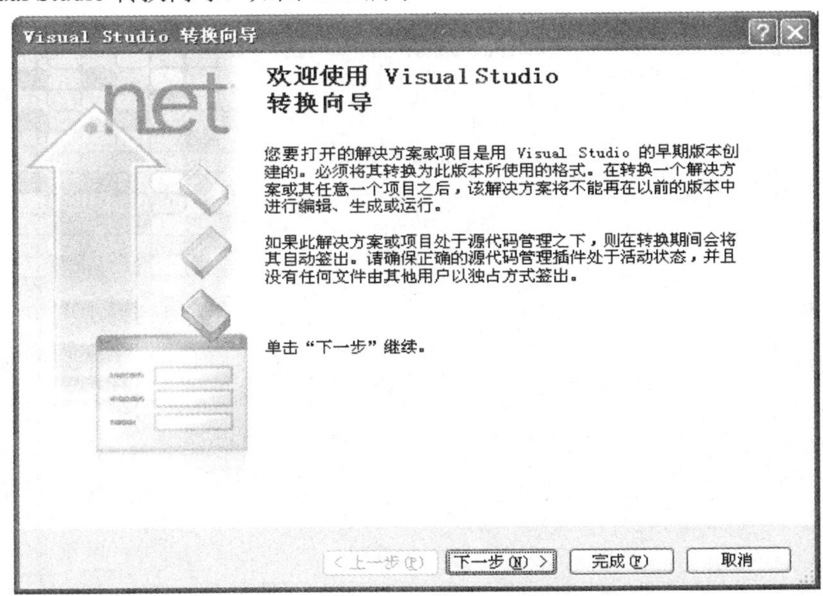

图 2.21 Visual Studio 转换向导界面一

(2) 单击“下一步”按钮，会弹出一个对话框，要求选择是否要在执行转换之前对原来项目进行备份，如图 2.22 所示。

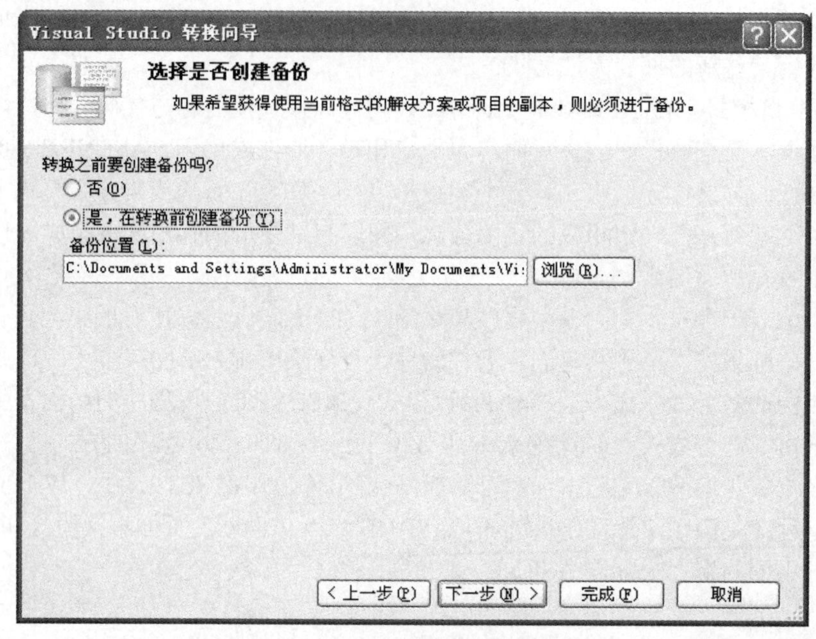

图 2.22 Visual Studio 转换向导界面二

选择是，在转换之前创建一个备份。如果不想使用默认位置，可以单击“浏览”按钮，改变默认位置。

(4) 单击“下一步”按钮。转换向导屏幕汇总了我们的选择，单击“完成”按钮，让转换向导执行转换。转换所需要的时间取决于要转换应用程序的大小。

(5) 完成后，向导会显示一个转换完成屏幕。如图 2.23 所示，选中“关闭向导时显示转换日志”复选框。

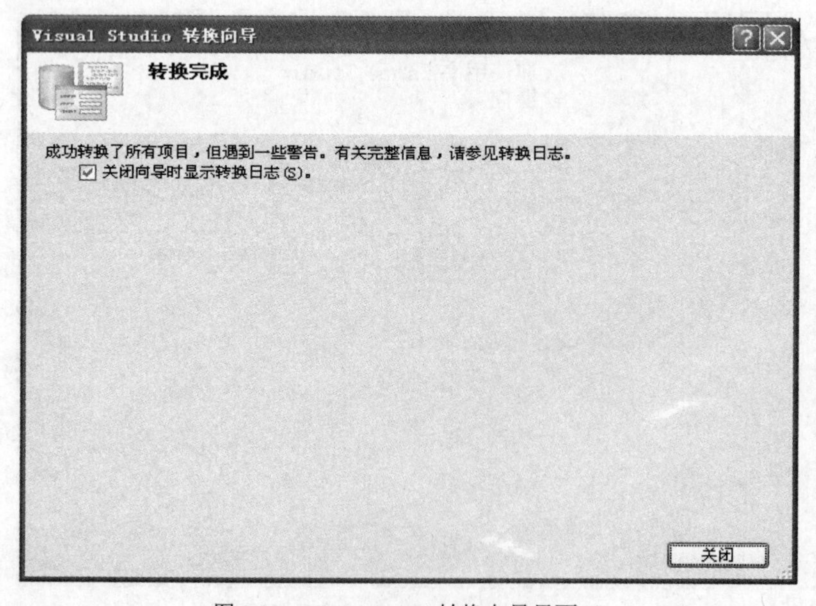

图 2.23 Visual Studio 转换向导界面三

(6) 单击“关闭”按钮，会生成转换报告，此报告将显示转换向导所遇到的问题及可能需要执行其他步骤以完成转换的代码区域，如图 2.24 所示。

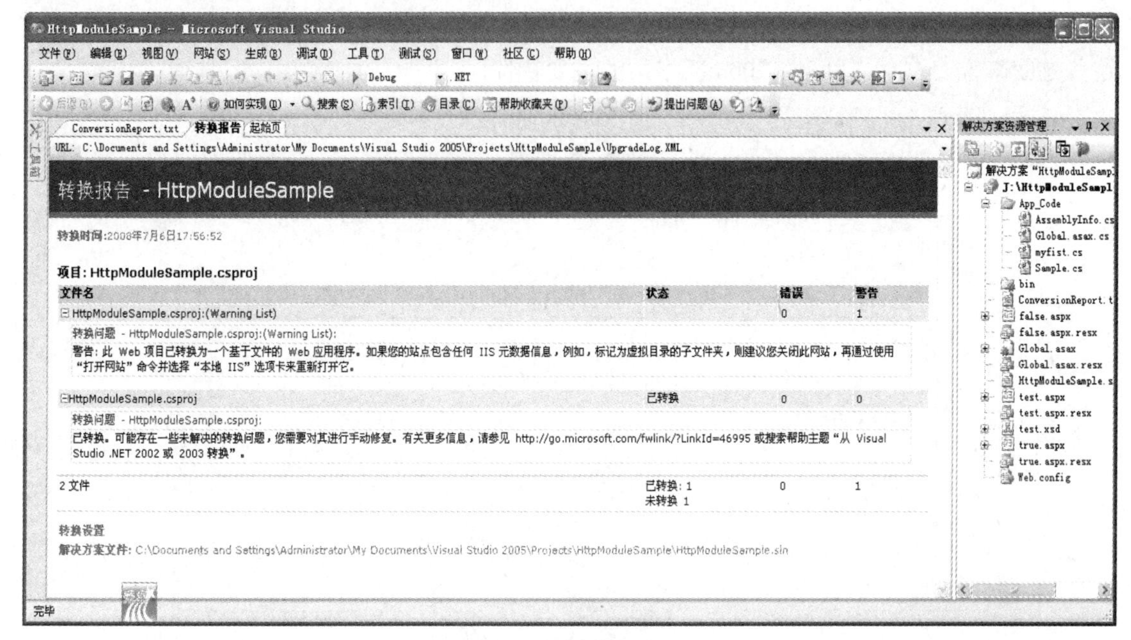

图 2.24 转换报告

转换报告列出有关项目每个文件的一个或多个问题，报告中的每一项都属于下面三种情况之一：

(1) 通知：用户转换向导所执行的操作。用户会看见许多已删除文件或移动文件以及删除或注释代码的通知，向导将会对每个文件执行特定的标准操作，这些操作对于转换都是必要的。

(2) 警告：一旦向导必须采取可能改变应用程序行为的转换操作时，将会生成警告，用户应该检查警告项，看看是否会影响应用程序的正确性。通常警告都可以忽略。

(3) 错误：当向导遇到一些不能自动转换的内容时，就会生成错误信息，这些信息将会要求用户执行某些操作以完成转换。如果出现错误信息，转换多半不能完全成功，此时运行应用程序一般会失败。

迁移在大多数情况下都能顺利完成。如果在转换过程中有错误，就会在转换向导创建的转换报告中看到它们。该向导很容易使用，但文件会改变并移动位置，我们需要理解这些变化。还需要知道如何从转换中恢复，以防转换过程没有生成期望的结果，或在转换之前更容易进行修改，而不是在转换后修改。

2.3 Visual Studio 2005 的新特性

与以前版本相比，Visual Studio 2005 增加了大量方便、实用的新特性，其目的在于使.NET 开发人员比以往更加高效。如图 2.25 所示，Visual Studio 2005 在控件上，新增加了多种服务器控件，如数据访问控件、登录控件、站点导航控件等；在页面框架方面，做出了重大改进，主要体现在母版页、主题和皮肤、编译机制和本地化四项技术特性。在服务和应用程序接口方面新增加了成员资格管理、角色管理、用户配置、数据缓存、配置与管理工具等。下面从这些方面来说明 Visual Studio 2005 新增加的主要特性。

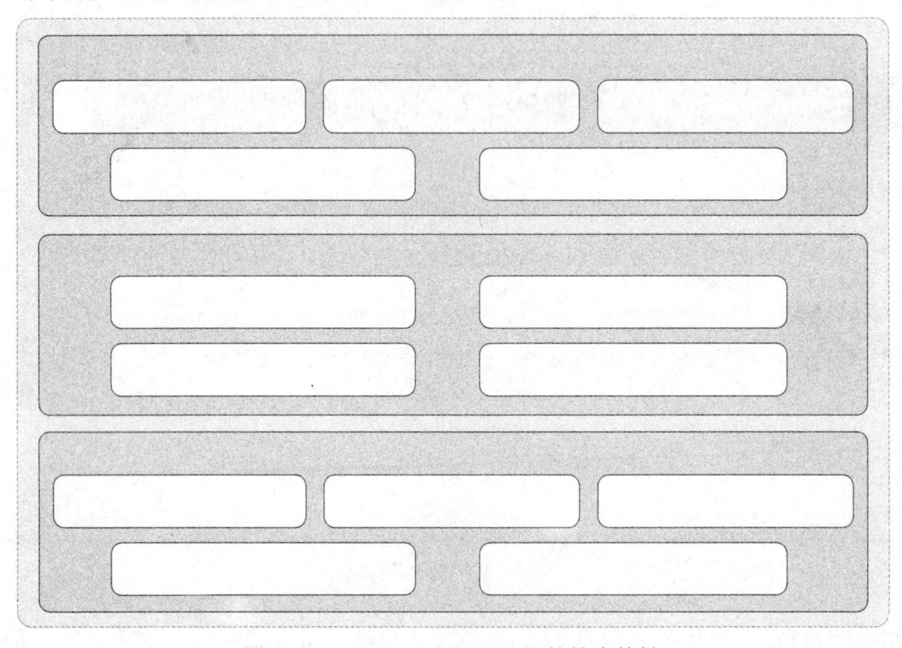

图 2.25 Visual Studio 2005 新的技术特性

2.3.1 新增服务器控件

ASP.NET 1.x 提供的控件数量太少，难以满足日益增长的开发需求，无法更快更好地开发应用程序。为了弥补 ASP.NET 1.x 的不足，ASP.NET 2.0 新增了多种服务器控件。根据控件功能，可以分为站点导航控件、数据控件(包括数据源控件和数据绑定控件)、登录系列控件、Web 部件和其他服务器控件等。熟练使用这些服务器控件对于提高工作效率、减低开发成本有着重要意义。

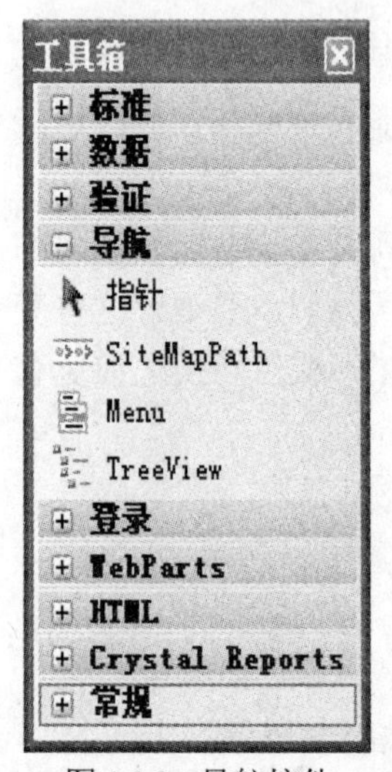

图 2.26 导航控件

2.3.1.1 站点导航控件

站点导航控件主要用于实现站点页面导航功能，能够将指向所有页面的链接存储在一个中央位置，并在列表中呈现这些链接。如图 2.26 所示，站点导航控件包括 SiteMapPath、Menu 和 TreeView 三个控件。

SiteMapPath 控件能够根据站点导航信息，准确定位当前页面所处整个 Web 站点的位置，同时，使用层次化表示方法，将位置信息显示为有序的静态文本或者超链接。另外，还可以通过调整相关属性，自定义位置信息的外观以及实现数据绑定等功能。

Menu 控件可构建与 Windows 应用程序类似的菜单，显示一个可展开的菜单，让用户可以遍历访问站点中的不同页面。将光标悬停在菜单上时，将展开包含子节点的节点。该控件不仅可与多种数据源控件集成，而且还可以支持自定义外观、事件处理等功能。

TreeView 控件主要用于显示树形结构，该树与 Windows 资源管理器中的树类似，让用户可以遍历访问站点中的不同页面，单击包含子节点的节点可将其展开或折叠。同时，该控件还支持数据绑定、自定义外观等功能。

导航控件及其显示形式如图 2.27 所示。

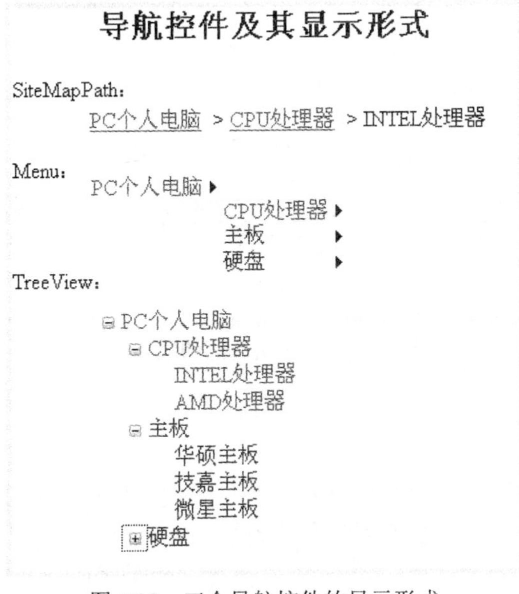

图 2.27 三个导航控件的显示形式

2.3.1.2 数据控件

ASP.NET 2.0 的数据控件分为两类：一类是数据源控件，另一类是数据绑定控件。数据源控件包括 SqlDataSource、AccessDataSource、XmlDataSource、SiteMapDataSource 和 Object DataSource。

如图 2.28 所示，这些控件主要实现连接不同数据源、数据检索和修改功能，只要设计人员对数据源控件的属性进行适当的设置，即可完成对数据表的分页、排序、更新、删除和增加数据等工作，而不需要手工增添其他代码。数据绑定控件主要包括 GridView、DetailsView 和 FormView 等。这些控件可与数据源控件配合，将获取的数据以不同形式显示在页面上。

图 2.29 是使用 GridView 控件，显示数据源是数据库的数据表中符合条件记录的图示效果。

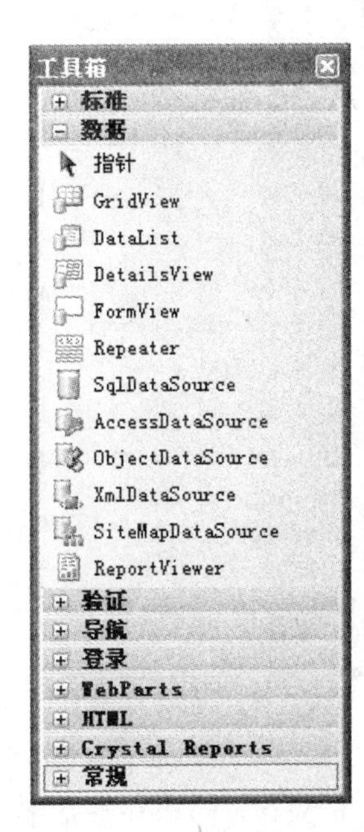

图 2.28 数据控件

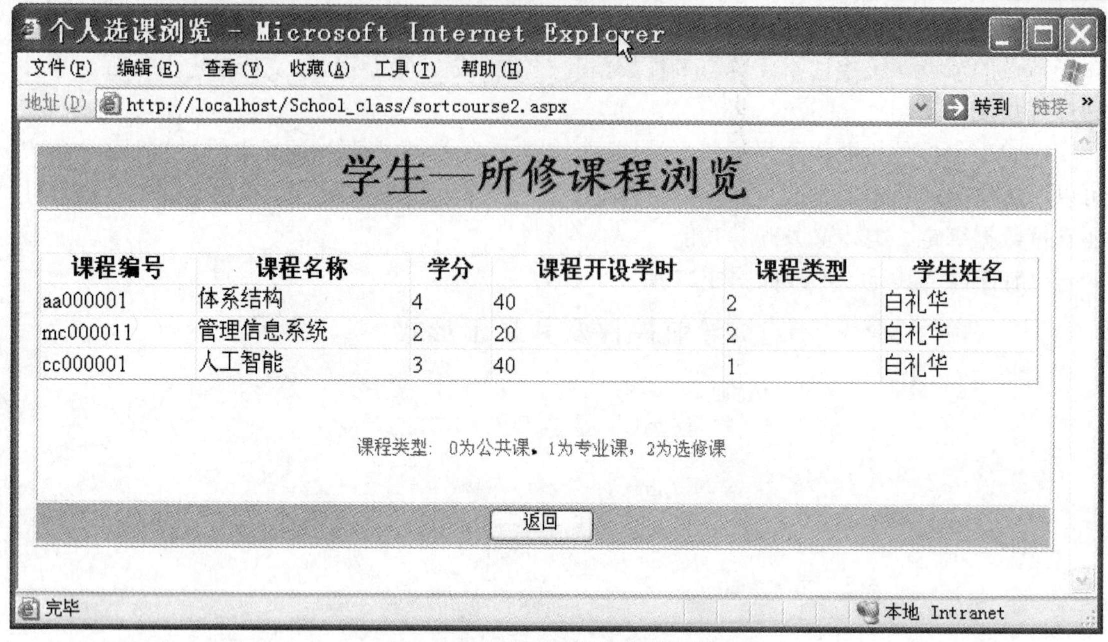

图 2.29 使用数据控件的效果图

2.3.1.3 登录系列控件

许多 Web 站点都提供了用户登录验证机制来保护网页的访问权限，常见功能包括用户登录、创建新用户，修改密码等。实现这些功能的基本方法比较类似，然而，由于开发人员的水平差异，可能造成一些不必要的漏洞和错误。

图 2.30 登录控件

为了解决这个问题，VS2005 中提供了一系列内置的登录控件，包括 Login、LoginName、LoginView、LoginStatus、PasswordRecovery、ChangePassword 和 CreateUserWizard 控件，如图 2.30 所示。利用这些控件不但可以快速构建网站所需的用户登录与账号密码维护，最大的特点是不加任何程序代码或者只需少许的程序代码，可以轻松实现登录验证、创建新用户、显示登录状态、显示登录用户名、更新和修改密码等功能，为网站安全管理提供一个不错的初步解决方案。出于灵活性考虑，登录系列控件不仅提供了大量成员对象，而且还支持自定义模板功能(部分控件支持)。另外，登录系列控件在 HTTP 之间传递的是 plain text，也就是未加密的文本，如果有安全性的考虑，则可以使用具有 SSL 加密的 HTTPS 通信协议。

登录控件中，Login 控件是由账号及密码文本框等共同组成的一个控件，并可自定义模板；CreateUserWizard 控件是一个现成的提供创建用户账号的模板，里面包括用户姓名、密码、E-Mail、问题和答案字段以供输入；PasswordRecovery 控件用于用户忘记密码的时候，提供密码恢复机制；ChangePassword 控件用于修改密码。图 2.31、图 2.32 和图 2.33 所示为 ogin 控件、CreateUserWizard 和 ChangePassword 的应用效果。

登录控件彼此具有独立性，也就是可以单独使用，或者是多个登录控件互相搭配成一个完整的登录机制。例如：Login 控件负责账号密码的验证，CreateUserWizard 负责用户账号的创建，PasswordRecovery 和 ChangePassword 负责密码的管理等。

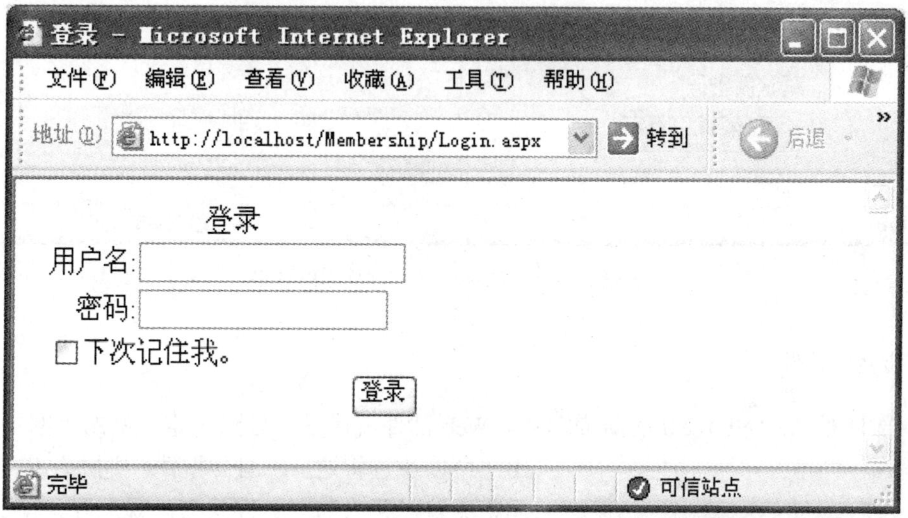

登录 - Microsoft Internet Explorer
文件(F) 编辑(E) 查看(V) 收藏(A) 工具(T) 帮助(H)
地址(D) http://localhost/Membership/Login.aspx 转到 后退
登录
用户名:
密码:
下次记住我。
登录
完毕 可信站点

图 2.31 Login 控件使用的效果

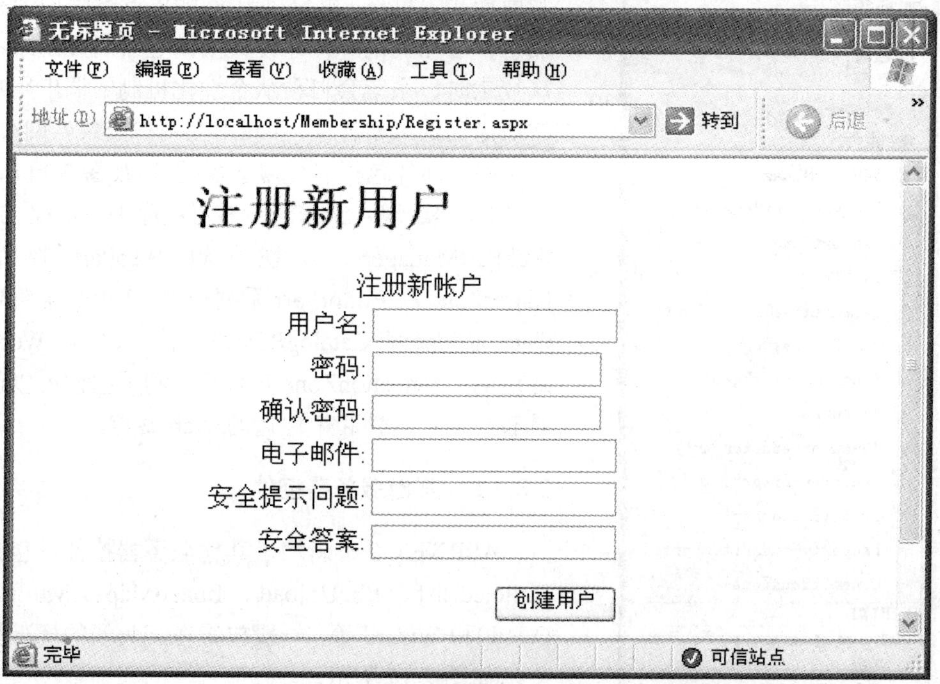

无标题页 - Microsoft Internet Explorer
文件(F) 编辑(E) 查看(V) 收藏(A) 工具(T) 帮助(H)
地址(D) http://localhost/Membership/Register.aspx 转到 后退
注册新用户
注册新帐户
用户名:
密码:
确认密码:
电子邮件:
安全提示问题:
安全答案:
创建用户
完毕 可信站点

图 2.32 CreateUserWizard 控件使用的效果

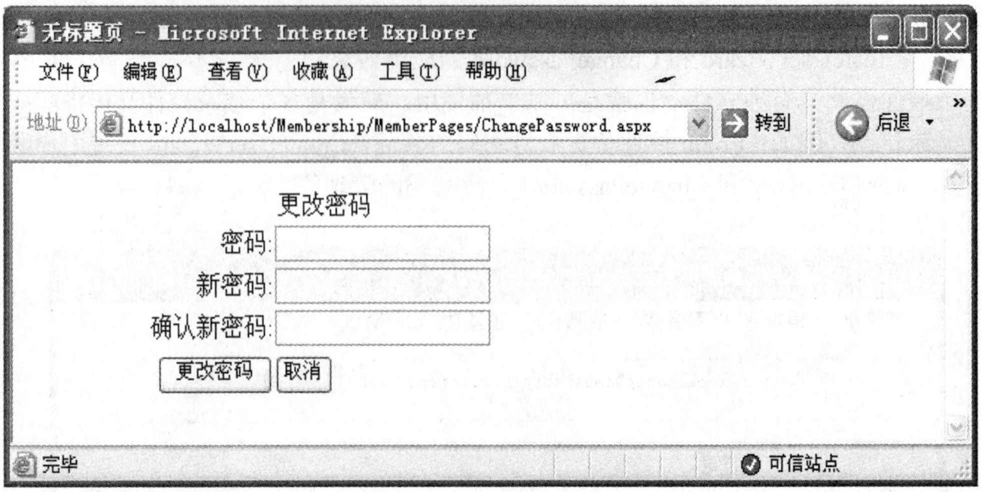

无标题页 - Microsoft Internet Explorer

文件(F) 编辑(E) 查看(V) 收藏(A) 工具(T) 帮助(H)

地址(D) http://localhost/Membership/MemberPages/ChangePassword.aspx 转到 后退

更改密码

密码:

新密码:

确认新密码:

更改密码 取消

完毕 可信站点

图 2.33 ChangePassword 控件使用的效果

2.3.1.4 Web 部件

Web 部件是 ASP.NET 2.0 的新增功能。Web 部件就像是一堆预先定义好的“网页零件”，用户可以通过将这些“网页零件”拼拼凑凑、修改，调整成自己喜欢的网页样式与外观配置。有了 Web 部件，用户可以结合个性化机制来达到自行设置外观或样式等风格。用户自定义的 Web 部件内容被存储在个性化机制中，即使关闭浏览器离开网站，下次登录时，系统会自动从个性化机制中调出用户上次所定义的风格样式，并套用在用户登录的网页中。

Web 部件包括多个服务器控件，如图 2.34 所示。例如，实现 WebPart 控件管理和控制的 WebPartManager、实现编辑 WebPart 控件的 EditorZone 和 EditorPart 系列控件、实现目录管理的 CatalogZone 和 CatalogPart 系列控件、实现 WebPart 通信的 ConnectionZone 控件等。利用它们可以创建具有高度灵活性和个性化的 Web 站点。

工具箱

标准

数据

验证

导航

登录

WebParts

指针

WebPartManager

ProxyWebPartManager

WebPartZone

CatalogZone

DeclarativeCatalogPart

PageCatalogPart

ImportCatalogPart

EditorZone

AppearanceEditorPart

BehaviorEditorPart

LayoutEditorPart

PropertyGridEditorPart

ConnectionsZone

HTML

Crystal Reports

常规

图 2.34 Web 部件

2.3.1.5 其他服务器控件

ASP.NET 2.0 新增了其他服务器控件，包括：BulletedList、FileUpload、ImageMap、MultiView (View)和 Wizard 等，一般放置在工具箱的标准控件中，如图 2.35 所示。

BulletedList 控件的主要功能是在页面上显示项目符号和编号格式；ImageMap 控件为图片控件，

除了可以显示指定的图片外还可以在图片上定义热点区域。

MultiView(View)控件是一组 View 控件容器，MultiView 和 View 控件是需要配合使用的，MultiView 可以包含一组 View 控件，其中每个 View 控件都包含子控件。View 控件又可包含标记和控件的任何组合。

ASP.NET 2.0 提供了需要生成一系列窗体来收集用户数据的 Wizard 控件，该控件可以方便地让开发人员设置收集步骤、添加新步骤或对步骤重新排序的机制，而无需编写代码或在窗体步骤之间保存用户数据。

使用 FileUpload 控件可以向用户提供一种将文件从客户端计算机发送到服务器的方法。

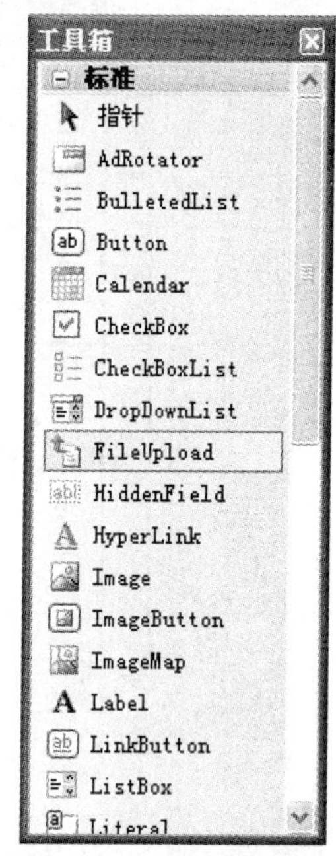

图 2.35 其他服务器控件

2.3.2 母版页

很多站点都对所有网页使用类似的图形布局。这是由于公认的设计和可用性指导原则而产生的。一致的布局是所有最新 Web 站点的特征，而不管多复杂。一些 Web 站点的布局包括页头(header)、主体和页尾(footer)；而另一些则更复杂，由包含和生成实际内容的导航菜单、按钮和面板组成。在 ASP.NET 1.x 中，创建具有公共布局最好的方法是采用用户控件。而在 ASP.NET 2.0 中，则可以使用构建页面布局框架的技术特性——母版页。

在 ASP.NET 2.0 中，母版页是一个在应用程序级和网页级引用的特殊文件，母版页是扩展名为.master 的文件，其代码内容和结构与普通.aspx 文件类似。代码中包括一个或多个 ContentPlaceHolder 控件。在创建母版页时，需要将页面公共部分存储于母版页中，例如，页面公用的页头、页尾等，而页面非公共部分则使用 ContentPlaceHolder 控件实现占位。内容页文件虽然扩展名为.aspx，但是代码内容和结构与普通.aspx 文件代码相距甚远，其代码分为两个部分：代码头声明和 Content 控件。代码头声明一个和多个 Content 控件。开发人员需要在内容页代码头绑定母版页，同时，将页面非公共部分内容设置在 Content 控件标签之间。在运行时，用户不能直接请求母版页，只能请求访问内容页。此时，母版页和内容页将合并生成结果页，结果页面包含页面公共部分和非公共部分的运行结果。

图 2.36 是使用母版页的网页显示的图示，网页的页头、页尾及左边的导航栏、树形导航菜单是使用了母版页，中间的文字是内容页。母版的使用将在下一章详细介绍。

2.3.3 主题和界面

应用程序的外观和操作方式常常与其功能一样重要。母版页解决了页面的整体布局问题，而主题给应用程序的外观和操作方式提供了灵活性。简单地说，它们提供了一种方式，可以从页面及其控件定义中删除样式。

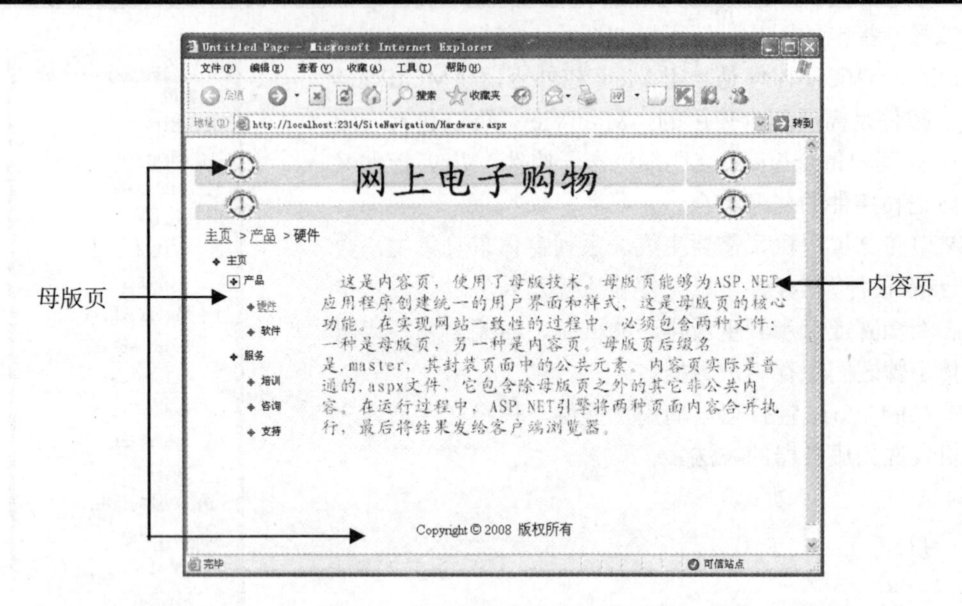

图 2.36 使用母版页的网页显示图

主题由一组文件构成，可能包括界面文件、CSS 文件、图片和其他资源等。这些文件必须存储在 App_Themes 文件夹中。皮肤文件是主题的核心内容。这种文件的扩展名为.skin，其中包含各种服务器控件的各种属性设置。利用主题功能，不仅能够定义页面和控件的外观，还可以在所有 Web 应用程序、单个 Web 应用程序的所有页面或者单个 Web 页面中，快速一致地应用所定义外观。另外，还可以根据应用程序的需要动态加载主题。

图 2.37 中，定义了一个标签控件、文本框控件和一个命令按钮控件，使用默认的属性设置显示的效果。图 2.38 是定义了主题，三个控件使用了主题后的显示效果。

主题不是必须使用的，但使用它们便于将样式应用于每个页面，而且肯定比在页面上在线包含样式好一些。

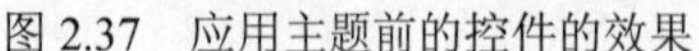
图 2.37 应用主题前的控件的效果

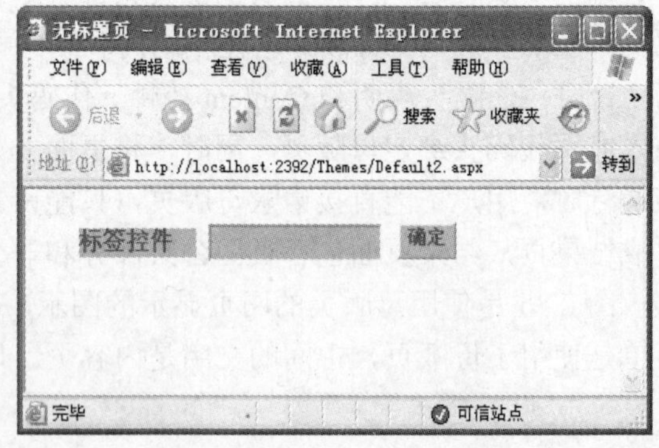

图 2.38 应用主题后的控件的效果

2.3.4 个性化用户配置

网站的个性化服务是近几年才发展起来的一项热门技术，也是当前网站竞争的焦点之一。

ASP.NET 2.0 为个性化服务设计提供了强有力的支持。

个性化用户配置功能主要用于存储单个用户配置数据，这些数据可以是简单数据类型，也可以是复杂数据类型，甚至自定义对象等。实现个性化服务时，必须先识别用户身份，无论是通过验证(Authentication)还是匿名(Anonymous)的，前者通过登录身份验证，后者是启用 ASP.NET 2.0 新的匿名跟踪机制，具备了唯一识别用户的能力后，将用户信息存储在相关的数据表中，待需要时再取出。所以即使网站具有千万个用户，每个用户的信息也都是单独存储而不会互相干扰的。

ASP.NET 2.0 使用个性化用户配置功能非常简单。首先，在 Web.config 文件中定义配置信息名称、数据类型等，然后，调用与用户配置功能有关的强类型 API，例如，用 Profile 实现对用户配置信息的存储、访问和管理等应用。

图 2.39 所示是当匿名用户第一次进入网站时的显示，假设用户喜爱黄色，选择黄色并保存后，下一次再访问这个网站时，就以用户喜爱的黄色来显示，如图 2.40 所示。

图 2.39 匿名用户第一次进入网站

图 2.40 匿名用户再一次进入网站

2.3.5 成员资格和角色管理

基于角色的安全技术目前已经成为大多数网站必备的功能，然而设计这项功能并不简单，若使用传统的方法，最少需要使用十几个标准控件，编写上百行代码，并经过反复的调试才能完成。

在 ASP.NET 2.0 中，为了进行用户管理和保证网页安全，系统提供了完善的服务。包括提供了一个网站管理工具和 7 个组合控件。当给网站配置好安全设置以后，系统还将在应用程序的“App_Data”专用目录下创建专用数据库(通常取名为 ASPNETDB.MDF)和若干专用数据表，这些表包括用户的注册信息、角色信息以及为个性服务所需要的信息等。系统不仅自动建立了这些表格，还将自动存入这些信息，并在注册表中进行查询等项工作，全面实现了自动化。在这些工具的支持下，设计者只需做一些简单的设置，就能设计出功能比较完备的基于角色安全技术的网页。

图 2.41 所示的是利用 ASP.NET 2.0 提供的 Role 功能，实现删除用户角色权限的一个运行界面。

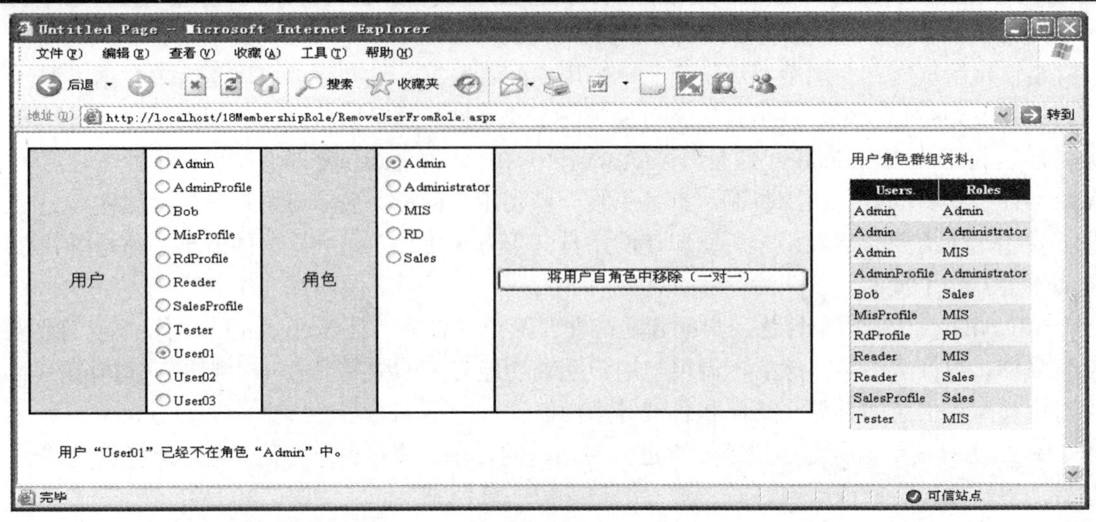

图 2.41 删除用户的角色权限

2.3.6 配置和管理工具

为了快速方便地实现应用程序配置和管理，ASP.NET 2.0 提供了两个内置的可视化工具：一个是 ASP.NET 配置设置，另一个是 Web 网站管理工具。图 2.42 所示显示了 ASP.NET 配置设置的界面。

图 2.42 ASP.NET 配置设置

如果计算机中安装了 Internet 信息服务(IIS)和.NET Framework 2.0，那么打开 IIS 即可使用 ASP.NET 配置设置。利用该工具可对指定应用程序的连接字符串、应用程序配置、自定义错误、授权、身份验证、公共编译、页和运行时、全球化和标识、应用程序状态、位置等方面进行全面设置。所有设置结果都将显示在应用程序 Web.config 文件中。从这一角度而言，ASP.NET 配置设置是一个用于编辑 Web.config 文件的图形化工具。

如果使用 Visual Studio 2005 创建 ASP.NET 2.0 应用程序，那么可以调用 Web 站点管理工具，如图 2.43 所示。与“ASP.NET 配置设置”管理工具不同的是，Web 站点管理工具是一个 Web 应用程序，而不是一个 Windows 应用程序。Web 站点管理工具提供了对指定 Web 应用程序的安全、应用程序配置、提供程序等多方面的设置。例如，创建管理用户和角色信息、设置 SMTP 参数、设置各种提供程序等。

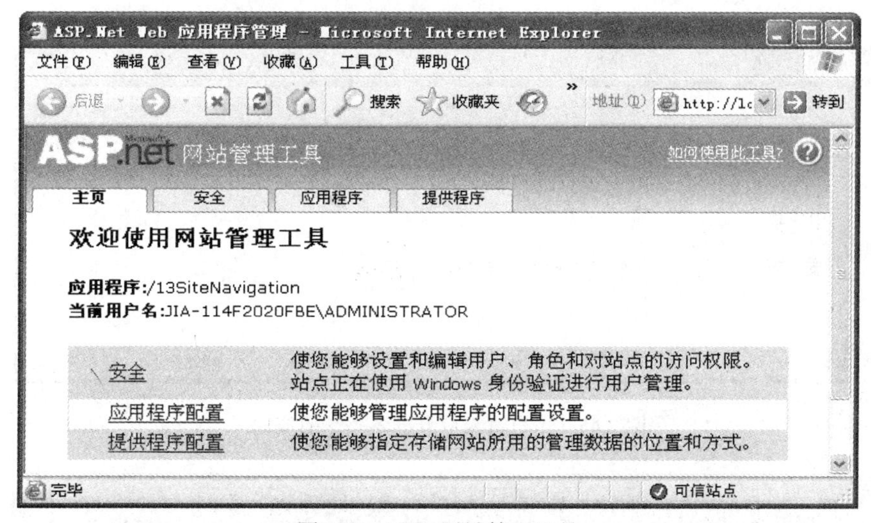

图 2.43 Web 网站管理工具

2.4 开发 ASP.NET 应用程序

安装完 Visual Studio 2005 后，就可以开发 ASP.NET 应用程序了。在 Visual Studio 2005 中开发 ASP.NET 应用程序的一般步骤是：

1) 利用 Visual Studio 2005 创建一个 Web 站点。
2) 利用 Visual Studio 2005 工具箱中的控件，根据程序的要求合理地设计应用程序界面。
3) 设置相关控件的属性。
4) 编写有关控件的事件代码。
5) 对程序进行运行调试。
6) 保存网站中的文件。
7) 发布网站。

下面以实例详细介绍 Visual Studio 2005 中创建 ASP.NET 应用程序各个步骤的操作。

【例 2.1】设计如图 2.44 所示的用户输入窗口，当用户输入信息如图 2.45 所示，单击“信息提交”按钮后，在另一页面返回用户所提交的信息如图 2.46 所示。

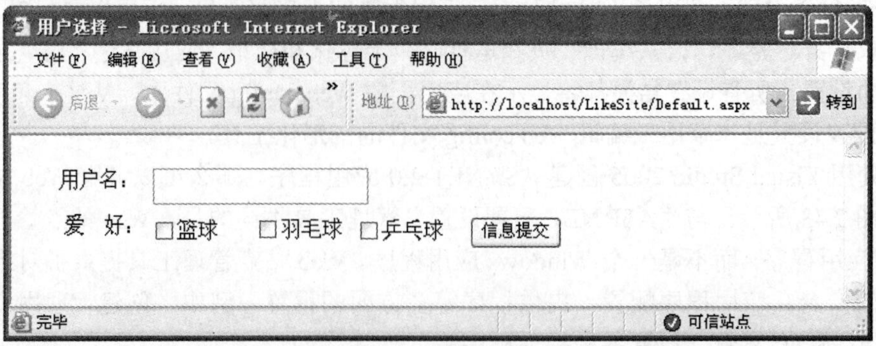

图 2.44　用户输入窗口

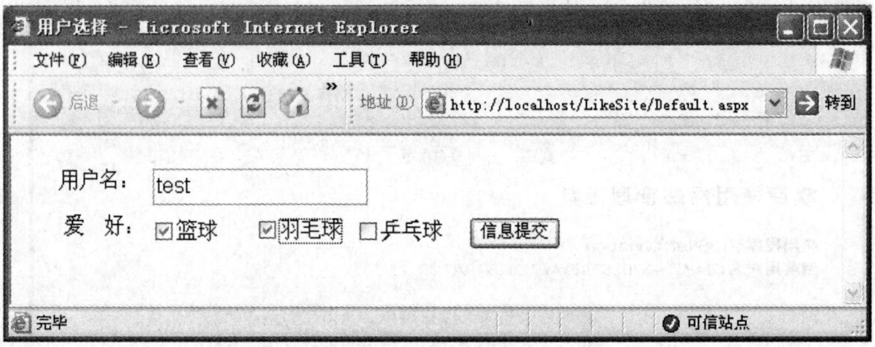

图 2.45　用户输入信息准备提交的窗口

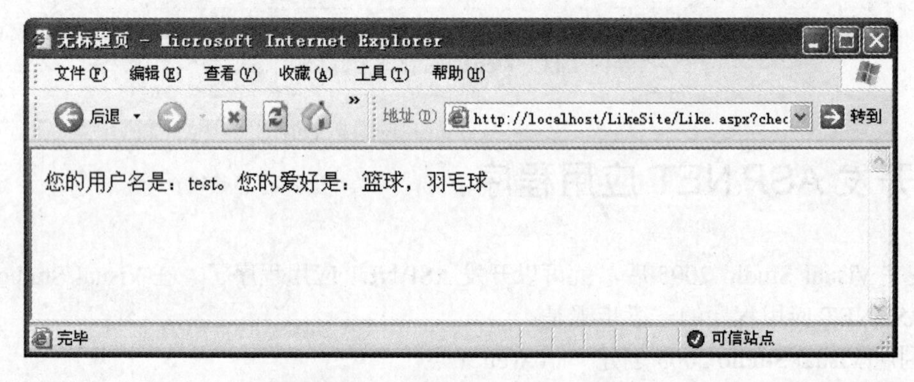

图 2.46　用户信息返回到另一页面

在 Visual Studio 2005 环境中设计 ASP.NET 应用程序的步骤为：

1) 利用 Visual Studio 2005 创建一个 Web 站点，网站名为：LikeSite。

启动 Visual Studio 2005，单击“文件”主菜单中的“新建”子菜单中的“网站”命令，在弹出的“新建网站”窗口上，在模板中选择“ASP.NET 网站”，在“位置”下拉列表框中选择“HTTP”选项(本机装有 IIS)，语言选择“Visual C#”输入站点名为：LikeSite，如图 2.47 所示。

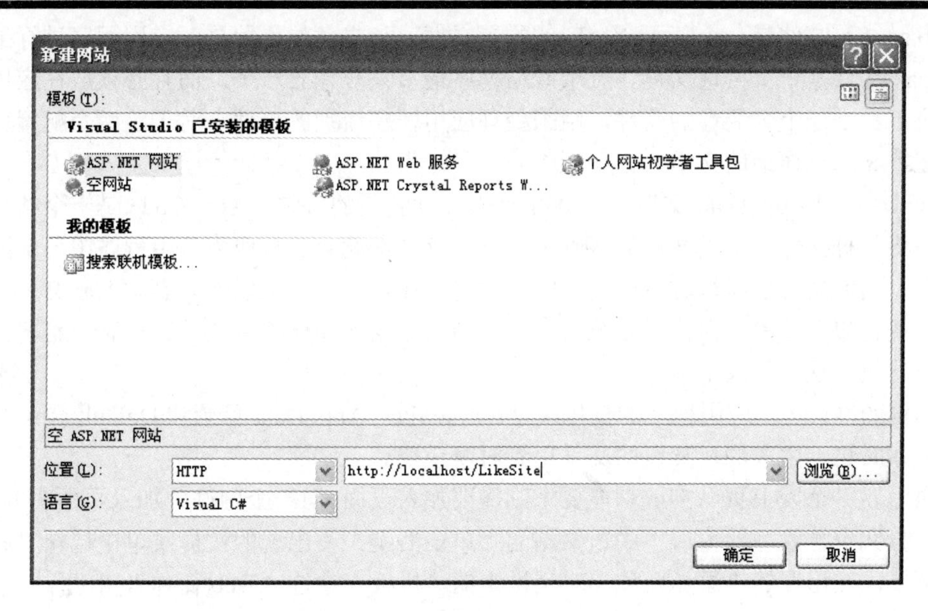

图 2.47 新建 LikeSite 网站

点击“确定”按钮，Visual Studio 2005 会自动在 Web 程序所在地 Inetpub\wwwroot 目录下面创建一个虚拟目录。这时打开 IIS，就会发现产生了一个名为 LikeSite 的虚拟目录，在 Visual Studio 2005 中，可以看到建立了一个名为 Default.aspx 的 Web 窗体和一个 App_Data 文件夹，如图 2.48 所示。

图 2.48 创建 LikeSite 网站后的主窗口

一个网站就是一个 ASP.NET 2.0 应用程序，是程序运行的基本单位，也是程序部署的基本单位，应用程序由多种文件组成，通常包括 5 部分：

(1) 一个 IIS 信息服务器中的虚拟目录。这个虚拟目录为应用程序的根目录。

(2) 一个或多个带.aspx 的网页文件，还可以有.htm 或.XML 等其他格式的文件。

(3) 一个或多个 Web.config 配置文件。

(4) 一个以 Global.asax 命名的全局文件。

(5) App_Code 和 App_Data 共享文件夹。

Web.config 文件是一个基于 XML 的配置文件，该文件的作用是对应用程序进行配置，Global.asax 文件是一个可选文件，一个应用程序最多只能建立一个，而且必须放在应用程序的根目录下，是一个全局性的文件，用来处理应用程序级别的事件，对于这两个配置文件的设置，在第 8 章有详细的介绍。

App_Code 和 App_Data 文件夹是 ASP.NET 2.0 新增的目录，App_Code 是一个共享的目录，如果将某种文件，如类文件放在本目录下，该文件就会自动成为应用程序中各个网页的共享文件。当创建三层架构时，中间层的代码将放在这个目录下以便共享。App_Data 目录，是为了实现客户管理的个性化，系统将提供专用的数据库和一些专用的数据表，这些数据库和表将自动放在这个目录下。

本示例的网站中，应用程序的根目录是：LikeSite，App_Data 目录和 Default.aspx 文件是网站在创建时自动生成的，其他的文件用到时再说明。

如果需要一个以上页面实现功能要求则需要加入页面。向一个网站中加入页面的方法是：在“解决方案资源管理器窗口”中该网站名上单击右键，在出现的快捷菜单中选择“添加新项”子菜单，在出现的“添加新项”对话框中的“模板”中选“Web 窗体”，在下边“名称”后输入页面文件名，在此例题中为 Link.aspx，图 2.49 所示。单击“添加”即可创建成功，也可以用其他方法如使用工具栏的“添加新项”按钮等方法实现页面的添加。

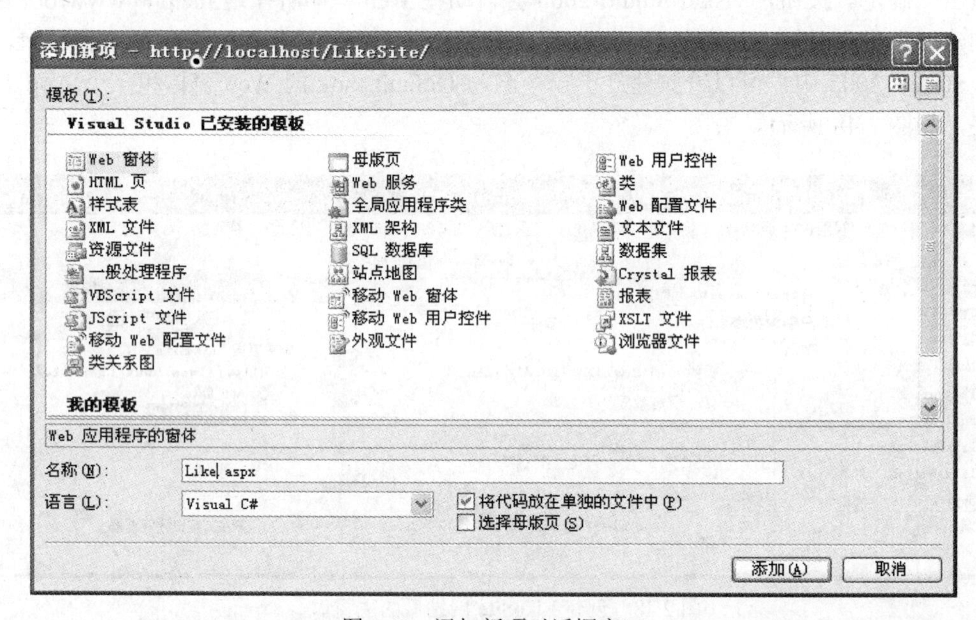

图 2.49 添加新项对话框窗口

2) 利用 Visual Studio 2005 工具箱中的控件，根据程序的要求合理地设计应用程序界面。本例包含两个页面，对于页面 Default.aspx，以“Label”控件为例讲述创建过程。

在文档窗口中的页面标签栏上，单击 Default.aspx 标签，文件默认的是源代码视图，单击设计视图，进入设计视图模式。把鼠标移到如图 2.50 所示的工具箱窗口上的“Label”，单击“Label”以呈凹陷状，拖动鼠标到 Default.aspx 页面的适当位置(注意：此过程鼠标指针下面带有小矩形)，释放鼠标，即在 Default.aspx 页面上创建了“Label1”控件。依次选择“TextBox”控件、“CheckBox”控件、“Button”控件，把它们拖动到页面的合适位置中，放置位置如图

2.51 所示。

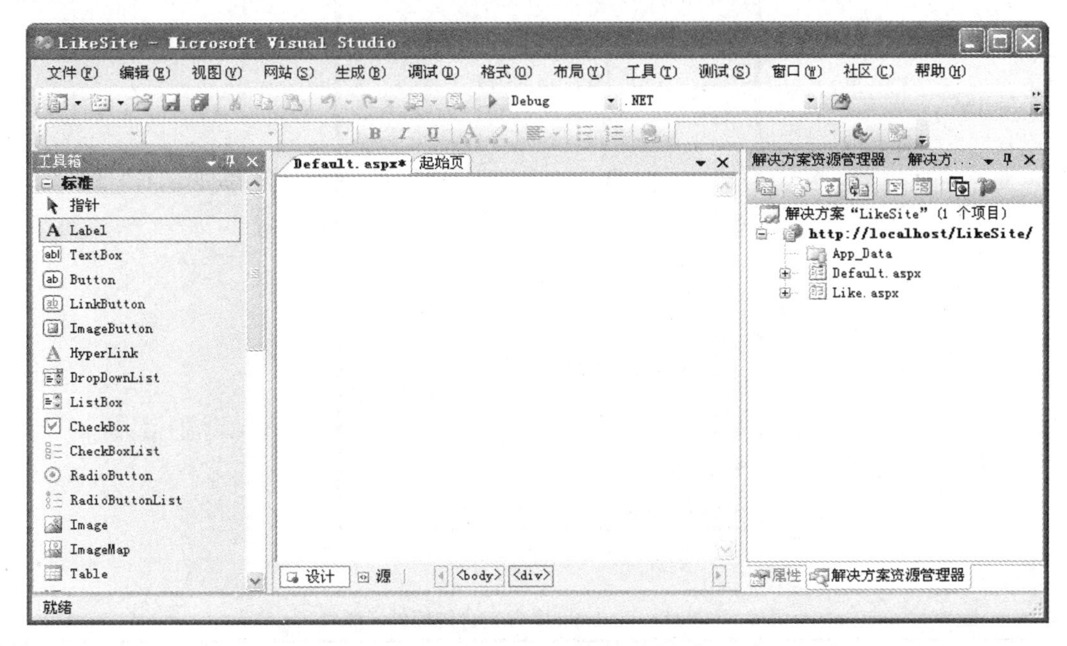

图 2.50　LikeSite 网站设计视图主窗口

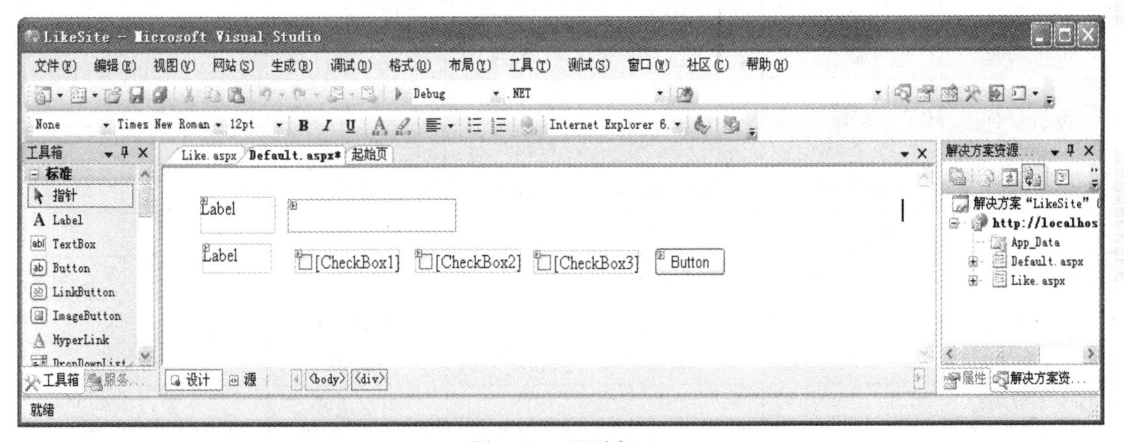

图 2.51　界面窗口

如果控件的位置需要更改，可以单击控件并拖动到合适位置；如果控件的大小需要更改，可以单击控件以选定。此时在控件周围出现 8 个句柄，把鼠标移动到某个句柄上(此时鼠标指针形状发生改变)拖动句柄即可对控件的高宽进行调整(注意此过程中的鼠标指针形状)。对于页面 Link.aspx，依据题意，不需要在页面上添加任何控件。

3) 设置相关控件的属性。在 Default.aspx 设计界面中选中需要编辑的控件例如“Label1”控件，在如图 2.52 所示的属性窗口中，修改“Label1”控件的“Text”属性为“用户名:”等相关属性，Default.aspx 使用到的控件及属性设置如表 2.1 所示。有些控件属性还有子项，其设置需要通过各子项的设置才能完成，如在 Default.aspx 页面上对 TextBox1 控件中的文本字体进行大小设置时，设置“Font”中的“Size”为“Medium”。

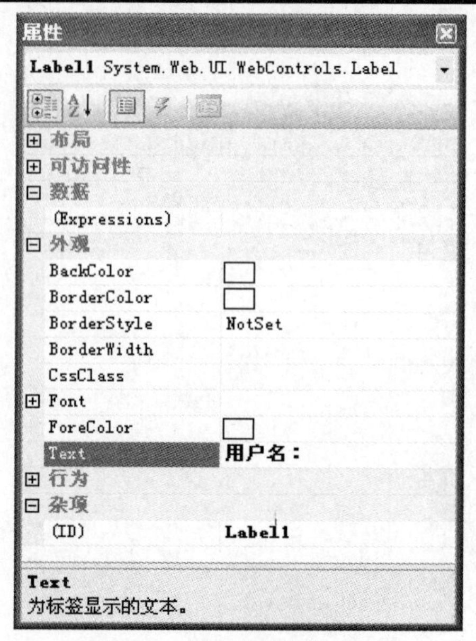

图 2.52 标签控件属性窗口

表 2.1 Default.aspx 文件包含的控件及属性

控件类别	控件名	控件标识	属性	属性值	备注
Web 控件	Label	Label1	Text	用户名：	
Web 控件	Label	Label2	Text	爱　好：	
Web 控件	TextBox	TextBox1	—	—	用于输入用户名
			Font/Size	Medium	
Web 控件	CheckBox	CheckBox1	Text	篮球	
Web 控件	CheckBox	CheckBox2	Text	羽毛球	
Web 控件	CheckBox	CheckBox3	Text	乒乓球	
Web 控件	Button	Button1	Text	信息提交	
			Font/Size	Small	
DOCUMENT			Title	用户选择	用于窗口的标题

4) 编写有关控件的事件代码。ASP.NET 应用程序代码主要用于进行事件处理和数据库访问，根据要求此例题只需要对 Button1 控件进行事件处理，双击 Default.aspx 页面中的 Button1 控件，进入代码编辑窗口，在此窗口中输入以下代码：

```
protected void Button1_Click(object sender, EventArgs e)
    {
        string s = "";                              //定义一个空的字符串变量s
        string t = "";                              //定义一个空的字符串变量t
        if (this.TextBox1.Text != "")               //判断TextBox1是否为空
            s = "您的用户名是：" + this.TextBox1.Text + "。";     //不空对s进行赋值
        if (this.CheckBox1.Checked)           //判断CheckBox1是否被选中，如选中则对t赋值
```

```
            t += "篮球，";
        if (this.CheckBox2.Checked)              //判断CheckBox2是否被选中，如选中则对t赋值
            t += "羽毛球，";
        if (this.CheckBox3.Checked)              //判断CheckBox3是否被选中，如选中则对t赋值
            t += "乒乓球，";
        if (t.Length > 0)                        //判断t是否为空，如不空，则对t进行赋值
            t = "您的爱好是：" + t;
        s = s + t;
        if (s.Length > 0)                        //判断s是否为空
        {
            s = s.Substring(0, s.Length - 1);    //如s不空，则对s求子串并赋值给s
                                                 //如s不空，则地址重定向到 webform2.aspx
            Response.Redirect("Like.aspx?check=" + s);
        }
    }
```

双击 Like.aspx 界面，进入代码编辑窗口，在此窗口中输入以下代码：

```
protected void Page_Load(object sender, EventArgs e)
    {
        if (!this.IsPostBack)          //判断页面是否第一次加载
        {                              //定义字符串check，并根据情况对其赋值
            string check = Page.Request["check"] == null ? "" : Page.Request["check"].ToString();
                                       //用Response对象的Write方法将check值输出到Webform2页面上
            this.Response.Write(check);
        }
    }
```

5) 对程序进行运行调试。要对 ASP.NET 程序启动调试，必须在 Web.config 文件中添加：

<compilation debug="true"/>

Visual Studio 2005 在创建网站时，默认不建立 Web.config 文件，在“解决方案资源管理器”中“Default.aspx”上单击右键，在出现的快捷菜单中选择“设为起始页”；在工具栏中单击“启动”按钮，启动调试时，会弹出一个“未启用调试”对话框，如图 2.53 所示。

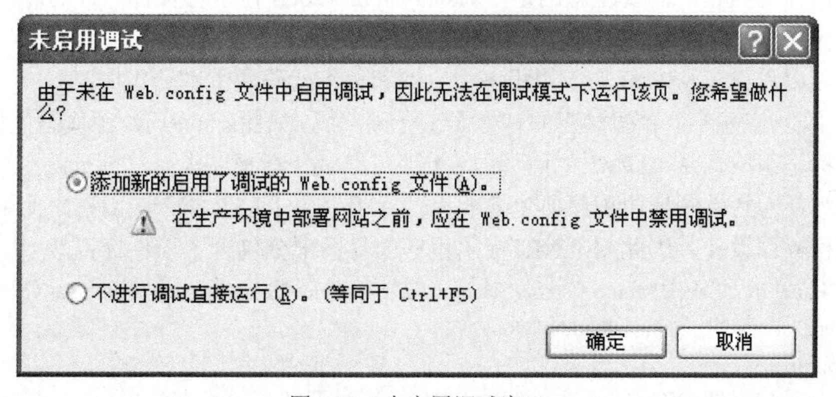

图 2.53 未启用调试窗口

选择“添加新的启用了调试的 Web.config 文件”，单击“确定”按钮，就在网站中添加一个 Web.config 文件，Web.config 文件如图 2.54 所示。

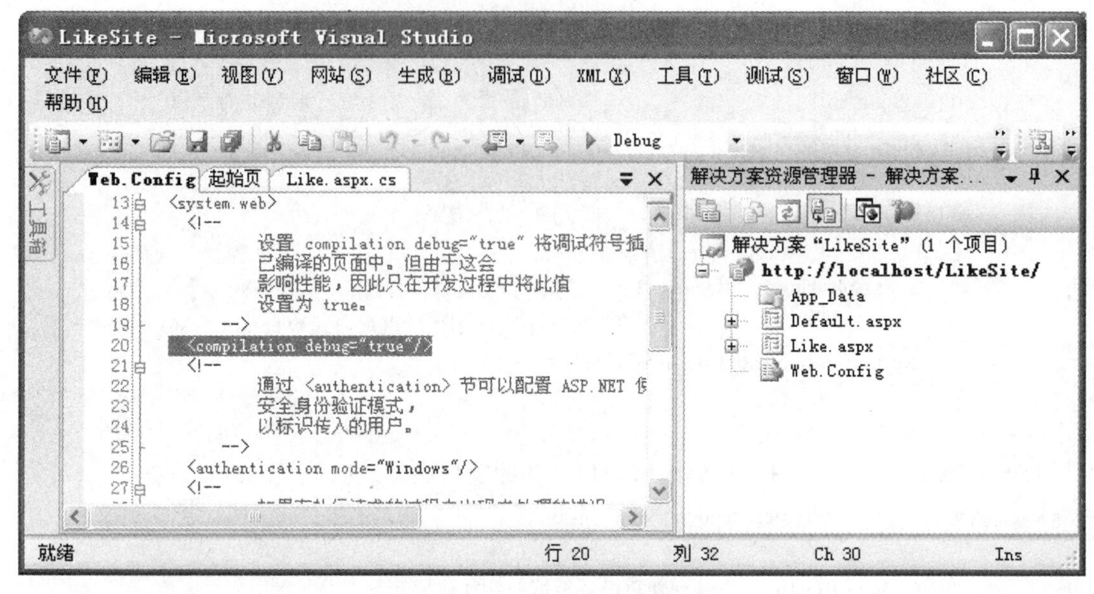

图 2.54 添加的 Web.config 文件

在 IE 浏览器中先显示 Default.aspx 页面，效果如图 2.44 所示，在用户名后的文本框中输入用户名，并在所列的爱好复选框中进行选择(注意,被选中的复选框前边小方框里出现小对勾)后，单击“信息提交”按钮，Like.aspx 页面被加载相关信息显示在 IE 浏览器，结果如图 2.46 所示。有些程序在运行时不可避免地会发生一些错误，这时可以根据错误提示认真耐心地修改程序，反复多次运行调试程序。

6) 保存网站中的文件。在运行程序前，最好先保存程序，这样可以避免由于意外发生而造成一些不必要的麻烦。程序经调试达到满意程度后，还要将经过修改的有关文件再进行保存操作。在工具栏中单击“全部保存”按钮，可将网站中的文件保存在相应的文件夹里，也可以使用菜单栏中“文件”中的相关保存子菜单实现保存功能。在保存的过程中，一定要知道各个文件保存的位置。需要注意的是，Visual Studio 2005 在进行文件保存的时候，扩展名是.aspx 的是设计界面的页面文件，扩展名是.aspx.cs 的是程序代码文件。

从上例可以看出，ASP.NET 应用程序由界面和程序代码两大部分组成：

(1) 界面部分：每一个界面对应的有界面设计源代码，如图2.56所示。源代码主要由HTML标记和控件标记组成，从<HTML>标记开始，到</HTML>标记结束。这部分的主要作用是定义页面的外观显示特性和应用程序所包含的控件标识。由于ASP.NET应用程序使用了Web服务器控件进行界面设计，因此ASP.NET应用程序的界面部分包含了控件标记,例如：

```
<asp:Label ID="Label1" runat="server" Height="27px" Style="left: 19px; position: relative;
top: 9px" Text="用户名：" Width="68px">
</asp:Label>
```

这种标记看起来像 HTML 语法，但与 HTML 语法又不完全相符。

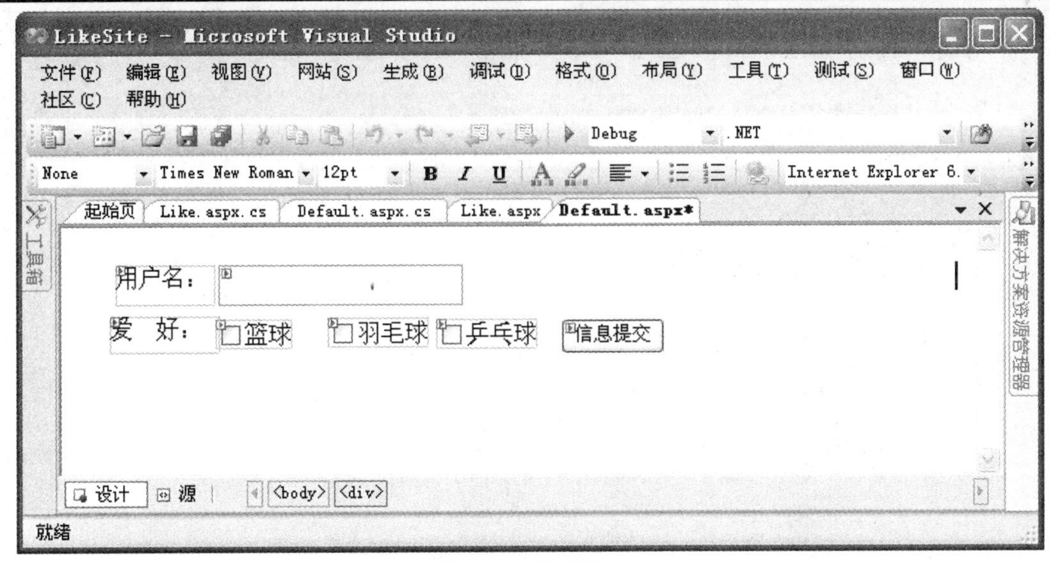

图 2.55 界面窗口

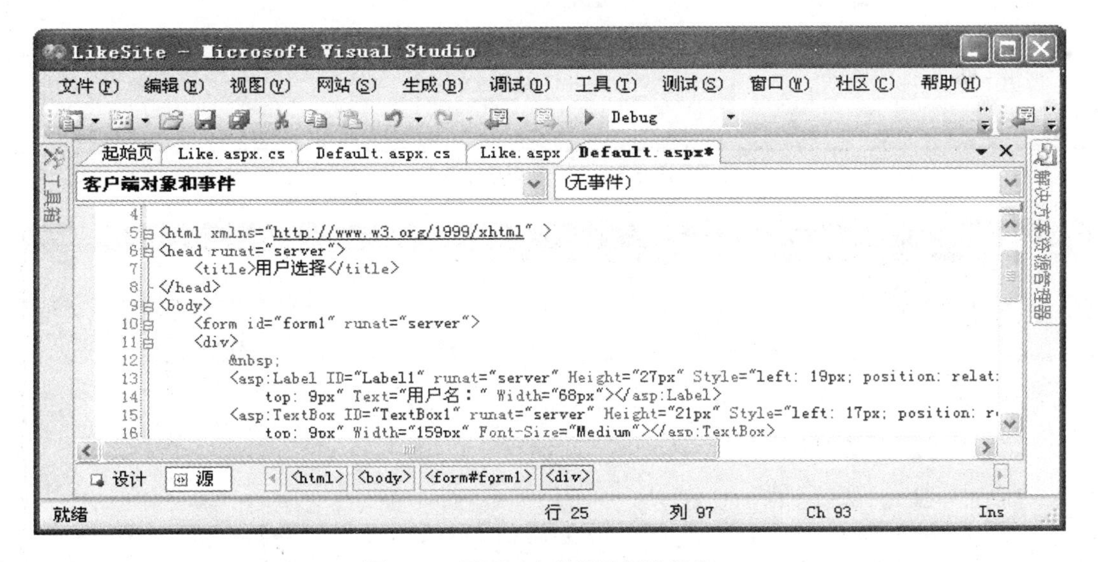

图 2.56 界面对应的设计源代码窗口

(2) 程序代码部分：当双击页面上的任何位置时，就出现如图 2.57 所示的代码窗口，程序代码的主要作用是进行窗体和控件的事件以及对数据库操作的处理。

用 Visual Studio 2005 开发工具进行 ASP.NET 应用程序开发，与常见的 VB 等可视化的编程工具进行 Windows 应用程序开发一样，具有简捷高效、结构清晰、易于管理等优点，尤其适合较大规模的 Web 应用开发。

7) 发布网站。示例中的 Web 站点中的页面已经实现，需要发布到远程计算机或远程站点上去，以便浏览者可以访问。

Visual Studio 2005 中提供了“复制”工具，可以很方便地将本地机上的网站复制到远程计算机或远程站点上去。单击菜单“网站”，选择“复制网站”命令，打开复制网站的窗口，如图 2.58 所示。

```
using System;
using System.Data;
using System.Configuration;
using System.Web;
using System.Web.Security;
using System.Web.UI;
using System.Web.UI.WebControls;
using System.Web.UI.WebControls.WebParts;
using System.Web.UI.HtmlControls;

public partial class _Default : System.Web.UI.Page
{
    protected void Page_Load(object sender, EventArgs e)
    {

    }
    protected void Button1_Click(object sender, EventArgs e)
    {
        string s = "";                          //定义一个空的字符串变量s
        string t = "";                          //定义一个空的字符串变量t
        if (this.TextBox1.Text != "")           //判断TextBox1是否为空
            s = "您的用户名是：" + this.TextBox1.Text + "。";   //不空对s进行赋值
        if (this.CheckBox1.Checked)      //判断CheckBox1是否被选中，如选中则对t赋值
            t += "篮球，";
        if (this.CheckBox2.Checked)      //判断CheckBox2是否被选中，如选中则对t赋值
            t += "羽毛球，";
        if (this.CheckBox3.Checked)      //判断CheckBox3是否被选中，如选中则对t赋值
            t += "乒乓球，";
        if (t.Length > 0)                       //判断t是否为空，如不空，则对t进行赋值
            t = "您的爱好是：" + t;
        s = s + t;
        if (s.Length > 0)                       //判断s是否为空
        {
            s = s.Substring(0, s.Length - 1);       //如s不空，则对s求子串并赋值给s
            //如s不空，则地址重定向到 webform2.aspx
            Response.Redirect("Like.aspx?check=" + s);

        }
```

图 2.57 程序代码窗口

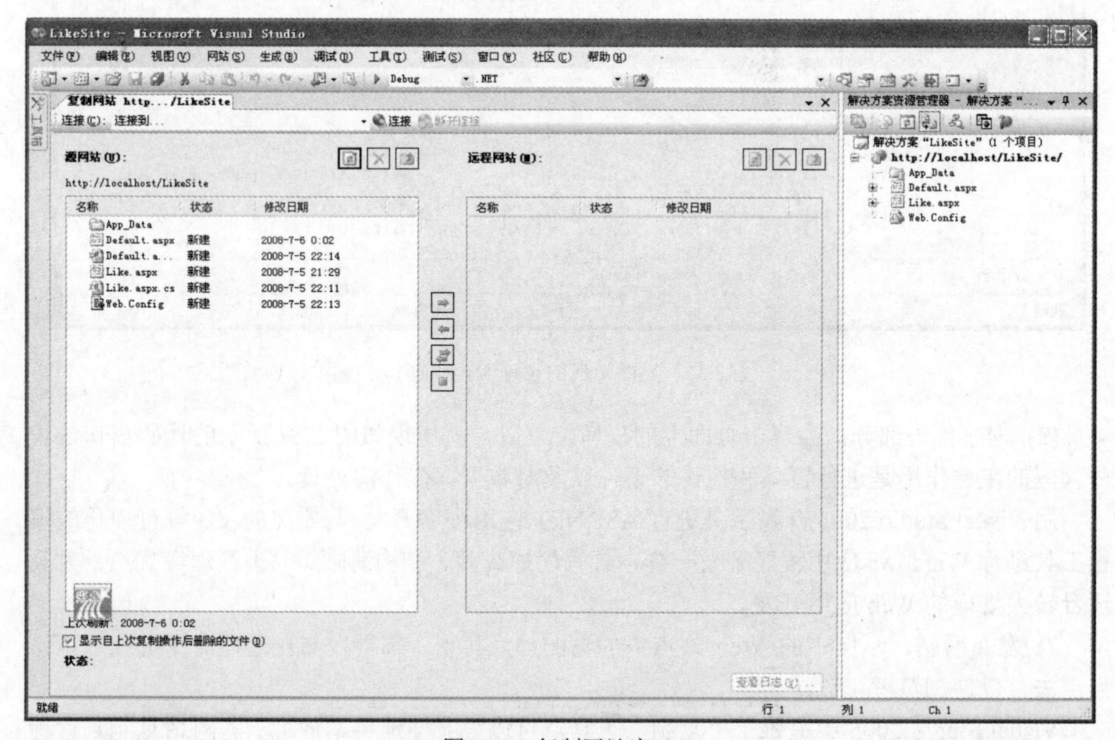

图 2.58 复制网站窗口

左边的列表框是“源网站”，右边的文件列表框显示的是“远程站点”中的文件目录，最

上面的部分是一个连接的下拉列表框，在列表框的右边有两个按钮，分别是“连接”按钮以及“断开连接”按钮。单击“连接”按钮，可以增加一个对远程站点的连接；单击“断开连接”按钮，可以断开对该远程站点的连接。单击“连接”按钮，弹出一个“打开网站”对话框，如图 2.59 所示，这里可以选择的文件系统、本地系统、FTP 站点和远程站点，至于到底选择哪一个，只能根据实际需要来决定。从这里可以看出，这里所说的远程站点，并不完全是一个真正意义上的远程站点。在图 2.59 中选择“默认网站”，用鼠标单击右边 3 个按钮中的最左面的“创建新的应用程序”按钮，命名为“MySite”，单击“打开”按钮，又返回到复制网站窗口。至此，建立了与远程站点 http://localhost/MySite 的连接。

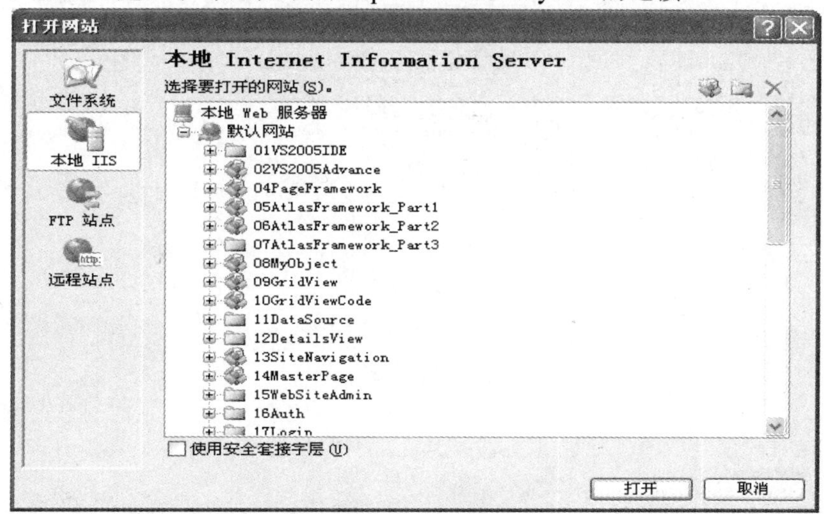

图 2.59 打开网站窗口

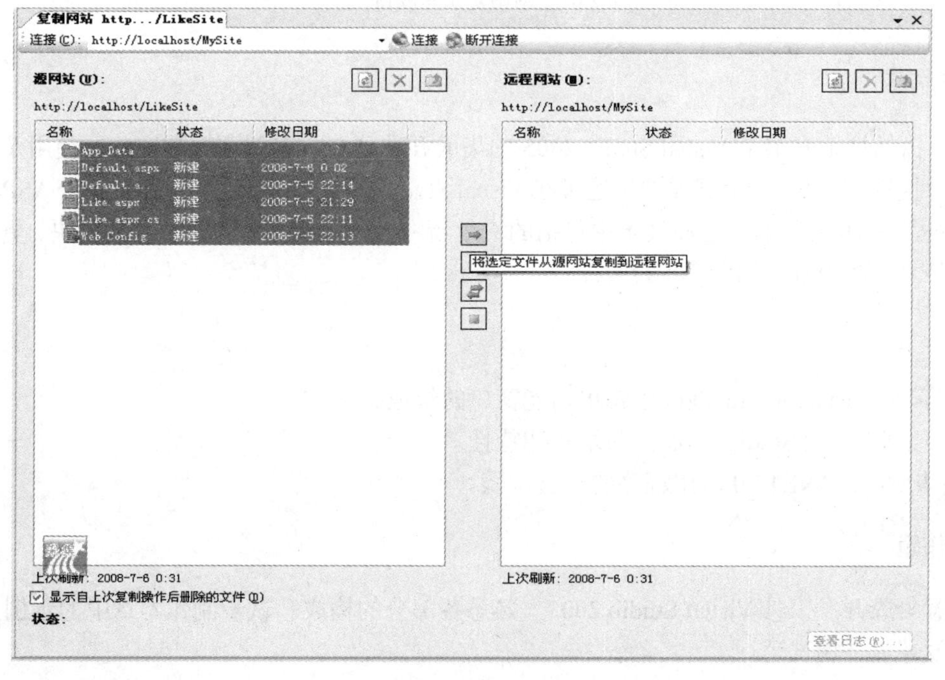

图 2.60 复制网站窗口

在图 2.60 中，用鼠标选择左边的所有文件和文件夹，然后单击两个文件框中间的文件“复制”按钮，就将相关文件复制到指定的目录中，需要注意的是，如果远程网站位于不同的计算机上或者 Internet 上，这一过程需要比较长的时间。

图 2.61 是网站复制完成后的结果。

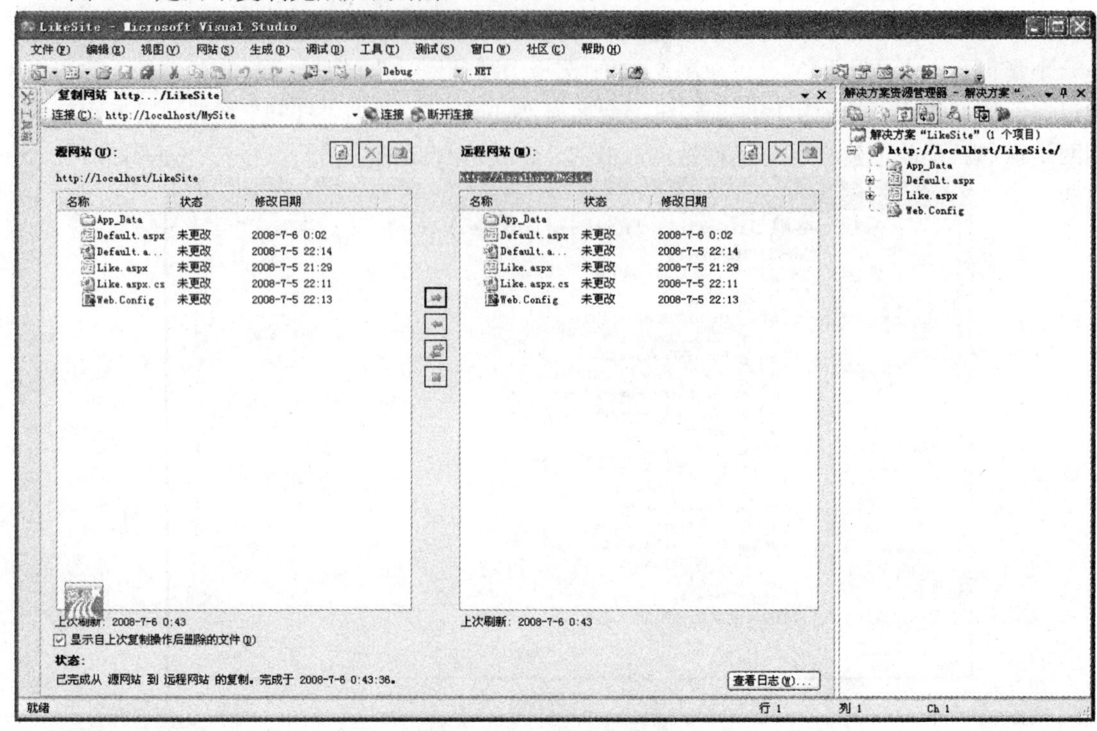

图 2.61　网站复制完成窗口

本章小结

本章概括性地介绍了 Visual Studio 2005 的集成开发环境，包括环境的安装、使用及各种新功能特性等；并以一个示例详细讲述了在 Visual Studio 2005 开发环境中，开发一个 ASP.NET 2.0 应用程序的操作过程。这项技术中包括的大量新特性，将能够帮助开发人员更快、更好地实现各种复杂的 Web 应用程序的开发。

习题

(1) 简述 Visual Studio 2005 中常用功能窗口的组成。

(2) 简述 Visual Studio 2005 的新增功能特性。

(3) 简述 ASP.NET2.0 应用程序的开发步骤。

上机操作题

熟悉集成开发工具 Visual Studio 2005，熟悉各部分的构成。试着制作本章中的示例 2.1，并在开发环境下调试运行。

3 使用 Visual Studio 2005 建立 Web 站点

随着网站功能的增强，网站变得越来越庞大，一个网站有几百个网页已是常事，在这种情况下，如何实现网站中网页之间的导航？如何解决一批具有风格统一的网页界面设计和维护？怎样实现网站中成员的管理？就成了网站管理中比较普遍的难题。

ASP.NET 2.0 提供了网站导航、主题及成员管理技术，从定义网站的层次结构，统一控件的外观，从局部再到全局风格的一致及管理都提供了最佳的解决方案。本章将介绍这三种技术，即网站导航、网站显示的风格及实现网站中成员的管理。

3.1 网站的导航

网站是由许多网页构成的，网站中页面之间的导航，随着网站的规模越来越复杂而变得越来越不容易管理，特别是当页面结构发生变化，如增加或删除页面时，网站管理员将面临巨大的挑战。

为解决网站中页面间的导航问题，ASP.NET 2.0 提供了三种导航控件：TreeView、SiteMapPath 及 Menu，再通过与 XML 格式的站点地图文件(Web.sitemap)搭配，就可以设置网站导航，同时能够弹性改变、轻松维护及程序化动态改变，非常容易实现网站中页面的管理与导航。

ASP.NET 2.0 网站导航框架如图 3.1 所示，图的左半部是各层之间的相互沟通方式，如 Navigation 控件是通过 DataSource 控件来读取网站导航的结构，而图的右半部则为各层相对应的实际控件与文件类型，它们彼此又可以交互组合搭配，可以用多元方式进行设计，这样便能构建出各种各样的网站导航机制。

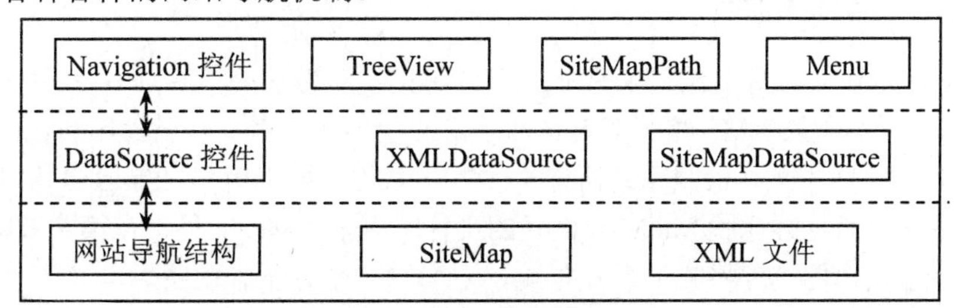

图 3.1　网站导航框架图

3.1.1 创建一个网站及站点地图文件

要实现网站的导航，首先需要创建一个网站以及一个站点地图文件。

3.1.1.1 新建 SiteNavigation 网站

在 Visual Studio 2005 中，单击“文件”菜单中的“新建网站”命令，在打开的“新建网站”对话框中选择“ASP.NET 网站”模板，在下拉列表框中，可以选择“HTTP”、“文件系统”及“FTP”三种方式，这里示例选择“文件系统”，当然，你也可以选择其他方式。网站的名称设定为 SiteNavigation，如图 3.2 所示。

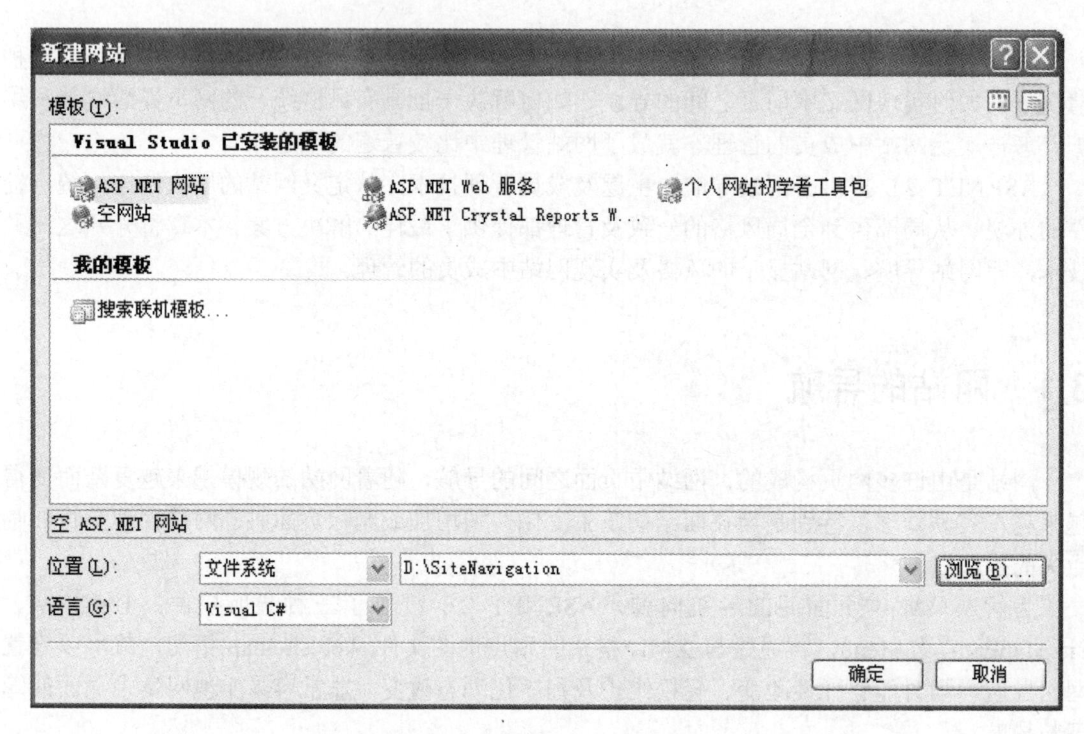

图 3.2 新建网站对话框

单击“确定”按钮，Visual Studio 2005 就建立一个含有 App_Data 目录以及一个 Default.aspx 页面的 SiteNavigation 网站。

3.1.1.2 建立站点地图文件

从图 3.1 图示可知，导航结构文件格式有两种：系统默认的 SiteMap 文件格式和自定义的 XML 格式。自定义的 XML 格式和 SiteMap 格式差异在于用户可以使用自己的 XML 节点名称，而 SiteMap 格式必须依照系统所定义的默认名称。如果用户有自己的 XML 文件，可以直接拿来使用，而不必迁就 SiteMap 格式的文件。对于 XML 文件，在第 7 章中专门介绍，这里主要讲述站点地图文件格式的站点导航，下面以一个例子来说明。

【例 3.1】 创建 SiteMap 格式的网站导航文件 Web.sitemap。

SiteMap 文件是 ASP.NET 2.0 网站导航默认的格式文件，其内容为 XML 形式并具有层次性，建立的步骤如下：

(1) 用鼠标右键单击“解决方案资源管理器”窗口中的 SiteNavigation 网站，在弹出的快捷菜单中选择“添加新项”命令，在模板中选择“站点地图”，使用默认 Web.sitemap 文件名，如图 3.3 所示。

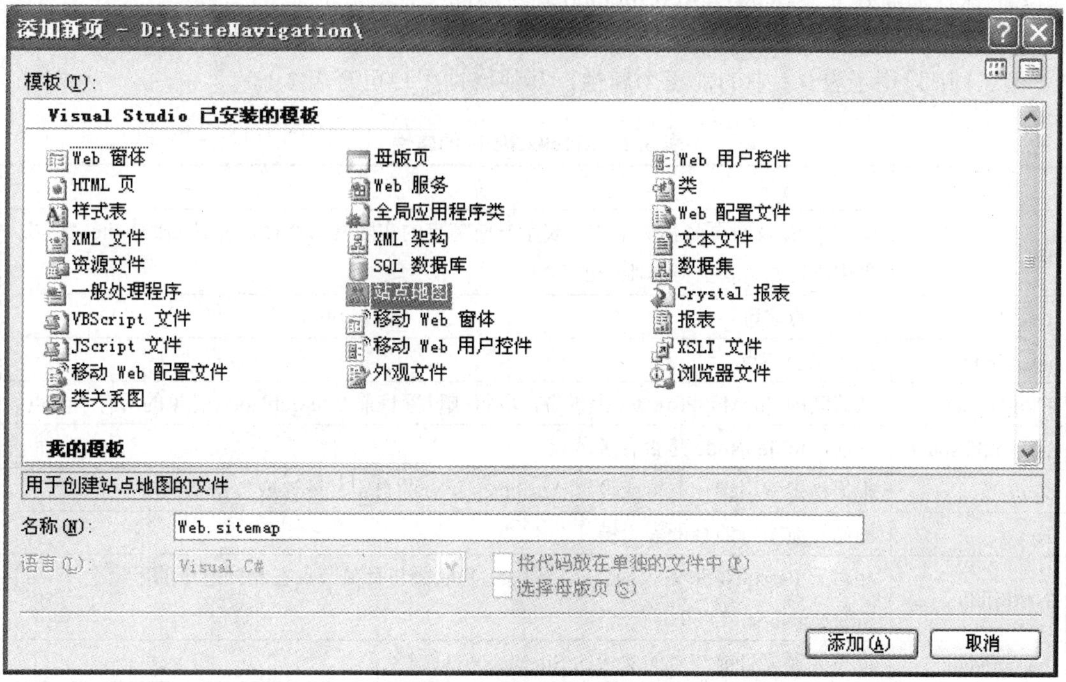

图 3.3 添加新项对话框

单击“添加”按钮，得到一个空白结构描述的 Web.sitemap 文件，文件内容如下：

```
<?xml version="1.0" encoding="utf-8" ?>
<siteMap xmlns="http://schemas.microsoft.com/AspNet/SiteMap-File-1.0" >
    <siteMapNode url="" title=""  description="">
        <siteMapNode url="" title=""  description="" />
        <siteMapNode url="" title=""  description="" />
    </siteMapNode>
</siteMap>
```

(2) 在上述结构的文件中，添加 url、title 及 description 属性值，内容如下所示：

```
<?xml version="1.0" encoding="utf-8" ?>
<siteMap xmlns="http://schemas.microsoft.com/AspNet/SiteMap-File-1.0" >
    <siteMapNode url="default.aspx" title="主页"  description="Home">
        <siteMapNode url="Products.aspx" title="产品"  description="我们的产品" >
            <siteMapNode url="Hardware.aspx" title="硬件"  description="硬件" />
            <siteMapNode url="Software.aspx" title="软件"  description="软件" />
        </siteMapNode>
        <siteMapNode url="Services.aspx" title="服务"  description="我们的服务" >
            <siteMapNode url="Training.aspx" title="培训"  description="培训" />
            <siteMapNode url="Consulting.aspx" title="咨询"  description="咨询" />
            <siteMapNode url="Support.aspx" title="支持"  description="支持" />
        </siteMapNode>
    </siteMapNode>
```

</siteMap>

(3) 保存后就建立了默认的 Web.sitemap 站点地图文件。

在站点地图文件中，siteMapNode 的属性说明如表 3.1 所示。

例 3.1 中只用了表 3.1 中的前三个属性，其他属性用户可查表 3.1。

表 3.1 siteMapNode 的属性

属 性	说 明
url	url 由路径及网页名称所组成，表示导航节点的实际网页路径，并且 url 在 siteMap 文件中不可重复，必须是唯一的
title	显示节点名称
description	描述说明节点
ChildNodes	从关联的 SiteMapProvider 提供者，取得或设置目前 SiteMapNode 对象的所有子节点
HasChildNodes	目前 SiteMapNode 是否有子节点
Item	根据指定索引键，取得或设置 Attributes 集合的自定义属性或数据字符串
Key	网站导航节点的查阅索引键
NextSibling	相对于 ParentNode 对象而言(如果有的话)取得与目前节点在相同层级的下一个 SiteMapNode 节点
ParentNode	取得或设置目前节点的父代的 SiteMapNode 对象
PreviousSibling	相对于 ParentNode 对象而言(如果有的话)取得与目前节点在相同层级的上一个 SiteMapNode 节点
Provider	取得用来追踪 SiteMapNode 对象的 SiteMapProvider 提供者
ReadOnly	指出网站导航节点是否可以修改
ResourceKey	当地语系化 SiteMapNode 的资源索引键
Roles	取得或设置安全性调整期间所使用的与 SiteMapNode 对象关联的角色集合
RootNode	取得网站导航提供者层次结构中的根节点，如果提供者层次结构不存在，RootNode 属性会取得目前提供者的根节点

以上只是网站导航结构文件的建立，必须通过网站导航控件及 DataSource 控件的辅助，才能够将网站层次的导航结构完整表现出来。

3.1.2 使用 TreeView 控件实现导航

TreeView 控件结构如图 3.4 所示，在图中最上层的为根节点(RootNode)，再下一层则称为父节点(ParentNode)，父节点下则称为子节点(ChildNode)，而子节点下面如果不再含有任何节点则称为叶子节点(LeafNode)。

TreeView 控件的 HTML 声明语法如下：

```
<asp:TreeView ID="TreeView1" runat="server" Style="position: relative">
</asp:TreeView>
```

TreeView 控件的形状是一个树型，创建方式非常多，下面以几个例子来说明。

【例 3.2】 使用 TreeView 控件绑定至 SiteMap 文件实现站点导航。

使用例 3.1 所建立的 Web.Sitemap 文件，绑定到 SiteMap 文件实现站点导航，操作步骤说明如下：

(1) 在 Visual Studio 2005 的“解决方案资源管理器”窗口中，在 SiteNavigation 站点上，单击鼠标右键，选择“添加新项”命令，在模板项目中选择 Web 窗体，并命名为“TreeView.aspx”。

(2) 在 TreeView.aspx 文件的设计视图下，从工具箱的导航控件组中，拖动一个 TreeView 控件，从数据控件组中拖动 SiteMapDataSource 控件到设计界面上，如图 3.4 所示。

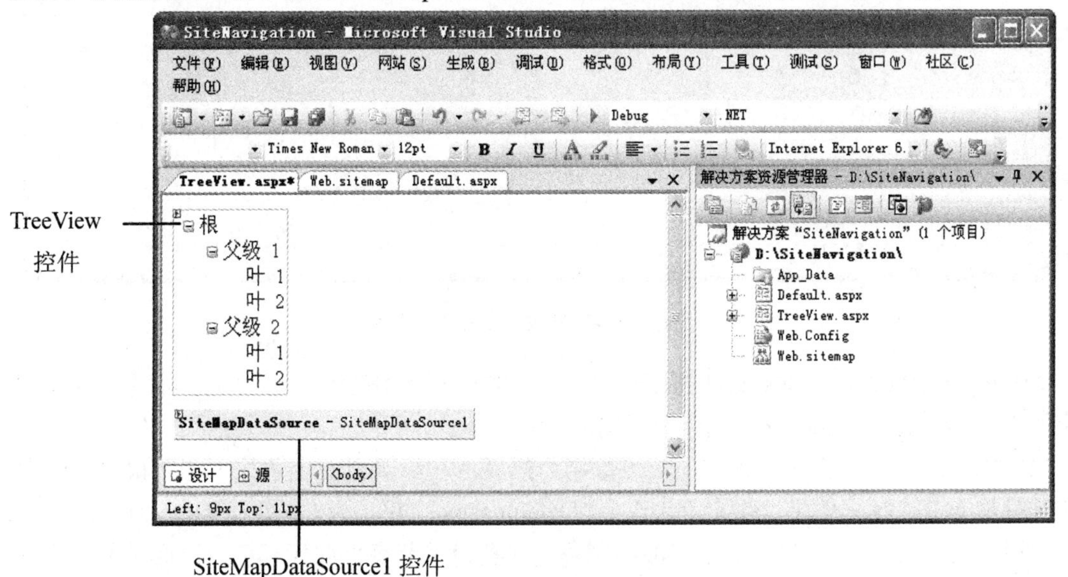

图 3.4 TreeView 控件结构

(3) 在 TreeView 控件上，单击鼠标右键，选择“显示智能标签”，在弹出的“TreeView 任务”标签上，设置它的数据源为 SiteMapDataSource1 控件，如图 3.5 所示，SiteMapDataSource1 控件默认自动绑定 Web.sitemap 的内容，完成后的设置如图 3.6 所示。

TreeView 任务
自动套用格式...
选择数据源: SiteMapDataSource1
刷新架构
编辑 TreeNode 数据绑定...
显示行

图 3.5 智能标签

【例 3.3】 使用 TreeView 节点编辑器创建 TreeView 控件实现页面的导航。

如果只想创建简单且固定的的 TreeView，而不想花费额外的心力去创建 SiteMap 文件或 XML 文件，则使用 TreeView 节点编辑器是一个既方便又直观的方式。创建步骤如下：

(1) 在 Visual Studio 2005 的“解决方案资源管理器”窗口中的 SiteNavigation 站点上单击鼠标右键，选择“添加新项”命令，在模板项目中选择 Web 窗体，并命名为“TreeViewEdit.aspx”。

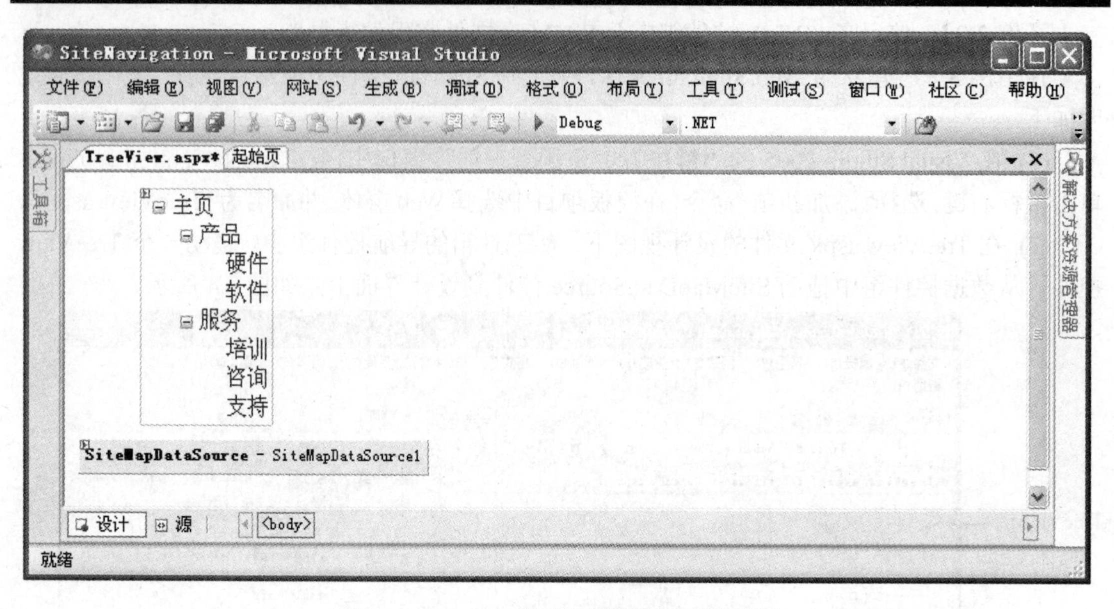

图 3.6 TreeView 控件设置数据源后的界面

(2) 在 TreeViewEdit.aspx 文件的设计视图下，拖动一个 TreeView 控件到界面上，并在智能标签中选取“编辑节点”进入节点编辑器。

(3) 以上面主页、产品、服务的节点数据为模板，在编辑器左上角按下加入根节点的按钮，并且输入节点相关信息：NavigateUrl 为“Default.aspx”、Text 为“主页”、Value 为“Home”，而在根节点下再创建两层父节点：产品、服务，而各个父节点再创建子节点，而子节点相关信息输入的方式仿照父节点创建的方式，如图 3.7 所示。

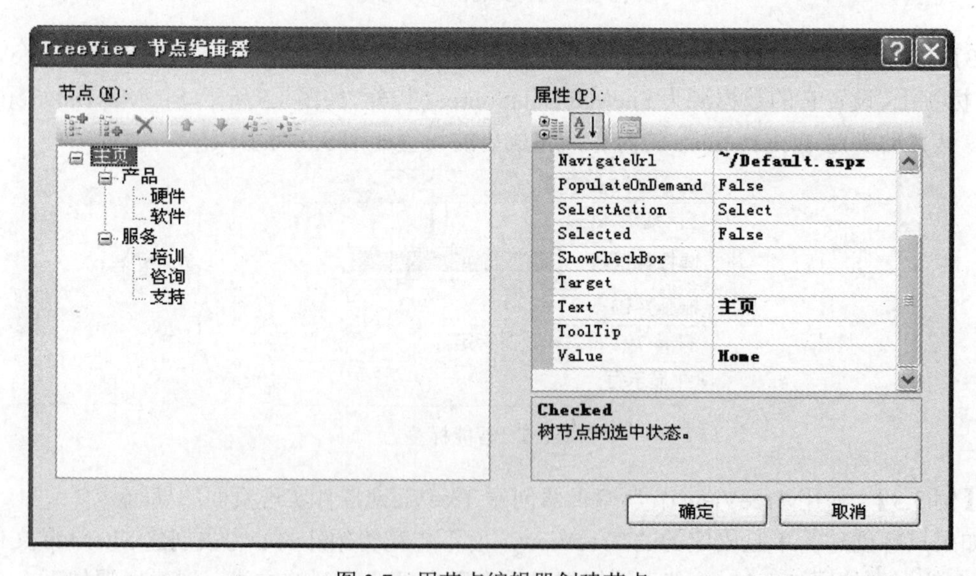

图 3.7 用节点编辑器创建节点

(4) 如果在各节点之间想有连线，只要将智能标签中的“显示行”属性打钩便可，如图 3.8 所示。

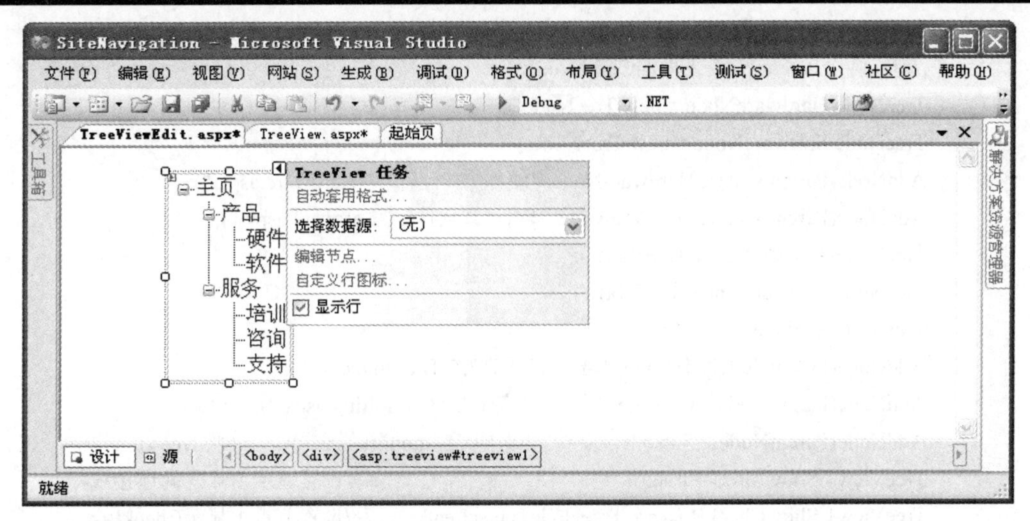

图 3.8 TreeView 控件显示行

【例 3.4】 使用程序动态创建 TreeView 控件实现网站导航。

使用程序创建 TreeView，可以以 TreeNode 节点方式创建 TreeView 控件，也可能通过与 XML 文件进行连接以创建 TreeView 控件，本示例以 TreeNode 节点方式创建 TreeView 控件。

在 Visual Studio 2005 的“解决方案资源管理器”窗口中，在 SiteNavigation 站点上，单击鼠标右键，选择“添加新项”命令，在模板项目中选择 Web 窗体，并命名为“TreeViewCode.aspx”。TreeViewCode.aspx 文件代码如下：

```
protected void Page_Load(object sender, EventArgs e)
    {
    if (!IsPostBack)
        {
        GenTreeNode();   //调用GenTreeNode()方法以建立TreeView之节点
        }
    }
//建立TreeView之节点
private void GenTreeNode()
    {
    System.Web.UI.WebControls.TreeView TreeView1 = new System.Web.UI.WebControls.TreeView();
    //定义Root Node
    TreeNode RootNode = new TreeNode();   //建立节点实例
    RootNode.Text = "主页";               //设置节点的显示文字
    RootNode.Value = "Home";              //设置节点的数值
    RootNode.NavigateUrl = "Default.aspx"; //设置节点的Url
    TreeView1.Nodes.Add(RootNode);        //加入节点
    //在Root Node加入Parent Node
    TreeNode ParentNode1 = new TreeNode();
    TreeNode ParentNode2 = new TreeNode();
    AddNode(RootNode, ParentNode1, "产品", "我们的产品", "Products.aspx");
```

```
    AddNode(RootNode, ParentNode2, "服务", "我们的服务", " Services.aspx ");
    //建立各个Parent Node下面的Child Node
    TreeNode HardwareNode = new TreeNode();
    TreeNode SoftwareNode = new TreeNode();
    AddNode(ParentNode1, HardwareNode, "硬件  ", "硬件", " Hardware.aspx ");
    AddNode(ParentNode1, SoftwareNode, "软件", "软件", " Software.aspx ");
    TreeNode TrNode = new TreeNode();
    TreeNode CoNode = new TreeNode();
    TreeNode SuNode = new TreeNode();
    AddNode(ParentNode2, TrNode, "培训", "培训", " Training.aspx ");
    AddNode(ParentNode2, CoNode, "咨询", "咨询", " Consulting.aspx ");
    AddNode(ParentNode2, SuNode, "支持", "支持", " Support.aspx ");      //将TreeView1加入
    TreeView1.ShowLines = true;                                         //设置显示节点之间连接线
    TreeView1.ShowCheckBoxes = TreeNodeTypes.Leaf;                      //设置节点上显示CheckBox
    Page.FindControl("Form1").Controls.Add(TreeView1);                  //将TreeView加入Form1
    }
private void AddNode(TreeNode ParentNode, TreeNode ChildNode, string NodeText, string NodeValue,
    string NodeNavigateUrl)
    {
    ChildNode.Text = NodeText;                                          //设置节点的显示文字
    ChildNode.Value = NodeValue;                                        //设置节点的数值
    ChildNode.NavigateUrl = NodeNavigateUrl;                            //设置节点的Url
    ParentNode.ChildNodes.Add(ChildNode);                               //将子节点加入到父节点
    }
```

在程序中，自定义 AddNode(…)方法是因为在这里要创建许多节点，抽取出来成为独立的方法将可大大减少程序代码，也增加了程序的弹性。

TreeViewCode.aspx 运行的结果如图 3.9 所示。

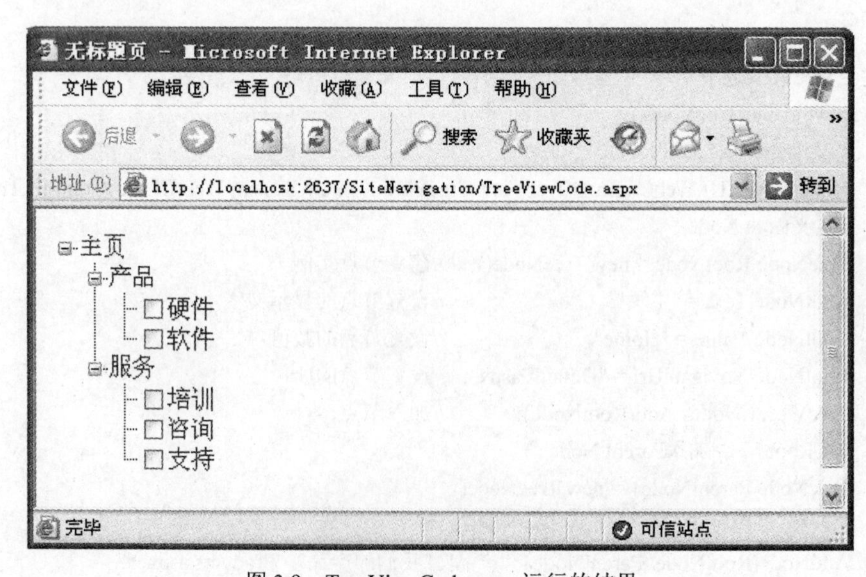

图 3.9 TreeViewCode.aspx 运行的结果

3.1.3 使用 SiteMapPath 控件显示导航路径

SiteMapPath 是以一个横条路径来显示，显示目前所在网站中哪个网页位置的控件，其声明语法如下：

```
<form id="form1" runat="server">
    <asp:SiteMapPath ID="SiteMapPath1" runat="server" Style="position: relative">
    </asp:SiteMapPath>
</form>
```

SiteMapPath 控件本身具备呈现 Web.sitemap 所提供的网站导航数据功能，它在深度网站层次路径中是非常有用的，并且，SiteMapPath 控件相对于 TreeView 或 Menu 控件而言是非常节省版面空间的，只需小小的一块位置便能有效的导航。

【例 3.5】 使用 SiteMapPath 控件显示导航路径。步骤如下：

(1) 定义 Web.sitemap 文件。SiteMapPath 控件将会用到 Web.sitemap 文件，所以必须在 Web 网站中事先定义好一个 Web.sitemap 文件，而前面所创建的 Web.sitemap 文件内容如下：

```
<?xml version="1.0" encoding="utf-8" ?>
<siteMap xmlns="http://schemas.microsoft.com/AspNet/SiteMap-File-1.0" >
    <siteMapNode url="default.aspx" title="主页"  description="Home">
        <siteMapNode url="Products.aspx" title="产品"  description="我们的产品" >
            <siteMapNode url="Hardware.aspx" title="硬件"  description="硬件" />
            <siteMapNode url="Software.aspx" title="软件"  description="软件" />
        </siteMapNode>
        <siteMapNode url="Services.aspx" title="服务"  description="我们的服务" >
            <siteMapNode url="Training.aspx" title="培训"  description="培训" />
            <siteMapNode url="Consulting.aspx" title="咨询"  description="咨询" />
            <siteMapNode url="Support.aspx" title="支持"  description="支持" />
        </siteMapNode>
    </siteMapNode>
</siteMap>
```

(2) 在上面的 Web.sitemap 文件中，可以看到有：

```
<siteMapNode url="Software.aspx" title="软件"  description="软件" />
```

的节点，请添加一个名为"Software.aspx"的 Web 窗体，而 Web 窗体文件名的命名是根据节点中的 url 所定义的 Web 窗体文件名，不能依个人喜好而随意命名，如果胡乱添加未定义的网页名称，则这个网页就得不到 SiteMapPath 控件导航功能。

(3) 从工具箱中拖动一个 SiteMapPath 控件到 Software.aspx 网页的设计视图界面，SiteMapPath 控件就会直接将路径呈现在界面上，界面如图 3.10 所示。

通过上面的例子可以看出，SiteMapPath 具有直接访问 Web.sitemap 内容的能力，不需要任何的中介者，这是比较特别的，然而对于 Web.sitemap 文件中所定义的网页节点可能多得数不清，试想，如果每个网页都用这种方式建立的话，这么庞大的 SiteMapPath 控件节点数量将会造成设计与维护上的困难，因此，使用 MasterPage 母版页的机制，就可以定义一次 SiteMapPath 控件而套用到所有的内容页中，后面的内容中有详细的叙述。

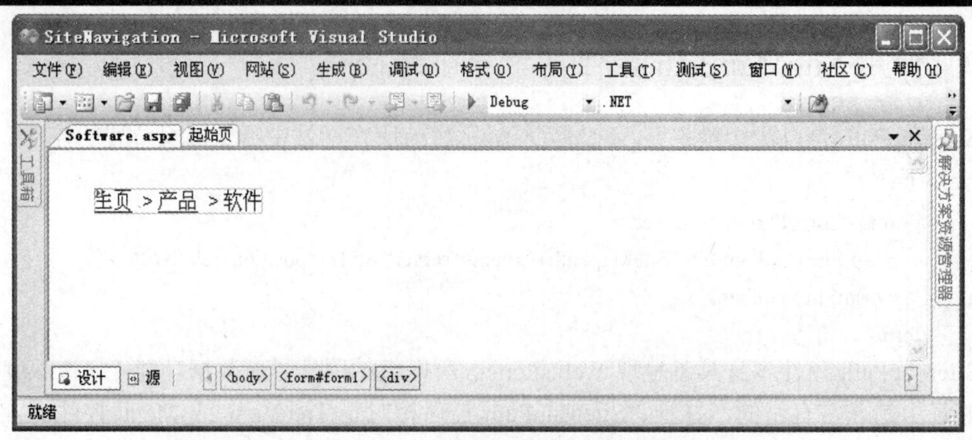

图 3.10　SiteMapPath 控件呈现的导航路径

3.1.4　使用 Menu 控件实现导航菜单

Menu 服务器控件就是层次性菜单，Windows 资源管理器、Word 及 PowerPoint 都有菜单形式。

Menu 控件的 HTML 声明语法如下：

```
<asp:Menu ID="Menu1" runat="server" Style="position: relative">
</asp:Menu>
```

Menu 控件用在 Web 网页中，能够实现菜单形式的页面导航。

【例 3.6】 使用 Menu 控件实现网页导航。操作步骤如下：

(1) 在 Visual Studio 2005 的“解决方案资源管理器”窗口中的 SiteNavigation 站点上，单击鼠标右键，选择“添加新项”命令，在模板项目中选择 Web 窗体，并命名为“Menu.aspx”。

(2) 在 Menu.aspx 文件的设计视图下，拖动一个 Menu 及 SiteMapDataSource 控件到界面上，默认 SiteMapDataSource 控件会读取 Web.sitemap 文件的网站层次性描述。

(3) 在 Menu 控件中，利用智能标签设定控件的数据源为 SiteMapDataSource 控件。

运行的界面如图 3.11 所示。将鼠标移动到 Menu 控件相关位置，会出现下一级菜单及下一级的子菜单，单击菜单中的任意一个链接，就可以实现页面之间的转移。

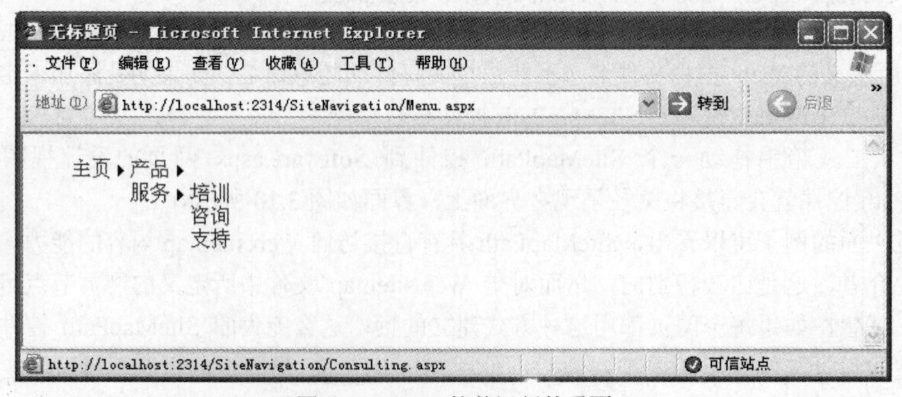

图 3.11　Menu 控件运行的界面

对于 Menu 控件的创建，和 TreeView 控件的操作过程几乎一样，用户可参照 TreeView 控件的操作来使用 Menu 控件。

3.1.5 在母版页中实现站点导航

母版页是 ASP.NET 2.0 提供的新功能，通过预先定义好的 MasterPages 模板，能够套用到网站所有的 Web 窗体，这样使网站每个页面所需要的页头、页尾、菜单与超链接能够有一致的外观，不但具有方便快速的特性，也消除了以往必须在每个页面重复定义与排版的烦琐工作。

母版页能够为 ASP.NET 应用程序创建统一的用户界面和样式，这是母版页的核心功能。在实现网站一致性的过程中，必须包含两种文件：一种是母版页，另一种是内容页。母版页后缀名是.master，其封装页面中的公共元素。内容页实际是普通的.aspx 文件，它包含除母版页之外的其他非公共内容。在运行过程中，ASP.NET 引擎将两种页面内容合并执行，最后将结果发给客户端浏览器。

3.1.5.1 创建母版页

虽然母版页和内容页功能强大，但是其创建和应用过程并不复杂。母版页中包含的是页面公共部分，即网页模板。因此，在创建示例之前，必须判断哪些内容是页面公共部分，这就需要从分析页面结构开始。假设有一页面，如图 3.12 所示。

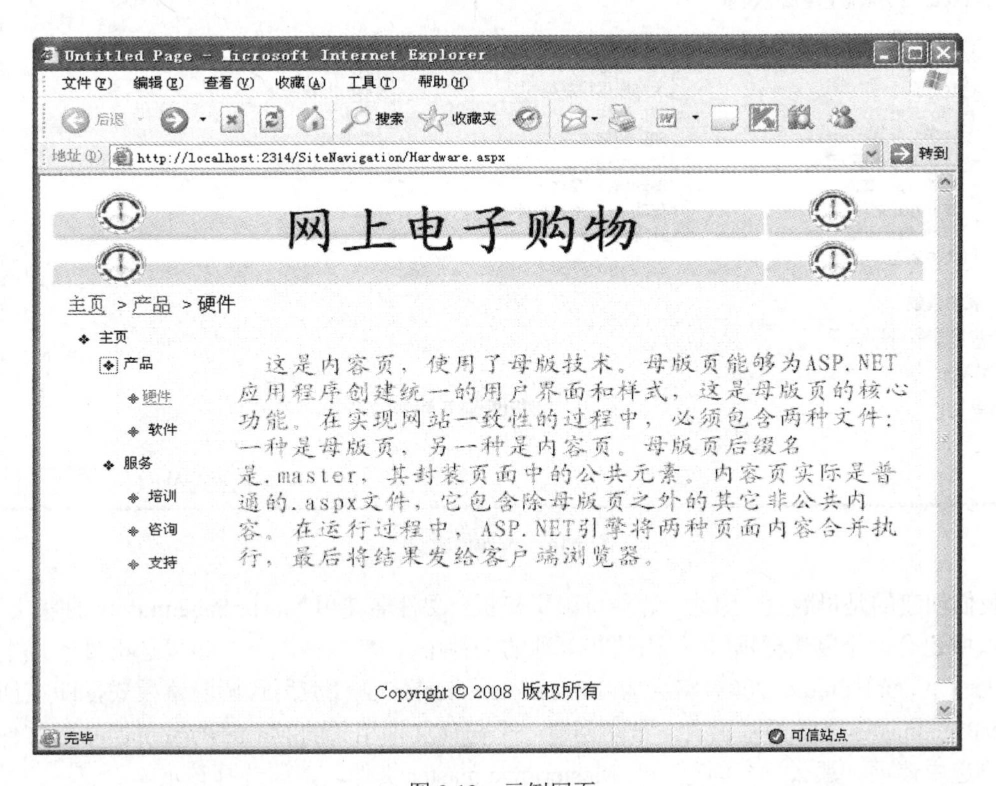

图 3.12 示例网页

通过分析可知，该页面的结构如图 3.13 所示。

<table>
<tr><td colspan="2">页头</td></tr>
<tr><td colspan="2">导航栏</td></tr>
<tr><td>树状
导航
结构</td><td>内容</td></tr>
<tr><td colspan="2">页尾</td></tr>
</table>

图 3.13 页面结构图

页面由页头、页尾、导航栏、树状导航结构和内容等 5 个部分组成。其中页头、页尾、导航栏和树状导航结构是所在网站中页面的公共部分，网站中许多页面都包含相同的页头、页尾和导航结构。内容是页面的非公共部分，是页面所独有的。结合母版页和内容页的有关知识可知，如果使用母版页和内容页来创建页面，那么必须创建一个母版页 MasterPage.master 和一个内容页 Web 窗体。

以 3.1.1 节中创建的 SiteNavigation 站点为例，说明创建母版页的步骤：

1) 单击“网站”命令菜单中的“添加新项”命令，打开如图 3.14 所示对话框。

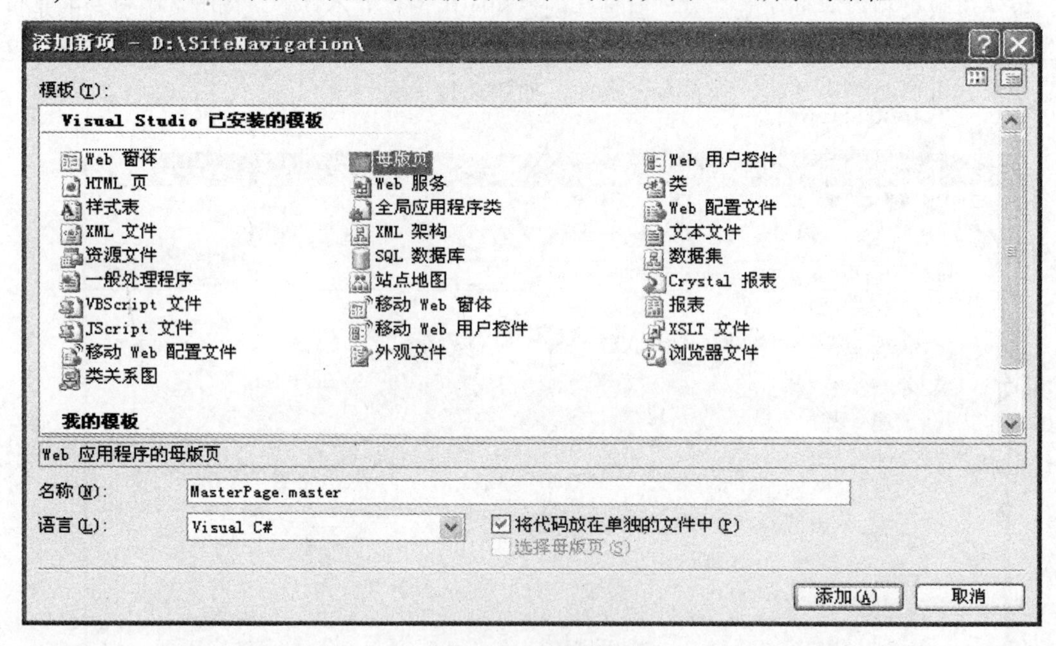

图 3.14 添加母版页

我们创建的是母版页，因此，选择母版页模板，文件名使用 MasterPage.master 的默认值。该窗口中还有一个复选框项“将代码放在单独的文件中”，默认情况下，该复选框处于选中状态。表示 Visual Studio 2005 将会为 MasterPage.master 文件应用代码隐藏模式，即在创建 MasterPage.master 文件的基础上，自动创建一个与该文件相关的 MasterPage.master.cs 文件。如果不选中该项，那么只会创建一个 MasterPage.master 文件，建议选择该项。

2) 单击“添加”按钮，创建 MasterPage.master 文件，如图 3.15 所示。

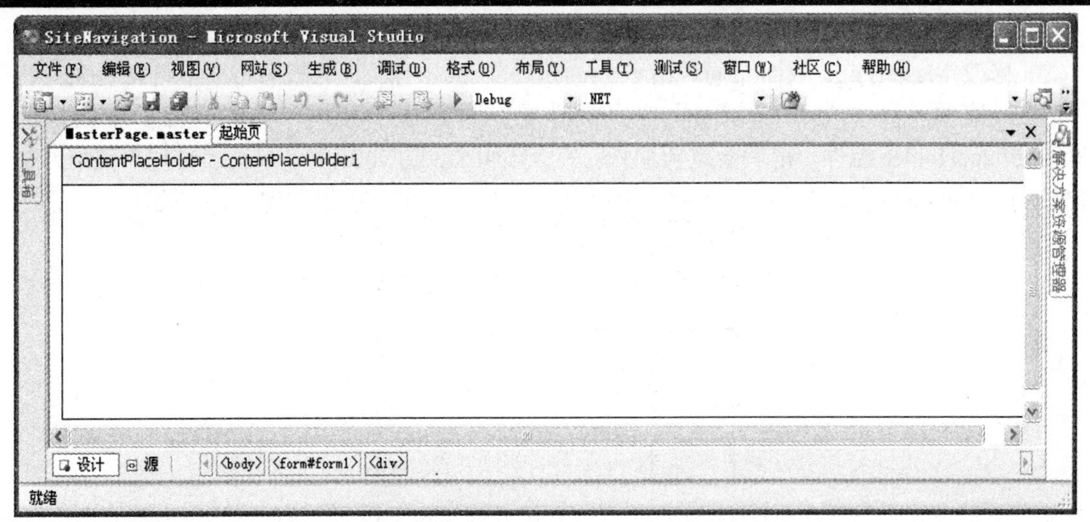

图 3.15 MasterPage.master 文件的界面

默认的 MasterPage.master 里面只有一个 ContentPlaceHolder 控件，ContentPlaceHolder 控件是用来容纳内容页中的 Content 内容控件，但直观上看不出母版页有什么特别之处，后面编辑它的版面配置，使符合页头、页尾、导航及内容页的外观。

母版页中只包含页面公共部分，因此，MasterPage.master 中主要包含的是页头和页尾等的代码。具体源代码如下所示：

```
<%@ Master Language="C#" AutoEventWireup="true" CodeFile="MasterPage.master.cs"
    Inherits="MasterPage" %>
<!DOCTYPE html PUBLIC "-//W3C//DTD XHTML 1.0 Transitional//EN"
    "http://www.w3.org/TR/xhtml1/DTD/xhtml1-transitional.dtd">
<html xmlns="http://www.w3.org/1999/xhtml" >
<head runat="server">
    <title>无标题页</title>
</head>
<body>
    <form id="form1" runat="server">
    <div>
        <asp:contentplaceholder id="ContentPlaceHolder1" runat="server">
        </asp:contentplaceholder>
    </div>
    </form>
</body>
</html>
```

上面是母版页 MasterPage.master 的源代码，与普通的.aspx 源代码非常相似，例如，包括<html>、<body>、<form>等 Web 元素，但是，与普通页面还存在不同。

(1) 母版页代码使用的是 Master，而普通.aspx 文件使用的是 Page。

(2) 母版页中声明了控件 ContentPlaceHolder，而在普通.aspx 文件中是不允许使用该控件的。ContentPlaceHolder 控件本身并不包含具体内容设置，仅是一个控件声明。

除了这两个方面，其他方面都是一样的。

3) 修改 MasterPage 版面布局。由于 MasterPage.master 默认的版面布局不符合要求，修改成为具有页头、页尾、导航及内容页的外观。为了便于布局，先删除界面中默认的 ContentPlaceHolder 控件，稍后会重新加入。在 Visual Studio 2005 中，单击“布局”菜单，选择插入表，插入 4 行 2 列的表，并对表进行合并及调整大小，结果如图 3.16 所示。

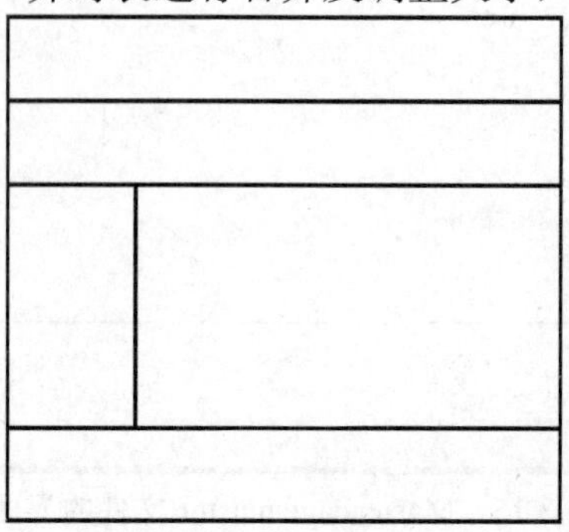

图 3.16 调整后的版面布局

4) 设置表格的背景图片，在表格中第一行，也说是页头的位置插入网站的标志，页尾所在的地方输入版权标志，内容页处插入 ContentPlaceHolder 控件，导入 SiteMap 文件，从导航控件组中拖入 SiteMapPath 和 TreeView 控件，并设置 TreeView 控件数据源为站点地图数据源。如图 3.17 所示。

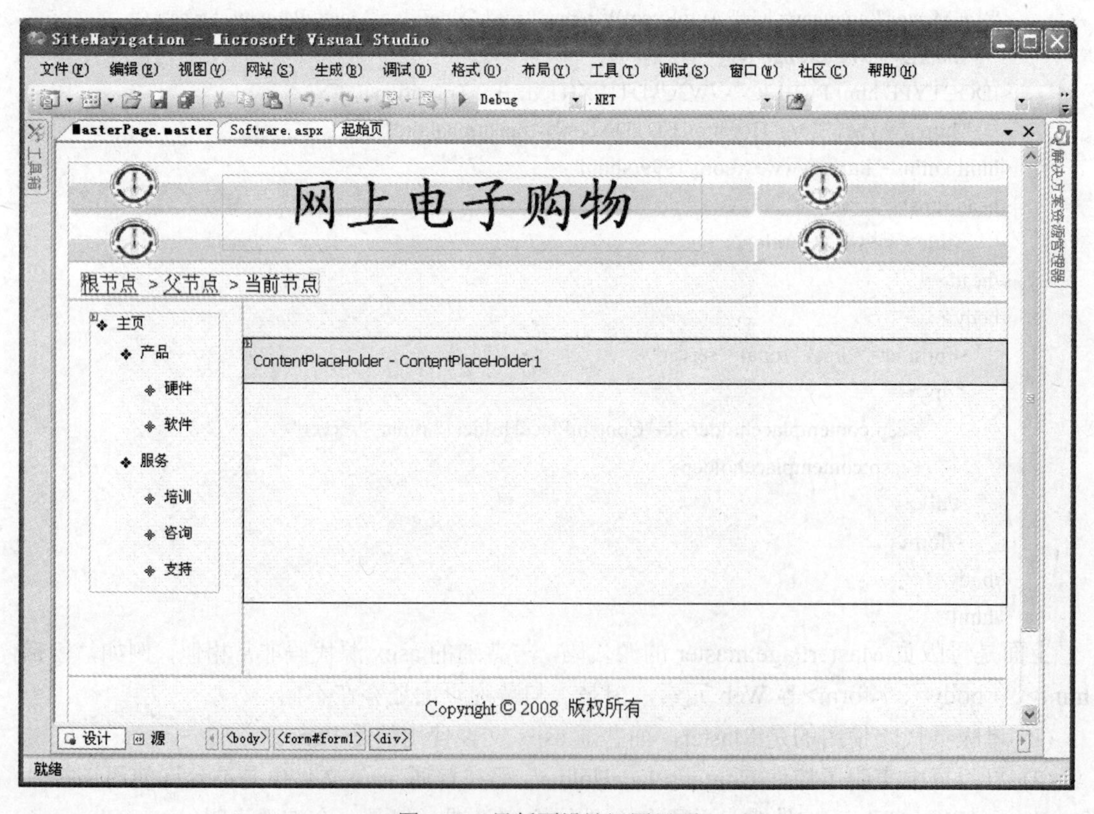

图 3.17 母版页设计视图界面

使用 Visual Studio 2005 可以对母版页进行编辑，并且它完全支持“所见即所得”功能。无论是在代码模式下，还是设计模式下，使用 Visual Studio 2005 编辑母版页的方法，与编辑普通.aspx 文件是相同的。

3.1.5.2　创建内容页

在创建一个完整的母版页之后，接下来必然要创建内容页。从用户访问的角度来讲，内容页与最终结果页的访问路径相同，这好像表明两者是同一文件，实际不然。结果页是一个虚拟的页面，没有实际代码，其代码内容是在运行状态下母版页和内容页合并的结果。在开始介绍内容页之前，还有两个概念需要强调：一是内容页中所有内容必须包含在 Content 控件中；二是内容页必须绑定母版页。虽然内容页的扩展名与普通 ASP.NET 页面相同，但是，其代码结构有着很大差别。在创建内容页的过程中，必须时刻牢记以上两个重要概念。

与创建母版页类似，创建内容页的过程比较简单。操作步骤如下：

(1) 单击“网站”命令菜单中的“添加新项…”，或者在“解决方案资源管理器”中右键单击项目，在弹出的快捷菜单中选择“添加新项”，就可以打开如图 3.18 所示的窗口。

(2) 在图 3.18 中，要求选择新建文件类型。由于内容页与普通.aspx 页面的扩展名相同，因此，选择的是 Web 窗体图标。由于内容页必须绑定母版页，所以对复选框“将代码放在单独的文件中”和“选择母版页”要选定。

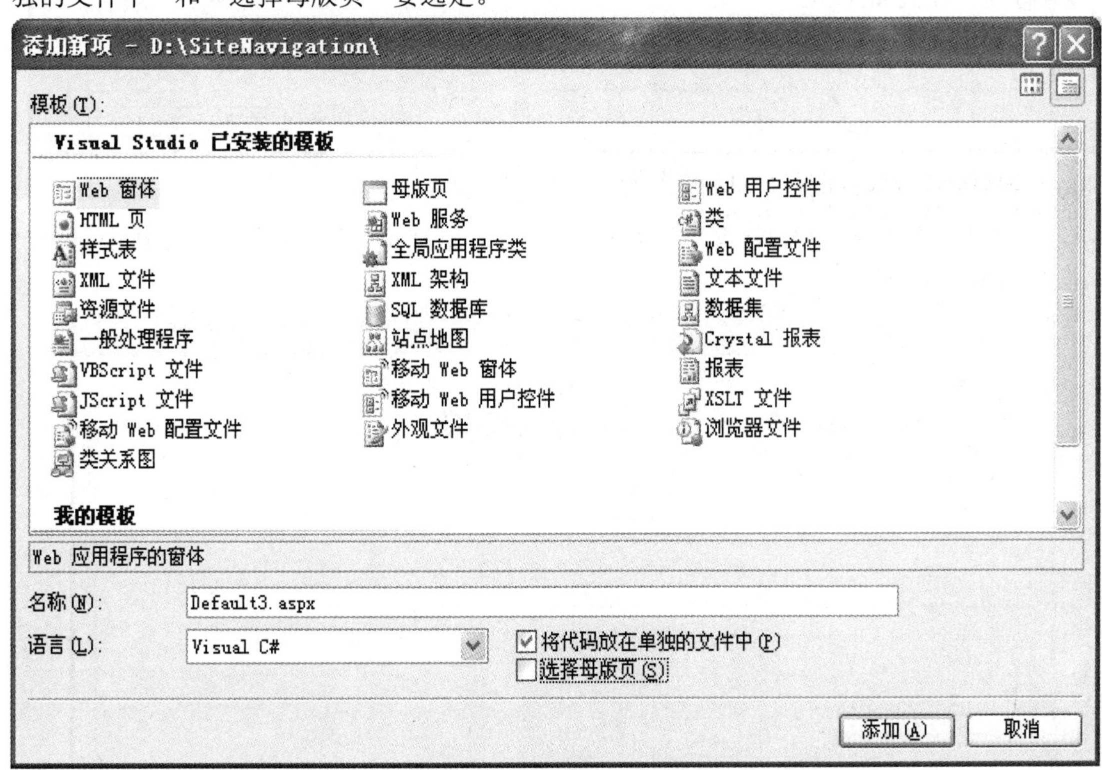

图 3.18　添加新项对话框一

母版页使用了 SiteMapPath 导航功能，而对于 SiteMapPath 控件，要求网页的名字和站点地图文件中 url 所定义的窗体名字必须相同，所以这个位置的网页名必须和站点地图中的 url

中的网页名一样。

在前面的 Web.sitemap 文件中，有：

<siteMapNode url="Hardware.aspx" title="硬件" description="硬件" />

的节点，所以这里就以添加新的 Hardware.aspx 窗体为例来说明，如图 3.19 所示。

图 3.19 添加新项对话框二

(3) 单击添加按钮，弹出选择“母版页”对话框，选择上面所建立的 MasterPage.master 母版，如图 3.20 所示。

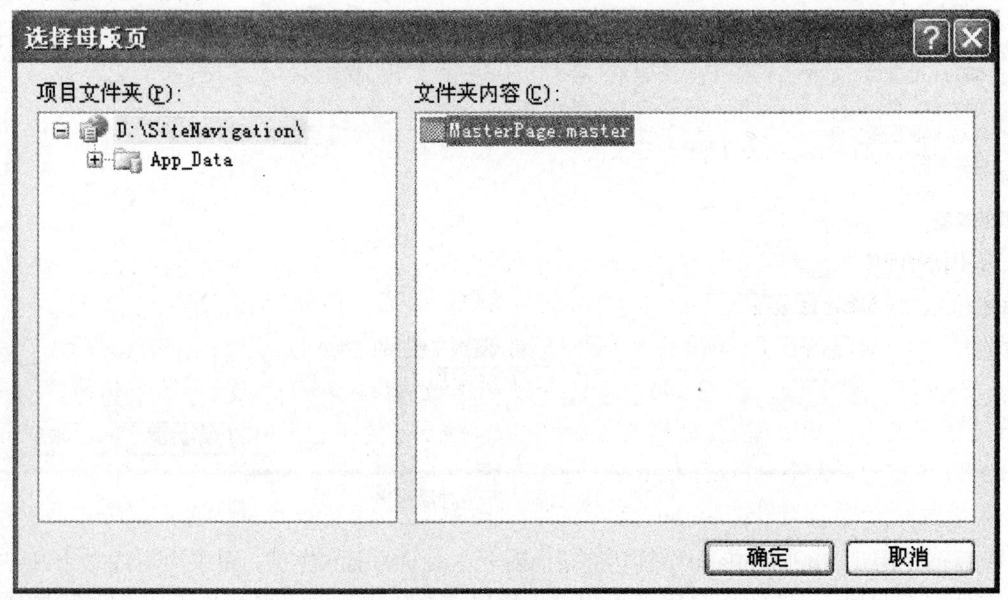

图 3.20 选择母版页

(4) 单击“确定”按钮。建立了 Hardware.aspx 文件，界面如图 3.21 所示。

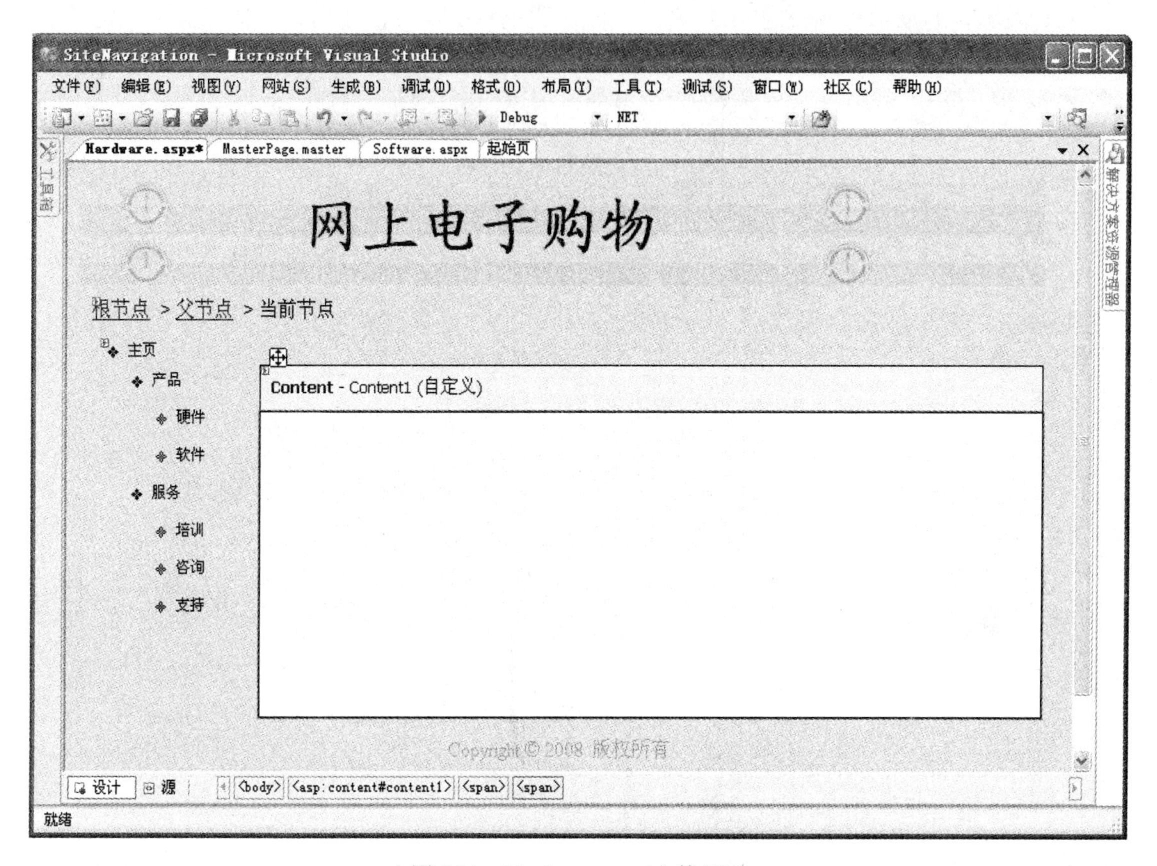

图 3.21 Hardware.aspx 文件界面

内容页 Hardware.aspx 文件源代码如下：

```
<%@ Page Language="C#" MasterPageFile="~/MasterPage.master" AutoEventWireup="true"
    CodeFile="Hardware.aspx.cs" Inherits="Hardware" Title="Untitled Page" %>
<asp:Content ID="Content1" ContentPlaceHolderID="ContentPlaceHolder1" Runat="Server">
<span style="font-size: 16pt"><span style="font-family: 楷体_GB2312">  </span>
</span>
</asp:Content>
```

从代码上来看，内容页与普通.aspx 文件在代码上是不同的。内容页没有<html>、<body>、<form>等关键 Web 元素，这些元素都被放置在母版页中。内容页中除了代码头声明，仅包含 Content 控件。内容页的代码头声明与普通.aspx 文件相似。但是，新增加了两个属性 MasterPageFile 和 Title。属性 MasterPageFile 用于设置该内容页所绑定母版页的路径，属性 Title 用于设置页面 title 值。在创建内容页过程中，由于已经指定了所绑定母版页，因此，Visual Studio 2005 将自动设置 MasterPageFile 属性值。

与母版页一样，Visual Studio 2005 支持对于内容页的可视化编辑，并且这种支持是建立在只读显示母版页内容基础上的。在编辑状态下，可以查看母版页和内容页组合后的页面外观，但是，母版页内容是只读的(呈现灰色部分)，不可被编辑，而内容页则可以进行编辑。

如果需要修改母版页内容，则必须打开母版页。

(5) 内容页的编辑与一般的 Web 窗体一样。这里示范一下，在内容页输入文字，定义字体、字号，然后保存。运行的结果如图 3.22 所示。

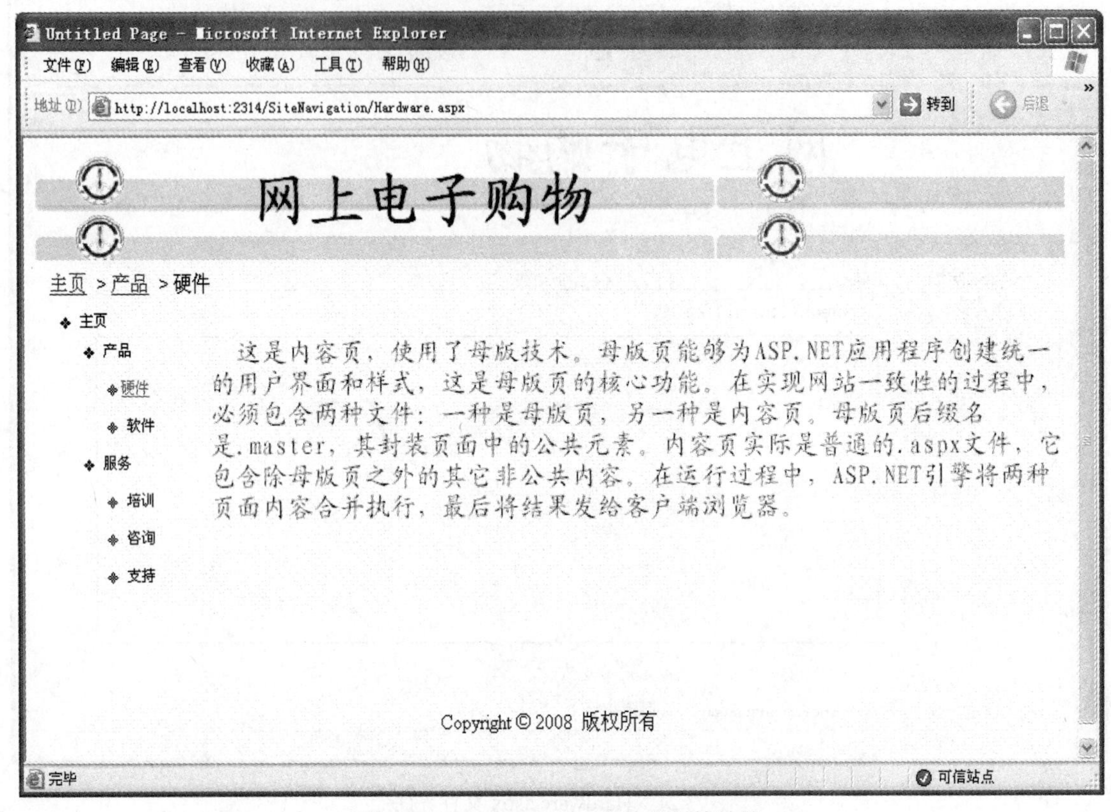

图 3.22 Hardware.aspx 文件运行的效果

3.2 主题和界面

主题是 ASP.NET 2.0 提供的一种新技术。利用主题可以为一批服务器控件定义外观。例如，可以定义文本 TextBox 或者 Button 服务器控件的前景色、背景色；定义 GridView 控件的头模板、尾模板的祥式等。主题与级联样式表(CSS)不同。级联样式表只能用来定义 HTML 的标记。而主题可以用来定义服务器控件。如果将两者结合就可以定义不同类型的控件。

Visual Studio 2005 为创建主题制定了一些规则，但没有提供特殊的工具。这些规则是：对控件显示属性的定义必须放在以“.skin”为后缀的界面文件中，界面文件必须放在“主题目录”下，而主题目录又必须放在专用目录 App_Themes 的下面。每个专用目录下可以放多个主题目录，每个主题目录下面又可以放多个界面文件。只有遵守这些规定，在界面文件中定义的显示属性才能够起作用。

可以把所有的 Web 控件都放到一个 Skin 文件中，也可以按一定规则分类，将它们放入到不同的 Skin 文件中。与 HTML 中不同的是，不必在页面中显式引用*.CSS 或*.Skin 文件，只要把它放到 App_Themes\xxx 目录下，应用程序才会自动加载当前的主题。

这样在运行时，不管页面中控件的属性设置成什么样，只要*.Skin 文件中明确定义了这项属性，就会按照*.Skin 文件中的定义进行设置，而忽略页面本身的设置。如果*.Skin 中没有定义，当然就采用页面的设置了。

3.2.1 创建一个网站和一个页面

在 Visual Studio 2005 中，单击“文件”菜单中的“新建网站”命令，在打开的“新建网站”对话框中选择“ASP.NET 网站”项目模板，使用文件系统，网站的名称设定为 Themes，然后单击“确定”按钮，Visual Studio 2005 就会新建一个含有 App_Data 目录及一个 Default.aspx 页面的 Themes 网站。

打开 Default.aspx 页面的设计视图，将工具箱的标准控件组中的一个 Label 控件、一个 TextBox 控件及一个 Button 控件分别拖动到 Default.aspx 页面的适当位置，并设置 Label 控件的“Text”属性为“标签控件”，Button 控件的“Text”属性为“确定”。然后运行这个页面，查看使用主题前的效果，如图 3.23 所示。

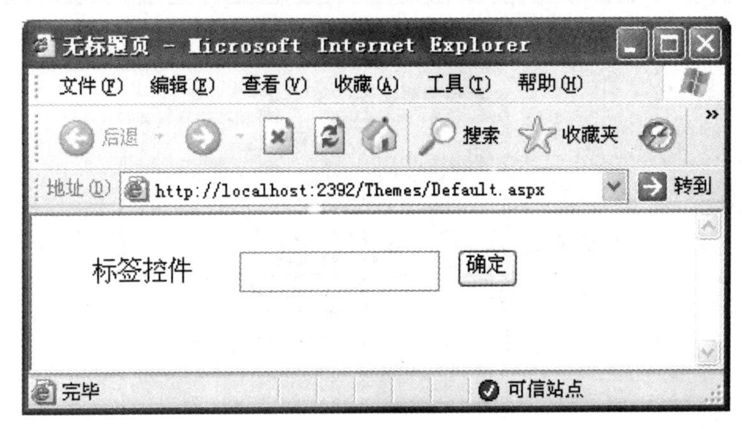

图 3.23 没有使用主题的控件

3.2.2 在页面中创建和应用主题

使用主题时，显然只有先定义主题，然后再将主题应用到页面。应用主题的步骤是：

(1) 定义主题文件。在“解决方案资源管理器”窗口中，右键单击网站名，选择“添加 ASP.NET 文件夹”命令，然后选择“主题”，系统将会在应用程序的根目录下自动生成一个专用目录 App_Themes，并且在这个专用目录下放置主题文件夹，给主题文件夹取名为 MyThemes。

(2) 在主题文件夹上单击鼠标右键，选择“添加新项”，弹出添加新项对话框，在对话框中选择“外观文件”，默认的文件名是 SkinFile.skin。可以给该文件改名，但是文件的扩展名必须是“.skin”，这里就使用默认的文件名 SkinFile.skin，如图 3.24 所示。单击“添加”按钮，就建立了界面文件。专用目录、主题目录、界面文件三者之间的关系如图 3.25 所示。

(3) 界面文件 SkinFile.skin 中给 Label、TextBox 和 Button 三种控件定义显示的语句如下：

```
<asp:Label runat="server" ForeColor="DarkGreen" Backcolor="orange" Font-Bold="true" />
```

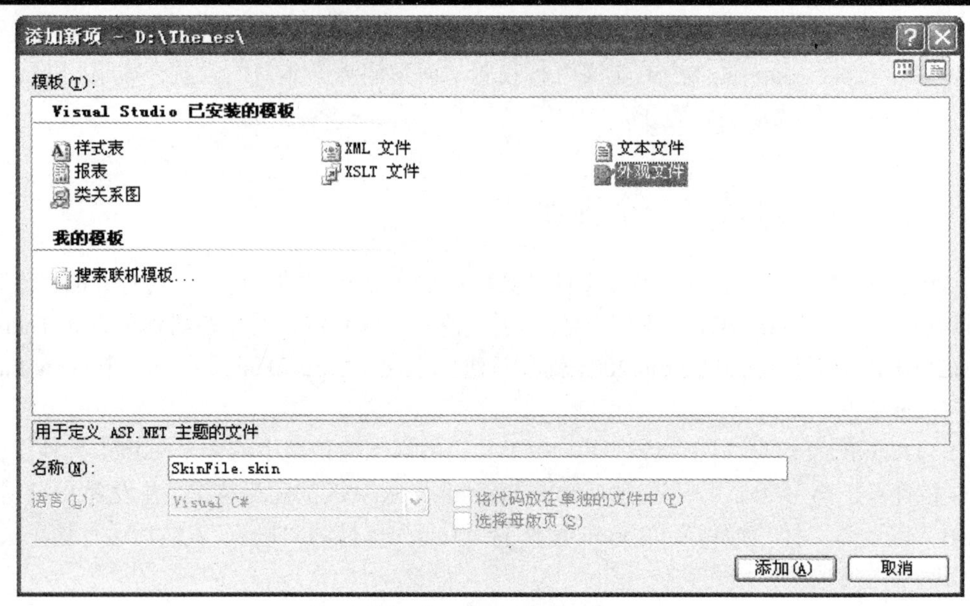

图 3.24 添加界面文件

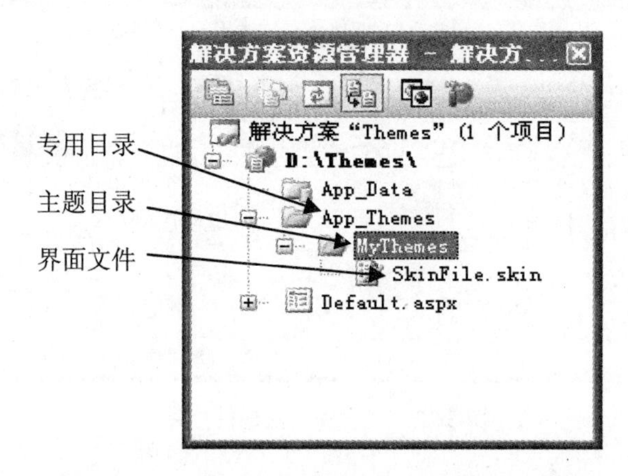

图 3.25 专用目录、主题目录、界面文件的关系

```
<asp:button runat="server" ForeColor="DarkGreen" Backcolor="orange" Font-Bold="true"/>
<asp:TextBox runat="server" ForeColor="DarkGreen" Backcolor="orange"/>
```

界面文件中把 Label、TextBox 和 Button 三种控件前景色都定义成了“DarkGreen”，背景色定义为“orange”，Label、Button 两种控件字体加粗显示。

值得注意的是，有的控件如：LoginView、UserControl 等不能用界面文件定义外观，能够定义的控件也只能定义它们的外观，其他行为属性不能在这里定义。在同一个主题目录下，不管定义了多少个界面文件，系统都会自动将它们合并成为一个文件。

(4) 网站中需要使用主题的网页，都需要在网页的定义语句中增加“Theme=主题目录”的属性。在 Default.aspx 页面的第一行代码增加：

```
%@Page theme=" MyThemes"......%
```

(5) 运行 Default.aspx 页面，标签、文本框和按钮就会使用主题“MyThemes”中所设定的外观，如图 3.26 所示。

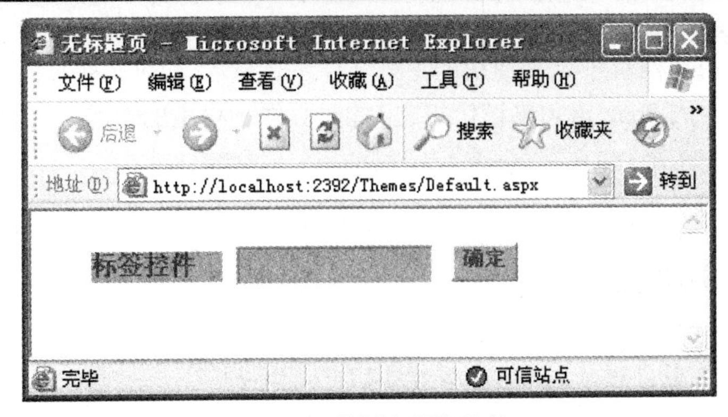

图 3.26 使用主题的控件

3.2.3 样式主题和个性化主题

在创建了主题之后，根据需要可以使用个性化主题 theme，即前面所使用的主题，还可以使用样式主题(StyleSheetTheme)。样式主题与个性化主题使用相同主题中的样式或界面文件，不过它在控制页面外观的优先级别不一样，与个性化主题相比，样式主题的优先级别要低。也就是说，如果在一个页面中使用样式主题，如果该页面中的代码又修改了该控件的外观，此时控件的外观由修改的代码来控制，而不是由样式主题来设定。如果在一个页面中使用个性化主题，如果该页面中的代码也修改了该控件的外观，由于个性化主题的优先级别高，此时控件的外观并不是由修改代码来控制，而同样是由主题个性化来控制。

在 Visual Studio 2005 中，打开 Default.aspx 页面的代码视图，将此时 Default.aspx 页面的第一行代码由个性化主题改为样式主题，即将

```
<%@Page theme="MyThemes"……%>
```

改为：

```
<%@Page styleSheetTheme =" MyThemes"……%>
```

运行 Default.aspx 页面，此时标签的颜色与使用个性化主题相比是一样的。

将 Default.aspx 页面打开到设计视图下，将 Labell 的前景色 ForeColor 改为 Red，再次运行 Default.aspx 页面，此时标签的颜色变为红色，这表明样式主题 styleSheetTheme 的优先级别要比页面中的外观设置低，页面中的外观设置会覆盖样式主题。

3.2.4 在整个站点中使用主题

为了将主题文件应用于整个应用程序，可以在应用程序根目录下的 Web.config 文件中进行定义。例如，要将 MyThemes 主题目录应用程序的所有文件中，可以在 Web.config 文件中定义如下：

```
<configuration>
    <system.web>
    <pages theme="MyThemes"/>
    </system.web>
```

</configuration>

这样就不用在每个网页中定义使用的主题文件了。当然，如果某些页面需要特殊的主题，同样可以使用页面中的Page语句来设定主题，此时页面中设定的主题将会覆盖在Web.config配置文件中所设定的主题。

3.3 实现网站的成员管理

在Web应用的开发过程中，常常会要求某些页面只允许会员或者被授权的用户才能浏览和使用，当一个普通用户浏览这些页面时，系统将会弹出一个登录窗口或者转入到指定的页面，提示用户输入用户名和密码，当用户成功登录后，才可以浏览这些页面，否则，这些用户不能查看这些页面。

为了实现上述的成员管理功能，ASP.NET2.0提供了新的成员API，即Membership API，通过新的成员API，可以非常容易地实现网站的成员管理。

3.3.1 创建一个网站和一个页面

为实现网站的成员管理，首先需要创建一个网站和一个新的页面。步骤如下：

(1) 在IIS中的默认网站上，单击右键，新建一个虚拟目录，命名为“Membership”

(2) 在Visual Studio 2005中，单击“文件”菜单中的“新建网站”命令，在打开的“新建网站”对话框中选择“ASP.NET 网站”模板，在位置下拉列表框中选择“HTTP”，语言选择C#，如图3.27所示，网站名称为“Membership”。

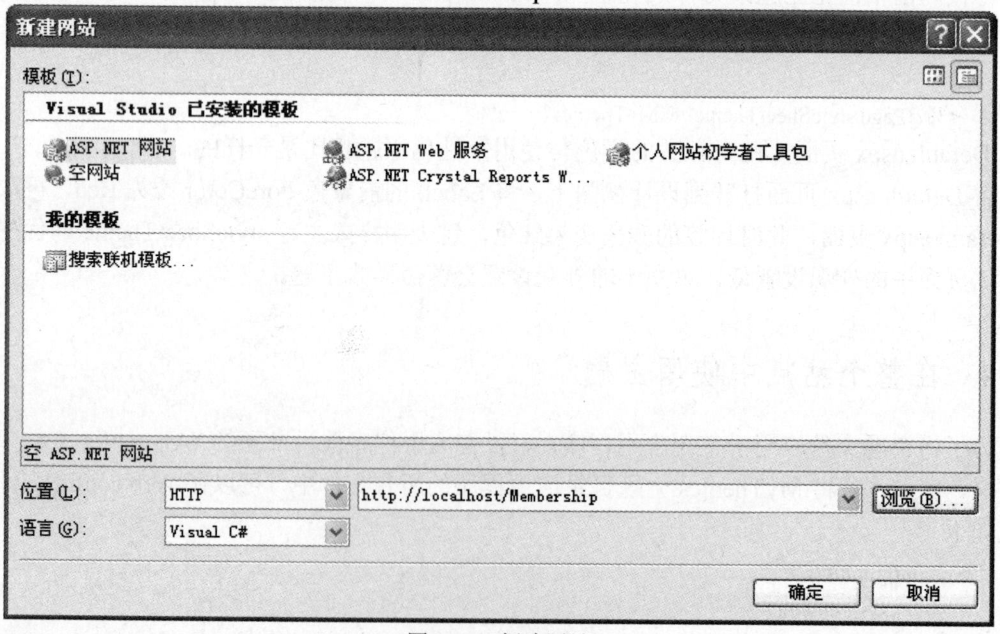

图3.27 新建网站

(3) 单击“确定”按钮，就建立了一个网站名为Membership的站点，其中包括一个

App_Data 目录以及一个空白的 Default.aspx 页面。

3.3.2 配置成员管理

在 Visual Studio 2005 中，可以使用 Web 站点管理工具，通过 Web 页界面来配置 ASP.NET 应用程序，控制对 Web 应用程序中文件夹和单个页面的访问。

首先建立一个 MemberPages 的目录，在 MemberPages 目录中存放需要保护的页面，或者需要会员才能被浏览的页面，然后通过 Web 站点管理工具来创建新的注册用户，最后为网站中的 MemberPages 目录建立访问的规则，从而限制只有注册用户才能访问该目录以及该目录中的页面。操作步骤如下：

(1) 新建一个 MemberPages 目录。利用前面所建立的的 Membership 站点中，在 Visual Studio 2005 的“解决方案资源管理器”窗口中，在 http://localhost/ Membership 站点上，单击鼠标右键，选择“新建文件夹”，文件夹命名为“MemberPages”，如图 3.28 所示。

图 3.28 新建文件夹

(2) 在 Visual Studio 2005 中，用鼠标单击菜单“网站”选择“ASP.NET 配置”命令，打开如图 3.29 所示的“ASP.NET Web 应用程序管理”窗口。

图 3.29 ASP.NET Web 应用程序管理窗口

(3) 在应用程序管理窗口中，单击“安全”标签，打开如图 3.30 所示的界面，单击“使安全设置向导按部就班地配置安全性”的链接，打开安全设置欢迎界面，欢迎界面的左边显示了安全设置向导的 7 个步骤，如图 3.31 所示。

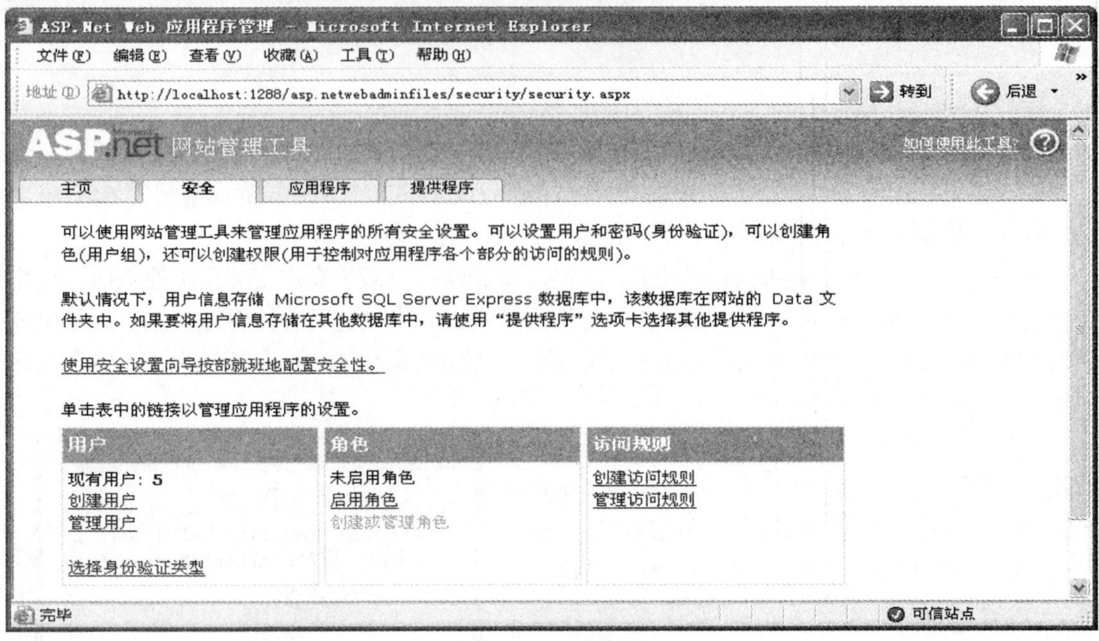

图 3.30 安全设置

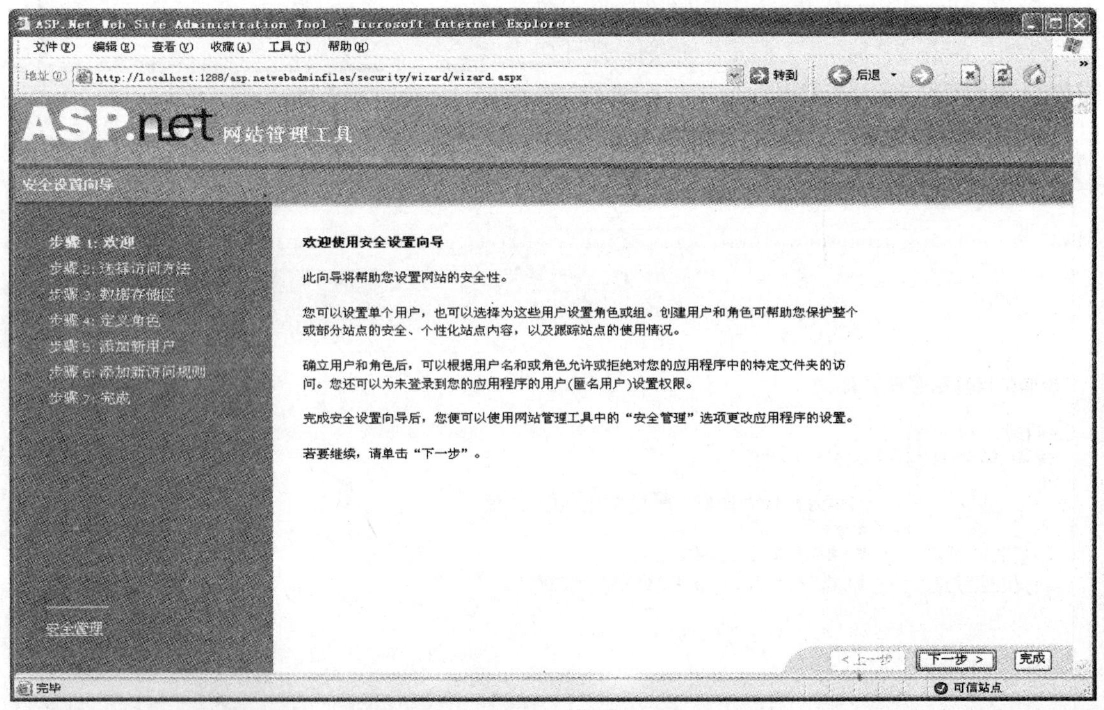

图 3.31 欢迎窗口

(4) 单击“下一步”，打开如图 3.32 所示界面，选择用户进入站点的方式，是通过 Internet 方式还是通过局域网方式。如果通过局域网方式，那么联网用户不需要输入用户名和密码就可以进入站点的保护页面。示例选择 Internet 方式，注册用户需要在 Internet 上的网页中通过登录用户名和密码来进入站点的保护页面。

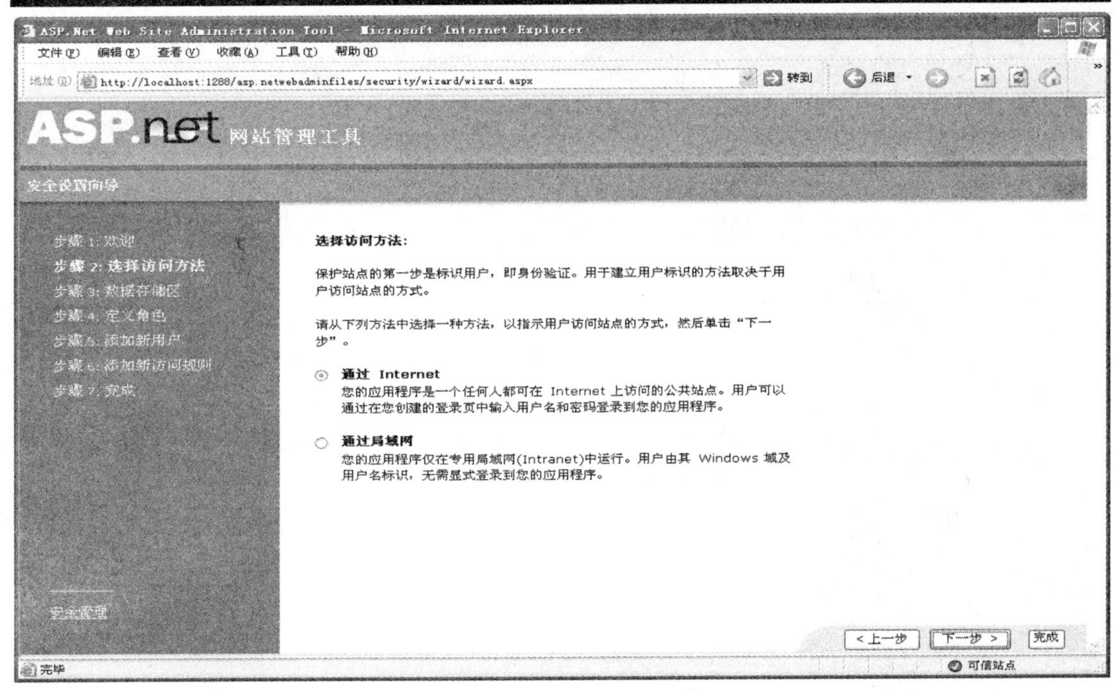

图 3.32 选择进入网站方式

(5) 单击“下一步”，出现的是选择存储成员管理等数据的提供者，图 3.33 所示，这里采用默认的设置。

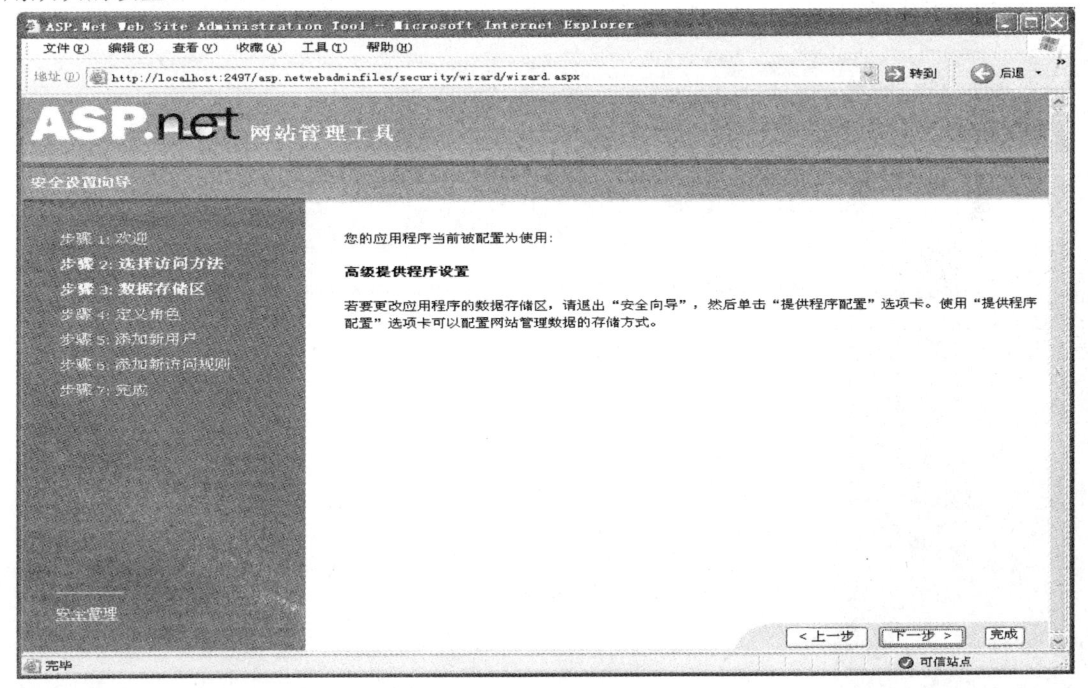

图 3.33 数据存储

(6) 单击“下一步”，图 3.34 所示。主要实现定义注册用户的角色，由于这里只是简单地示例注册用户登录查看受保护的页面，不需要给注册用户分配角色，实现较为复杂的授权，因此取消选择“为此网站启用角色”，即不使用角色。

图 3.34　定义角色

(7) 继续单击“下一步”按钮，打开如图 3.35 所示的注册新用户的界面。

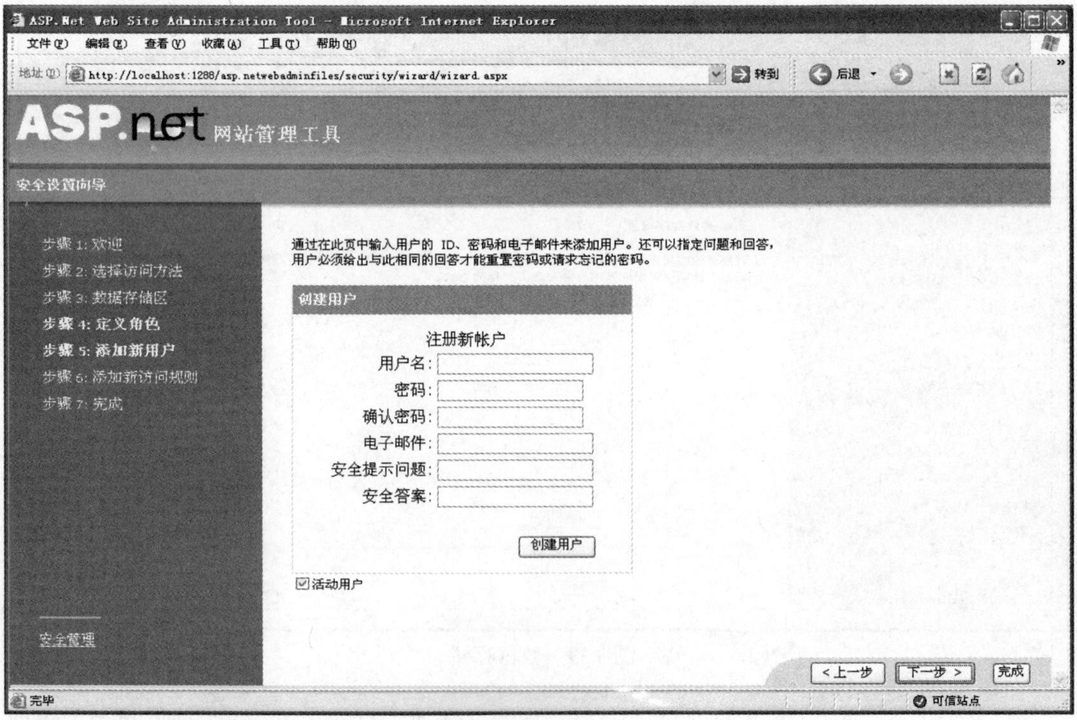

图 3.35　注册新用户

在新建注册用户的界面中，输入名称为“user001”的用户名以及相关的密码，这里要求两次输入的密码必须相同，后面的两项内容是重新找回密码所要求输入的内容。

如果两次输入的密码不一致，或者电子邮件地址不正确，系统将马上提示用户重新输入正确的内容。还需要注意的是，在创建新的注册用户时，应选中“创建用户”按钮左下方的“活动用户”，此时表明创建的注册用户不再需要管理员审核，该注册用户直接就被激活，用户立刻就可以使用该用户名和密码登录网站。

(8) 然后单击“创建用户”按钮，如果注册用户被成功创建，那么就会打开如图 3.36 所示的界面。

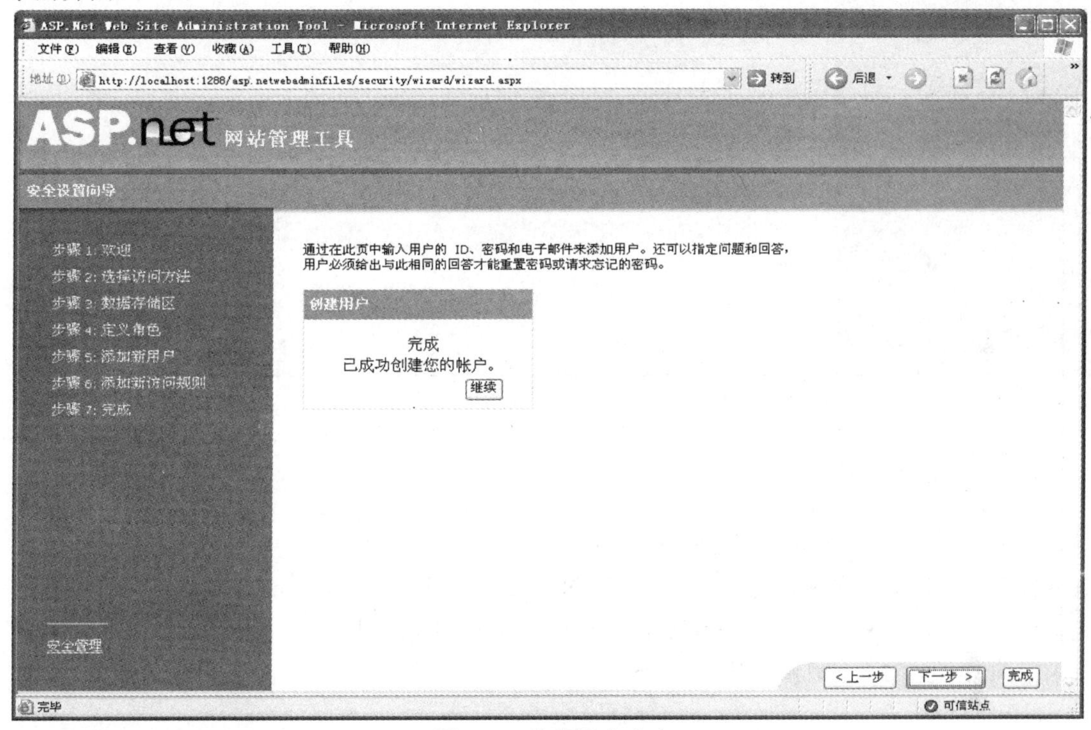

图 3.36　注册用户成功

(9) 单击“下一步”按钮，打开“添加新访问规则”对话框，单击 Membership 目录左边的目录展开按钮，在展开的目录中选择需要保护的“MemberPages”目录，在中间的“规则应用于”部分选择“匿名用户”，在右边的“权限”部分选择“拒绝”，然后单击“添加此规则”按钮，即可为“MemberPages”目录建立只有注册用户登录后才能访问的规则，如图 3.37 所示。

通过建立上述的访问规则，在 MemberPages 目录中创建了一个新的站点配置文件 Web.config，文件内容如下所示：

```
<?xml version="1.0" encoding="utf-8"?>
<configuration>
    <system.web>
        <authorization>
            <deny users="?" />
        </authorization>
```

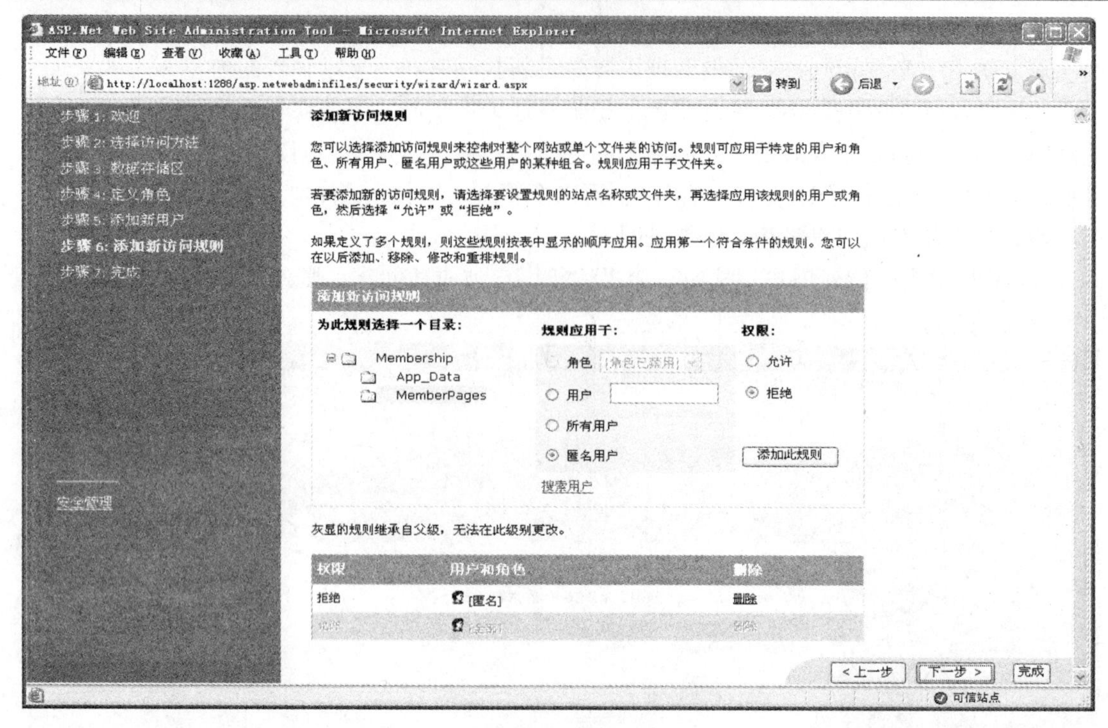

图 3.37 访问规则

```
    </system.web>
</configuration>
```

在以上代码中，代码：<authorization>、<deny users="?"/>、</authorization>是实现 MemberPages 目录访问规则的关键代码，通过<authorization>…</authorization>元素，可以定义访问规则，该配置文件 Web.config 由于存放 MemberPages 目录之中，因此 MemberPages 目录中的所有页面不允许匿名用户访问。

(10) 再单击下一步，安全配置向导就完成了。

3.3.3 实现用户登录

通过前面的设置，新建了一个注册用户，并对 MemberPages 目录中的访问设定了不允许匿名访问的规则。要实现用户登录以及对保护页面访问，需要使用到 LoginStatus、LoginView 和 LoginName 三个控件。

LoginStatus 控件的主要功能是为没有通过身份验证的用户显示登录链接，以及为通过身份验证的用户显示注销链接。登录链接将用户带到登录页面，注销链接将当前用户的身份重置为匿名用户。

LoginView 控件可以向匿名用户和登录用户显示不同的信息，该控件包含有两个模板：AnonymousTemplate 或 LoggedInTemplate。在这些模板中可以分别显示不同登录状态下的用户信息。例如显示添加匿名用户和经过身份验证的用户信息。

LoginName 控件用于显示登录用户信息。如果用户已使用 ASP.NET 成员资格登录，

LoginName 控件将显示该用户的登录名，或者如果站点使用集成 Windows 身份验证，该控件将显示用户的 Windows 账户名。

1) 实现用户登录的步骤如下：

(1) 打开 Membership 网站中的 Default.aspx 页面，在设计视图下，输入标题“测试用户对网页的访问权限”，并定义字体字号大小。

(2) 在工具箱“Login”控件组中把“LoginStatus”、“LoginView”、LoginName 控件拖放到文字的下方。对于 LoginView 控件，在图 3.38 中选择匿名模板，然后在图 3.39 中输入文字“你还没有登录，请单击“登录”链接进入!”。

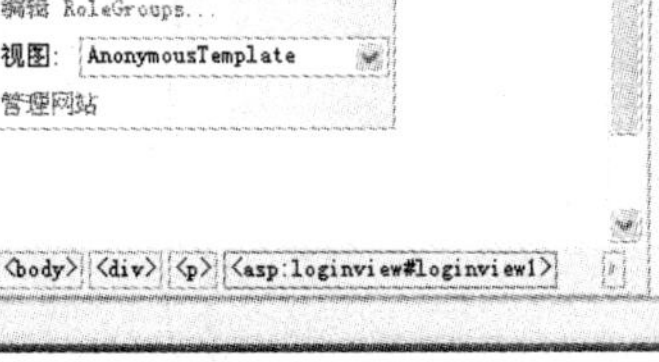

图 3.38 匿名模板

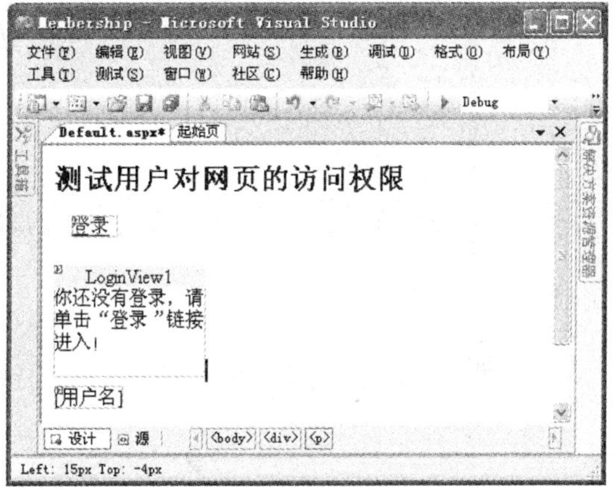

图 3.39 输入提示文字

为了设定注册用户登录后所要显示的文字，对于 LoginView 控件，选择登录模板，输入文字，“你已经成功登录!”，如图 3.40 所示。

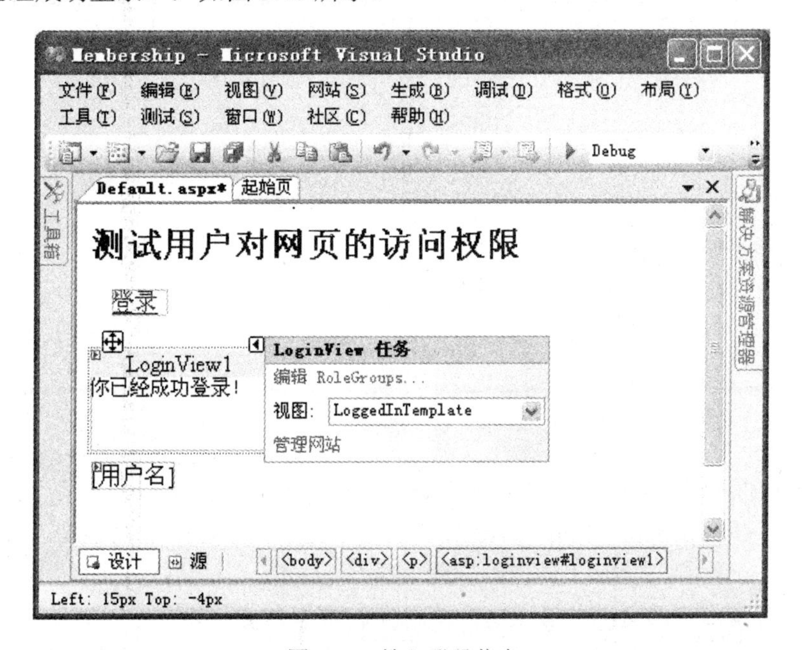

图 3.40 输入登录信息

LoginName 控件为了显示登录用户的名字。

(3) 在 Visual Studio 2005 的“解决方案资源管理器”窗口中，在 http://localhost/ Membership 站点上，单击鼠标右键，选择“添加新项”命令，在模板项目中选择 Web 窗体，并命名为“Login.aspx”。在 VS2005 的设计视图下，把左边工具箱中的“Login”控件组中的“Login”控件拖放到页面的适当位置，完成登录页面的设计。

(4) 在 Visual Studio 2005 中，设置 Default.aspx 页面为起始页，运行，如图 3.41 所示。单击“登录”链接，页面将自动链接到另一个页面 Login.aspx，如图 3.42 所示。需要说明的是，转移的页面的名称必须设定为 Login.aspx，这是 LoginStatus 控件默认的链接地址。

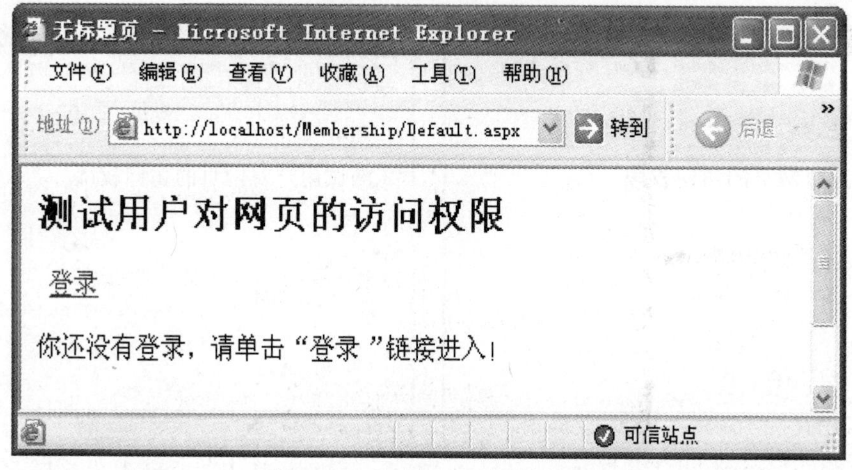

图 3.41 Default.aspx 运行界面

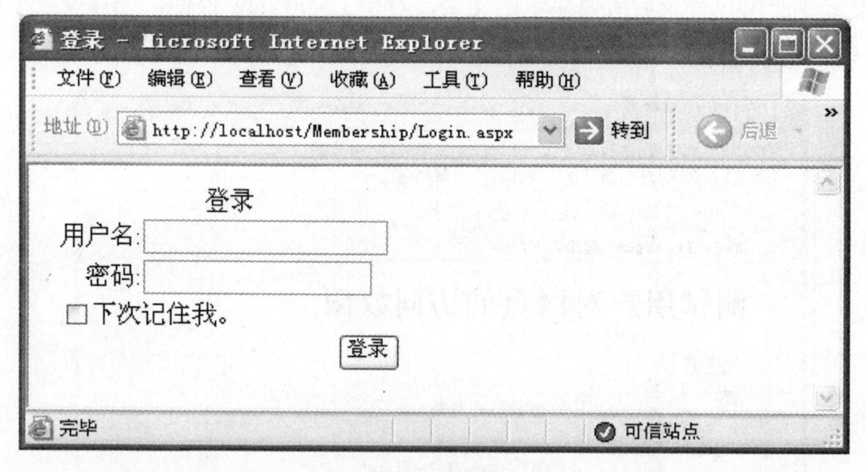

图 3.42 登录窗口

(5) 输入前面所建立的用户名 user001 以及正确的密码后，单击“登录”按钮，就会成功登录并返回到 Default.aspx 页面，如图 3.43 所示。由于用户已经成功登录，LoginStatus 控件显示的是 Logout 链接，显示“你已经成功登录!”。

2) 新建一个受保护的页面并登录这个受保护的页面，步骤如下：

(1) 在 Visual Studio 2005 的“解决方案资源管理器”窗口中，在 http://localhost/Membership 站点的 MemberPages 目录上，单击鼠标右键，选择“添加新项”命令，在模板项目中选择

图 3.43 登录成功

Web 窗体，并命名为“Members.aspx”，由于这个页面在 MemberPages 目录下，因此只有会员才能查看该 Members.aspx 页面。

(2) 选择 Members.aspx 页面，在 Visual Studio 2005 的设计视图下，设置网页的标题为“欢迎已注册的用户光临!”，设定该文字的字体字号。

(3) 在 Default.aspx 页面设计视图中，添加一个标准控件组的 HyperLink 控件，将该控件的 text 属性设置为“会员页面”，将 NavigateUrl 属性设定为“~/MemberPages/Members.aspx”，这样，在 Default.aspx 页面中，单击“会员页面”的链接，就可以检测是否只有会员才能浏览页面 Members.aspx。

(4) 运行 Default.aspx 页面，页面如图 3.44 所示，单击“会员页面”的链接，由于该链接指向的页面为 Members.aspx，而被查看的页面 Members.aspx 不允许普通用户，即不允许匿名用户查看，这是前面所建立的访问规则，只有登录的注册用户才有权浏览该页面，因此网站将自动转移到图 3.42 所示的 Login.aspx 页面，如果浏览者输入正确的用户名和密码，就可以浏览 Members.aspx 了，如图 3.45 所示。

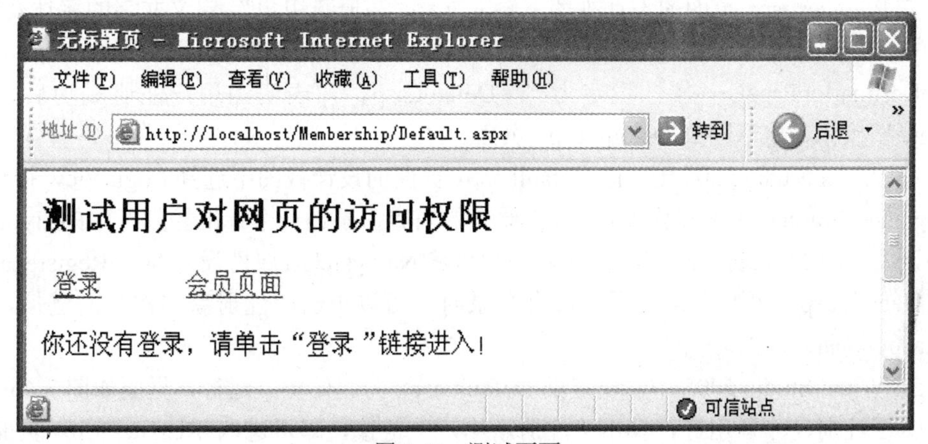

图 3.44 测试页面

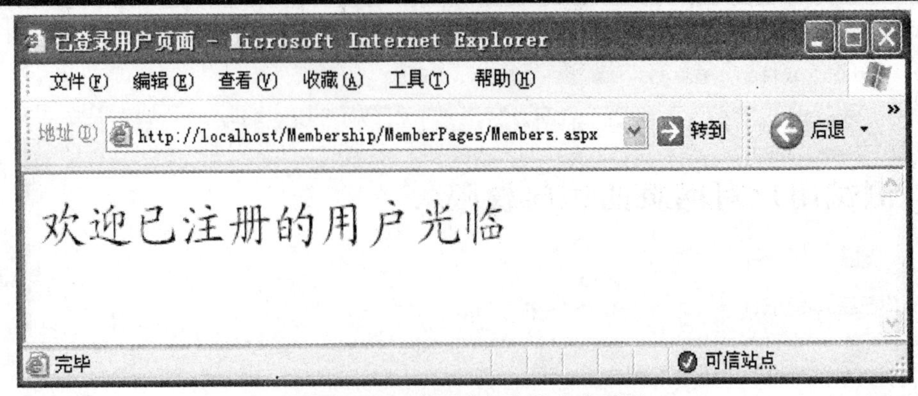

图 3.45　已注册用户登录成功页面

如果浏览者输入的用户名和密码不正确，就不能正确登录网站，该用户就不能浏览 Members.aspx 页面。

3.3.4　实现用户注册

前面通过“ASP.NET2.0 应用程序管理”工具中的安全配置向导来实现用户的注册，在 Visual Studio 2005 中，提供了一个可视化的 CreateUserWizard 控件，也可实现用户注册的功能。

CreateUserWizard 控件用于方便实现用户注册功能，默认情况下，CreateUserWizard 控件将新用户添加到 ASP.NET 成员资格系统中。CreateUserWizard 控件包括的注册项目有用户名、密码、密码确认、电子邮件地址、安全提示、问题和安全答案。使用 CreateUserWizard 控件实现用户注册的步骤如下：

(1) 在 Visual Studio 2005 的“解决方案资源管理器”窗口中，在 http://localhost/ Membership 站点上，单击鼠标右键，选择“添加新项”命令，在模板项目中选择 Web 窗体，并命名为“Register.aspx”。

(2) 在 Register.aspx 页面的设计视图下输入文字“注册新用户”，定义文字的字体及字号。

(3) 把工具箱中 Login 控件组中的 CreateUserWizard 控件拖放到文字的下方，并将其中的 ContinueDestinationPageUrl 属性设定为“~/Default.aspx”，表明当用户注册成功后，单击“Continue”按钮，将返回到 Default.aspx 页面。

(4) 在 Visual Studio 2005 中，在 Default.aspx 页面的设计视图中选择 LoginView 控件，修改 AnonymousTemplate 中所设定的内容，在原有的内容后添加一个标准控件组中的 HyperLink 控件，将该控件的 Text 属性设置为“注册新用户”，将 NavigateUrl 属性设定为“~/Register.aspx”，这样在 Default.aspx 页面中，当用户没有登录时，可以单击“注册新用户”的链接，进入 Register.aspx 页面。

(5) 在 Visual Studio 2005 中，设定面 Default.aspx 为起始页，运行，界面如图 3.46 所示。

(6) 为了注册一个新用户，单击“注册新用户”链接，即可进入 Register.aspx 页面，如图 3.47 所示，在其中输入用户名、密码等必须填写的内容后，单击“创建用户”按钮，就可以创建一个新用户。

无标题页 - Microsoft Internet Explorer
文件(F) 编辑(E) 查看(V) 收藏(A) 工具(T) 帮助(H)
地址(D) http://localhost/Membership/Default.aspx
转到
后退
测试用户对网页的访问权限
登录
会员页面
你还没有登录，请单击“登录”链接进入！
注册新用户
完毕
可信站点

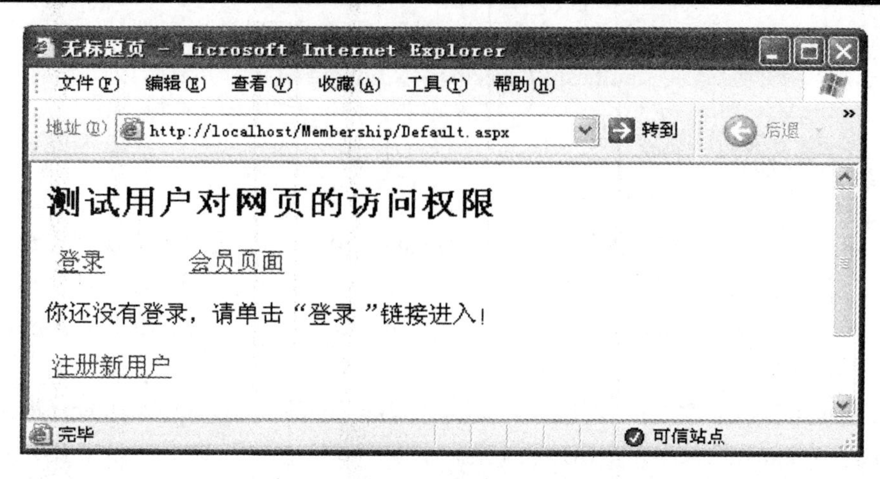

图 3.46　测试注册

无标题页 - Microsoft Internet Explorer
文件(F) 编辑(E) 查看(V) 收藏(A) 工具(T) 帮助(H)
地址(D) http://localhost/Membership/Register.aspx
转到
后退
注册新用户
注册新帐户
用户名:
密码:
确认密码:
电子邮件:
安全提示问题:
安全答案:
创建用户
完毕
可信站点

图 3.47　注册用户

(7) 当新用户创建成功后，会提示用户，如图 3.48 所示，单击“继续”按钮，将返回到 Default.aspx 页面。

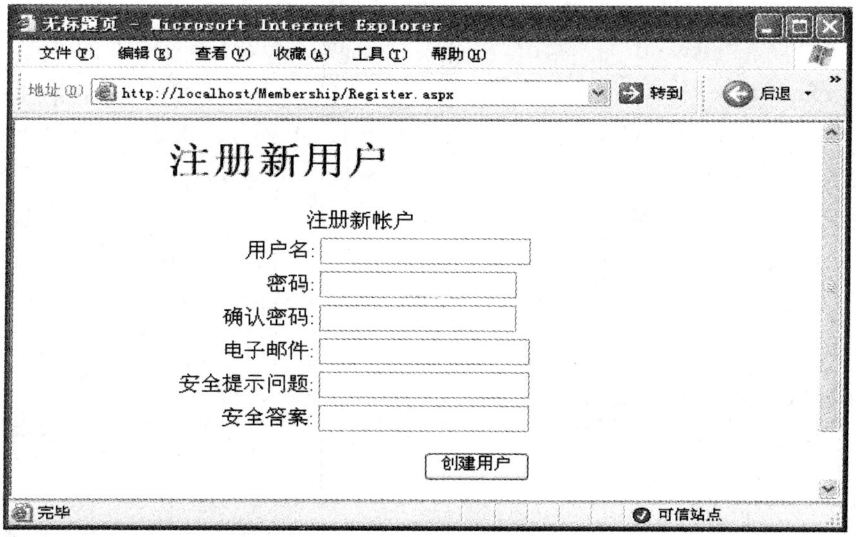

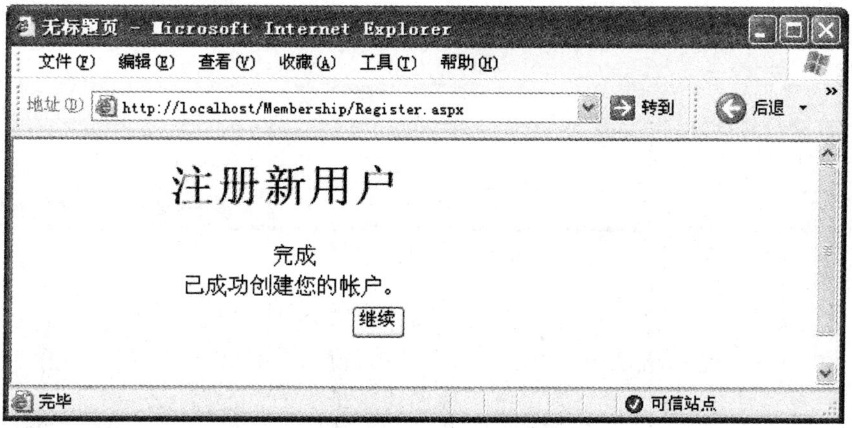

无标题页 - Microsoft Internet Explorer
文件(F) 编辑(E) 查看(V) 收藏(A) 工具(T) 帮助(H)
地址(D) http://localhost/Membership/Register.aspx
转到
后退
注册新用户
完成
已成功创建您的帐户。
继续
完毕
可信站点

图 3.48　注册成功

(8) 在 Default.aspx 页面中，单击“登录”链接，在登录页面 Login.aspx 中输入新建的用户名和密码，登录成功后，Default.aspx 页面将显示 Logout 链接，并显示成功登录的欢迎语。

3.3.5 修改密码

在 Visual Studio 2005 中还提供了可视化的 ChangePassword 控件用来实现修改用户密码的功能。很显然，要实现密码的更改，注册用户首先必须登录进入网站，因此，这里新建的更改密码页面 ChangePassword.aspx 将存放在只有登录用户才能浏览的 MemberPages 目录中。

操作步骤如下：

(1) 在 Visual Studio 2005 的“解决方案资源管理器”窗口中，在 http://localhost/Membership 站点的 MemberPages 目录上，单击鼠标右键，选择“添加新项”命令，在模板中选择 Web 窗体，并命名为“ChangePassword.aspx”。

(2) 在 Visual Studio 2005 的设计视图下，在 ChangePassword.aspx 页面中添加一个“Login”控件组中的“ChangePassword”控件，即可完成 ChangePassword.aspx 页面的创建。

(3) 在 Default.aspx 页面的设计视图中，选择 LoginView 控件，修改登录用户模板中所设定的内容，在原有的内容后添加一个标准组中的 HyperLink 控件，将该控件的 Text 属性设置为“修改密码”，将 NavigateUrl 属性设定为“~/ChangePassword.aspx”，这样在 Default.aspx 页面，当用户成功登录后，可以单击“修改密码”的链接，进入 ChangePassword.aspx 页面。

(4) 在 Visual Studio 2005 中，设 Default.aspx 为起始页，运行，在 Default.aspx 页面中单击“Login”链接，在登录页面 Login.aspx 中输入正确的用户名和密码，登录成功后会看到如图 3.49 所示的界面。

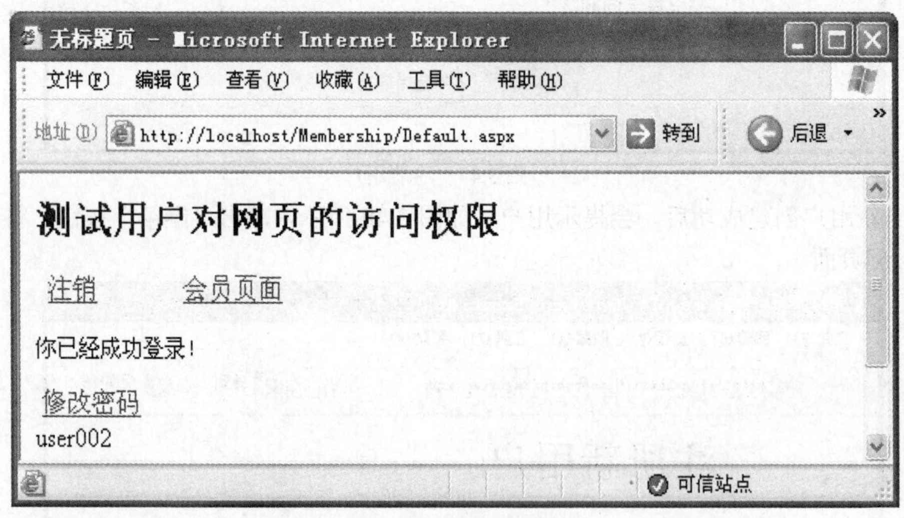

图 3.49 测试页面

(5) 单击页面中的“修改密码”链接，打开如图 3.50 所示的修改密码的 ChangePassword.aspx 页面，在 ChangePassword.aspx 页面中输入修改前的密码和新密码后，单击“更改密码”按钮，如果旧密码符合要求，就会打开密码修改成功的界面，如图 3.51 所示。

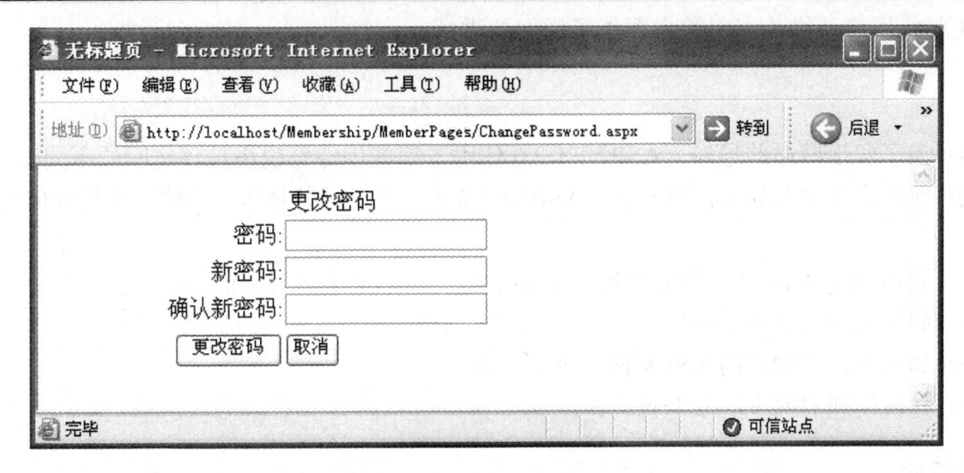

图 3.50 更改密码

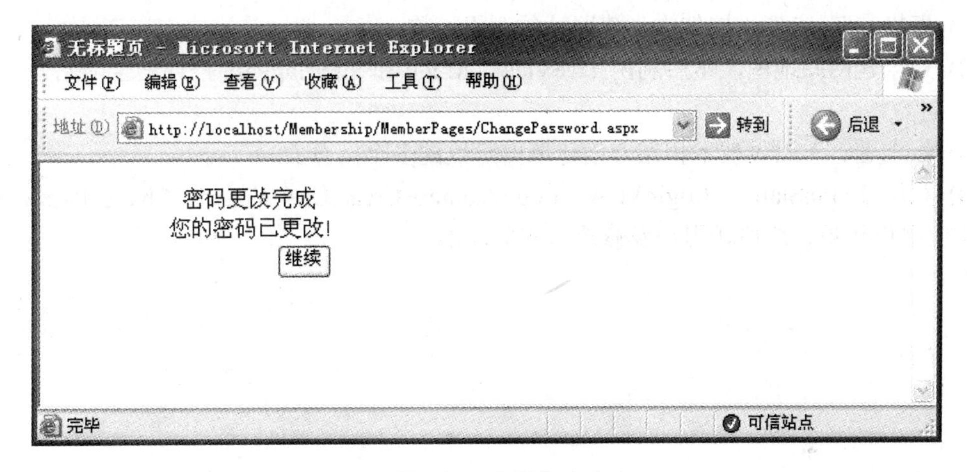

图 3.51 密码修改成功

(6) 在图 3.51 中，单击“继续”按钮，返回到 Default.aspx 页面。利用修改后的密码重新登录。

本章小结

网站中的文件是一种层次结构。TreeView 和 Menu 都是层次控件，因此非常适合于作导航控件，建立站点地图、设置节点以及它们之间的逻辑关系，然后以站点地图作为数据源与层次控件进行数据绑定。由于这里建立的站点是逻辑结构，而不是物理结构，因此具有很大的灵活性。

SiteMapPath 控件是一个比较特殊的控件，只要网站中设置了站点地图，将控件放进网页，就会自动与站点地图连接，利用它返回到前面的节点时非常方便。

为了使得网站中一批网页的显示风格保持一致，ASP.NET 2.0 提供了主题及母版页技术。主题是利用界面文件对一批单个控件显示的定义，界面文件必须放在主题目录之下，而主题目录又必须放在专用目录 App_Themes 下。母版页是从整体布局的定义，两者结合可以使网站的多个网页之间，在显示风格上取得一致。

最后，从安全的角度，针对网站中网页文件的访问权限，从配置成员管理、实现用户登录、注册新用户及修改密码等方面作了详细的讲解。

习题

(1) 为了实现网站的导航，ASP.NET 2.0 使用了哪些控件？说出控件之间的不同点。

(2) 保持多个网页显示风格一致，ASP.NET 2.0 使用了哪些技术，每种技术是如何发挥作用的？

(3) 简述利用 ASP.NET 网站管理工具创建用户和指定访问规则的步骤。

(4) 如何实现网站的导航？

(5) 如何对已经创建的 ASPX 网页使用母版页？

(6) 如何实现对网页的安全访问?

上机操作题

(1) 直接在 TreeView 控件中创建网站的逻辑结构。

(2) 先创建网站地图，然后利用 TreeView、Menu 和 SiteMapPath 控件结合网站地图进行导航。

(3) 将主题、母版页技术相结合创建风格一致的多个网页。

(4) 利用 LoginStatus、LoginView、LoginName、CreateUserWizard、ChangePassword 等控件实现用户登录、注册新用户及修改密码的功能。

4　HTML 控件和 Web 服务器控件

在 ASP.NET 中，一切都是对象。Web 页面就是一个对象的容器。那么，这个容器可以装些什么东西呢？本章介绍 HTML 和 Web 服务器端两类控件(Control)的语法和使用。

Control 是一个可重用的组件或者对象，这个组件不但有自己的外观，还有自己的数据和方法，大部分组件还可以响应事件。通过微软的集成开发环境 Visual Studio 2005，可以简单地把一个控件拖放到一个 Form 中。

为什么会有 HTML 控件和 Web 服务器端控件之分呢？这是因为一些控件是在服务器端存在的。服务器端控件有自己的外观，在客户端浏览器中，服务器端控件的外观由 HTML 代码来表现。服务器端控件会在初始化时，根据客户的浏览器版本，自动生成适合浏览器的 HTML 代码。

4.1　HTML 控件

HTML 控件是属于 System.Web.UI.HtmlControls 命名空间的 ASP.NET 服务器控件，在外形上与普通的 HTML 标记很相似，由 HTML 标记衍生而来，并在 ASP.NET 页中声明为一个由 runat="server"属性标记的 HTML 元素，例如<button runat="server"/>。与 Web 服务器控件相比，HTML 服务器控件没有 asp 标记前缀。几乎所有的 HTML 标记加上 runat="Server"这个 Server 控件的标识属性后，都可以变成 HTML 控件。它们之间最大的区别就是 HTML 可以通过服务器端的代码来控制。下面以一个超级链接控件(HtmlAnchor)为例，在 WebForm1.aspx 上定义一个 HtmlAnchor 控件：

```
<a href= "http://www.microsoft.com/china" Target="_blank" runat="server">欢迎来到微软中国</a>
```

上面的这段代码就是定义的一个 HTML 控件，它与普通的<a></a>标记相比，区别仅仅是添加了 runat="server"属性。

4.1.1　HTML 控件的优点

ASP 允许在服务器上使用组件，这些组件能够产生反馈给用户的页面。ASP.NET 通过控件扩展了这一概念。Web 窗体页上的任意 HTML 元素都可以转换为 HTML 服务器控件，转换只需通过添加 runat="Server"属性即可。ASP.NET 将在服务器上处理这些元素，并可以产生适合各种特定用户的输出。另外，可以通过 HTML<FORM>和表单控制元素做其他事情，如编写代码处理进出服务器期间的状态。这使得编写程序不再那么枯燥乏味，同时也提高了工作效率。总结起来，HTML 控件主要优点有以下两个方面：

(1) HTML 控件将 HTML 标注对象化，可以让程序直接控制并设定其属性，使程序代码和 HTML 控件分开，程序的架构就不会显得杂乱无章而不好管理。

(2) HTML 控件对事件的支持，以事件触发方式来编写程序，使得网页编程变得更加简单。

【例 4.1】 利用程序直接控制并设定 HTML 控件属性。首先定义一个普通的 HTML 标记：

```
<a></a>
```

这个标记不会产生任何有意义的显示结果。同样也建立一个不会有任何显示结果的 HtmlAnchor 控件：

```
<a ID="anchor1" runat="server"></a>
```

这里需要注意：HTML 控件比 HTML 标注多了 ID 以及 runat 这两种属性。ID 属性表示程序是以本属性来控制对象的，所以，对于任何对象，不管它们是否为同一种类，其名称不可重复。而 runat 属性表示这个对象是在 Server 端执行，所有的 HTML 控件都必须加上这个属性设定值。倘若该对象在程序执行时不需要被程控，则可以忽略 ID 属性的设定。

初始化时，两者处于同一状态，均不会输入任何显示结果。此时，普通的 anchor 标记是没有办法再让自身输出“可视”的显示，它在程序中作用为零。而 HtmlAnchor 控件则不同，它的作用并没有受到丝毫的影响。程序依然可以在 Page_load 事件中设置它的各种属性．它依然可以展示它所有的功能。其 HTML 代码如下所示：

```
<Script language="C#" runat="server">
public void Page_Load(object sender, System.EventArgs e)
    {
    anchor1.HRef="http://www.microsoft.com/china";
    anchor1.Target="_blank";
    anchor1.InnerHtml="欢迎来到微软中国";
    }
</Script>
<HTML>
    <body>
        <form id="Form1" method="post" runat="server">
            <a></a>
            <a id="anchor1" runat="server"></a>
        </form>
    </body>
</HTML>
```

用 Visual Studio 2005 制作页面，运行结果如图 4.1 所示。

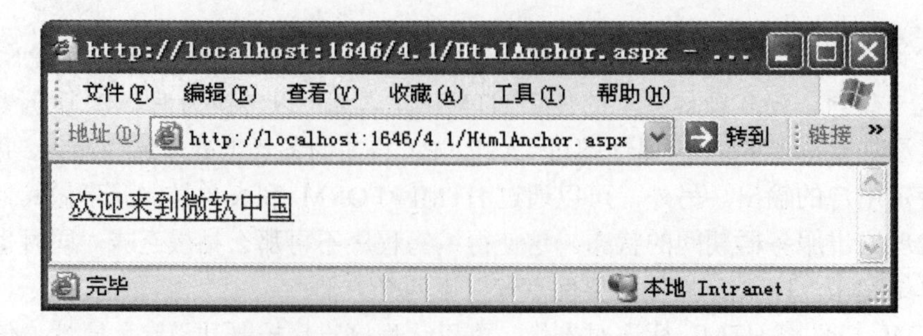

图 4.1 HtmlAnchor 控件在 Page_load 事件中的运行结果

通过查看这个页面的源文件可以发现：在客户端，HtmlAnchor 控件生成的还是普通的 HTML 标记。

```
<a href="http//www.microsoft.com/china" id="anchor1" target="_blank">欢迎来到微软中国</a>
```

这说明，HtmlAnchor 控件是在服务器上执行后产生的标准 HTML 代码，然后再发送至客户端。了解 HTML 控件可以直接被程序所控制后，再来看看 HTML 控件对事件的支持。

【例 4.2】 以 Button 的 OnServerClick 为例：<Button>标记在服务器上执行显示与标记<input Type＝"Button">的显示相同，两者都生成标准的 Button 按钮。但是<Button>比<input Type＝"Button">标记的功能强大，它能够通过 Javascript 代码来控制 Button 按钮的显示。现在又在又在<Button>标记中添加了 id 与 runat="server"属性使之成为 Html 控件，于是它的属性使由服务器来操纵了。注意，HtmlButton 控件的触发事件不再是 OnClick，而应当是 OnServerClick。从字面上能看出，OnServerClick 表示事件是发生在服务器端。

```
<HTML>
    <HEAD>
        <title>HtmlButton示例</title>
        <Script language="C#" runat="server">
        public void button_click(object sender, EventArgs e)
            {
            //定向到http://www.microsoft.com/china地址
            Response.Redirect("http://www.microsoft.com/china");
            }
        </Script>
    </HEAD>
        <body MS_POSITIONING="GridLayout">
            <form id="Form1" method="post" runat="server">
            <button id="button1" runat=server onserverclick="button_click" type
                =button>欢迎来到微软中国
            </button>
        </form>
    </body>
</HTML>
```

用 Visual Studio 2005 制作页面，运行结果图 4.2 所示。

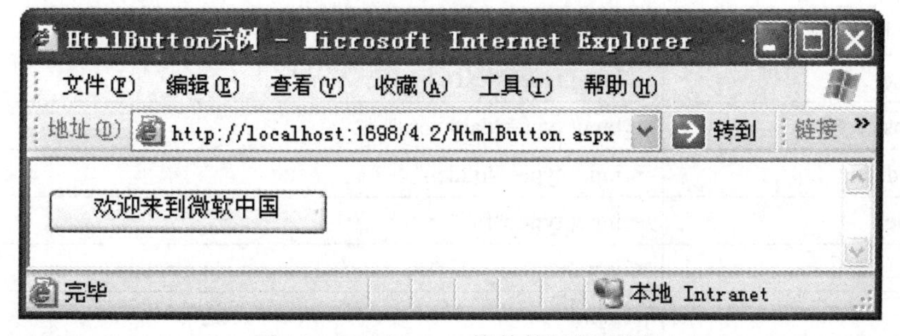

图 4.2　HtmlButton 控件的运行界面

当单击 Button 按钮时，将会触发 OnServerClick 事件，并且执行 Button_Click 事件处理，将页面转移至 http//www.microsoft.com/china。这里要注意：

(1) Button_Click 这个事件程序中宣告了对象型态的变量 Sender 及事件参数 e，分别表示是由哪个对象发出事件，以及发生事件时的相关信息；每个事件程序中都要加入(Object Sender, EventArgs e)这两个参数宣告。

(2) Button 类控件必须放在 HtmlForm 控件(<form id="Form1" runat="server" ethod="Post"> </form>)之间，否则程序运行时会报错。如果没有这个 HtmlForm 控件，ASP．Net 执行时不会产生<form>，标记，那么程序不会产生请求过程。

4.1.2 HTML 控件架构

当 ASP.NET 网页执行时，会检查标注有无 Runat 属性。如果标注没有设定这个属性，那么该标注就会被视为字符串，并被送到字符串流等待送到客户端的浏览器进行解译。如果标注有设定 runat="Server"属性，那么就会依照该标注所对应的 HTML 控件来产生对象，所以 ASP.NET 对象的产生是由 runat 属性值所决定的。当程序在执行时解析到有指定 runat="Server"属性的标注时，表示控件将会在服务器端执行，Page 对象会将该控件从.NET 共享类别库加载，并列入控制架构中，表示这个控件可以被程序所控制。等到程序执行完毕后，再将 HTML 控件的执行结果转换成 HTML 标注，然后送到字符串流和一般标注一起下载至客户端的浏览器进行解译。

所有的 Html 控件位于 System.Web.UI.HtmlControls 命名空间中，是从 HtmlControl 基类中直接或间接派生出来的。表 4.1 中列出了 HTML 控件以及对应的 HTML 标记。

表 4.1 HTML 控件以及对应的 HTML 标记

控　件	对应的标记
HtmlSelect	＜select＞
HtmlTextArea	＜textarea＞
HtmlInputButton	＜input type="button"＞
HtmlInputReset	＜input type="reset"＞
HtmlInputSubmit	＜input type="submit"＞
HtmlInputCheckBox	＜input type="check"＞
HtmlInputRadio	＜input type="radio"＞
HtmlInputText	＜input type="text"＞
HtmlInput Password	＜input type="password"＞
HtmlInputHidden	＜input type="hidden"＞
HtmlInputFile	＜input type="file"＞
HtmlImage	＜img＞
HtmlTable	＜table＞
Horizontal Rule	＜hr＞
HtmlDiv	＜div＞

4.1.3 HTML 控件的常用属性

HTML 控件有几个共同的属性会经常被使用。这几个属性分别是 Style、Attibutes、Visible、Disabled、InnerHtml 及 InnerText 属性

4.1.3.1 Style 属性

由于 Html 控件均由普通 HTML 标记衍生面来，所以，定义 HTML 标记样式表的方法同样适用于 Html 控件：

```
<a style="Color:#008000;font-size:10pt;text-decoration:none:font-style:italic" href="http:
    //www.microsoft.com/china" runat="server">http:// www.microsoft.com/china</a>
```

上面为 HtmlAnchor 控件定义的样式表与普通<a>标记的样式定义是相同的，其显示结果也没有丝毫差别。ASP.NET 为每个 Html 控件提供了一个 Sty1e 的属性，Style 属性实际上是一个样式表属性集合，通过设置 Style 中的属性，能通过程序代码在程序执行过程中改变 Html 控件的样式。表 4.2 列出 Style 属性可以设定的样式。

表 4.2 Style 属性可以设定的样式

样式名称	说　明	设　定　值
Background-Color	背景色	RGB 值或指定颜色
Color	前景色	RGB 值或指定颜色
Font-Family	字型	标楷体
Font-Size	字体大小	20pt
Font-Style	斜体	Italic(斜体)或 Normal(一般)
Font-Weight	粗体	Bold(粗体)或 Normal(一般)
Text-Decoration	效果	Underline(底线)、Strikethrough(穿越线)、Overline(顶线)或是 None(无)
Text-Transform	转大小写	Uppercase(全转大写)、Lowercase(全转小写)、Initial Cap(前缀大写)或是 None(无)

【例 4.3】 通过程序来控制 Html 控件的 Style 属性：

```
<Script language="C#" Runat="Server">
public void Page_Load(object src, EventArgs e)
    {
    //指定超级链接的属性
    Anchor1.Style["color"]= "#008000";
    Anchor1.Style["font-size"]="10pt";
    Anchor1.Style["text-decoration"]= " none";
    Anchor1.Style["font-style"]= " italic";
    }
</Script>
    <html>
        <head>
```

```
        </head>
        <body id="body1" runat="Server">
        <a id="Anchor1" href="http:// www.microsoft.com/china" runat="Server">
        http:// www.microsoft.com/china
        </a>
        </body>
    </html>
```

它所显示的结果与直接定义 Style 是一样的。

4.1.3.2 Attributes 属性

Attributes 属性实质上是一个 Server 控件(包括 Html 控件、Web 控件、用户控件)的所有属性名称和值的集合。

控件的属性值与属性值可以通过 Attributes 任意指定，ASP.NET 程序会将其原样发送到浏览器解释。这里有三点需要注意：

(1) 因为可以任意指定属性，所以对于控件来说，有些指定的属性是不合法的，那么，这种属性是无效的。如：当前操作的控件为 HtmlImage，名为 imagel。假设通过 Attribute 给其指定一个 Text 属性，属性值为“你好”。因为 HtmlImage 控件将会被转化为<img>标记，而指定的 Text 属性将按原样发送，所以就会出现<img Text="你好″…>这种代码，显然，<img>标记根本没有 Text，所以这个属性将会被浏览器忽略，不予理睬。

(2) 指定属性必须为 Server 控件对应的 HTML 标记所支持的属性，否则浏览器也会将会不能达到。例如：HtmlImage 控件有 Title 属性，它的作用是当图像没有正确加载时，显示在图像位置的文字，可以通过 HtmtImage.Title＝"描述文字"设置。通常所犯的错误就是在 Attributes 设置时，直接使用 Title，如：

Htm1Image.Attributes[“Title”]= "描述文字"　　(这是错误的)

(3) 按照原样发送的规则发送至浏览器的代码就会是<img Title="描述文字"…>，而<img>标记中没有 Title 属性，所以这个属性也是不合法的。正确的设置方法是：

HtmlImage.Attributes[“alt”]= "描述文字"　　(正确)

【例 4.4】 使用 Attributes 属性确定 HtmlSelect 控件的特性。

```
<html>
<script language="C#" runat="server">
    public void Page_Load(object sender, EventArgs e)
        {
    Message.InnerHtml = "<h4>选择框的属性集包括:</h4>";
    IEnumerator keys = Select.Attributes.Keys.GetEnumerator();
    while (keys.MoveNext())
        {
        String key = (String)keys.Current;
        Message.InnerHtml += key + "=" + Select.Attributes[key] + "<br>";
        }
        }
</script>
```

```
<body>
    <h3>Html控件Attribute集示例</h3>
    请选择:
    <select id="Select" style="font: 12pt verdana; background-color:yellow; color:red;"
            runat="server" NAME="Select">
        <option>选项1</option>
        <option>选项2</option>
        <option>选项3</option>
    </select>
    <p>
    <span id="Message" MaintainState="false" runat="server" />
</body>
</html>
```

用 Visual Studio 2005 制作页面，运行的结果如图 4.3 所示。

图 4.3　Html 控件 Attributes 属性运行结果

4.1.3.3　Visible 属性

Visible 属性可以让一个对象的视觉元素消失，换句话说就是将对象隐藏起来让使用者看不到。属性值可取 True(表示可见)或 False(不可见)。

【例 4.5】 在 Page_Load 事件中将名为 Anchor1 的超级链接控件隐藏起来，待使用者按下 Button1 按钮后再将其 Visible 属性设为 True：

```
<HTML>
<script language="C#" Runat="Server">
    public void Page_Load(Object src, EventArgs e)
        {
        Anchor1.Visible=false;
        }
    public void Button1_Click(Object Sender, EventArgs e)
        {
        Anchor1.Visible=true;
```

```
        }
</script>
<form id="Form1" Runat="Server">
<A id="Anchor1" href="http://127.0.0.1" Runat="Server">出现的Anchor控件</A>
<INPUT type="button" value="Click!!" Runat="Server" OnServerClick=
    "Button1_Click">
</form>
</HTML>
```

用 Visual Studio 2005 制作页面，运行的初始界面如图 4.4 所示。

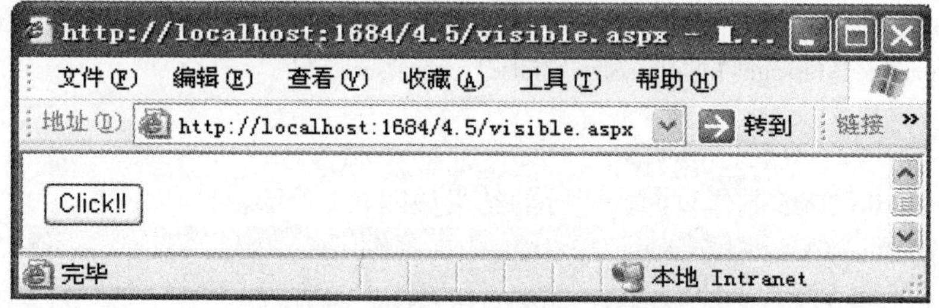

图 4.4 Html 控件 Visible 属性运行开始界面

点击 Click 按钮后的界面如图 4.5 所示。

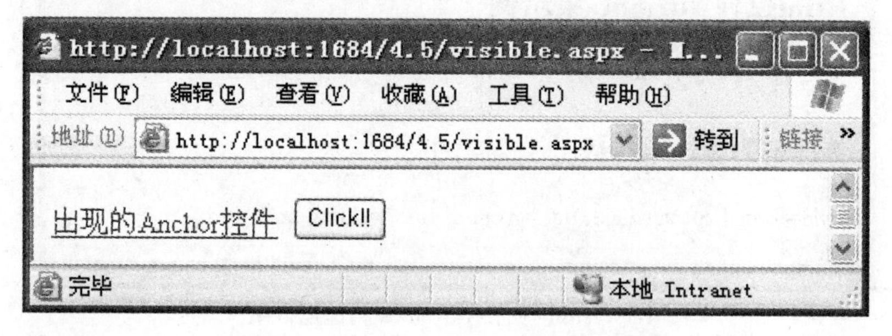

图 4.5 Html 控件 Visible 属性运行结果

4.1.3.4 Disabled 属性

Disabled 属性被称为禁止功能，就是将一个对象的功能关闭，让对象暂时无法执行工作。所以，如果将对象的 Disabled 属性设为 True 时，该对象会显示为灰色并且停止工作。只有将 Disabled 属性设为 False，该控件即才可正常工作。以 Button 对象为例，若该对象的 Disabled 属性被设定为 True，则按钮无法被按下。

【例 4.6】

```
<Html>
<Script Language="C#" Runat="Server">
public void Page_Load(object sender, EventArgs e)
    {
    Button1.Disabled=true;
    }
</Script>
```

```
<form id=form1 runat=server>
    <INPUT type=button name="Button1" Runat="Server" value="Disable 状态" id=
        "Button1">
    <INPUT type=button name="Button2" Runat="Server" value="Enable 状态" ID=
        "Button2">
</form>
</Html>
```

利用 Visual Studio 2005 工具箱中的控件制作页面，程序执行结果如图 4.6 所示。

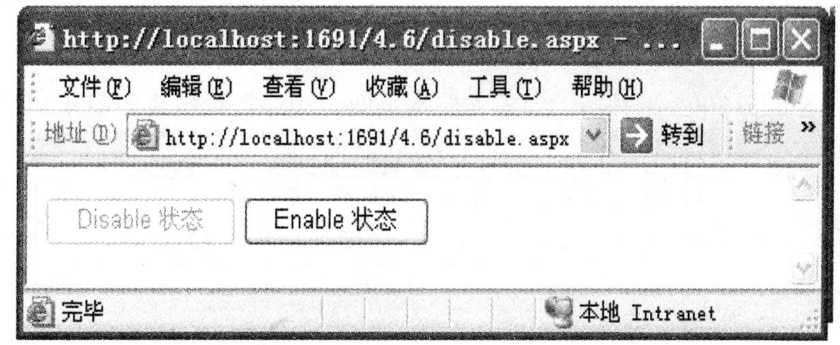

图 4.6 Html 控件 Disabled 属性运行界面

4.1.3.5 InnerHtml 属性及 InnerText 属性

InnerHtml 属性可以编程方式修改 HTML 服务器控件的开始和结束标记中的内容。InnerHtml 属性不自动对进出 HTML 实体的特殊字符进行编码。HTML 实体允许显示特殊字符(如“<”字符)，浏览器通常会将这些字符解释为具有特殊含义。“<”字符会被解释为标志的开头，并且不会在页面上显示。若要显示“<”字符，将需要使用实体<。

使用 InnerText 属性以编程方式修改 HTML 服务器控件的开始和结束标记之间的内容。与 InnerHtml 属性不同，InnerText 属性自动对进出 HTML 实体的特殊字符进行编码。

【例 4.7】 两个控件的属性假设都为<b>测试</b>，对于 InnerHtml 属性而言，会将其中的<b>标注加以解译，所以显示出粗体的文字；而对于 InnerText 属性而言，不会将其中的<b>标注加以解译，所以会将<b>测试</b>一五一十地显示出来：

```
<HTML>
    <Script Language="C#" Runat="Server">
public void Page_Load(object sender, EventArgs e)
    {
    Sp1.InnerHtml="InnerHtml 测试";
    Sp2.InnerText="InnerText 测试";
    }
public void Button1_Click(object sender,EventArgs e)
    {
    Sp1.InnerHtml="<b>测试</b>";
    Sp2.InnerText="<b>测试</b>";
    }
    </Script>
```

```
        <Form Runat="Server" ID="Form1">
        <input type="button" Id="Button1" Runat="Server" OnServerClick
            ="Button1_Click" value="请按此处">
            <P>
                <Span Id="Sp1" Runat="Server" />
                <br>
                <Span Id="Sp2" Runat="Server" />
            </P>
        </Form>
    </HTML>
```

利用 Visual Studio 2005 工具箱中的控件制作页面，程序执行结果如图 4.7 所示。

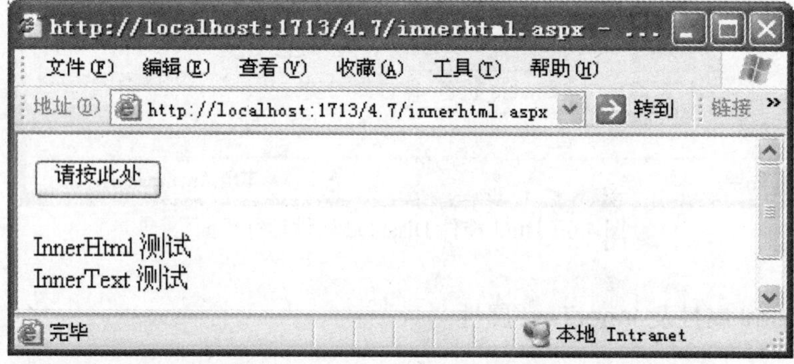

图 4.7 Html 控件 InnerHtml、InnerText 属性运行开始界面

点击按钮后的运行结果如图 4.8 所示。

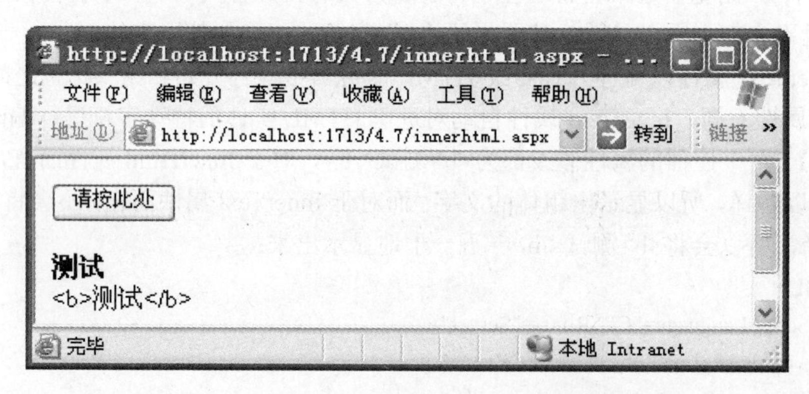

图 4.8 Html 控件 InnerHtml、InnerText 属性运行结果

4.1.4 基本 HTML 控件

HTML 控件在集成开发环境 Visual Studio 2005 的控件工具箱中有对应图标，使用时可直接拖放到 Web 页面上。如图 4.9 所示。页面中已经拖放了几个 HTML 控件。

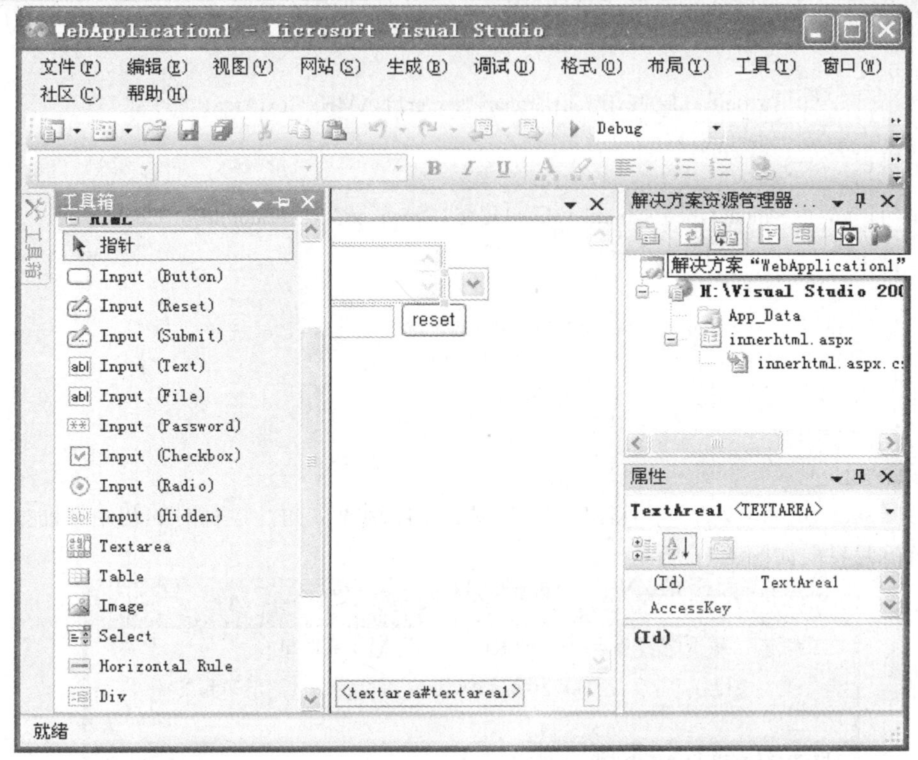

图 4.9 Visual Studio 2005 控件工具箱中对应的 Html 控件

4.1.4.1 HtmlTextArea 控件

HtmlTextArea 控件在控件工具箱中图标为： Textarea ，该控件可以在 Web 页上创建多行文本框。使用此控件以编程方式操作<textarea>HTML 元素。多行文本框的高度和宽度可以通过分别设置 Rows 和 Cols 属性来控制，还可以通过设置 Name 属性为该控件分配一个名称。若要确定或指定文本框中的文本内容，可使用 Value 属性。HtmlTextArea 类提供一个 ServerChange 事件，可以在每次文本框的值在向服务器的各次发送过程之间更改时执行自定义指令集。此事件通常用于数据验证。如果要创建单行文本框，即可使用 HtmlInputText 控件。

【例 4.8】 使用 HtmlTextArea 控件创建多行文本框。

```
<HTML>
    <HEAD>
        <script language="c#" runat="server">
        void SubmitBtn_Click(Object sender, EventArgs e)
            {
            Span1.InnerHtml = "您写的内容是: <br>" + TextArea1.Value;
            }
        </script>
    </HEAD>
    <body>
        <form runat="server" ID="Form1">
            <h3>HtmlTextArea示例</h3>
```

```
            请输入你的内容:
            <br>
            <textarea id="TextArea1" runat="server" NAME="TextArea1">
            </textarea>
            <br>
            <input type="submit" value="提交" OnServerClick="SubmitBtn_Click"
                runat="server">
            <p>
                <span id="Span1" runat="server" />
            </form>
            </p>
    </body>
</HTML>
```

利用 Visual Studio 2005 工具箱中的 HTML 控件制作页面，运行时的初始界面如图 4.10 所示。运行后界面如图 4.11 所示。

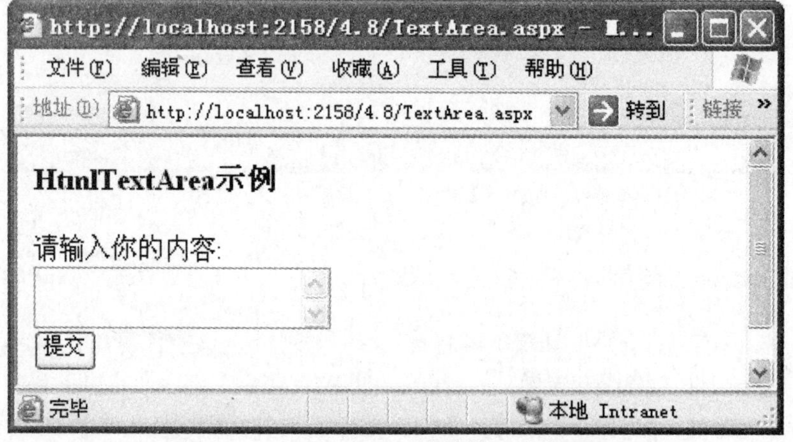

图 4.10 HtmlTextArea 控件运行初始界面

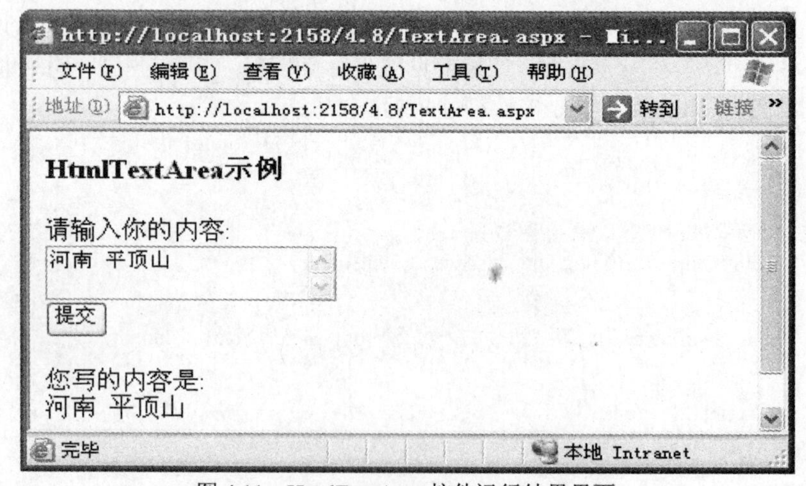

图 4.11 HtmlTextArea 控件运行结果界面

4.1.4.2 HtmlTable 控件

HtmlTable 控件主要用来生成表(Table)，该控件在工具箱中的图标为：Table 。可以使用 HtmlTable、HtmlTableRow、HtmlTableCell 控件来自由地控制表格的行、列数。通过 HtmlTableRow tr＝new HtmlTableRow()就可以生成一个新行；通过 HtmlTableCell td＝New HtmlTableCell()就可以生成一个新列。然后再分别加入 Rows 和 Cells 集合。

程序 HtmlTable.aspx 演示它们的用法。

```
<HTML>
    <HEAD>
        <title>HtmlTable示例</title>
        <script language="c#" runat="server">
        void page_load(Object sender, EventArgs e)
            {
            int row=0;
            int numrows=Int32.Parse(Select1.Value);
            int numcells=Int32.Parse(Select1.Value);
            for(int j=0;j<numrows;j++)
                {
                HtmlTableRow r= new HtmlTableRow();
                if(row%2==1)
                    r.BgColor="red";
                row++;
                for(int i=0;i<numcells;i++)
                {
                    HtmlTableCell c= new HtmlTableCell();
                    c.Controls.Add(new LiteralControl("行"+j.ToString()+",列"+i.ToString()));
                    r.Cells.Add(c);
                    }
                Table1.Rows.Add(r);
                }
            }
        </script>
    </HEAD>
    <body MS_POSITIONING="GridLayout">
        <form id="Form1" method="post" runat="server">
            <TABLE id="Table1" height="75" cellSpacing="1" cellPadding="1"
                width="300" border="1" runat="server">
                <TR>
                    <TD>行数</TD>
                <TD>
                    <select id="Select1" runat="server" name="Select1">
                    <option value="1" selected>1</option>
                    <option value="2">2</option>
```

```
                <option value="3">3</option>
                <option value="4">4</option>
                <option value="5">5</option>
                </select>
            </TD>
            </TR>
            <TR>
            <TD>列数</TD>
                <TD><select id="Select2" runat="server" name="Select2">
                <option value="1" selected>1</option>
                <option value="2">2</option>
                <option value="3">3</option>
                <option value="4">4</option>
                <option value="5">5</option>
                </select>
            </TD>
            </TR>
            <TR>
                <TD colspan="2"><input type="submit" value="生成表"
                    runat="server" id="submit1"></TD>
            </TR>
        </TABLE>
    </form>
  </body>
</HTML>
```

利用 Visual Studio 2005 工具箱中的 HTML 控件制作页面，运行结果如图 4.12 所示。

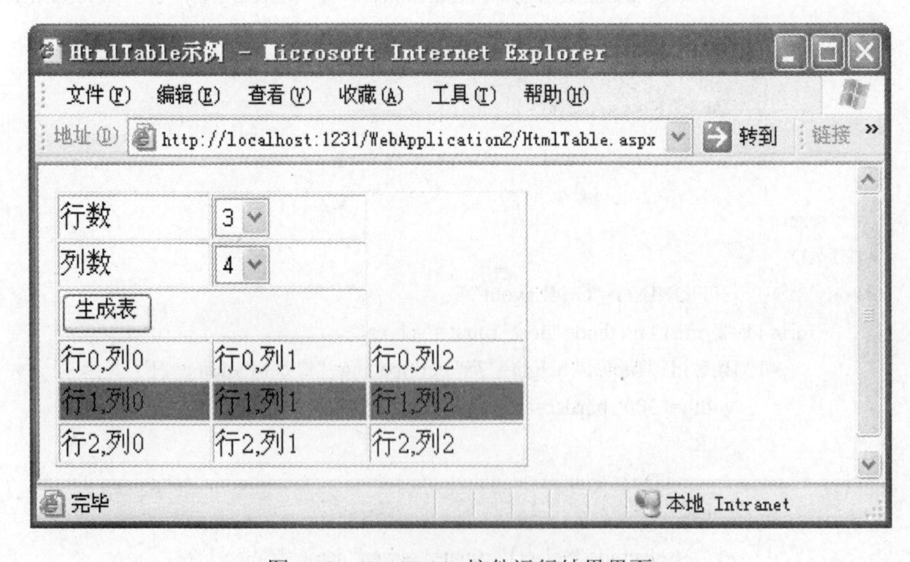

图 4.12　HtmlTable 控件运行结果界面

4.1.4.3 HtmlImage 控件

使用 HtmlImage 控件可以在 Web 页上显示图像，在控件工具箱中图标为：Image 。可以用编程方式操作 HtmlImage 控件来动态的设置和更改显示的图像、图像大小及图像相对于其他页元素的对齐方式。

HtmlImage 控件的主要属性如下：

Src 属性：设定需要显示的图像文件。

Align 属性：设定图像相对于 Web 页上其他元素的对齐方式。

Alt 属性：当图像没有正确加载时，在图像位置显示的文字。

Border 属性：设定图像边界宽度，当其值为 0 时，表示没有边界。

Height、Width 属性：设定图像的长、宽值。

【例 4.9】 当单击 HtmlButton 时以编程方式修改 HtmlImage 控件的属性。

```
<HTML>
    <HEAD>
        <script language="C#" runat="server">
        public void Image1_Click(object sender, EventArgs e)
            {
            Image1.Src="image1.jpg";
            Image1.Height=100;
            Image1.Width=200;
            Image1.Border=5;
            Image1.Align="center";
            Image1.Alt="图片1";
            }
        public void Image2_Click(object sender, EventArgs e)
            {
            Image1.Src="image2.jpg";
            Image1.Height=200;
            Image1.Width=300;
            Image1.Border=7;
            Image1.Align="left";
            Image1.Alt="图片2";
            }
        </script>
    </HEAD>
    <body>
        <form runat="server" ID="Form1">
            <h3>HtmlImage示例</h3>
                <button id="Button1" OnServerClick="Image1_Click" runat=
                    "server"type="button">Image 1 </button>
                <button id="Button2" OnServerClick="Image2_Click" runat=
                    "server"type="button">Image 2 </button>
```

```
                <br>
                <img id="Image1" Src="image1.jpg" Width="500" Height="226"
                    Alt="Image 1" Border="5" runat="server" />
        </form>
    </body>
</HTML>
```

4.1.4.4 HtmlSelect 控件

使用 HtmlSelect 控件创建选择框，在控件工具箱中图标为：Select。通过将 HTML <option>元素放置在开始和结束<select>标记之间来指定控件中的项列表。若要为控件中的各项指定所显示的文本，可以设置项的 ListItem.Text 属性，或直接将文本放置在开始和结束<option>标记之间。通过设置项的 ListItem.Value 属性，可以将一个不同于文本的值与该项关联。若要在默认情况下选择列表中的某一项，可将该项的 ListItem.Selected 属性设置为 true。

通过设置 Size 和 Multiple 属性，可以控制 HtmlSelect 控件的外观和行为。Size 属性指定 HtmlSelec 控件的高度(以行为单位)，如果指定的值小于控件中项的数目，则会显示滚动条以便可以上下移动列表。Multiple 属性指定在 HtmlSelect 控件中是否可以同时选择多个项。

在默认情况下，HtmlSelect 控件显示为下拉列表框。如果允许多重选择(通过将 Multiple 属性设置为 true)或指定的高度大于一行(通过将 Size 属性设置为大于 1 的值)，控件将显示为列表框。

若要确定单一选择 HtmlSelect 控件中的选定项，可使用 SelectedIndex 属性获取选定项的索引。然后就可以使用该值从 Items 集合中检索该项。如果通过将 Multiple 属性设置为 True 启用多重选项，该属性将包含第一个选定项的索引。若要确定允许多重选择的 HtmlSelect 控件中的选定项，可循环访问 Items 集合并测试各项的 ListItem.Selected 属性。HtmlSelect 控件可以将该控件绑定到一个数据源。使用 DataSource 属性指定要绑定到的数据源，还可以通过分别设置 DataTextField 和 DataValueField 属性来指定将数据源中哪个字段绑定到该控件中的项的 ListItem.Text 和 ListItem.Value 属性。如果该数据源包含多个数据的源，可使用 DataMember 属性指定要绑定到该控件的特定的源。

【例 4.10】 以下代码为 HtmlSelect 控件使用示例。

```
        <script language="c#" runat="server">
            void OnSelected(Object sender,EventArgs e)
                {
                string strSelected=select1.Value;
                show.Text=strSelected+"市";
                }
            </script>
<HTML>
        <HEAD>
            <title>HtmlSelect示例</title>
        </HEAD>
        <body MS_POSITIONING="GridLayout">
            <form id="Form1" method="post" runat="server">请选择城市
```

```
            <select id="select1" runat=server size=1>
            <option value="nothing">-城市列表-</option>
            <option value="北京">北京</option>
            <option value="上海">上海</option>
            <option value="南京">南京</option>
            <option value="杭州">杭州</option>
            </select>
            <br>
            <input type="submit" value="提交"onserverclick="OnSelected"runat=
               server>
            <hr>
            您的选择是：<asp:Label ID="show" Text="未选择" Runat
                          server></asp:Label></form>
    </body>
  </HTML>
```

用 Visual Studio 2005 制作页面，运行结果如图 4.13 所示。

图 4.13 HtmlSelect 控件运行界面

4.1.4.5 HtmlForm 控件

HtmlForm 控件是设计动态网页一个相当重要的组件，它可以将 Client 端的数据传送至 Server 端做处理。在窗体内的“确认”按钮被按下去后，只要被 Form 控件所包起来的数据输入控件都会被一并送到 Server 端，这个动作称为回贴(Post Back)。这时 Server 端收到这些数据及 OnServerClick 事件后会执行指定的事件程序，并且将执行结果重新下载到 Client 端浏览器。

HtmlForm 控件主要的属性和功能如下：

Action：设定或获取 Form 提交的接收程序，默认值是当前程序。

EncType：设定或获取 form 提交内容的编码类型，默认值是 text/html。

Method：设定或获取 form 请求的方式，默认值是 POST，而普通<form>的默认请求方式是 GET。如果 Method 属性为 Post(默认值)则表示由 Server 端来抓取资料，如为 Get 则表示由浏览器主动上传资料至 Server 端。其中的差别为 Get 是立即传送，其执行效率较快，不过所传送的数据不能太大；而 Post 则表示等待 Server 来抓取数据，数据的传送虽然不是那么及时，但可传送的数据量则没有限制。

Name：设定或获取 form 的名字。

Target：设定或获取 form 提交程序所在的窗口或 Frame。

由于 HtmlForm 是很常见的控件，所以在此不单独列出其用法，在以后的程序中可以看到。需要注意的是：在同一程序中只能出现一个 HtmlForm 控件。

【例 4.11】 在 Form 控件中配置一个 Button 对象，并指定按下按钮时所要呼叫的事件程序为 Button_Click 事件：

```
<HTML>
    <Script Language="C#" Runat="Server">
public void Page_Load(object sender , EventArgs e)
    {
    Response.Write("这是Page_Load 事件<br>");
    }
public void Button1_Click(object sender , EventArgs e)
    {
    Button1.Style["background-color"]="red";
    Response.Write("这是Button1_Click 事件");
    }
    </Script>
    <body>
        <Form Runat="Server" ID="Form1"> <!--其Method 属性预设为Post, Action预设是自己-->
            <input type="button" Id="Button1" Runat="Server"
                OnServerClick="Button1_Click" value="请按这里">
        </Form>
    </body>
</HTML>
```

用 Visual Studio 2005 制作页面，运行结果如图 4.14 所示。

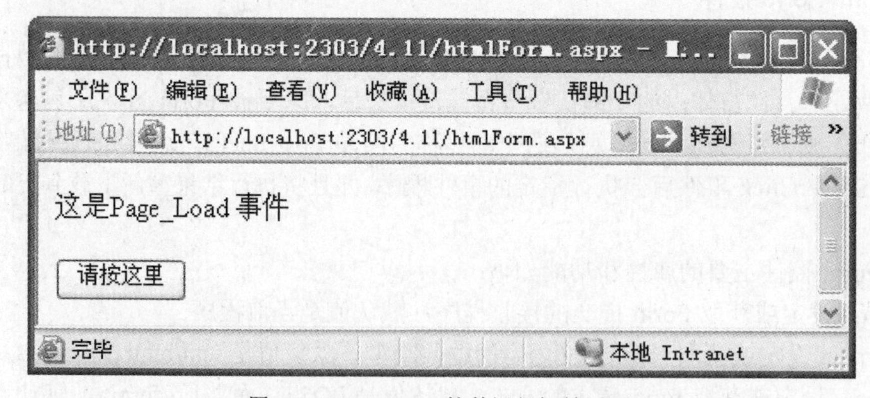

图 4.14 HtmlForm 控件运行初始界面

点击按钮后的运行效果如图 4.15 所示。

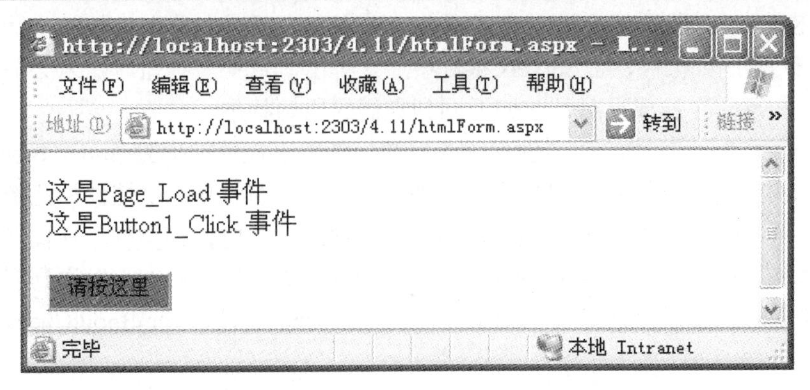

图 4.15 HtmlForm 控件运行结果界面

我们看到 Page_Load 事件先发生后才触发 Button1_Click 事件。倘若 Action 所指到的地址是其他的网页或档案，则呼叫其他网页；此时原网页的 Button1_Click 事件程序便不触发，直接会将所指定的网页加载。

4.1.4.6 HtmlInput 控件

HtmlInput 控件会因为 Type 属性的设定而产生不同种类的控件，见表 4.3。

表 4.3 HtmlInput 控件的 Type 属性

Input type	主要的属性和事件
button	事件 onserverclick 属性 value：按钮所显示的文字
submit	
reset	
checkbox	属性 checked：是否被选取 属性 value：获取或设置与 HtmlInputControl 相关联的值
text	属性 value：输入框内的文字 属性 maxlength：可输入的最大字符数
password	
radio	属性 checked：是否被选取 属性 value：获取或设置与 HtmlInputRadio 相关联的值
hidden	属性 value：获取或设置与 HtmlInputHidden 相关联的值

表 4.3 中的种类都是使用者输入数据的基本元素，另外要注意 HtmlInput 控件不需要相对应的结束结构，也就是只需要撰写<Input 属性="设定值">即可，不需要相对应的</Input>或是以<Input 属性="设定值"/>的方式来写作。

1) HtmlInputButton 控件：创建一个服务器端控件，该控件映射到<input type=button>、<input type=submit>和<input type=reset>HTML 元素，并允许分别创建命令按钮、提交按钮或重置按钮。用户单击 HtmlInputButton 控件时，来自嵌有该控件的窗体的输入被发送到服务器并得到处理。然后，将响应发送回请求浏览器，这两个控件在工具箱里的图标如是：Input (Reset) 和 Input (Submit) 。

通过为 ServerClick 事件提供自定义事件处理程序，可以在单击控件时执行特定的指令集。注意，“重置”按钮不支持 ServerClick 事件。单击“重置”按钮时，未必清除页上的所有输入控件。相反，在加载页时，它们返回到它们的原始状态。

2) HtmlInputCheckBox 控件：创建服务器端控件，该控件映射到<input type=checkbox> HTML 元素，并允许创建使用户可以选择 true 或 false 状态的复选框控件，此控件在工具箱中的图标为：☑ Input (Checkbox)。单击 HtmlInputCheckBox 控件时，该控件不会向服务器回送。当使用回送服务器的控件(如 HtmlInputButton 控件)时，复选框的状态被发送到服务器进行处理。若要确定是否选择了复选框，可测试控件的 Checked 属性。HtmlInputCheckBox 控件的主要属性和事件如下：

(1) Checked 属性：获取或设置一个值，该值指示是否选中 HtmlInputCheckBox。True 表示被选中，False 表示未被选中。

(2) OnServerChange 方法：当将 Web 页提交给服务器且 HtmlInputCheckBox 控件的状态更改了上一次发送的状态时引发该方法。

【例 4.12】 创建 HtmlInputCheckBox 控件来允许用户选择 true 或 false 状态。当用户单击页上包含的输入按钮时，Button1_Click 事件处理程序确定是否选中了 HtmlInput CheckBox 控件。然后，它在<span>控件中显示一个消息。请注意，即使此例中在默认情况下将选中的值设置为 true，用户仍然需要单击 Button1 以显示该文本。

```
<HTML>
    <HEAD>
        <script language="c#" runat="server">
        void Button1_Click(object Source, EventArgs e)
            {
            if (Check1.Checked == true)
                Span1.InnerHtml = "Check1被选择!";
            else
                Span1.InnerHtml = "Check1没有被选择!";
            }
        </script>
    </HEAD>
    <body>
        <h3>HtmlInputCheckBox示例</h3>
        <form runat="server" ID="Form1">
            <input id="Check1" type="checkbox" runat="server" checked NAME= "Check1">
CheckBox1
            <span id="Span1" style="COLOR:red" runat="server" />
            <p>
            <input type="button" id="Button1" value="进入" runat="server"
OnServerClick="Button1_Click" NAME="Button1">
        </form>
        </P>
    </body>
```

```
</HTML>
```

用 Visual Studio 2005 制作页面，当选择了 checkbox 并点击“进入”按钮后，运行结果如图 4.16 所示。

图 4.16 HtmlInputCheckBox 控件运行结果

3) HtmlInputText 控件：创建一个服务器端控件，该控件映射到<input type=text>和<input type=password>HTML 元素，并允许创建单行文本框以接收用户输入，此控件在工具箱中的图标为： Textarea 。与标准 HTML 一样，这些控件可用于在 HTML 窗体中输入用户名和密码。注意：当 Type 属性的设置为 password 时，文本框中的输入将受到屏蔽。

通过使用 MaxLength、Size 和 Value 属性，可以分别控制在文本框中可输入的最大字符数、文本框的宽度(以字符为单位)和文本框的内容。

【例 4.13】 利用文本输入框取得使用者的身份验证信息，使用者可以按下 Button 或是 Submit 来确定资料的输入，Reset 则可以重设文本输入框的内容：

```
<Html>
<Script Language="c#" Runat="Server">
public void Button1_Click(object sender,EventArgs e)
    {
    PWDchk();
    }
public void Submit1_Click(object sender,EventArgs e)
    {
    PWDchk();
    }
public void PWDchk()
    {
    if(Text1.Value=="admin"&&Text2.Value=="12345")
        Response.Write("使用者名称及密码正确, 你好!");
    else
        {
        Response.Write("使用者名称及密码错误, 请重新输入!");
        Text1.Value="";
        Text2.Value="";
```

```
            }
        }
    </Script>
    <body>
    <Form Runat="Server" ID="Form1">
        姓名: <Input Type="Text" Id="Text1" Runat="Server" NAME="Text1"><br>
        密码: <Input Type="Password" Id="Text2" Runat="Server" NAME="Text2"><br>
        <Input Type="Button" Id="Button1" Runat="Server" OnServerClick ="Button1_Click"
            Value="执行程序" NAME="Button1">
        <Input Type="Submit" Id="Submit1" Runat="Server" OnServerClick ="Submit1_Click"
            Value="确定" NAME="Submit1">
        <Input Type="Reset" Runat="Server" Value="重置" ID="Reset1" NAME ="Reset1">
    </Form>
    </body>
    </Html>
```

使用者在文字输入盒中所输入的数据会被存在 Value 属性里面，使用者输入完数据后，按下 Button 或是 Submit 则会触发相对应的 OnServerClick 事件程序。我们在事件程序中呼叫了检查使用者名称及密码是否正确的子程序 PWDchk()，如果使用者输入正确的使用者名称及密码，则会出现输入正确的信息，如图 4.17 所示。倘若输入错误的使用者名称或密码，则会显示输入错误，并将使用者所输入的使用者名称及密码清除，如图 4.18 所示。

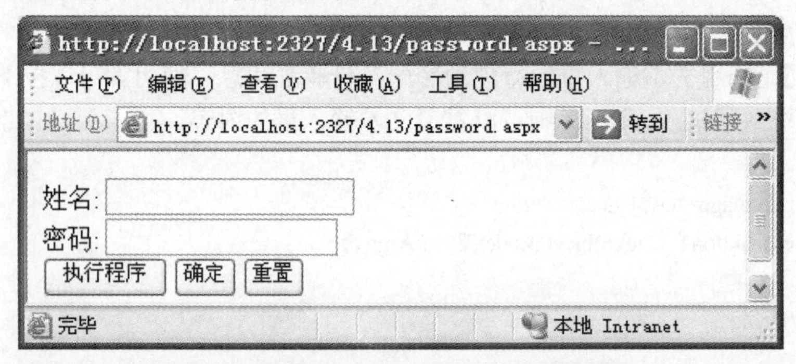

图 4.17　HtmlInputText 控件运行初始界面

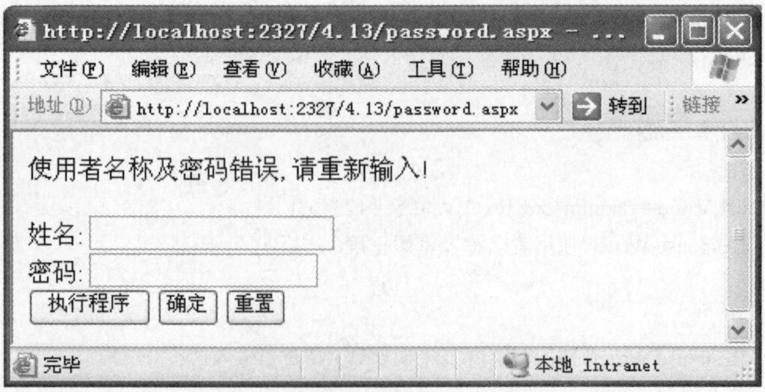

图 4.18　HtmlInputText 控件运行结果

4) HtmlInputHidden 控件：使用 HtmlInputHidden 控件对<input type=hidden> HTML 元素进行编程。尽管此控件是窗体的一部分，但它永远不在窗体上显示。由于在 HTML 中不保持状态，此控件通常与 HtmlInputButton 和 HtmlInputText 控件一起使用，以在对服务器的发送之间存储信息。

【例 4.14】 使用 HtmlInputHidden 控件请求保存视图状态信息。<span>控件显示存储在与当前请求紧邻的前一个 Web 请求的隐藏字段中的文本。有两个事件处理程序。第一个事件在页被回送到服务器时发生，该事件处理程序获取存储在前一个发送请求的隐藏字段中的文本，并将其显示在<span>控件中。第二个事件在单击“提交”按钮时发生，该事件处理程序获取文本框的内容，并将它存储在 Web 页上的隐藏字段中。

```
<HTML>
    <HEAD>
    <script language="c#" runat="server">
        void Page_Load(object Source, EventArgs e)
            {
            if (Page.IsPostBack)
                Span1.InnerHtml="Hidden value:<b>"+HiddenValue.Value+"</b>";
            }
        void SubmitBtn_Click(object Source, EventArgs e)
            {
            HiddenValue.Value=StringContents.Value;
            }
        </script>
    </HEAD>
    <body>
        <h3>HtmlInputHidden示例</h3>
        <form runat="server" ID="Form1">
            <input id="HiddenValue" type="hidden" value="初始值" runat="server"
                NAME="HiddenValue">输入一个字符串:
            <input id="StringContents" type="text" size="24" runat="server"
                NAME="StringContents">
            <input type="submit" value="进入" OnServerClick="SubmitBtn_Click"
                runat="server" ID="Submit1" NAME="Submit1">
            <span id="Span1"runat="server">这个标记将显示前面输入的文字.
                </span>
        </form>
    </body>
</HTML>
```

用 Visual Studio 2005 制作页面，初始运行结果如图 4.19 所示。当点击“进入”按钮以后的效果如图 4.20 所示。

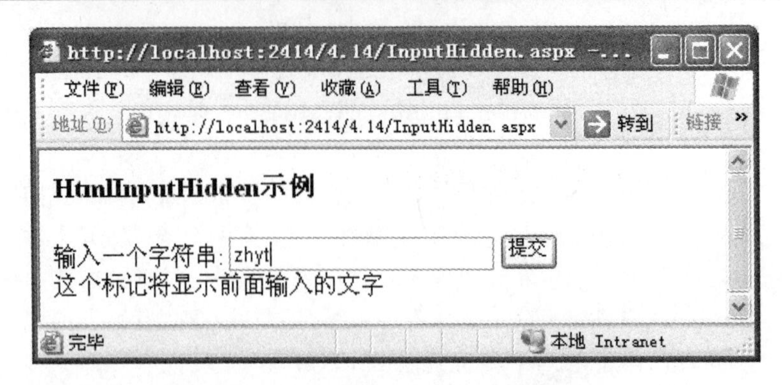

图 4.19 HtmlInputHidden 控件运行初始界面

图 4.20 HtmlInputHidden 控件运行结果

5) HtmlInputRadioButton 控件：使用 HtmlInputRadioButton 控件可在 Web 页上创建单选按钮，再映射到<input type=radio>HTML 元素，此控件在工具箱中的图标为： Input (Radio)。HtmlInputRadioButton 控件的主要属性有：

(1) Name 属性：用于获取或设置 HtmlInputRadioButton 的实例关联的组的名称，通过将 Name 属性设置为组中所有<input type=radio>元素所共有的值，可以将多个 HtmlInputRadioButton 控件组成一组。同组中的单选按钮互相排斥；一次只能选择该组中的一个单选按钮。

(2) Checked 属性：获取或设置一个值，该值指示是否选中了 HtmlInputRadioButton 控件。True 表示被选中，False 表示未被选中。

HtmlRadioButton 控件不会自动向服务器回送。必须依赖于使用某个按钮控件(如 HtmlInputButton、HtmlInputImage 或 HtmlButton)来回送到服务器。可通过为 ServerChange 事件编写处理程序来对 HtmlRadioButton 控件进行编程。注意：只为更改成选中状态的单选按钮引发 ServerChange 事件。

【例 4.15】 为 HtmlRadioButton 控件的 ServerChange 事件创建事件处理程序。此事件处理程序确定选择哪个单选按钮并将选定内容显示在消息中。

```
<HTML>
    <HEAD>
    <script language="c#" runat="server">
```

```
        void Server_Change(object Source, EventArgs e)
            {
            if (Radio1.Checked == true) Span1.InnerHtml = "选项1被选择";
            else if (Radio2.Checked == true) Span1.InnerHtml = "选项2被选择";
            else if (Radio3.Checked == true) Span1.InnerHtml = "选项3被选择";
            }
    </script>
    </HEAD>
    <body>
        <form runat="server" ID="Form1">
            <h3>HtmlInputRadioButton示例</h3>
            <input type="radio" id="Radio1" name="Mode" OnServerChange="Server_Change"
                runat="server" VALUE="Radio1">选项1<br>
            <input type="radio" id="Radio2" name="Mode" OnServerChange="Server_Change"
                runat="server" VALUE="Radio2">选项2<br>
            <input type="radio" id="Radio3" name="Mode" OnServerChange="Server_Change"
                runat="server" VALUE="Radio3">选项3
            <p>
                <span id="Span1" runat="server" />
            <p>
                <input type="submit" id="Button1" value="进入" runat="server" NAME="Button1">
        </form>
        </P>
    </body>
</HTML>
```

用 Visual Studio 2005 制作页面，运行结果如图 4.21 所示。

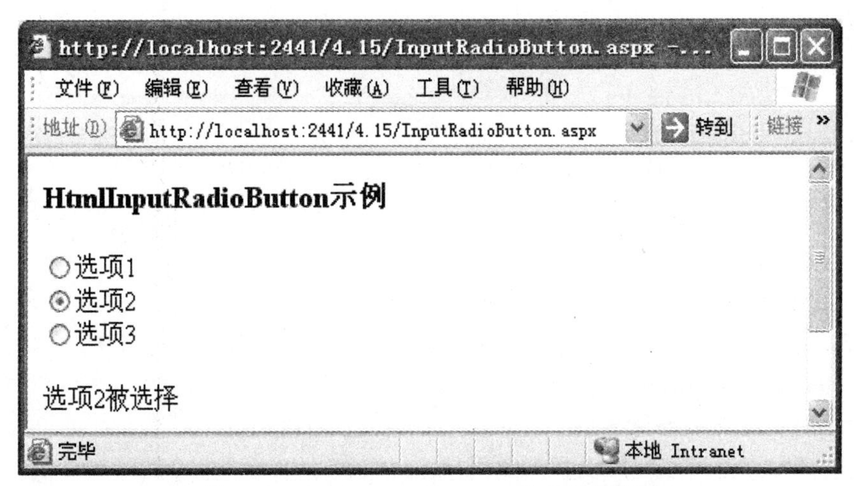

图 4.21　HtmlInputRadioButton 控件运行界面

6) HtmlInputFile 控件：使用 HtmlInputFile 控件可用来向服务器端上传文件，此控件在工具箱中的图标为：abl Input (File)。HtmlInputFile 控件的主要属性有：

(1) name 属性：设置或获取对象的名称。

(2) disabled 属性：设置或获取控件的状态。

注意：要使得文件上载能够成功：

(1) INPUT type=file 元素必须出现在 FORM 元素内。

(2) 必须为 INPUT type=file 元素指定 NAME 标签属性的值。

(3) FORM 元素 METHOD 标签属性的值必须设置为 post。

(4) FORM 元素 ENCTYPE 标签属性的值必须设置为 multipart/form-data。

【例 4.16】打开 vs2005 在 UpLoad 页面上拖入一个 Input(file)控件，点击右键，选择“作为服务器控件运行”，再做出一个 Main 页面，代码如下：

```
<%@ Page Language="C#" AutoEventWireup="true" %>
<!DOCTYPE html PUBLIC "-//W3C//DTD XHTML 1.0 Transitional//EN"
    "http://www.w3.org/TR/xhtml1/DTD/xhtml1-transitional.dtd">
<html xmlns="http://www.w3.org/1999/xhtml" >
<head id="Head1" runat="server">
<script runat="server">
    protected void Page_Load(object sender, EventArgs e)
    {
    lblStart.Text = Convert.ToString (DateTime.Now);
    }
</script>
<script type="text/javascript" language="javascript">
    function Browse()
    {
    var ifUpload;
    var confirmUpload;
    ifUpload = ifu.document.form1;
    ifUpload.myFile.click();
    //  confirmUpload=confirm("You are about to upload the file"+ifUpload.myFile.value+
                              "to the server. Do you agree to Upload?");
    //  if (confirmUpload)
    //  {
            ifUpload.btnSubmit.click();
    //  }
    }
</script>
    <title>File Upload</title>
</head>
<body>
    <form id="form1" runat="server">
    <div>
        <asp:Label ID="lblStart" runat="server"></asp:Label>
        <a href="#" OnClick="javascript:Browse();">上传文件（格式为.txt）</a>
```

```
            <iframe src="Upload.aspx" frameborder="0" id="ifu" name="ifu"></iframe>
        </div>
        </form>
    </body>
    </html>
```

UpLoad 页面的代码如下：

```
    <%@ Page Language="C#" %>
    <!DOCTYPE html PUBLIC "-//W3C//DTD XHTML 1.0 Transitional//EN"
        "http://www.w3.org/TR/xhtml1/DTD/xhtml1-transitional.dtd">
    <script runat="server">
        protected void Page_Load(object sender, EventArgs e)
        {
        string strFileName;
        string strFileExtension;
        int intLastIndex;
        if (Request.Files.Count == 1)
            {
            try
                {
                strFileName = myFile.PostedFile.FileName;
                intLastIndex = strFileName.LastIndexOf("\\");
                if (intLastIndex > 0)
                    {
                    intLastIndex += 1;
                    strFileName = strFileName.Substring(intLastIndex,
                                (strFileName.Length - intLastIndex));
                    strFileExtension = strFileName.Substring(strFileName.Length - 4, 4);
                    if (strFileExtension == ".txt")
                        {
                        myFile.PostedFile.SaveAs(Server.MapPath(".") + "\\" + strFileName);
                        lblMsg.Text = strFileName + " Uploaded Sucessfully!";
                        }
                    else
                        {
                        lblMsg.Text = "Only Text File (.txt) can be uploaded.";
                        }
                    }
                else
                    {
                    lblMsg.Text = "Please Select a File!";
                    }
            }
        catch (Exception exc)
```

```
                {
                lblMsg.Text = exc.Message;
                }
            }
        }
</script>
<html xmlns="http://www.w3.org/1999/xhtml" >
<head id="Head1" runat="server">
<script type="text/javascript">
    function SubmitForm()
    {
    // Simply, submit the form
    document.form1.submit ();
    }
</script>
    <title>Upload</title>
</head>
<body>
    <form id="form1" runat="server">
    <div>
        <input type="file" runat="server" id="myFile" name="myFile" style="visibility:hidden;" />
        <input type="button" runat="server" id="btnSubmit" name="btnSubmit"
            onclick="javascript:SubmitForm();" style="visibility:hidden;" />
        <br /><asp:Label ID="lblMsg" runat="server" ForeColor="red" Font-Size="Medium"
            Font-Bold="true"></asp:Label>
    </div>
    </form>
</body>
</html>
```

运行结果如图 4.22 所示，若选择上传的文件是 txt 格式则可以正常上传，上传后的界面如图 4.23，否则会提示格式错误。

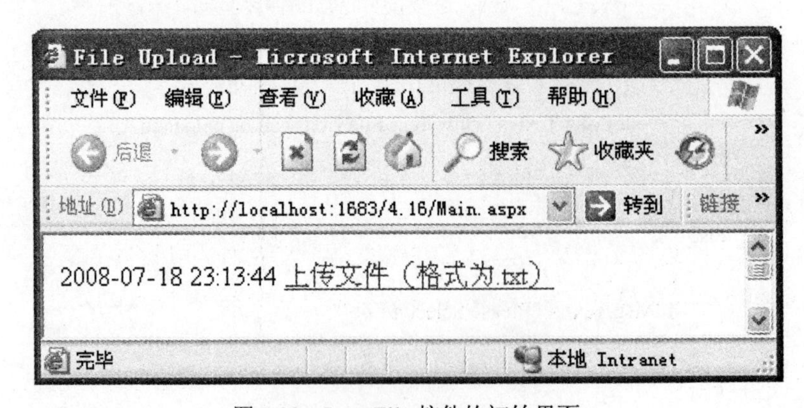

图 4.22 InputFile 控件的初始界面

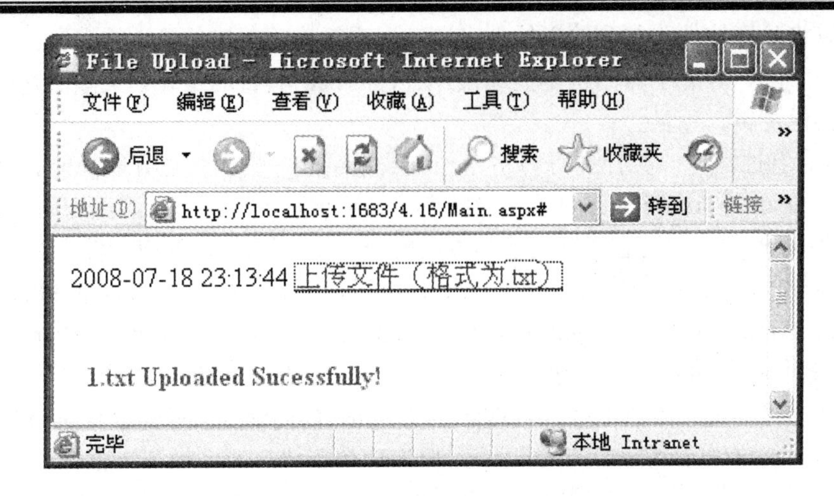

图 4.23 上传成功的提示界面

4.2 Web 服务器控件

与 HTML 服务器控件一样，Web 服务器控件也是被创建于服务器上并且需要 runat="server"属性来工作。然而，Web 服务器控件不是必须要映射到已存在的 HTML 元素，它们可以表现为更复杂的元素。可以使用 ASP.NET 服务器控件来取代使用<% %>代码块编写动态内容，实现 Web 页面编程。在.aspx 文件中使用包含 runat="server"属性值的自定义标记来声明服务器控件。

ASP.NET 标准服务器控件均在名字空间 System.Web.UI.WebControls 中定义。所谓"标准"是指这类服务器控件内置于 ASP.NET 2.0 框架中，是预先定义的。它们比 HTML 服务器控件具有更加丰富的功能，并且更加抽象。

与 ASP.NET 1.x 相比，ASP.NET 2.0 新增了 50 多个标准服务器控件。按照控件所提供的功能，ASP.NET 标准服务器控件可分为以下 6 种类型：

(1) 标准控件：主要是指传统的 Web 窗体控件，例如 TextBox、Button、Panel 等控件。它们有一组标准化的属性、事件和方法，能够使开发工作变得简单易行。

(2) 数据控件：该类控件可细分为两种类型：数据源控件和数据绑定控件。数据源控件主要实现数据源连接、SQL 语句/存储过程执行，返回数据集合等功能。具体包括 SqlDataSource、AccessDataSource、XmlDataSource、SiteMapDataSource、ObjectDataSource 等。数据绑定控件包括 Repeater、DataList、GridView、DetailsView、FormView 等。这类控件主要实现数据显示、提供编辑、删除等相关用户界面等。通常情况下，首先需要使用数据源控件连接数据库，并返回数据集合，然后利用数据绑定控件实现数据显示、更新、删除等功能。由于 Visual Studio 2005 的强大支持，开发人员可以快速实现以上功能，甚至不需要编写一行代码。

(3) 验证控件：这是一组特殊的控件，控件中包含验证逻辑以测试用户输入。具体包括：RequiredFieldValidator、RangeValiedator、RegularExpressionValidator、CompareValidator 等。

开发人员可以将验证控件附加到输入控件，测试用户对该输入控件输入的内容。验证控件可用于检查输入字段、对照字符的特定值或模式进行测试，其目的是验证某个值是否在限定范围之内或者其他逻辑。

(4) 站点导航控件：该类控件可与站点导航数据结合，实现站点导航功能。具体包括：Menu、SiteMapPath、TreeView。对于大型站点，站点导航控件都有着广泛应用前景。

(5) WebParts 控件：利用它能够创建具备高度个性化特征的 Web 应用程序。实现 Web 部件功能需要 WebParts 控件支持，ASP.NET 2.0 提供了以下相关控件，例如 WebPartManager、WebPartZone、EditorZone、CatalogZone、PageCatalogPart、AppearanceEditorPart 等。

(6) 登录控件：这类控件可快速实现用户登录及相关功能，例如，显示登录状态、密码恢复、创建新用户等。具体包括：LoginView、Login、CreateUserWizard、LoginStatus 等。

开发人员不仅可以选择标准的网页元素(例如单选按钮、文本框和下拉列表框等)，还可以选择其他类型的控件，这些类型包含了更多可用的控件。Web 服务器控件在集成开发环境 Visual Studio2005 的控件工具箱中也有对应图标，如图 4.24 所示，使用时可直接拖放到 Web 页面上，此页面中已经拖放几个 Web 控件。

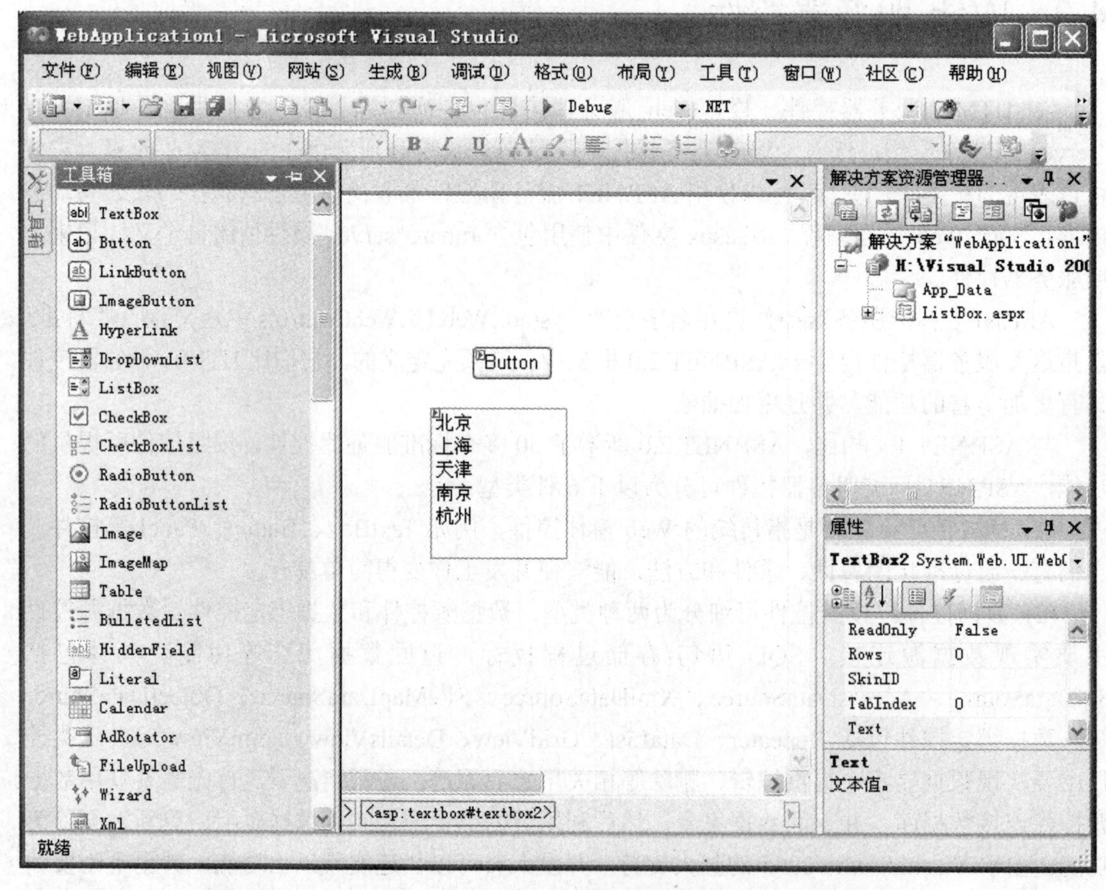

图 4.24 Visual Studio 2005 控件工具箱中对应的一些 Web 服务器控件

Web 控件中那些传统的 Web 窗体控件提供了一些能够简化开发工作的特性，其中包括：

(1) 丰富而一致的对象模型：WebControl 基类实现了对所有控件通用的大量属性，这些属性包括 ForeColor、BackColor、Font、Enabled 等。属性和方法的名称是经过精心挑选的，以提高在整个框架和该组控件中的一致性。通过这些组件实现的具有明确类型的对象模型将有助于减少编程错误。

(2) 对浏览器的自动检测：Web 控件能够自动检测客户机浏览器的功能，并相应地调整它们所提交的 HTML，从而充分发挥浏览器的功能。

(3) 数据绑定：在 Web 窗体页面中，可以对控件的任何属性进行数据绑定。此外，还有几种 Web 控件可以用来提交数据源的内容。

在 HTML 标记中，Web 控件会表示为具有命名空间的标记，即带有前缀的标记。前缀用于将标记映射到运行时组件的命名空间。标记的其余部分是运行时类自身的名称。与 HTML 控件相似，这些标记也必须包含 runat="server"属性。下面是一个声明的示例：

```
<asp:TextBox id="textBox1" runat="server" Text="ASP.NET示例">
</asp:TextBox>
```

其中，"asp"是标记前缀，会映射到 System.Web.UI.WebControls 命名空间。

4.2.1 文本输入控件

TextBox 服务器控件在控件工具箱中的图标为：abl TextBox，为用户提供了一种向 Web 窗体页中输入信息(包括文本、数字和日期)的方法。在默认情况下，TextMode 属性设置为 SingleLine，它创建只包含一行的文本框，如果用户输入的文本超过了 TextBox 的物理大小，则文本向左滚动。然而，通过将 TextMode 属性值改为 TextBoxMode.MultiLine，TextBox 控件也可以显示多行文本框，如果用户输入的文本超过 TextBox 的物理大小，则文本相应滚动并出现滚动条。若将 TextMode 属性值改为 TextBoxMode.Password，则显示屏蔽用户输入的文本框。使用 Text 属性，可以指定或确定 TextBox 控件中显示的文本。

TextBox 控件包含多个属性，用于控制该控件的外观。文本框的显示宽度(以字符为单位)由它的 Columns 属性确定。如果 TextBox 控件是多行文本框，则它显示的行数由 Rows 属性确定。要在 TextBox 控件中显示换行文本，可将 Wrap 属性设置为 true。还可以设置一些属性来指定如何将数据输入到 TextBox 控件中。为了防止控件中显示的文本被修改，可将 ReadOnly 属性设置为 true。如果想限定用户只能输入指定数目的字符，可设置 MaxLength 属性。通过设置 MaxLength 属性，可以限制可输入到此控件中的字符数。将 Wrap 属性设置为 true 来指定当到达文本框的结尾时，单元格内容应自动在下一行继续。

【例 4.17】 用 Visual Studio 2005 制作页面，使用 TextBox 控件来获取用户输入。当用户单击 Add 按钮时，将显示文本框中输入值之和。

```
<HTML>
    <HEAD>
    <script language="c#" runat="server">
        protected void AddButton_Click(Object sender, EventArgse)
          {
          int Answer;
          Answer=Convert.ToInt32(Value1.Text)+Convert.ToInt32(Value2.Text);
          AnswerMessage.Text=Answer.ToString();
```

```
        }
    </script>
    </HEAD>
    <body>
        <form runat="server" ID="Form1">
            <h3> TextBox示例</h3>
            <table>
                <tr>
                    <td colspan="5">
                        请在文本输入控件中输入一个整数。
                        <br>
                        点“加”按钮计算两个值的和。
                    </td>
                </tr>
                <tr>
                    <td colspan="5"> </td>
                </tr>
                <tr align="center">
                    <td>
                    <asp:TextBox ID="Value1" Columns="2" MaxLength="3" Text="1"
                        runat="server" />
                    </td>
                    <td>+</td>
                    <td>
                        <asp:TextBox ID="Value2" Columns="2" MaxLength="3" Text="1"
                            runat="server" />
                    </td>
                    <td> = </td>
                    <td>
                        <asp:Label ID="AnswerMessage" runat="server" />
                    </td>
                </tr>
                <tr>
                    <td colspan="2">
                    <asp:RequiredFieldValidator ID="Value1RequiredValidator"
                        ControlToValidate="Value1" ErrorMessage="请输入一个值。
                        Display="Dynamic" runat="server" />
                    <asp:RangeValidator ID="Value1RangeValidator"
                        ControlToValidate="Value1" Type="Integer" MinimumValue="1"
                        MaximumValue="100" ErrorMessage="请输入一个1－100
                            <br>之间的整数。<br>" Display="Dynamic" runat="server" />
                    </td>
                    <td colspan="2">
```

```
                    <asp:RequiredFieldValidator ID="Value2RequiredValidator"
                        ControlToValidate="Value2" ErrorMessage="请输入一个值。
                        Display="Dynamic" runat="server" />
                    <asp:RangeValidator ID="Value2RangeValidator"
                        ControlToValidate="Value2" Type="Integer" MinimumValue="1"
                        MaximumValue="100" ErrorMessage="请输入一个1-100
                            <br>之间的整数。<br>" Display="Dynamic" runat="server" />
                    </td>
                    <td>  </td>
                <tr align="center">
                    <td colspan="4">
                        <asp:Button ID="AddButton" Text="加"
                            OnClick="AddButton_Click" runat="server" />
                    </td>
                    <td>  </td>
                </tr>
            </table>
        </form>
    </body>
</HTML>
```

运行结果如图 4.25 所示。

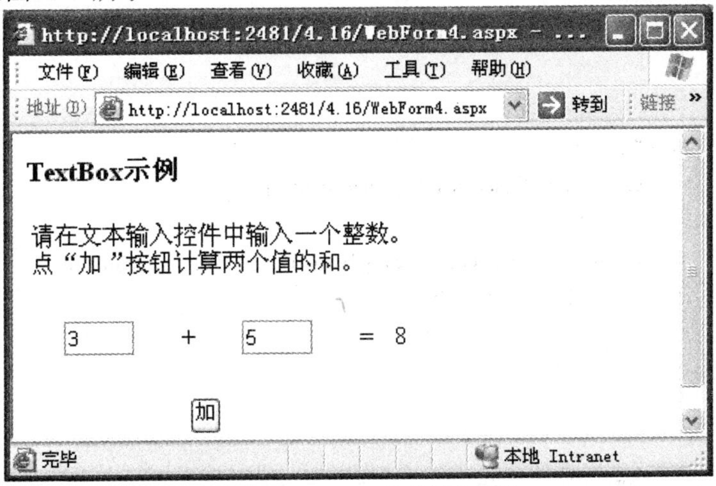

http://localhost:2481/4.16/WebForm4.aspx - ...
文件(F) 编辑(E) 查看(V) 收藏(A) 工具(T) 帮助(H)
地址(D) http://localhost:2481/4.16/WebForm4.aspx 转到 链接
TextBox示例
请在文本输入控件中输入一个整数。
点“加”按钮计算两个值的和。
3 + 5 = 8
加
完毕 本地 Intranet

图 4.25 TextBox 控件运行结果

4.2.2 选择控件

4.2.2.1 复选控件

在日常信息输入中会遇到这样的情况，输入的信息只有两种可能性(例如：性别、婚否之类)。如果采用文本输入的话，一是输入繁琐，二是无法对输入信息的有效性进行控制。这时如果采用复选控件(CheckBox)，就会大大减轻数据输入人员的负担，同时输入数据的规范性得到了保证，此控件在控件工具箱中的图标为：☑ CheckBox 。

CheckBox 的使用比较简单，主要使用 Id 属性和 text 属性。Id 属性指定对复选控件实例的命名，Text 属性主要用于描述选择的条件。另外当复选控件被选择以后，通常根据其 Checked 属性是否为真来判断用户选择与否。

CheckBox 控件在 Web 窗体页上创建复选框，该复选框允许用户在 true 或 false 状态之间切换。通过设置 Text 属性可以指定要在控件中显示的标题。标题可显示在复选框的右侧或左侧。设置 TextAlign 属性以指定标题显示在哪一侧。

注意：由于<asp:CheckBox>元素没有内容，因此可用/>结束该标记，而不必使用单独的结束标记。

若要确定是否已选中 CheckBox 控件，请测试 Checked 属性。当 CheckBox 控件的状态在向服务器的各次发送过程间更改时，将引发 CheckedChanged 事件。可以为 CheckedChanged 事件提供事件处理程序，以便当 CheckBox 控件的状态在向服务器的各次发送过程间更改时执行特定的任务。

注意：当创建多个 CheckBox 控件时，还可以使用 CheckBoxList 控件。对于使用数据绑定创建一组复选框而言，CheckBoxList 控件更易于使用，而各个 CheckBox 控件则可以更好地控制布局。

默认情况下，CheckBox 控件在被单击时不会自动向服务器发送窗体。若要启用自动发送，请将 AutoPostBack 属性设置为 true。

【例 4.18】 CheckBox 的应用：

```
<%@ Page Language="C#" AutoEventWireup="True" %>
<html>
<head>
    <script runat="server">
        void Check_Clicked(Object sender, EventArgs e)
          {
          if(SameCheckBox.Checked)   ShipTextBox.Text = BillTextBox.Text;
          else ShipTextBox.Text = "";
          }
    </script>
</head>
<body>
    <form runat="server">
        <h3>CheckBox示例</h3>
        <table>
            <tr>
            <td> 帐单地址: <br>
            <asp:TextBox id="BillTextBox" TextMode="MultiLine" Rows="5"
                runat="server"/>
            </td>
            <td> 送达地址: <br>
                <asp:TextBox id="ShipTextBox" TextMode="MultiLine" Rows="5"
```

```
                                runat="server"/>
                        </td>
                    </tr>
                    <tr>
                        <td>
                            <asp:CheckBox id="SameCheckBox" AutoPostBack="True" Text="和帐单地址一样。"
                                TextAlign="Right" OnCheckedChanged="Check_Clicked" runat="server"/>
                        </td>
                    </tr>
                </table>
            </form>
        </body>
    </html>
```

用 Visual Studio 2005 制作页面，初始界面如图 4.26 所示。

图 4.26 CheckBox 控件运行初始界面

当选择“与帐单地址一样后”，运行的结果如图 4.27 所示。

图 4.27 CheckBox 控件运行结果界面

4.2.2.2 单选控件

使用单选控件的情况跟使用复选控件的条件差不多，区别的在于：单选控件的选择可能性不一定是两种，只要是有限种可能性，并且只能从中选择一种结果，原则上都可以用单选控件(RadioButton)来实现，此控件在控件工具箱中图标为：◉ RadioButton。

通常在使用时，RadioButton 控件会与其他 RadioButton 控件组成一组，以提供一组互斥的选项。

单选控件主要的属性与复选控件也很类似，也有 id 属性、text 属性，同样也依靠 Checked 属性来判断是否选中，但是与多个复选控件之间互不相关的情况不同，多个单选控件之间存在着联系，要么是同一选择中的条件，要么不是。所以单选控件多了一个 GroupName 属性，它用来指明多个单选控件是否为同一条件下的选择项，即这个控件所属组的名字，GroupName 相同的多个单选控件之间只能有一个被选中。

通过设置 Text 属性指定要在控件中显示的文本。该文本可显示在单选按钮的左侧或右侧。设置 TextAlign 属性来控制该文本显示在哪一侧，Right 为右对齐；Left 为左对齐。如果为每一个 RadioButton 控件指定了相同的 GroupName，则可以将多个单选按钮分为一组。将单选按钮分为一组将只允许从该组中进行互相排斥的选择。

注意：还可以使用 RadioButtonList 控件。对于使用数据绑定创建一组单选按钮而言，RadioButtonList 控件更易于使用，而单个 RadioButton 控件则能够更好地控制布局。

若要确定 RadioButton 控件是否已选中，可以测试 Checked 属性。

【例 4.19】 使用 RadioButton 控件为用户提供一组互相排斥的选项：

```
<%@ Page Language="C#" AutoEventWireup="True" %>
<html>
<head>
    <script runat="server">
        void SubmitBtn_Click(Object Sender, EventArgs e)
            {
            if (Radio1.Checked) Label1.Text="您选择了："+Radio1.Text;
            else if (Radio2.Checked) Label1.Text="您选择了："+Radio2.Text;
            else if (Radio3.Checked) Label1.Text="您选择了："+Radio3.Text;
            }
    </script>
</head>
<body>
    <form runat="server">
        <h3>RadioButton示例</h3>
        <h4>选择一种你想要的安装类型:</h4>
        <asp:RadioButton id="Radio1" Text="Typical"  Checked="True"
            GroupName="RadioGroup1" runat="server" /><br>
            这个选项将安装最常用的组件。需要1.2M硬盘空间。<p>
<asp:RadioButton id="Radio2" Text="Compact" GroupName="RadioGroup1" runat ="server"/><br>
    这个选项将安装运行该产品所需要的最小文件。需要350KB的硬盘空间。<p>
```

```
        <asp:RadioButton id="Radio3" Text="Full" GroupName="RadioGroup1"
        runat="server"/><br>这个选项将安装所有的组件。需要4.3M硬盘空间。<p>
        <asp:Button id="Button1" Text="Submit" OnClick="SubmitBtn_Click" runat=server/>
        <asp:Label id="Label1" Font-Bold="true" runat="server" />
    </form>
</body>
</html>
```

用 Visual Studio 2005 制作页面，运行结果如图 4.28 所示。

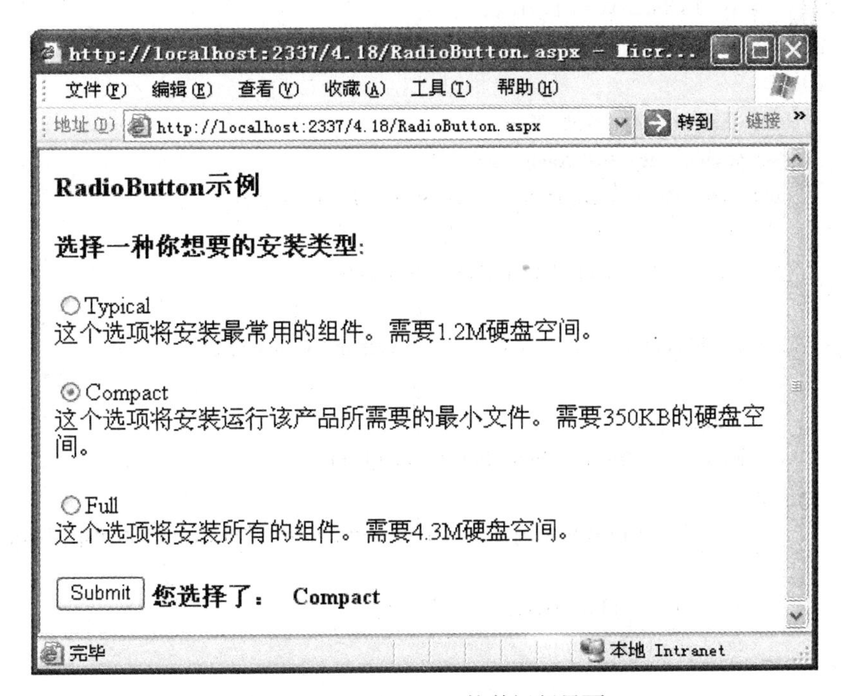

图 4.28 RadioButton 控件运行界面

4.2.3 列表控件

列表框(ListBox)是在一个文本框内提供多个选项供用户选择的控件，它比较类似于下拉列表，但是没有显示结果的文本框，此控件在控件工具箱中的图标为： ListBox 。实际中列表框很少使用，大多数情况下都使用列表控件 DropDownList 来代替 ListBox 加文本框的情况。

列表框的属性 SelectionMode，选择方式主要是决定控件是否允许多项选择。当其值为 ListSelectionMode.Single 时，表明只允许用户从列表框中选择一个选项；当值为 List.Selection Mode.Multiple 时，用户可以用 Ctrl 键或者是 Shift 键结合鼠标，从列表框中选择多个选项。

DataSource：说明数据的来源可以为数组、列表、数据表。

AutoPostBack：若该属性为 True，则当更改选项内容后会自动回发到服务器；为 False，则不回发。

Items：传回 ListBox Web 控件中 ListItem 的参考。

Rows：设定 ListBox Web 控件一次要显示的列数。

SelectedIndex：传回被选取到 ListItem 的 Index 值。

SelectedItem：传回被选取到 ListItem 参考，也就是 ListItem 本身。

SelectedItems：由于 ListBox Web 控件可以复选，被选取的项目会被加入 ListItems 集合中；本属性可以传回 ListItems 集合，只读。

SelectionMode：设定 ListBox Web 控件是否可以按住“Shift”或“Control”按钮进行复选，默认值为“Single”。

方法 DataBind：把来自数据源的数据载入列表框的 items 集合。

【例 4.20】 基本的 ListBox 控件用法：

```
<HTML>
    <HEAD>
        <title>ListBox控件示例</title>
        <script language="C#" runat="server">
        public void Page_Load(object sender, System.EventArgs e)
            {
            if(!this.IsPostBack) Label1.Text="未选择";
            }
        public void Button1_Click(object sender, System.EventArgs e)
            {
            string tmpstr="";
            for(int i=0;i<this.ListBox1.Items.Count;i++)
                {
                if(ListBox1.Items[i].Selected) tmpstr=tmpstr+" "+ListBox1.Items[i].Text;
                }
            if(tmpstr=="") Label1.Text="未选择";
            else Label1.Text=tmpstr;
            }
        </script>
    </HEAD>
    <body>
        ListBox控件示例
        <p>请选择城市
            <form id="form1" runat="server">
                <asp:listbox id="ListBox1" runat="server" SelectionMode
                    ="Multiple" Height="104px" Width="96px">
                    <asp:ListItem Value="北京">北京</asp:ListItem>
                    <asp:ListItem Value="上海">上海</asp:ListItem>
                    <asp:ListItem Value="天津">天津</asp:ListItem>
                    <asp:ListItem Value="南京">南京</asp:ListItem>
                    <asp:ListItem Value="杭州">杭州</asp:ListItem>
                </asp:listbox>
                <input id="Button1" type="button" value="提交" name="Button1"
                 runat="server" onserverclick="Button1_Click">
```

```
            <p>您的选择结果是：
            <asp:label id="Label1" runat="server"Width="160px"></asp:label>
        </form>
    </p>
</body>
</HTML>
```

用 Visual Studio 2005 制作页面，运行的结果如图 4.29 所示。

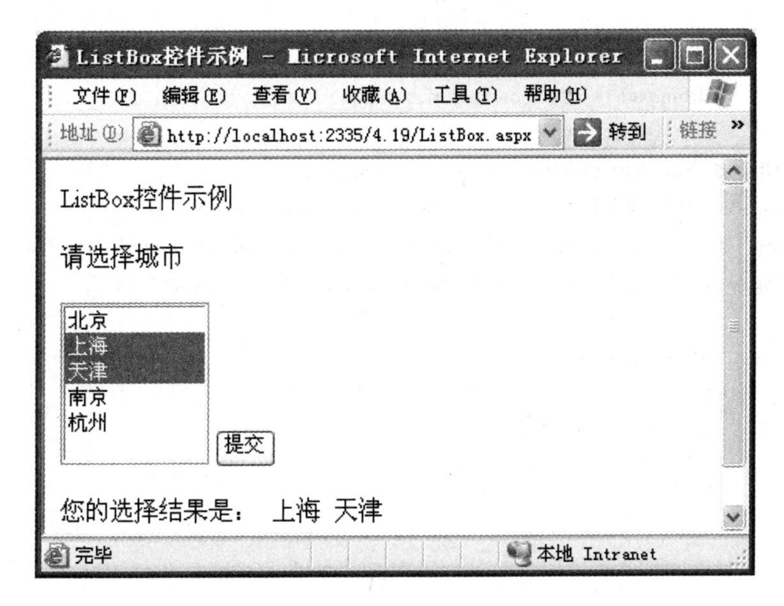

图 4.29 ListBox 控件运行界面

这里将 ListBox 的 SelecttionMode 属性设为“Multiple”，是为了可以进行多项选择。

4.2.4 FileUpLoad 控件

以往 ASP.NET 1.0 只能使用 Client 端的 Input（File）进行文件上传，但功能略为简单；而 ASP.NET 2.0 则内置了服务器端的 FileUpload 文件上传控件，它的功能比 Input（File）功能更丰富更强大。FileUpload 控件向程序员提供了更大的操控性，让程序员可以介入到更底层的操控，这是 Input（File）所不及的。此控件在控件工具箱中的图标为：FileUpload。主要属性和方法有：

(1) maxRequestLength 属性：限制文件上传的大小，是以 KB 为单位的，默认值为 4096KB，而最大上限为 2097151KB，大约是 2GB。

(2) executionTimeout 属性：是限制文件上传的时间，以秒为单位，默认值为 90 秒。

(3) HasFile：用来检查 FileUpload 是否有指定文件。

(4) SaveAs 方法：将上传文件存储在磁盘的方法。

(5) FileName：用于取得上传文件名称。

【例 4.21】 在 vs2005 中新建页面，添加两个 Label，一个作为指定文件标题显示，另一个当作上传完成消息显示。拖曳一个 FileUpload 控件到 Page 页面，FileUpload 控件本身只提供文件的选取功能，而实际开始运行文件上传操作则必须另行创建一个 Button 按钮 Click 来触发。双击 Button 添加如下代码：

```
//检查是否有文件
    if (FileUpload1.HasFile)
        {
        try
            {
            //取得网站根目录路径
            string path = HttpContext.Current.Request.MapPath("~/");
            //存储文件到磁盘
    FileUpload1.SaveAs(path + FileUpload1.FileName);
    txtMsg.Text = "文件名称：" + FileUpload1.PostedFile.FileName+"<br>";
    txtMsg.Text += "文件大小：" + FileUpload1.PostedFile.ContentLength+" Bytes<br>";
    txtMsg.Text+="文件类型：" + FileUpload1.PostedFile.ContentType+"<br>";
            }
        catch (Exception ex)
            {
            txtMsg.Text=ex.Message;
            }
        }
    else
        {
        txtMsg.Text="必须指定文件！";
        }
```

运行结果如图 4.30 所示：

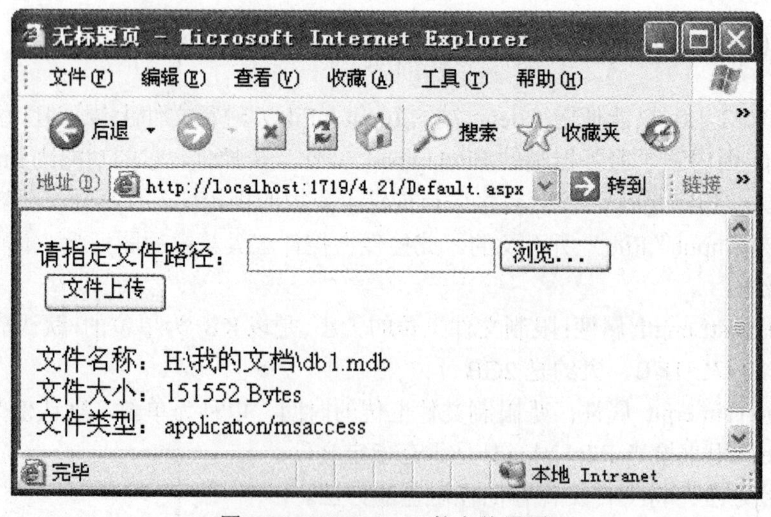

图 4.30 FileUpLoad 的上传界面

上面的 FileUpload 例题只提供了一个文件上传，若是要一次上传多个文件，则可以多创建几个 FileUpload 控件，然后一次上传。

4.2.5 重复列表 Repeator

Visual Studio2005 除了提供大量标准控件外，还提供了功能强大的数据控件，本节将介绍 Repeater、DataList、GridView 和 FormView。

Repeater 控件以给定的形式重复显示数据项目，是一个数据容器控件。此控件在控件工具箱中的图标为：Repeater。使用重复列表要注意两个要素，即数据的来源和数据的表现形式。Repeater 控件以表格形式显示数据源的数据。若该控件的数据源为空，则什么都不显示。该控件允许用户创建自定义列，并且还能够为这些列提供布局，然而，Repeater 控件本身不提供内置呈现功能。若该控件需要呈现数据，则必须为其提供相应的布局。Repeater 控件支持 5 种模板：

(1) ItemTemplate：项模板，定义如何显示控件中的项。

(2) AlternatingItemTemplate：交替项模板，定义如何显示控件中的交替项。

(3) HeaderTemplate：头模板，定义如何显示控件的标头部分。

(4) FooterTemplate：脚注模板，定义如何显示控件的注脚部分。

(5) SeparatorTemplate：分割模板，定义如何显示各项之间的分隔符。

另外，Repeater 控件可以通过 DataSourceID、DataSource 或 DataMember 属性来设置其数据源。其中，DataSourceID 属性为数据源控件的 ID 属性值。若 Repeater 控件使用数据源控件提供数据，它不需要显示绑定控件的数据。DataSource 属性可以直接作为 Repeater 控件的数据源，但是需要显示调用 DataBind()方法绑定 Repeater 控件的数据。另外，若 DataSource 属性包含多个数据成员，则还可以使用 DataMember 属性指定 DataSource 属性中的一个数据成员为 Repeater 控件的数据源。

4.2.6 数据列表 DataList

数据列表显示跟重复列表 Repeator 比较类似，但是它可以选择和修改数据项的内容。此控件在控件工具箱中的图标为：DataList。数据列表的数据显示和布局也如同重复列表都是通过“模板”来控制的。同样的，模板至少要定义一个“数据项模板”(ItemTemplate)来指定显示布局。数据列表支持的模板类型有以下 7 种：

(1) ItemTemplate：数据项模板，是必需的模板，它定义了数据项极其表现形式。

(2) AlternatingItemTemplate：数据项交替模板，为了使相邻的数据项能够有所区别，可以定义交替模板，它使得相邻的数据项看起来明显不同，缺省情况下，它和 ItemTemplate 模板定义一致，即在缺省情况下，相邻数据项无表示区分。

(3) SeparatorTemplate：分割符模板，定义数据项之间的分割符。

(4) SelectedItemTemplate：选中项模板，定义被选择的数据项的表现内容与布局形式，当未定义 SelectedItemTemplate 模板时，选中项的表现内容与形式无特殊化，由 ItemTemplate 模板定义所决定。

(5) EditItemTemplate：修改选项模板，定义即将被修改的数据项的显示内容与布局形式，缺省情况下，修改选项模板就是数据项模板 ItemTemplate 的定义。

(6) HeaderTemplate：报头定义模板，定义重复列表的表头表现形式。

(7) FooterTemplate：表尾定义模板，定义重复列表的列表尾部的表现形式。

数据列表还可以通过风格形式来定义模板的字体、颜色、边框。每一种模板都有它自己的风格属性。例如，可以通过设置修改选项模板的风格属性来指定它的风格。此外，DataList 控件提供了大量的属性，这些属性可以设置控件的行为、样式、外观等：

RepeatLayout：显示布局格式，指定是否以表格形式显示内容。

RepeatLayout.Table：指定布局以表格形式显示。

RepeatLayout.Flow：指定布局以流格式显示，即不加边框。

RepeatDirection：指定显示是横向显示还是纵向显示，RepeatDirection.Horizontal 指定是横向显示 RepeatDirection.Vertical 指定是纵向显示；

RepeatColumns：一行显示列数，指定一行可以显示的列数，缺省情况下，系统设置为一行显示一列。这里需要注意的是，当显示方向不同时，虽然一行显示的列数不变，但显示的布局和显示内容的排列次序却有可能大不相同。

【例 4.22】 数据列表控件 DataList 的使用

```
<%@ Import Namespace="System.Data" %>
<html>
<head>
    <script language="C#" runat="server">
    ICollection CreateDataSource()
        {
        DataTable dt=new DataTable();
        DataRow dr;
        dt.Columns.Add(new DataColumn("IntegerValue", typeof(Int32)));
        dt.Columns.Add(new DataColumn("StringValue", typeof(string)));
        dt.Columns.Add(new DataColumn("DateTimeValue", typeof(DateTime)));
        for (int i = 0; i < 9; i++)
            {
            dr = dt.NewRow();
            dr[0]=i;
            dr[1]="项" + i.ToString();
            dr[2]=DateTime.Now;
            dt.Rows.Add(dr);
            }
        DataView dv=new DataView(dt);
        return dv;
        }
    void Page_Load(Object Sender, EventArgse)
        {
        if (!IsPostBack)
            BindList();
        }
```

```
    void BindList()
        {
        DataList1.DataSource= CreateDataSource();
        DataList1.DataBind();
        }
    void DataList_ItemCommand(object Sender, DataListCommandEventArgse)
        {
        string cmd = ((LinkButton)e.CommandSource).CommandName;
        if (cmd="选择")
            DataList1.SelectedIndex=e.Item.ItemIndex;
        BindList();
        }
    </script>
</head>
<body>
    <h3><font face="宋体">对DataList使用SelectedItemTemplate</font></h3>
    <form id="Form1" runat=server>
    <font face="宋体" size="-1">
        <asp:DataList id="DataList1" runat="server"
            BorderColor="black"
            BorderWidth="1"
            GridLines="Both"
            CellPadding="3"
            Font-Name="Verdana"
            Font-Size="8pt"
            Width="150px"
            HeaderStyle-BackColor="#aaaadd"
            AlternatingItemStyle-BackColor="Gainsboro"
            SelectedItemStyle-BackColor="yellow"
            OnItemCommand="DataList_ItemCommand" >
                <HeaderTemplate>项
                </HeaderTemplate>
                <ItemTemplate>
                    <asp:LinkButton id="button1" runat="server" Text="显示详细信息"
                        CommandName="选择" />
                    <%# DataBinder.Eval(Container.DataItem, "StringValue") %>
                </ItemTemplate>
                <SelectedItemTemplate>项：
                    <%# DataBinder.Eval(Container.DataItem, "StringValue") %>
                    <br>订购日期：
                    <%# DataBinder.Eval(Container.DataItem, "DateTimeValue", "{0:d}") %>
                    <br>数量：
                    <%# DataBinder.Eval(Container.DataItem, "IntegerValue", "{0:N1}") %>
```

```
                <br>
            </SelectedItemTemplate>
        </asp:DataList>
    </font>
    </form>
</body>
</html>
```

在 Visual Studio2005 制作页面，运行的结果如图 4.31 所示：

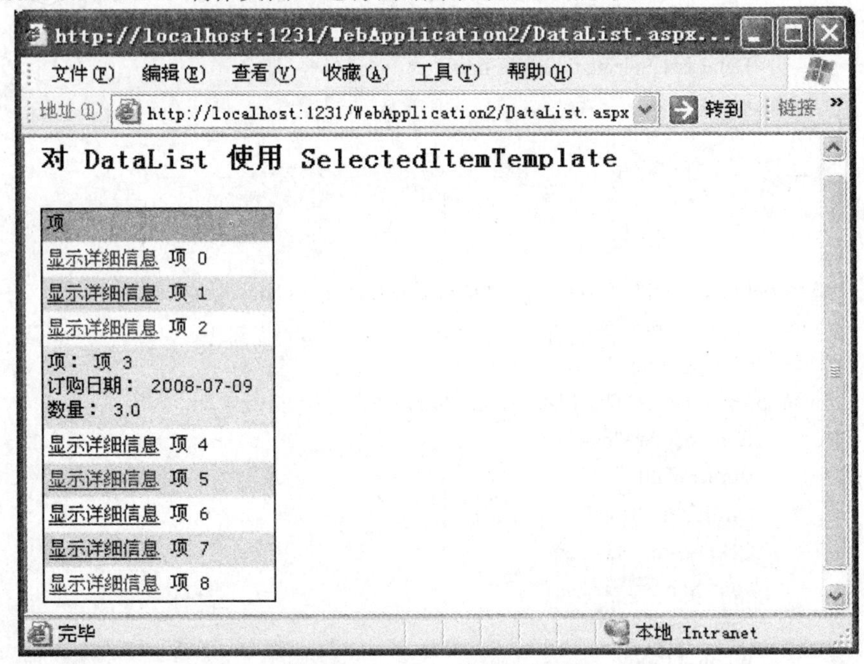

图 4.31 DataList 控件运行界面

4.2.7 数据表格 GridView

在 ASP.NET 2.0 中，新增加的 GridView 控件功能十分强大，弥补了在 ASP.NET 1.1 中使用 datagrid 控件时的不足之处。它以表的形式显示数据，并提供对列进行排序、分页、翻阅数据以及编辑或删除单个记录的功能。此控件在控件工具箱中的图标为： GridView 。在 ASP.NET 1.1 中，在使用 datagrid 时，很多情况下依然要编写大量的代码，十分不方便，而且有时需要很多技巧。而在 ASP.NET 2.0 中，很多情况下，使用 GridView 控件的话，甚至只需要拖拉控件，设置属性就可以了，不需要编写任何代码。

【例 4.23】 数据表格 GridView 的使用

```
<%@ Page Language="C#" Debug="true"%>
<script runat="server">
</script>
<html xmlns="http://www.w3.org/1999/xhtml" >
<head id="Head1" runat="server"><title>数据表格GridView的使用</title></head>
<body><form id="form1" runat="server">
```

```
<asp:sqldatasource id–"SqlDataSource1" runat="server" connectionstring="<%$
    ConnectionStrings:NorthwindConnectionString%>"
    selectcommand="SELECT [ProductID], [ProductName], [SupplierID], [QuantityPerUnit], [UnitPrice],
    [UnitsInStock], [CategoryName] FROM [Alphabetical list of products]"></asp:sqldatasource>
<asp:GridView id="GridView1" runat="server" autogeneratecolumns="False" datakeynames="ProductID"
    datasourceid="SqlDataSource1" enablesortingandpagingcallbacks="True"><Columns>
<asp:BoundField ReadOnly="True" DataField="ProductID" InsertVisible="False"
    SortExpression="ProductID" HeaderText="ProductID"></asp:BoundField>
<asp:BoundField DataField="ProductName" SortExpression="ProductName"
    HeaderText="ProductName"></asp:BoundField>
<asp:BoundField DataField="SupplierID" SortExpression="SupplierID"
    HeaderText="SupplierID"></asp:BoundField>
<asp:BoundField DataField="QuantityPerUnit" SortExpression="QuantityPerUnit"
    HeaderText="QuantityPerUnit"></asp:BoundField>
<asp:BoundField DataField="UnitPrice" SortExpression="UnitPrice"
    HeaderText="UnitPrice"></asp:BoundField>
<asp:BoundField DataField="UnitsInStock" SortExpression="UnitsInStock"
    HeaderText="UnitsInStock"></asp:BoundField>
<asp:BoundField DataField="CategoryName" SortExpression="CategoryName"
    HeaderText="CategoryName"></asp:BoundField>
</Columns>
</asp:GridView>
</form></body>
</html>
```

本例中使用的 Visual Studio2005 运行环境，采用 SQL SERVER 2000 中的 Northwind 数据库，运行的结果如图 4.32 所示。

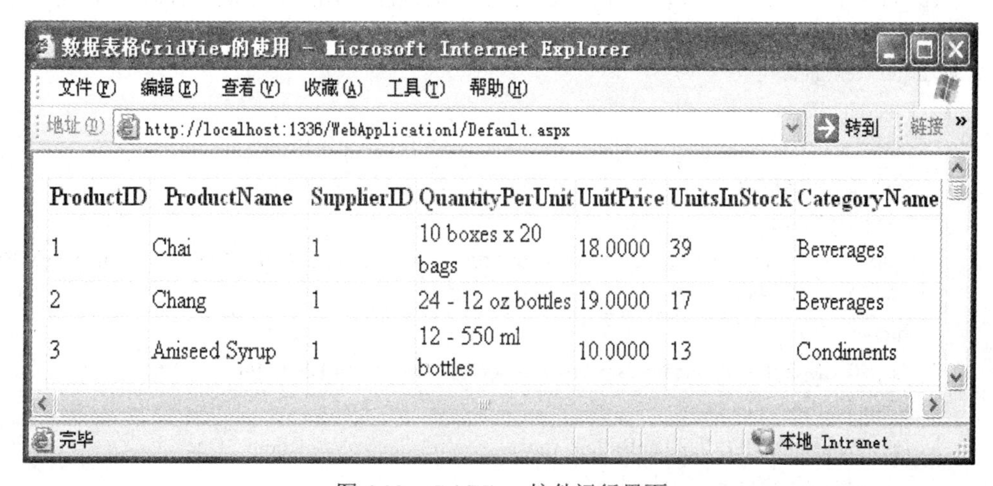

图 4.32 GridView 控件运行界面

4.2.8 FormView 控件

FormView 控件能一次呈现数据源中的一条记录，并提供翻阅多条记录以及插入、更新和删除记录的功能。此控件在控件工具箱中的图标为：FormView，它不指定用于显示记录的预定义布局。FormView 控件要求用户使用模板定义每项的显示，而不是使用数据控件字段。在 FormView 控件的模板中也可以添加 Image HyperLink 等控件，并可绑定数据源中的字段。

【例 4.24】 FormView 控件的使用

本例中使用的 Visual Studio 2005 开发工具制作，连接 SQL Server 2000 数据库中的 Northwind 数据库，页面代码如下：

```
<%@ Page Language="C#" AutoEventWireup="true" CodeFile="formview.aspx.cs" Inherits="_formview" %>
<!DOCTYPE html PUBLIC "-//W3C//DTD XHTML 1.0 Transitional//EN"
"http://www.w3.org/TR/xhtml1/DTD/xhtml1-transitional.dtd">
<html xmlns="http://www.w3.org/1999/xhtml" >
<head runat="server">
    <title> FormView 控件的使用</title>
</head>
<body>
    <form id="form1" runat="server">
    <div>
    <asp:Label ID="Label1" runat="server" Font-Bold="True" Font-Size="12pt" Text="连接NorthWind库，
        显示Customers表的记录。" Width="379px">
    </asp:Label><br />
         </div>
    <asp:FormView ID="FormView1" runat="server" AllowPaging="True" DataKeyNames="CustomerID"
        DataSourceID="SqlDataSource1" Width="549px">
    <EditItemTemplate>
        CustomerID:
        <asp:Label ID="CustomerIDLabel1" runat="server" Text='<%# Eval("CustomerID") %>'>
        </asp:Label><br />
        CompanyName:
        <asp:TextBox ID="CompanyNameTextBox" runat="server" Text='<%# Bind("CompanyName")%>'>
        </asp:TextBox><br />
        Phone:
        <asp:TextBox ID="PhoneTextBox" runat="server" Text='<%# Bind("Phone") %>'>
        </asp:TextBox><br />
        <asp:LinkButton ID="UpdateButton" runat="server" CausesValidation="True"
            CommandName="Update"
            Text="更新">
        </asp:LinkButton>
        <asp:LinkButton ID="UpdateCancelButton" runat="server" CausesValidation="False"
            CommandName="Cancel"
```

```
            Text="取消">
        </asp:LinkButton>
    </EditItemTemplate>
        <InsertItemTemplate>
        CompanyName:
        <asp:TextBox ID="CompanyNameTextBox" runat="server" Text='<%# Bind("CompanyName")%>'>
        </asp:TextBox><br />#p#分页标题#e#
        Phone:
        <asp:TextBox ID="PhoneTextBox" runat="server" Text='<%# Bind("Phone") %>'>
        </asp:TextBox><br />
        <asp:LinkButton ID="InsertButton" runat="server" CausesValidation="True"
            CommandName="Insert"
            Text="插入">
        </asp:LinkButton>
        <asp:LinkButton ID="InsertCancelButton" runat="server" CausesValidation="False"
            CommandName="Cancel"
            Text="取消">
        </asp:LinkButton>
        </InsertItemTemplate>
        <ItemTemplate>
        <strong>CustomerID:</strong>
        <asp:Label ID="CustomerIDLabel" runat="server" Text='<%# Eval("CustomerID")
            %>'></asp:Label><br />
        <strong>CompanyName: </strong>
        <asp:Label ID="CompanyNameLabel" runat="server" Text='<%# Bind("CompanyName")
            %>'></asp:Label><br />
        <strong>Phone:</strong>
        <asp:Label ID="PhoneLabel" runat="server" Text='<%# Bind("Phone") %>'></asp:Label><br />
        <asp:LinkButton ID="EditButton" runat="server" CausesValidation="False" CommandName="Edit"
            Text="编辑"></asp:LinkButton>
        <asp:LinkButton ID="NewButton" runat="server" CausesValidation="False"
            CommandName="New"
            Text="新建"></asp:LinkButton>
        </ItemTemplate>
</asp:FormView>
<asp:SqlDataSource ID="SqlDataSource1" runat="server" ConnectionString="Server=.;
    DataBase=Northwind; uid=sa;pwd=;"
    SelectCommand="SELECT [CustomerID], [CompanyName], [Phone] FROM [Customers]"
        UpdateCommand="UPDATE [Customers] SET [CompanyName]=@CompanyName,
        [Phone]=@Phone WHERE [CustomerID]=@CustomerID" InsertCommand="INSERT
        INTO Customers(CompanyName, Phone) VALUES (@CompanyName,@Phone)">
</asp:SqlDataSource>
</form>
```

```
</body>
</html>
```

运行的初始结果如图 4.33 所示，更新之后的结果如图 4.34 所示。

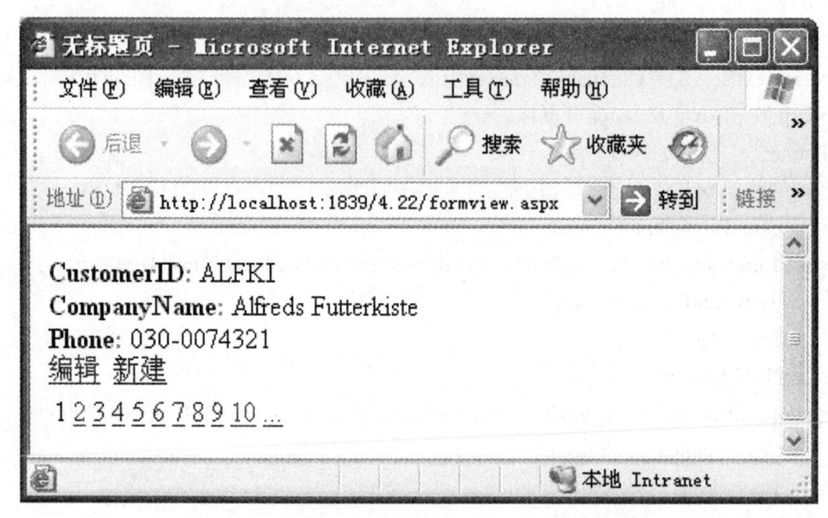

图 4.33　使用 FormView 控件运行的初始结果

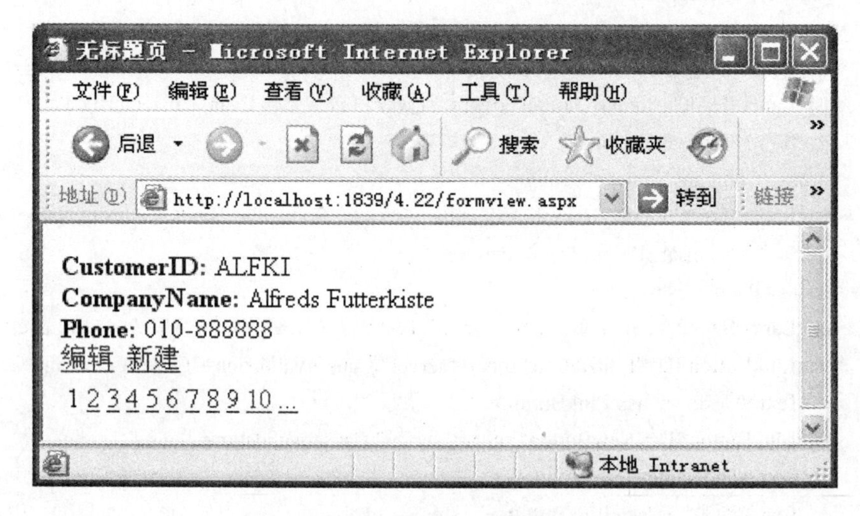

图 4.34　更新之后的结果

了解了 FormView 控件的使用方法，读者可以练习使用 GridView 显示数据，用 FormView 控件显示选中的详细记录，并进行记录的修改。

4.3　Web 表单验证控件

对于开发人员来说，验证是用户在 Web 表单中输入是否有效的重要任务之一。因为在网上提供信息时，用户的行为是无法预测的，因此必须采取额外的预防措施，尽量保证用户提供的数据是正确的。例如，信用卡号和身份证号的输入的有效和无效的问题。这种方式可称为数据验证。从另一方面看，为了更好地创建交互式 Web 应用程序，加强应用程序安全性(例如，防止脚本入侵等)，开发人员也应该对用户输入的部分提供验证功能。过去，输入验证功能基本由自行编写的客户端脚本来完成，这种实现方法既繁琐，又容易出现错误。随着技术的发展，ASP.NET 技术通过提供一系列验证控件来克服这些缺点，如 RequiredFieldValidator、CompareValidator、RangeValidator 等。使用这些验证控件，开发人员可以向 Web 页面添加输入验证功能，如定义验证规则、定义向用户显示的错误信息内容等。通常情况下，ASP.NET 提供的验证控件可以满足大多数 Web 应用的需要，然而，在某些情况下，内置的验证控件还是无法完成应用需求对数据输入的特殊要求。为了弥补这个缺憾，ASP.NET 2.0 定义了一个可以在控件开发中使用的可扩充验证框架。开发人员可以通过使用这个验证框架自行定义验证控件。

4.3.1 使用验证控件

当我们在网络上运行一个 Web 应用程序，要求用户输入数据的时候，一定要执行数据验证的工作。数据验证是一种限制用户输入的限制，可以最大限度地保证用户所输入的数据是正确的，或是强迫用户一定要输入数据。先在页面执行数据验证，比输入错误的数据后再传到服务器让数据库响应一个错误信息的效率要高的多。还可以保证用户所输入的数据是一个有效值，而不会造成垃圾数据。例如，在某一范围之内有效的日期或数值等。数据验证控件可以帮助我们少写许多程序来验证用户输入的数据。

4.3.1.1 ASP.NET 提供的验证控件及其功能

ASP.NET 中提供了一系列的验证控件来检查输入的数据是否合法，验证控件为所有常用类型的标准验证提供了一种易于使用的机制，它使用起来很简单但是功能却很强大。另外 ASP.NET 还提供了自定义编写验证的方法。并可编写在验证失败的情况下向用户显示出错信息的内容。ASP.NET 提供的验证控件及其功能的描述如表 4.4 所示。

表 4.4 ASP.NET 提供的验证控件及其功能的描述

控件	描述
RequiredFieldValidator	使用户在输入时，不是使这一项为空
CompareValidator	对两个控件的值进行比较
RangeValidator	对输入的值进行控制，使其值界定在一定范围内
RegularExpressionValidator	把用户输入的字符与自定义的表达式进行比较
CustomValidator	自定义验证方式
ValidationSummary	在一个页面中显示总的验证错误

表 4.4 中的验证控件在集成开发工具 Visual Studio 2005 的控件工具箱中有对应图标，如图 4.35 所示，与其他的服务器控件相同，验证控件在使用时也可直接拖放到 Web 页面上。图 4.35 为 Validator1 网站，在其中的页面中已经拖放了两个验证控件。

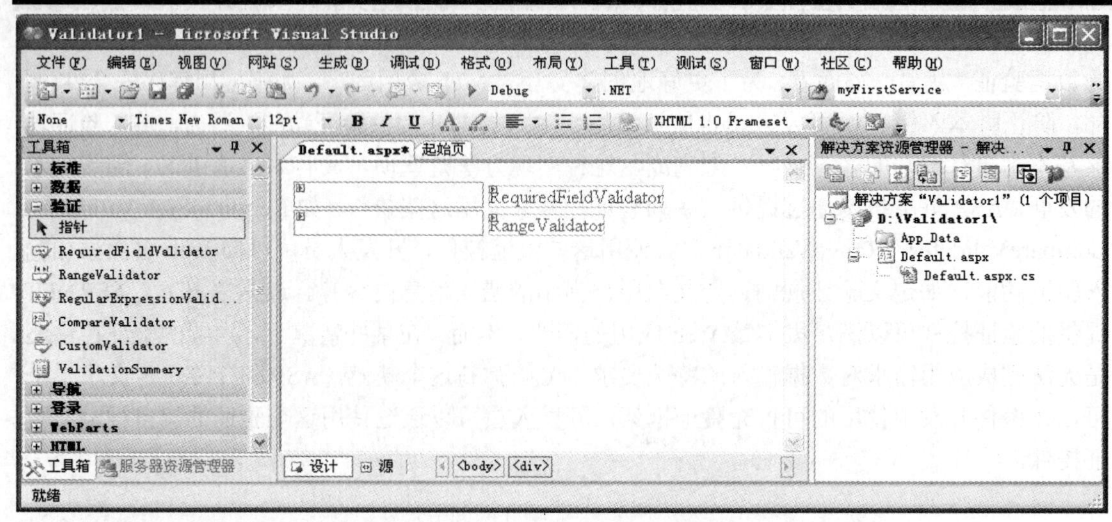

图 4.35 验证控件使用方式示例

4.3.1.2 验证控件的使用方式

验证控件的工作是监视另一个 Web 服务器控件或 HTML 服务器控件，并验证其内容的有效性。验证控件的 ControlToValidata 属性指定要监视那一个用户输入服务器控件。当用户在被监视的控件输入数据时，验证控件将检查这些数据确保符合指定的所有规则。验证控件与一般 Web 服务器控件的不同之处在于，一般情况下在页面运行时是不显示的，即这种控件对于用户来说是不可见的。除非输入了未通过验证的信息，在页面中才显示未通过验证的提示信息。我们也可以使用自己的代码来测试页和单个控件的状态。例如，可以在使用用户输入信息更新数据记录之前来测试验证控件的状态。如果检测到状态无效，就略过更新。详细说明请参阅下一节中自定义验证控件 CustomValidator 中的例子。

在调用所有验证控件之后，页上将设置一个属性(IsValid 的值，true 表示通过，false 表示失败)，如果任何一个控件显示验证测试失效，则整个页的属性都将设置为无效。验证控件的类型有多种，如范围检查验证控件或模式匹配验证控件。

【例 4.25】 在 Validator1 网站中添加一个 Web 窗体，命名为：Validator1.aspx。在窗体上放置一个标签，一个文本框，再拉入一个 RequiredFieldValidator 验证控件，布局见图 4.36。

图 4.36 验证控件使用方式示例

此验证控件的作用是当我们不在文本框中输入内容的时候，页面上将出现“必须填写”的提示，要求必须输入值。

4.3.1.3 何时进行验证

验证发生的时间是：已对页进行了初始化(即处理了视图状态和回发数据)，但尚未调用“更改”或“单击”事件处理程序。

我们也可以在此之前(例如在页加载期间)或其他任何时间通过调用控件的 Validate 方法来执行验证过程。请参照下一节 CompareValidator 控件的例子。

4.3.1.4 验证多个条件

一般来说，每个验证控件只执行一个测试。但有时一个输入字段可能受到多个条件的约束，例如，可能需要设定某个字段是必选字段，并且该字段限制为只接受特定范围内的日期这两个条件。此时。可以对窗体上的一个输入字段设置关联到多个验证控件，也就是说，一个服务器控件可同时被多个验证控件验证，只有各验证控件都通过验证测试时，IsValid 属性才为有效，否则，只要有一个验证控件没有通过测试，页面就无效，这种逻辑关系称作逻辑“与”的关系。

有些情况下，几种不同格式的输入都可能是有效的。例如，在提示输入电话号码时，可以允许用户输入本地电话号码、长途号码或国际长途号码。这主要表现在如何检查特定模式的数字或字符的情况下。要执行此类逻辑“或”关系测试，就不能使用多个验证控件，而需要使用模式匹配验证控件，并在该控件中指定多种有效模式。因为使用多个验证控件，是按逻辑“与”的关系来确定页面的有效性的。

4.3.1.5 显示错误信息

验证控件在呈现的窗体中通常是不可见的。但是如果控件检测到错误，它将生成指定的错误信息文本。错误信息可以按以下各种方式显示：

(1) 就地方式：每一验证控件可以分别就地显示一个错误信息或标志符号(通常位于出现错误的控件旁边)。

(2) 摘要方式：验证错误可以收集并显示在一处，例如页首。这一策略通常与在出错输入字段的旁边显示标志符号的方法结合使用。如果用户使用 Internet Explorer 5.0 或更高版本，则摘要也可以显示在消息框中。

(3) 就地和摘要方式：同一错误信息的摘要显示和就地显示可能会有所不同。可以使用此选项就地显示较为简短的错误信息，而在摘要中显示较为详细的信息，也可以在输入字段旁显示错误标志符号，而在摘要中显示错误信息。

(4) 自定义方式：编程人员可以通过捕获错误信息并设计自己的输出来创建自定义错误显示。

错误信息如果通过使用就地显示或摘要显示的方式，其显示的错误信息可以使用 HTML 设置各种显示文本的格式。

4.3.1.6 服务器端验证和客户端验证

验证控件一般在服务器代码中执行输入检查。当用户向服务器提交窗体之后，服务器将逐个调用验证控件来检查用户输入。如果在任意输入控件中出错，则该页将自行设置为无效状态，以便在代码运行之前测试其有效性。

如果用户使用支持 DHTML 的浏览器，则验证控件还可以使用客户端脚本来执行验证。这样做可以明显缩短页面响应的显示时间，错误被立即检测到，并且错误信息将在用户触发有错控件后立即显示。如果可以进行客户端验证，就可以在很大程度上控制错误信息在页面上的显示位置，并可以在消息框中显示错误摘要。

即使验证控件已在客户端执行验证，页框架仍然会在服务器上再一次执行验证，这样在基于服务器的事件处理程序中就会再一次进行有效性的测试。它有助于防止用户通过禁用或更改客户端脚本来避开验证，从而保证输入信息的有效性和安全性。

1) 客户端验证的差异：如果用户使用 Internet Explorer 5.0 或更高版本，则验证控件还可以使用客户端脚本执行验证。因为这种控件可以提供及时反馈(无需到服务器的往返过程)，所以用户会感觉到页的性能有所改善。

在大多数情况下，无需对页或验证控件作出任何更改便可使用客户端验证。控件将自动检测浏览器是否支持 DHTML 并执行相应的检查。客户端验证使用的错误显示机制和服务器端检查相同。

安全说明：即使验证已在客户端上执行过，它仍将在服务器上执行。这使得验证状态可以在服务器代码中得以检查，并提供了更高的安全性，避免客户端用户避开验证。

如果验证在客户端执行，还可以使用某些附加验证功能：

(1) 可以在消息框中显示验证错误信息摘要，该消息框在用户提交页时出现。有关详细信息，请参见上面的“错误信息显示”。

(2) 验证控件的对象模型在客户端略有不同。请参见以下的“客户端验证对象模型”。

客户端验证具有以下几个细微不同之处：

(1) 如果启用客户端验证，则页将包含对执行客户端验证所用的脚本库的引用。

(2) 使用 RegularExpressionValidator 控件时，如果使用兼容 ECMAScript 的语言(例如 Microsoft JScript)，则可在客户端检查表达式。与在服务器上使用 System.Text.Regular Expressions.Regex 类进行的正则表达式检查相比，两者的差异非常小。

(3) 页包含客户端方法，以便在页提交前截获并处理 OnClick 事件。

2) 客户端验证对象模型：可以使用由单个验证控件和页公开的对象模型与验证控件交互。每个验证控件都公开自己的 IsValid 属性，可以由此测试以查看是否通过该控件的验证测试。在页级别，可以访问另一个 IsValid 页属性，该属性是页上所有验证控件的 IsValid 状态的概括。这一属性可以快速测试所有验证是否都通过了。从而可以继续进页面处理。该页还公开一个包含页上所有验证控件列表的 Validators 集合。可以依次通过这一集合来检查单个验证控件的状态。

验证控件在客户端上呈现的对象模型与在服务器上呈现的对象模型几乎完全相同。例如，无论在客户端上还是在服务器上，都可以通过相同的方式读取验证控件的 IsValid 属性值以测试验证。但是，在页级别上公开的验证信息有所不同。在服务器上，页支持属性；在客户端，它包含全局变量。表 4.5 比较了在页上公开的信息。

表 4.5 服务器端对象模型与客户端的区别

客户端页变量	服务器页属性
Page_IsValid	IsValid
Page_Validators(数组)：包含对页上所有验证控件的引用	Validators(集合)：包含对所有验证控件的引用
Page_ValidationActive：表示是否进行验证的布尔值，通过编程方式将此变量设置为 False，以关闭客户端验证	(无等效项)

注意：所有与页相关的验证信息都应该视为只读。

3) 客户端验证错误的发送：如果使用 Microsoft Internet Explorer 5.0 或更高版本，则自动启用客户端验证。默认情况下，在执行客户端验证时，如果页上出错，则用户无法将窗体发送到服务器。但有时需要允许用户即使在出错时也可以发送。例如，页上可能有一个“取消”按钮或一个导航按钮，就需要该按钮即使在部分控件未通过验证的情况下也提交页。此时，可以通过禁用 ASP.NET 服务器控件的验证来实现。

注意：客户端验证要求浏览器支持 ECMAScript 1.2 (JScript)或更高版本以及兼容 Internet Explorer 5.0 或更高版本的文档对象模型(DOM)。

4.3.1.7 自定义验证

自定义验证过程包括在下面若干方面可以选择不同的方法：

(1) 在错误信息的文本内容、格式和位置方面可以进行灵活的选择，并且可以指定它们是单独出现还是以摘要的形式出现。

(2) 可以使用特殊控件创建自定义验证。该控件可以调用程序员自行编写的逻辑，但在设置错误状态、显示错误信息等其他方面和其他验证控件的工作方式相同。这为创建自定义验证逻辑但仍然参与页的验证框架提供了一种简便方法。

(3) 如果指定了客户端验证，用户就可以截获验证调用，并用自己的验证逻辑替代原来的逻辑或添加自己的逻辑到原来的验证逻辑中去。

(4) 通过编程进行验证。

默认情况下，验证控件在处理 Click 事件时执行其检查。但通过调用验证控件的 Validate 方法，可以在脚本程序的代码中随时执行验证。调用此方法允许通过编程随时确定属性设置的有效性。例如，程序员可以使用各种对象提供的方法而非 Web 窗体页从用户收集数据，然后通过编程来设置服务器控件属性。

默认情况下，在页回发到服务器时、页初始化之后(即视图状态和回发数据已处理之后)和调用事件处理代码之前，验证控件将自动执行验证。如果浏览器支持必要的客户端脚本，控件也可以在浏览器中执行验证。

但是如果需要在程序控制下执行验证，此时需要完成页自动完成的工作：调用验证控件的 Validate 方法，该方法导致控件执行其验证并设置 IsValid 属性。在以下情况下，验证工作就需要通过编程来完成：

(1) 如果验证值在运行时尚未设置。例如，在使用 RangeValidator 控件时，可能需要基于用户输入的值在运行时设置其 MinimumValue 和 MaximumValue 属性。此时默认的验证不工作，原因是页调用验证控件执行验证时，RangeValidator 控件中没有足够的信息。

(2) 需要检查 Page_Load 事件处理程序中的控件(或页的整体)的有效性。在页的处理阶段，验证控件尚未调用，因此页的或单独控件的 IsValid 属性也未设置(如果试图获取其值，它将发出一个异常错误)。但如一定要检查有效性，我们就可以通过编程调用验证。

(3) 页面正在运行时编辑控件(或者输入控件或者验证控件)。调用验证控件的 Validate 方法，编程人员可以随时通过编程进行验证，以便在验证执行时进行更加精确的控制。

安全说明：默认情况下，Web 窗体页将自动验证有没有恶意用户试图将脚本或 HTML 元素发送到应用程序中。如果已经禁用了该功能，则可自行调用 Request.ValidateInput 方法。

4.3.2 验证控件的类型

在 Visual Studio2005 中，每个验证控件都有相同的属性值 ControlToValidate：用来设定需要验证的服务器控件。如果在窗体上加了验证控件，而没有设定 ControlToValidate，则运行时将出错，出错提示界面如图 4.37 所示。

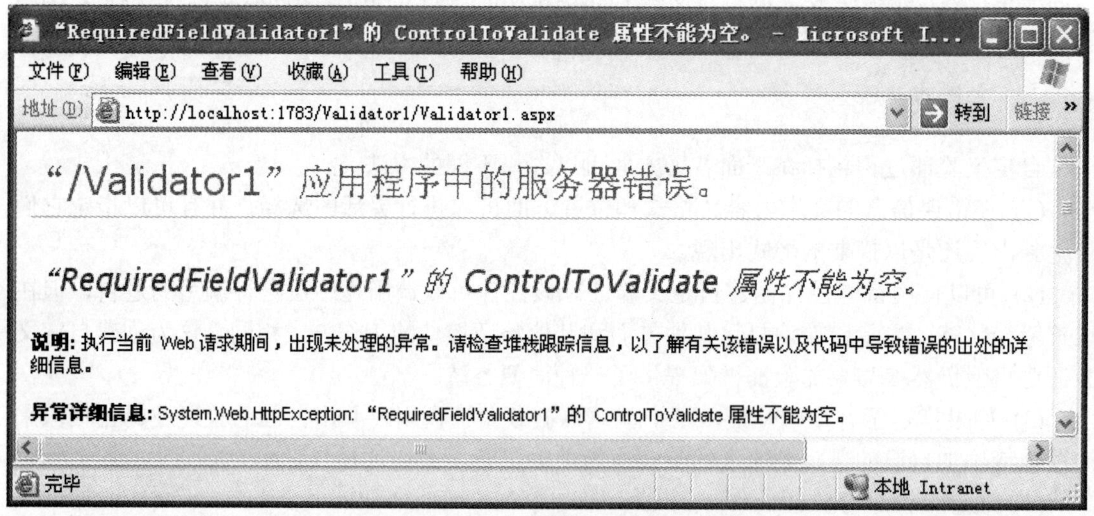

图 4.37　出错提示界面

在页面运行中，当整个页面中需要被验证的控件都通过验证后，page 中 IsValid 的属性值将会被设置为 true。否则为 false，同时没有通过验证的控件将会显示设定的出错信息。

验证控件的常用的共同属性如下：

DisPlay：设定验证控件的显示行为，它有三个属性值，分别为 Dynamic(当错误信息不显示时，将不占用显示空间)、Static(此值为默认值，无论错误信息是否显示，均占有显示空间)、None(仅在 ValidationSummary 中显示错误信息)。

Errormessage：定义未通过验证的提示信息集中在 ValidationSummary 中显示的文字。

另外，CompareValidator 与 RangValidator 控件还拥有共同的 Type 属性，表示验证数据的数据类型，它有五个属性值：Currency(货币型)、Date(日期型)、Double(双精度型)、Integer(整数型)、String(字符串型)。

ASP.NET 2.0 中为验证控件提供了一个新属性 ValidationGroup。开发人员可使用该属性，将单个控件与验证组相关联，然后，使用多个 ValidationSummary 控件，收集和报告这些组的错误。如果未指定验证组，则验证功能等效于 ASP.NET 1.x 中的验证功能。如果在多个控件中指定了多个验证组，则一定会显示多个验证摘要控件，因为一个验证摘要只显示一个组的验证错误。回发到服务器且当前具有 CausesValidation 属性的控件也引入了此 ValidationGroup 属性，该属性确定当控件导致回发时应当验证的控件组。如果未指定验证组，则会验证默认组，默认组由所有没有显式分配组的验证程序组成。

下面分别对 Visual Studio2005 中的各验证控件进行介绍。

4.3.2.1 RequiredFieldValidator 控件

RequiredFieldValidator 控件用于验证目标控件输入的数据是否等于 InitialValue(初始值)属性中设定的值。InitialValue 默认值是 Empty(空)，所以如果不设定 InitialValue 的值，RequiredFieldValidator 一般用于验证目标控件，如文本框控件，是否有数据输入。

【例 4.26】 用集成开发工具 Visual Studio 2005 设计的界面如图 4.38 所示，页面中放置了相应的控件，其中放置了一个验证控件 RequiredFieldValidator，验证控件的属性 ControlToValidate=" TextBox1"。用来控制文本框 TextBox1，必须输入值才能通过验证。验证控件的属性设置见图 4.38 的右边，没有通过验证时。页面上显示的出错信息是“必须填写”。

图 4.38 RequiredFieldValidator 验证控件的使用及属性设置

上面是 RequiredFieldValidator 控件的一般用法，其中 InitialValue 的属性值为空。

4.3.2.2 CompareValidator 控件

CompareValidator 控件用于比较两个控件的属性值或将一个控件的值与某个特定的数据比较。ControlToValidate 属性设定需要比较验证的控件 Id 值，ControlToCompare 属性设定与之比较的控件 Id 值，Operator 属性设定比较的类型。这三个属性的关系为：

＜ControlToValidate＞ Operator ＜ControlToCompare＞

如果要将一个输入控件的值同某一个常数值相比较，该常数值可以通过 ValueToCompare 来设置。其关系即为：

＜ControlToValidate＞ Operator ValueToCompare

Operator 属性值有七种：Equal(等于)、NotEqual(不等于)、GreaterThan(大于)、

GreaterThanEqual(大于或等于)、LessThan(小于)、LessThanEqual(小于或等于)、DataTypeCheck(检查数据类型是否与 Type 属性设定值相同)。

如果 ControlToValidate、ControlToCompare、Operator 这三个属性中有一个是在程序中指定的，则需要调用 CompareValidate 控件的 validate 方法，才能使验证生效。

另外，如果输入的控件为空，则不经任何验证，就将 IsValid 设置为 true。如果比较值的类型不正确，也会使验证得到通过。为了防止由此产生的不正确的验证结果，可以同时使用 RequiredFieldValidator 控件或 CompareValidator 控件中的 DataTypeCheck 比较算符。

【例 4.27】 用 CompareValidator 验证控件控制日期的输入。可用 Visual Studio 2005 制作页面，设计界面、其标记和属性值见图 4.39。

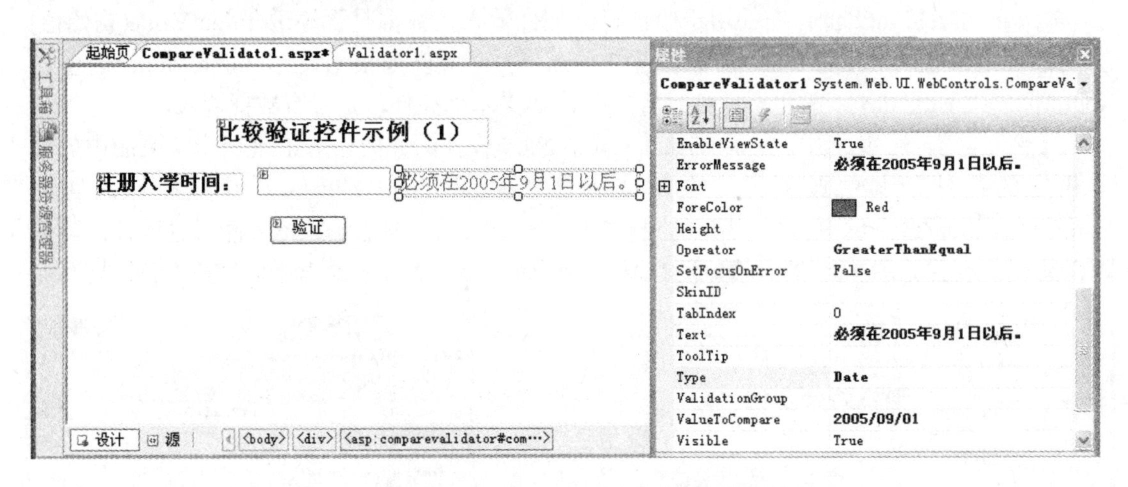

图 4.39 CompareValidator 验证控件的使用及属性设置

在页面上加入一个用于输入注册入学时间的文本框控件，用来输入时间，加入了一个 CompareValidator 控件，来验证控制要输入时间的文本框。设置 CompareValidator 控件的属性，与之比较的值是“2005/09/01”，数据类型是“Date”，比较操作符为“GreaterThanEqual”(大于或等于)，验证失败时显示的出错信息是“必须在 2005 年 9 月 1 日以后。”，如图 4.40 所示。

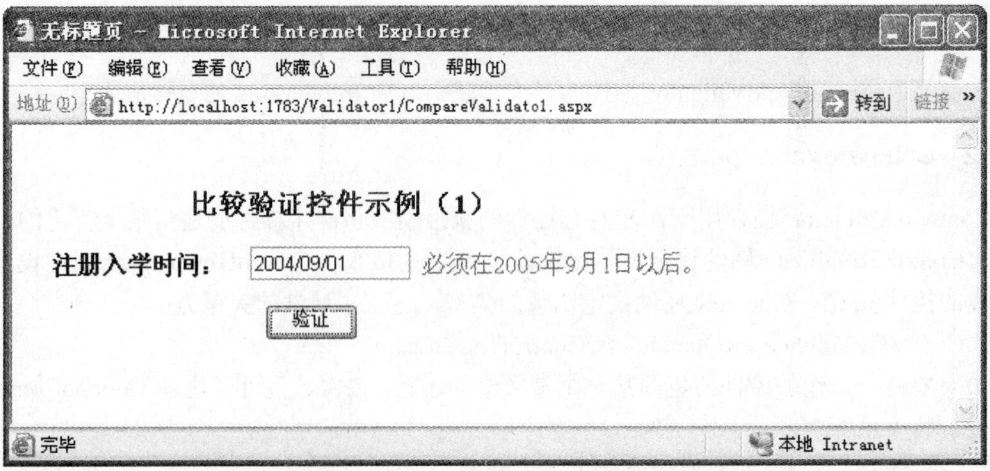

图 4.40 未通过 CompareValidator 验证控件验证的提示

【例 4.28】 用 CompareValidator 验证控件控制和控件比较。用 Visual Studio 2005 制作页面，其标记和属性值如图 4.41 所示。

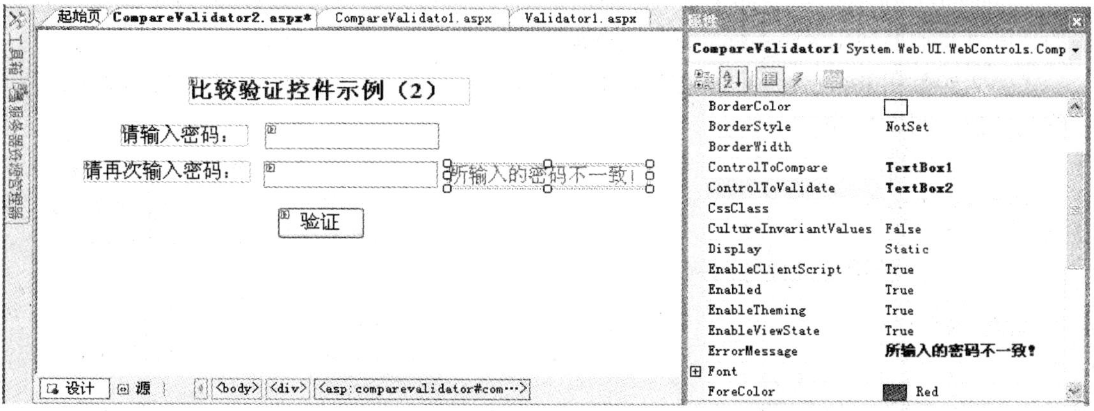

起始页　CompareValidator2.aspx*　CompareValidato1.aspx　Validator1.aspx

工具箱　服务器资源管理器

比较验证控件示例（2）

请输入密码：

请再次输入密码：　所输入的密码不一致！

验证

设计　源　<body>　<div>　<asp:comparevalidator#com…>

属性

CompareValidator1 System.Web.UI.WebControls.Comp

BorderColor	
BorderStyle	NotSet
BorderWidth	
ControlToCompare	TextBox1
ControlToValidate	TextBox2
CssClass	
CultureInvariantValues	False
Display	Static
EnableClientScript	True
Enabled	True
EnableTheming	True
EnableViewState	True
ErrorMessage	所输入的密码不一致！
Font	
ForeColor	Red

图 4.41　CompareValidator 验证控件控制和控件比较的界面及属性设置

在页面放入两个用于输入密码的输入框，第二次输入必须与第一次相同，加入一个 CompareValidator 控件来控制，比较的数据类型是"String"，比较操作符为"Equal"(等于)，验证失败时就地显示的出错信息是“(所输入的密码不一致！)”。如图 4.42 所示。

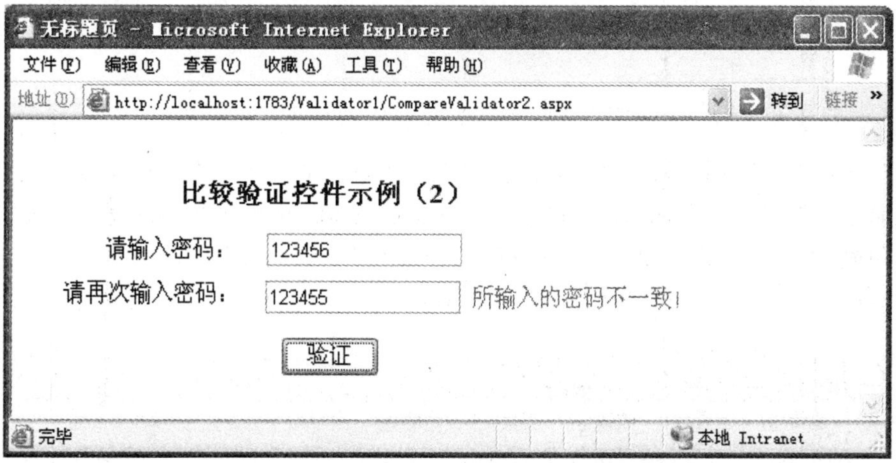

无标题页 - Microsoft Internet Explorer

文件(F)　编辑(E)　查看(V)　收藏(A)　工具(T)　帮助(H)

地址(D)　http://localhost:1783/Validator1/CompareValidator2.aspx　转到　链接

比较验证控件示例（2）

请输入密码：　123456

请再次输入密码：　123455　所输入的密码不一致！

验证

完毕　本地 Intranet

图 4.42　未通过 CompareValidator 控件验证的提示

4.3.2.3　RangeValidator 控件

RangeValidator 控件用于验证目标控件的值是否在指定的 MinimumValue 与 Maximum Value 属性值范围之间。

ControlToValidate：设定需要验证的控件标识号(ID)。

MinimumValue：验证范围的最小取值。

MaximumValue：验证范围的最大取值。

与 CompareValidator 控件一样，如果输入的控件为空，则不经任何验证，就将 IsValid 设置为 true。如果比较值的类型不正确，也会使验证通过。为了防止由此产生的不正确的验证结果，可以同时使用 RangeValidator 控件和 RequiredFieldValidator 控件来验证同一个服务器控件，如同一个文本框。

RangeValidator 控件主要界定输入的值的范围。因为有时我们要求输入的值是具有一定范围的，所以我们要使用 RangeValidator 来判断。

【例 4.29】用 RangeValidator 控件控制考生年龄的输入。用 Visual Studio 2005 制作页面，设置属性值如图 4.43 所示。

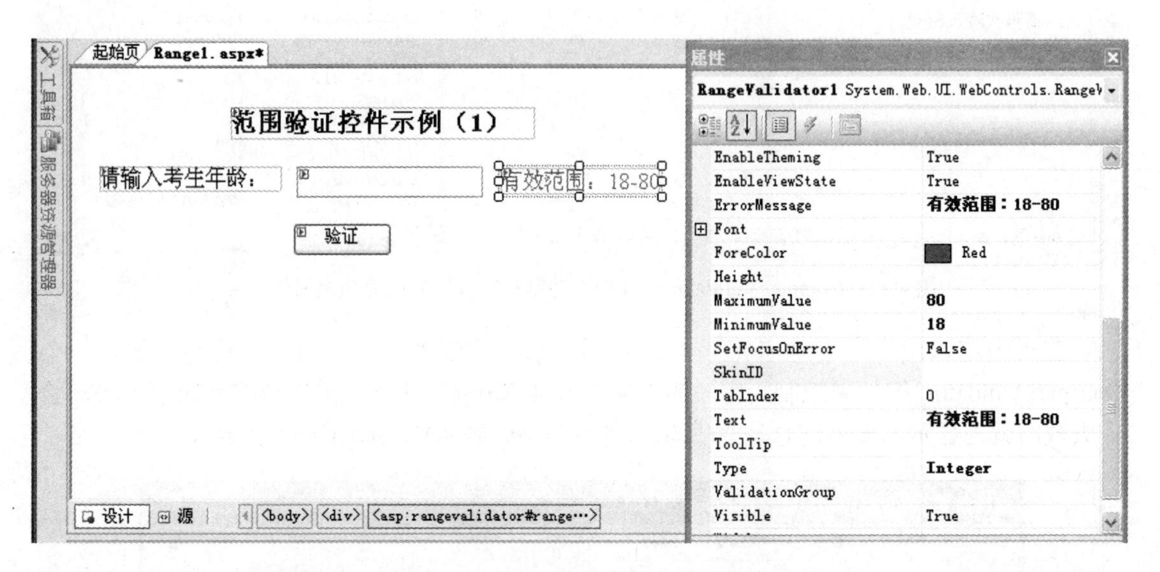

图 4.43 RangeValidator 验证控件的使用设计界面及属性设置

在窗体中放置一个用于输入考生年龄的输入文本框，并放入一个 RangeValidator 验证控件，用来验证控制该文本框输入的年龄值。在 RangeValidator 验证控件的属性中设置取值范围的最小值是 18，最大值是 80，数据类型是“Integer”，验证失败时就地显示的出错信息是“有效范围：18-80”。见图 4.43。运行结果如图 4.44 所示，为不能通过验证的效果。

图 4.44 未通过 RangeValidator 控件验证的提示

4.3.2.4 RegularExpressionValidator 控件

在制作网站的时候，尤其是各种电子商务网站，首先都会让用户填写一些表格来获取注册用户的各种信息，因为用户有可能输入各式各样的信息，而有些不符合要求的数据会给我们的后端 ASP 处理程序带来不必要的麻烦，甚至导致网站出现一些安全问题。因此，在将这些信息保存到网站的数据库之前，要对这些用户所输入的信息进行数据的合法性校验，以便后面的程序可以安全顺利地执行。

使用 RegularExpressionValidator 服务器控件，可以用来检查输入的信息是否和自定义的正则表达式一致。比方说用它可以检查 e-mail 地址、电话号码等合法性。

在讲述 RegularExpressionValidator 服务器控件使用之前，我们先来了解一下什么是正则表达式(RegularExpression)。

正则表达式(RegularExpression)就是由普通字符(例如字符 a 到 z)以及特殊字符(称为元字符)组成的文字模式。该模式描述在查找文字主体时待匹配的一个或多个字符串。正则表达式作为一个模板，将某个字符模式与所搜索的字符串进行匹配。

在 Microsoft 的正则表达式类中可以通过使用正则表达式来完成各项任务，常用的用途包括：

(1) 测试字符串的某个模式。例如，可以对一个输入字符串进行测试，确定该字符串是否存在一个电话号码模式或一个信用卡号码模式，这种测试称为数据有效性验证。

(2) 替换文本。可以在文档中使用一个正则表达式来标识特定文字，然后可以全部将其删除，或者替换为别的文字。

(3) 根据模式匹配从字符串中提取一个子字符串。可以用来在文本或输入字段中查找特定文字。例如，如果需要搜索整个 Web 站点来删除某些过时的材料并替换某些 HTML 格式化标记，则可以使用正则表达式对每个文件进行测试，确定该文件中是否存在所要查找的材料或 HTML 格式化标记。用这个方法，就可以将受影响的文件范围缩小到包含要删除或更改的材料的那些文件。然后可以使用正则表达式来删除过时的材料，最后，可以再次使用正则表达式来查找并替换那些需要替换的标记。

正是由于“正则表达式”的强大功能，才使得微软慢慢将正则表达式对象移植到了视窗系统上面。除了普通字符外，在书写正则表达式的模式时使用了特殊的字符和序列。下面描述了可以使用的特殊字符和序列：

^：匹配字符串表达式的开始位置。

$：匹配字符串表达式的结尾。

：匹配前一个字符零次或几次。例如，“zo”可以匹配“z”、“zoo”等。

+：匹配前一个字符一次或多次。例如，“zo+”可以匹配“zoo”,但不匹配“z”。

?：匹配前一个字符零次或一次。例如，“a?ve?”可以匹配“never”中的“ve”。

.：匹配换行符以外的任何字符。

x|y：匹配 x 或 y。例如“z|food”可匹配“z”或“food”。“(z|f)ood”匹配“zood”或“food”。

{n}：n 为非负的整数。匹配恰好 n 次。例如，“o{2}”不能与“Bob”中的“o”匹配，但是可以与“foooood”中的前两个“o”匹配。

{n,}：n 为非负的整数。匹配至少 n 次。例如，“o{2,}”不匹配“Bob”中的“o”，但是匹配“fooood”中所有的“o”。“o{1,}”等价于“o+”。“o{0,}”等价于“o*”。

{n,m}：m 和 n 为非负的整数。匹配至少 n 次，至多 m 次。例如，“o{1,3}”匹配“fooooood”中前三个“o”。“o{0,1}”等价于“o?”。

普通字符集的描述如下：

[xyz]：一个字符集。与括号中字符的其中之一匹配。例如，“[abc]”匹配“plain”中的“a”。

[^xyz]：一个否定的字符集。匹配不在此括号中的任何字符。例如，“[^abc]”可以匹配“plain”中的“p”。

[a-z]：表示某个范围内的字符。与指定区间内的任何字符匹配。例如，“[a-z]”匹配“a”与"z"之间的任何一个小写字母字符。

[^m-z]：否定的字符区间。与不在指定区间内的字符匹配。例如，“[^m-z]”与不在“m”到“z”之间的任何字符匹配。

有些字符包括特殊字符，当其作为普通字符描述时容易产生误会，此时，需要通过转义字符(“\”加上另一个字符)来描述：例如“\n”与换行符匹配。序列“\\”与“\”匹配，“\(”与“(”匹配，等。常见的转义字符如下：

\b：与单词的边界匹配，即单词与空格之间的位置。例如，“er\b”与“never”中的“er”匹配，但是不匹配“verb”中的“er”。

\B：与非单词边界匹配。“ea*r\B”与“never early”中的“ear”匹配。

\d：与一个数字字符匹配。等价于[0-9]。

\D：与非数字的字符匹配。等价于[^0-9]。

\f：与分页符匹配。

\n：与换行符字符匹配。

\r：与回车字符匹配。

\s：与任何白字符匹配，包括空格、制表符、分页符等。等价于“[\f\n\r\t\v]”。

\S：与任何非空白的字符匹配。等价于“[^ \f\n\r\t\v]”。

\t：与制表符匹配。

\v：与垂直制表符匹配。

\w：与任何单词字符匹配，包括下划线。等价于“[A-Za-z0-9_]”。

\W：与任何非单词字符匹配。等价于“[^A-Za-z0-9_]”。

\num：匹配 num 个，其中 num 为一个正整数。引用回到记住的匹配。例如，“(.)\1”匹配两个连续的相同的字符。

\n：匹配 n，其中 n 是一个八进制换码值。八进制换码值必须是 1、2 或 3 个数字长。

例如，“\11”和“\011”都与一个制表符匹配。“\0011”等价于“\001”与“1”。八进制换码值不得超过 256。否则，只有前两个字符被视为表达式的一部分。允许在正则表达式中使用 ASCII 码。

\xn：匹配 n，其中 n 是一个十六进制的换码值。十六进制换码值必须恰好为两个数字长。例如，“\x41”匹配“A”。“\x041”等价于“\x04”和“1”。允许在正则表达式中使用 ASCII 码。

RegularExpressionValidator 有两种主要的属性来进行有效性验证。ControlToValidate 包含

了一个需要验证的控件的值。对于取出文本框中的值。可以写成 ControlToValidate="TextBox1" ValidationExpression 包含了一个验证模式的正则表达式。

【例 4.30】 用 RegularExpressionValidato 验证控件来控制拼音格式的输入。用 Visual Studio 2005 制作页面，设置 RegularExpressionValidato 验证控件的属性，属性和界面如图 4.45 所示。

同样，设计界面和 RegularExpressionValidator 验证控件的属性如图。注意到，验证模式的正则表达式为“[A-Z]{1}[a-z]{0,}[ ]{1}[A-Z]{1}[a-z]{0,}”，要求每个字的首字母是大写，否则不能通过验证，如“Wang Lan”可通过验证，而“wang lan”就不能通过验证，验证失败时就地显示的出错信息是“请格式输入！如 Wang Lan”。运行图略。

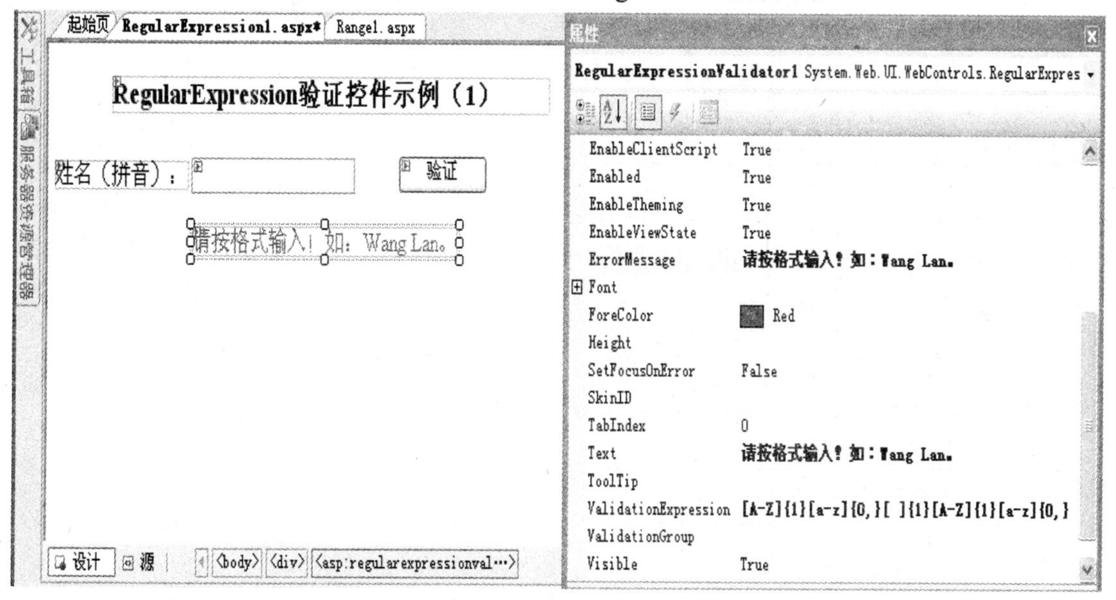

图 4.45 RegularExpressionValidator 验证控件的使用设计界面及属性设置示例一

【例 4.31】 用 RegularExpressionValidator 验证控件来控制邮政编码的输入，用 Visual Studio 2005 制作页面，设置 RegularExpressionValidator 验证控件的属性和界面如图 4.46 所示。

同样，设计界面和 RegularExpressionValidator 验证控件的属性如图。注意到，验证模式的正则表达式为“[0-9]{6}”，要求输入六个数字符号，否则不能通过验证，如“200092”可通过验证，而“2000922”或“A00092”就不能通过验证，验证失败时就地显示的出错信息是“请输入邮政编码，如：200092)”。运行图略。

同理：用 RegularExpressionValidator 验证控件控制电子邮件格式的输入。其验证模式的正则表达式为：ValidationExpression="[A-Za-z0-9_\-\.]{1,}@[A-Za-z0-9_\-\.]{3,}"。如输入：“wanglan@163.com”即可通过验证。

用 RegularExpressionValidator 验证控件控制地址的输入。其验证模式的正则表达式为：ValidationExpression=".{1,}[区|县]{1}.{1,}路[0-9]{1,}弄[0-9]{1,}号[0-9]{1,}室"，如输入：“松江区国小路 2 弄 34 号 901 室”就可通过验证。

有关设计图和运行图略，可自己设计运行。

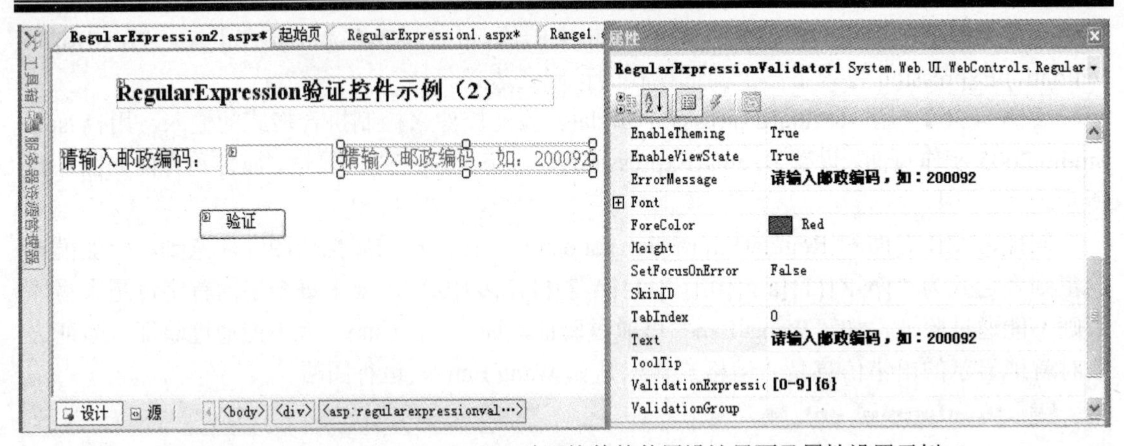

图 4.46 RegularExpressionValidator 验证控件的使用设计界面及属性设置示例二

4.3.2.5 CustomValidator 控件

如果我们所要处理的数据有上列验证控件无法验证的特殊表达式，可以利用 CustomValidator 控件。CustomValidator 控件可以让我们自定数据的检验方式。其使用语法为：

```
<ASP:CustomValidator
Id="被程序代码所控制的名称" Runat="Server"
ControlToValidate="要验证的控件名称"
OnServerValidate="自定义的验证程序" (新属性)
ErrorMessage="所要显示的错误信息"
Text="未通过验证时所显示的讯息"/>
```

CustomValidatorWeb 控件在执行自定义的验证时，是呼叫 ServerValidate 属性所指定的程序来执行验证：当被呼叫的程序传回 True 时，表示验证成功；传回 False，则表示验证失败。

【例 4.32】 用 CustomValidator 自定义验证控件来控制输入偶数。用 Visual Studio 2005 制作页面，设置用 CustomValidator 验证控件的属性和界面，如图 4.47 所示。

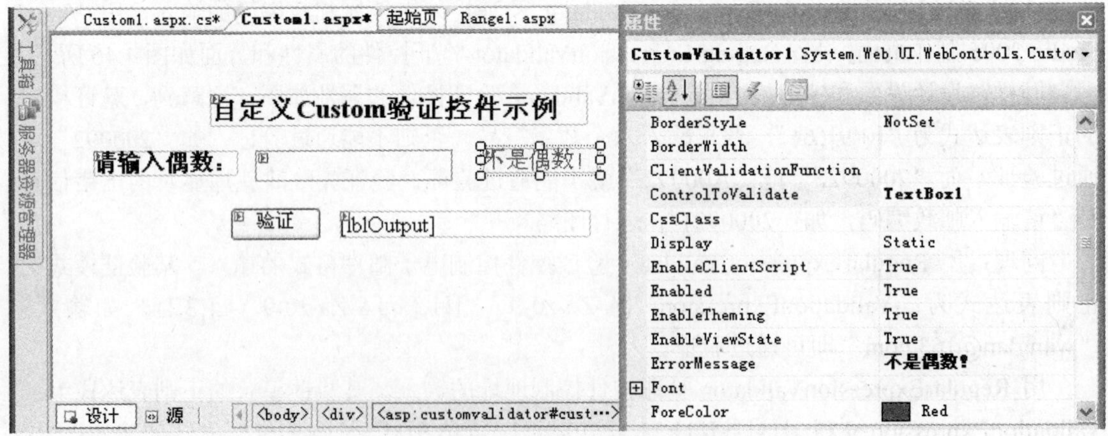

图 4.47 CustomValidato 验证控件的使用设计界面及属性设置

点击属性图中闪电小图标：，出现图 4.48 所示界面，双击图中 ServerValidate 事件，出现代码框架，如图 4.49 所示。输入相关程序：

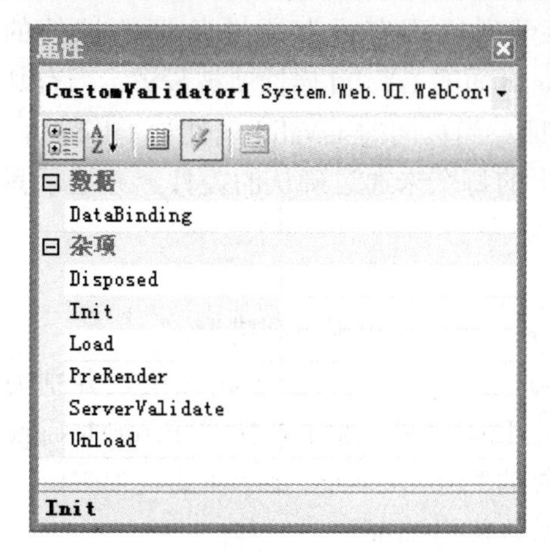

图 4.48 验证控件事件

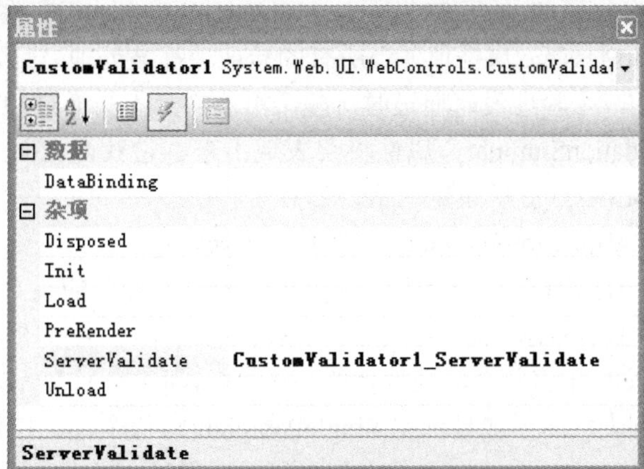

图 4.49 双击验证控件事件

```
protected void CustomValidator1_ServerValidate(object source, ServerValidateEventArgs args)
    {
    int num = int.Parse(this.TextBox1.Text);//强制转换为数值
    args.IsValid = ((num % 2) == 0);//判断是否偶数
    }
```

双击“验证”命令按钮，并输入程序如下：

```
protected void Button1_Click(object sender, EventArgse)
    {
    if (Page.IsValid)
        lblOutput.Text = "验证通过!";
    }
```

执行该程序，则输入不是偶数，验证不通过的页面如图 4.50 所示。

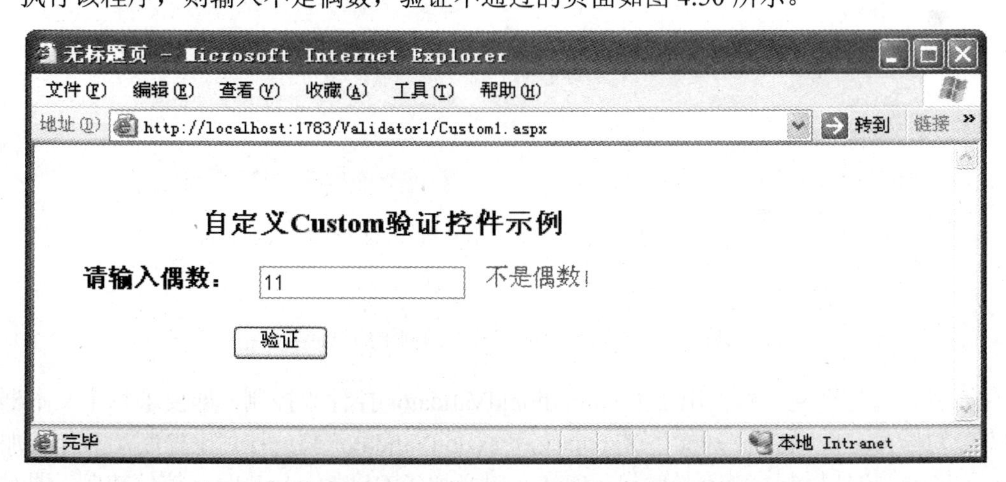

图 4.50 未通过 CustomValidator 验证控件验证的提示

4.3.2.6 ValidationSummary 控件

ValidationSummary 是另一种类型的验证控件，它不会执行任何验证，而是将其他验证控件的验证错误集中显示。ValidationSummary 控件可列出所有没有通过验证的控件的 ErrorMessage 属性值。当所有的验证项都被处理之后，页面的 IsValid 属性就被设置；当有其中的一个验证没有通过时，整个页面将会不被通过验证。当页面的 IsValid 属性为 false 时，ValidationSummary 属性将会表现出来。它获得页面上的每个未通过确认的控件，并显示其 ErrorMessage 所设定的错误信息。

ValidationSummary 控件有下列属性：

HeaderTest：设定 ValidationSummary 控件的头文字。例如“出现下列错误：”。

DisPlayMode：设定 ValidationSummary 控件的显示模式。它有三个属性值，分别为 BulletList(将每个验证控件的 ErrorMessage 分行显示)、List(将每个验证控件的 ErrorMessage 以列表项的形式显示)、SingleParagrah(将每个验证控件的 ErrorMessage 显示在同一行中)。

ShowSummary：设定是否显示摘要(Summary)，默认值为 True。

ShowMessageBox：设定是否需要显示对话框，默认值为 False。如果将其设置为 True，验证不成功时，会弹出对话框来显示错误信息。

4.3.3 在页面中使用各种验证控件

【例 4.33】 使用一个综合的例子复习前面的内容，并使用 ValidationSummary 控件集中显示未通过验证的信息。用 Visual Studio 2005 制作页面，设置相关验证控件的属性和界面如图 4.51 所示。

验证控件综合示例		
姓名：		姓名必须填写！
学号：		学号必须填写！ 学号为9位数字！
年龄：		年龄必须填写！ 入学年龄在18-80之间。
入学时间：		入学时间必须填写！ 入学时间在2005年9月1日！
E_Mail：		E_mail必须填写！ E_mail格式要正确！
输入密码：		密码必须填写！
确认密码：		确认密码必须填写！ 密码要一致！
	确定	
验证汇总：	错误信息 1。 错误信息 2。	

图 4.51 综合使用多个验证控件的例子的设计界面

注意到，对每个文本框都用了 RequiredFieldValidator 控件来控制，即要求每个文本框都要填写。对学号、E_Mail 分别加了 RegularExpressionValidator 验证控件来控制；对年龄加了 RangeValidator 控件控制；对入学时间、确认密码又加了 CompareValidator 控件控制。即对同一被控制的控件，如本例中的文本框，可以同时有两个或多个验证控件控制。

加了验证汇总控件 ValidationSummary 控件。可集中显示未通过验证的信息。其显示的信息是对应每个验证控件的 ErrorMessage 属性中的信息。各错误信息可通过 DisPlayMode 属性控制显示方式。运行界面如图 4.52 所示。

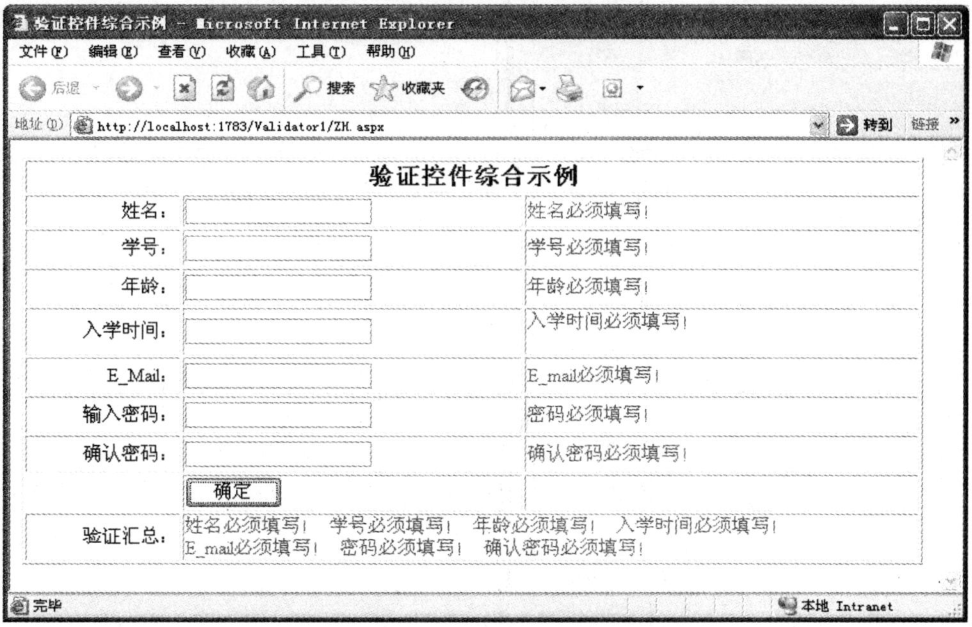

图 4.52 运行程序时未通过多个验证控件验证的提示一

若把所有 RequiredFieldValidator 验证控件的 Text 属性都改为“*”号，则运行界面如图 4.53 所示，可看出验证汇总控件的用途，以及验证控件中 Text 属性和 ErrorMessage 属性的不同用途。

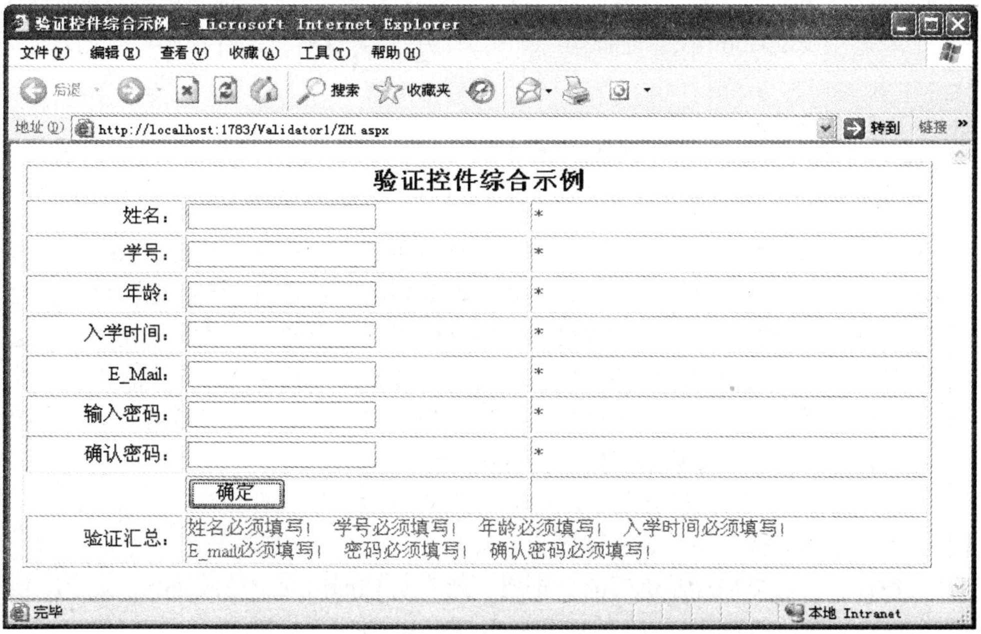

图 4.53 运行程序时未通过多个验证控件验证的提示二

若把所有文本框都输入值，但不符合验证规则的话，则运行界面如图 4.54 所示，可看出验证汇总控件的用途。

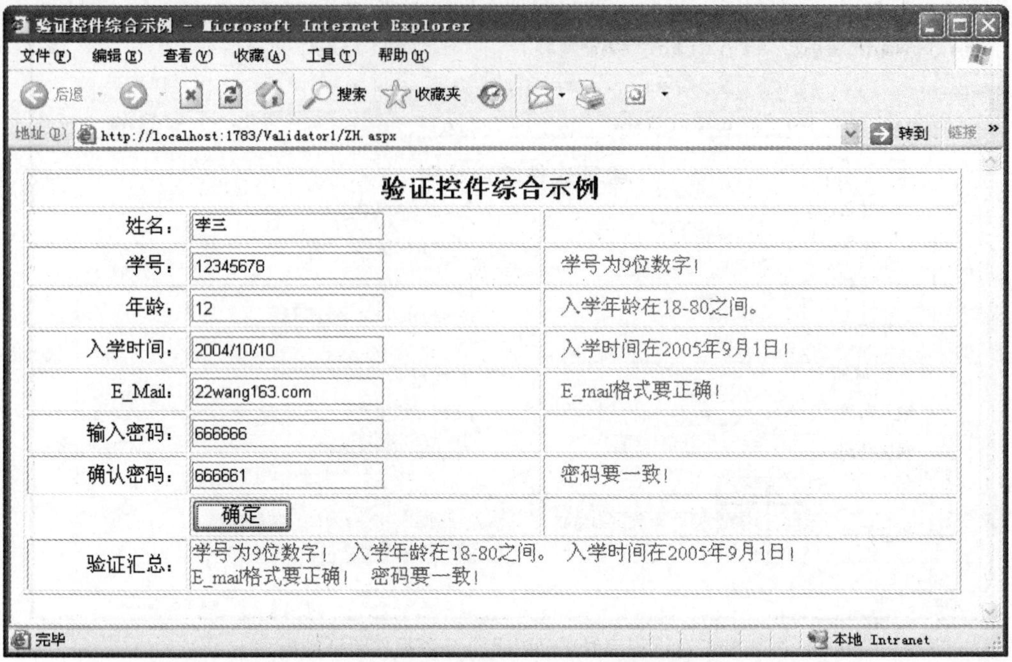

图 4.54 运行程序时未通过多个验证控件验证的提示三

所有 Validation 控件都包含相似的属性。至少每个控件都应该指定两个属性。首先它必须包括 ControlToValidata 属性，该属性指定了要监视的服务器控件的名称；其次每个控件必须有 ErrorMessage 属性，该属性告诉 ASP.NET，有效性验证失败时，应向用户显示什么消息。可使用两个或多个 Validation 控件监视同一个服务器控件，仅所有条件都满足时输入才有效。

4.4 用户控件和自定义控件

ASP.NET 系统已经提供了不少控件，我们以前也用过不少控件，但这些系统提供的控件有时不能满足要求，需要自己制作控件。另外，Web 程序中若有数十个甚至数百个页面，很多页面中有些部位可能要显示相同的信息。有些程序中有些功能可能要在多处重用，这时，也需要自己制作控件。我们把这样的控件称为用户控件或自定义控件。有了这样的控件，与系统提供的控件一样，哪些地方需要使用，只要把控件拖放到那个地方就可以了。ASP.NET 中提供了相应功能，可轻松地增加所定义的各种控件。

用户控件：用户控件是能够在其中放置标记和 Web 服务器控件的容器。然后，可以将用户控件作为一个单元对待，为其定义属性和方法。

自定义控件：自定义控件是编写的一个类，此类从 Control 或 WebControl 派生。

4.4.1 用户控件

创建用户控件要比创建自定义控件方便很多，因为可以重用现有的控件，所以最适合创建具有复杂界面元素的控件。用户控件与 Web 窗体(.aspx)很相似，可以同时具有前台页面和后台代码，在前台可以向其中添加所需的标签和服务器控件，在后台可以针对这些对象进行逻辑操作。

与 Web 窗体页相同，可以使用 Visual Studio 2005 开发制作用户控件，或者使用任何文本编辑器创作用户控件。用户控件可以在第一次请求时被编译并存储在服务器内存中，从而缩短以后请求的响应时间。但与 Web 窗体页不同，它们存在以下区别：

(1) 用户控件的文件扩展名为.ascx，而 Web 窗体的扩展名为.aspx。

(2) 用户控件使用@Control 指令声明，而 Web 窗体使用@Page 指令。

(3) 用户控件不能作为独立文件运行，而必须其他服务器控件一样，将它们添加到 Web 窗体中。

(4) 用户控件中不能包含<html>、<body>和<body>等标签。

可以将整个用户控件打包并在应用程序之间重复使用。在编写 Web 应用程序时，如果将可能重复出现的元素都用用户控件来实现，那将大大减少维护代码的代价。

4.4.1.1 创建用户控件

这里用 Visual Studio 2005 创建一个用户控件，该控件包含一个简单登录窗体。在 Web 应用程序中使用用户控件包含两个步骤：第一步，创建自己的用户控件；第二步，在 Web 页面中使用所创建的用户控件。

注意：当用户控件包括在 Web 窗体页中时，此用户控件中包含的任何 ASP.NET 服务器控件的所有属性和方法都将提升为此用户控件的公共属性和方法。

下面创建一个 UserLogin Web 用户控件，步骤如下：

(1) 打开 Visual Studio 2005 开发工具，创建名为 LoginTest Web 的网站。

(2) 执行菜单“网站\添加新项”命令，选择已经安装模板“Web 用户控件”，修改名称文本框为 WebUserControl.ascx。如图 4.55 所示。

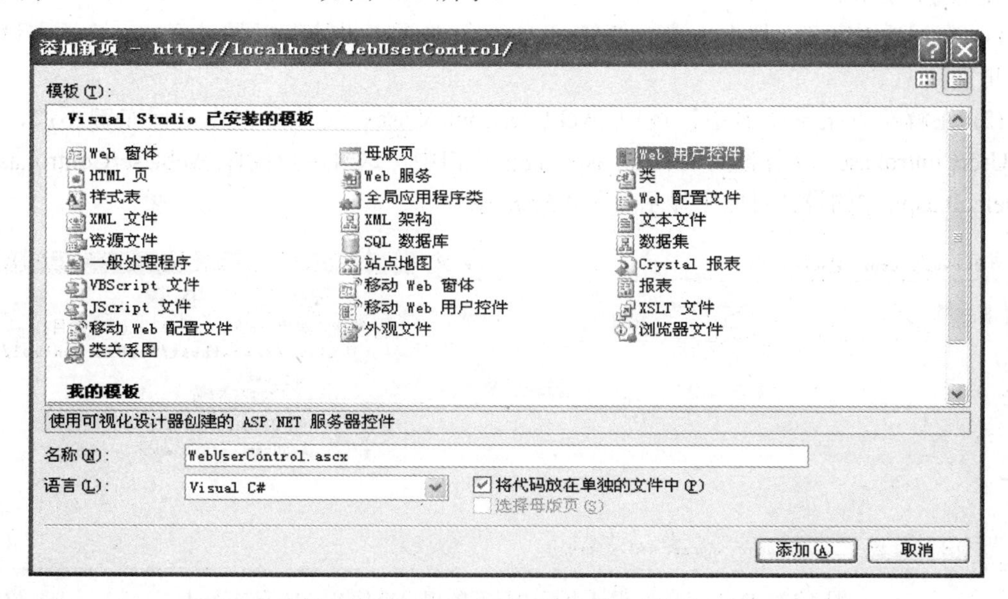

图 4.55 选择 Web 用户控件界面

单击“添加”按钮，就可以在解决方案资源管理器中将会出现刚才创建的WebUserControl.ascx 文件。

编辑 WebUserControl.ascx，切换到“设计”视图，从工具箱拖动一个 TextBox、一个 Button 和一个 Label 控件到页面上，如图 4.56 所示。

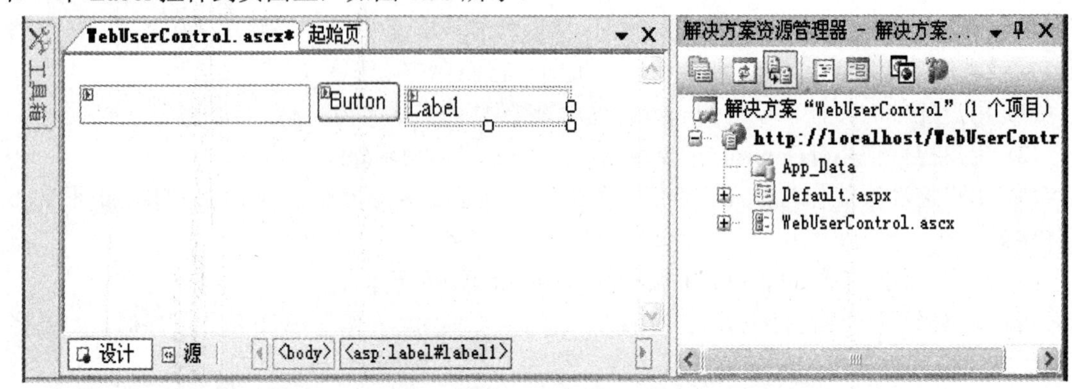

图 4.56　创建的 WebUserControl.ascx 文件和设计界面

双击 Button 控件，为其添加 Click 事件的响应代码：

```
protected void Button1_Click(object sender, EventArgs e)
    {
    Label1.Text = TextBox1.Text;
    }
```

至此，就做好了一个用户控件，如图 4.56 所示，注意到“解决方案资源管理器”中的 WebUserControl.ascx 文件，其扩展名为.ascx。

4.4.1.2　在 Web 窗体中使用用户控件

使用用户控件的步骤如下：

(1) 在解决方案资源器中，选中 Default.aspx 切换到“设计”视图(注意：一定要在设计视图里)。

(2) 在解决方案资源器中，选中 WebUserControl.ascx 文件。按住鼠标左键不放，将 WebUserControl.ascx 文件拖到 Default.aspx 设计窗口中。这时用户控件 WebUserControl.ascx 在 Default.aspx 中的设计页面中显示如图 4.57 所示。

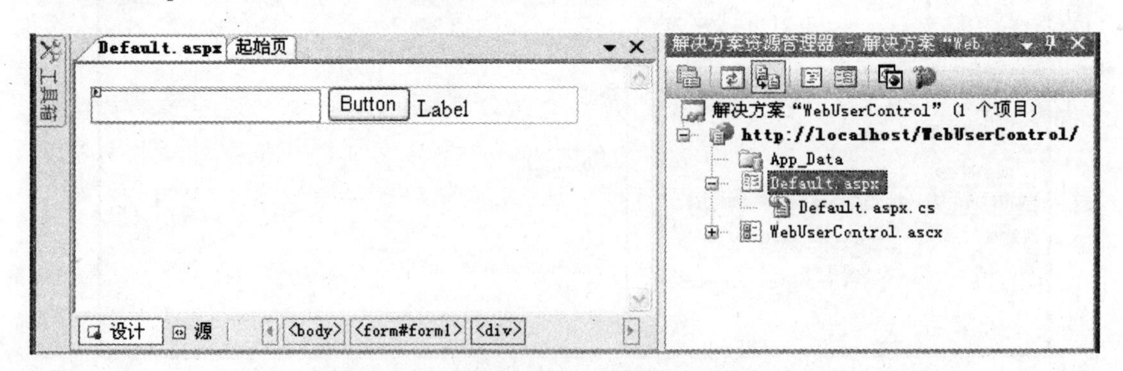

图 4.57　Default.aspx 设计页面中显示的用户控件 WebUserControl

(3) 选择"源"选项卡，打开 Html 编辑器，可以看到："<%@ Register Src="WebUserControl.ascx" TagName="WebUserControl" TagPrefix="uc1" %>"语句已经被自动加入到 Default.aspx 的 Html 文件中。

现在我们运行包含了用户控件的 Default.aspx 页面，在文本框中填入"Hello 上海交通大学!"，点击 Button，Label 就会显示相应内容了，如图 4.58 所示。

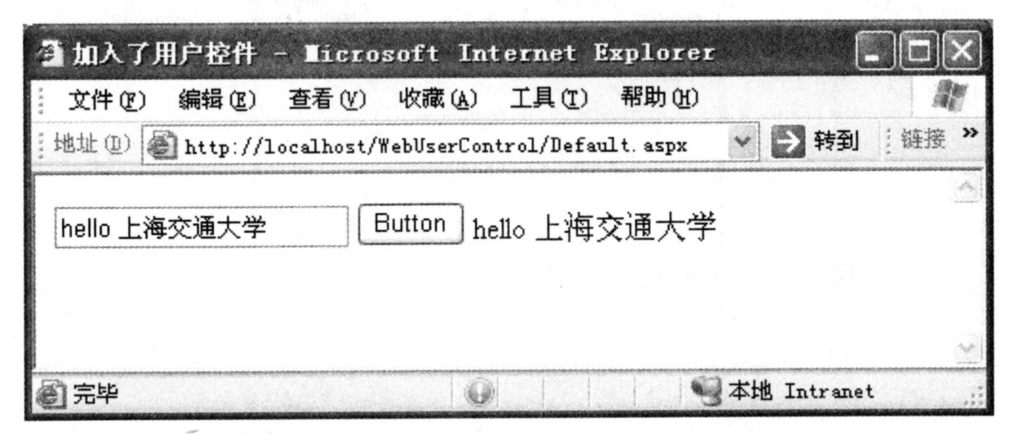

图 4.58 包含了用户控件 WebUserControl 的 Default.aspx 浏览页面

以上只是演示了用户控件简单的制作和使用方法，但是最基本的方法，在实际的项目开发中，往往有多个 Web 页面，若多个页面中都有相同的元素，则使用用户控件就给程序编制、修改、运行及维护带来极大的方便，在实际的项目开发用的较多。

4.4.2 自定义控件

4.4.2.1 自定义控件的创建

当现有的 ASP.NET 服务器控件满足不了应用程序的要求时，则可以从基控件类的派生类来创建自定义控件。这些类提供服务器控件的所有基本功能，用户通过继承和修改系统控件库所提供的控件，使其拥有新的属性、方法和事件，就可以得到所需要的自定义控件。

下面用 Visual Studio 2005 来创建自定义控件。步骤如下：

(1) 打开 Visual Studio 2005，在"文件"菜单上指向"新建"，然后单击"项目"，将出现"新建项目"对话框。如图 4.59 所示。该对话框分为三个设置部分：项目类型、模板、名称和位置。在对话框的左侧有一个树形列表，其中包括各种项目类型。为创建 Web 控件库项目，应选择"Visual C#"节点的子节点"Windows"。此时，对话框右侧将出现该子节点对应的已安装模板，其中包括 Windows 应用程序、类库、Web 控件库等。选中"Web 控件库"一项。

(2) 设置 Web 控件库项目的名称和位置。为了便于管理，将 Web 控件库项目的位置存储在 C:\Webdll 中。当单击"确定"按钮之后，Visual Studio 2005 将在 C:\Webdll 目录下，自动创建一个 WebControlLibrary1 用于存储 Web 控件库相关文件。同时，Visual Studio 2005 的"解决方案资源管理器"将显示如图 4.60 所示内容。

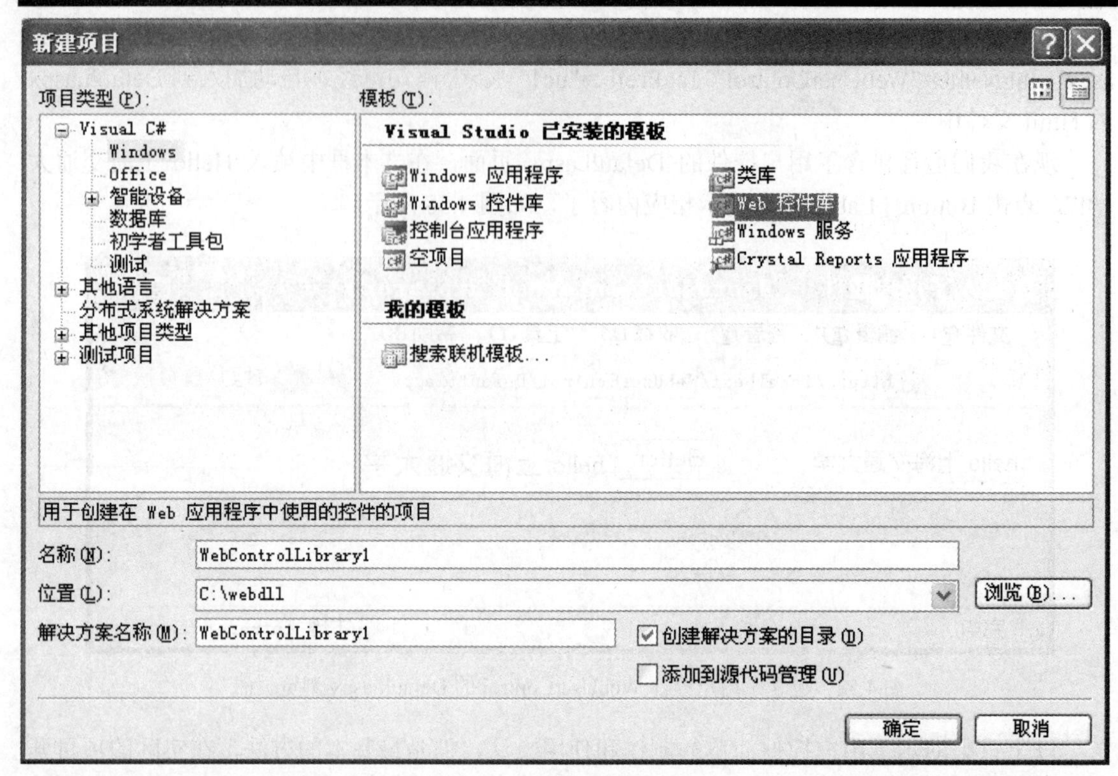

图 4.59 选择 Web 控件库

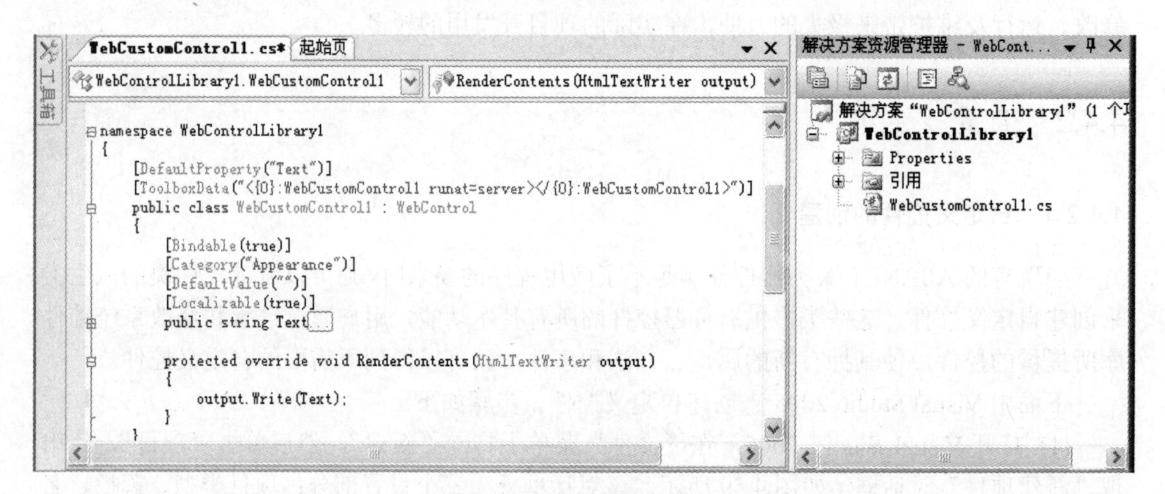

图 4.60 建立 Web 控件

(3) Web 控件包含的代码如图，在其 RenderContents 方法中添加代码：this.text= "<font size=18px><b>你好</b></font>":

```
protected override void RenderContents(HtmlTextWriter output)
    {
    output.Write(Text);
    this.text="<font size=18px><b>你好</b></font>";
    }
```

(4) 在“生成”菜单上，单击“生成 WebControlLibrary1”来编译控件。控件编译为 WebControlLibrary1.dll,默认情况下，它是被创建在 WebControlLibrary1 项目文件夹的 Bin 文件夹中。

至此，已创建了该自定义控件，我们就可在以后创建的网站中使用该控件了。

4.4.2.2 自定义控件的 使用

下面用 Visual Studio 2005 来建立一个网站，并使用刚才建立的自定义控件。步骤如下：

(1) 打开 Visual Studio 2005，在“文件”菜单上指向“新建”，然后单击“网站”，将出现“新建网站”对话框。把网站名改为：UseWebControl，如图 4.61 所示。

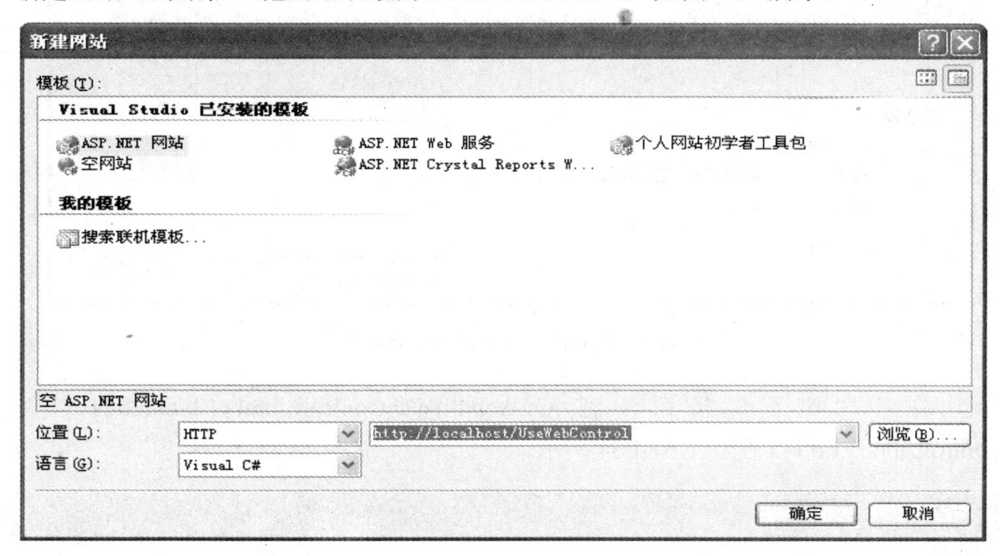

图 4.61 建立网站

(2) 将控件添加到工具箱中。在“工具箱”菜单上，单击鼠标右键，出现快捷菜单，选择“选择项”，如图 4.62 所示。

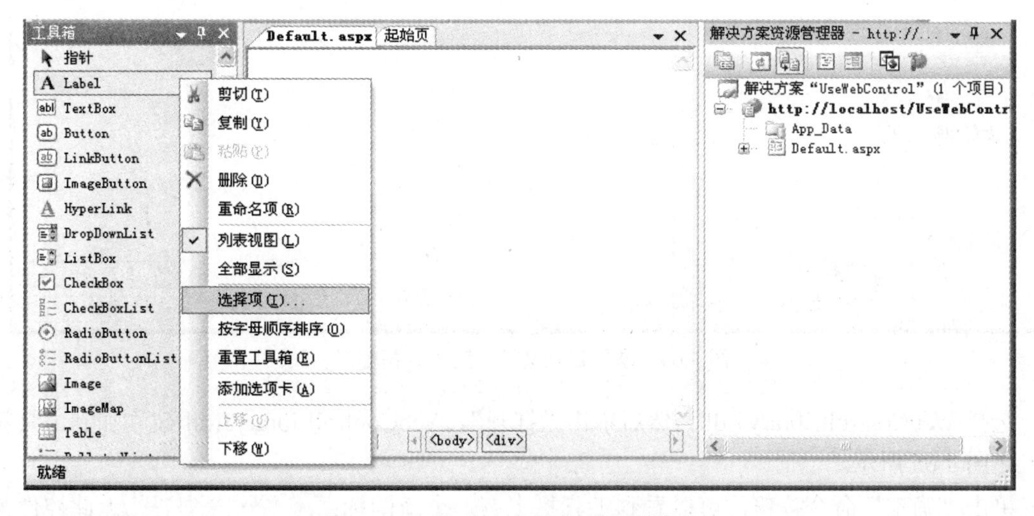

图 4.62 添加自定义控件到工具箱中一

单击“选择项”，出现“选择工具箱项”对话框。如图 4.63 所示。

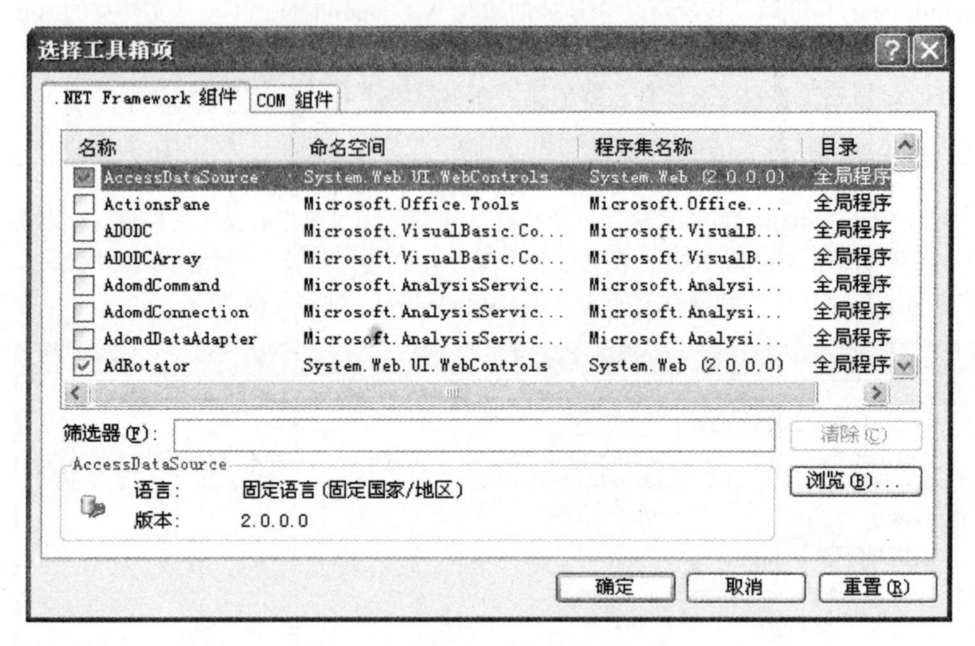

图 4.63 添加自定义控件到工具箱中二

单击图中“浏览”按钮，到 C:\Webdll\WebControlLibrary1\bin\debug 下找到 WebControlLibrary1.dll 文件，见图 4.64 所示。

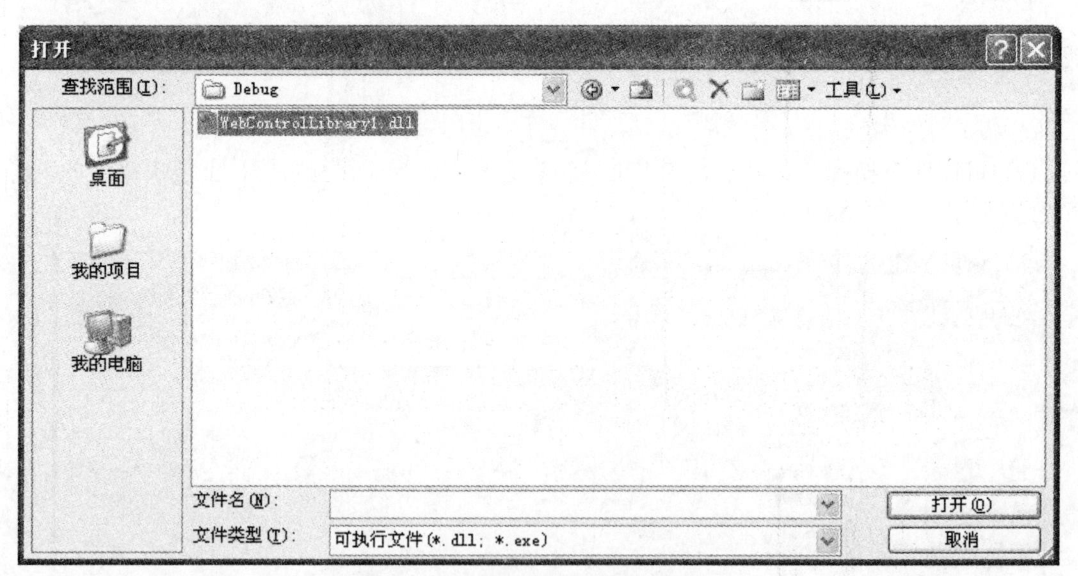

图 4.64 添加自定义控件到工具箱中三

选择 WebControlLibrary1.dll，然后单击“打开”。WebControlLibrary1.dll 被添加到工具箱中。见图 4.65 所示。

单击“确定”命令按钮，可以看到工具栏上有一个新图标：WebCustomControl1。此控件为我们自己定义的控件，称为自定义控件，可以像使用工具箱中其他标准控件一样使用它。

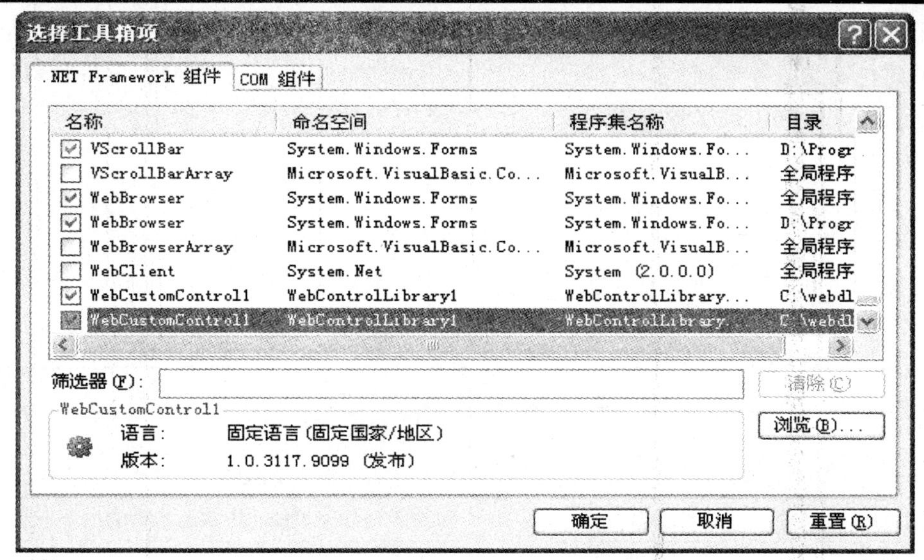

图 4.65 添加自定义控件到工具箱中四

在"设计"视图中打开 default.aspx，然后从工具箱中将 WebCustomControl1 拖到该页上，控件的默认呈现出现在"设计视图"上。调整其大小后如图 4.66 所示。

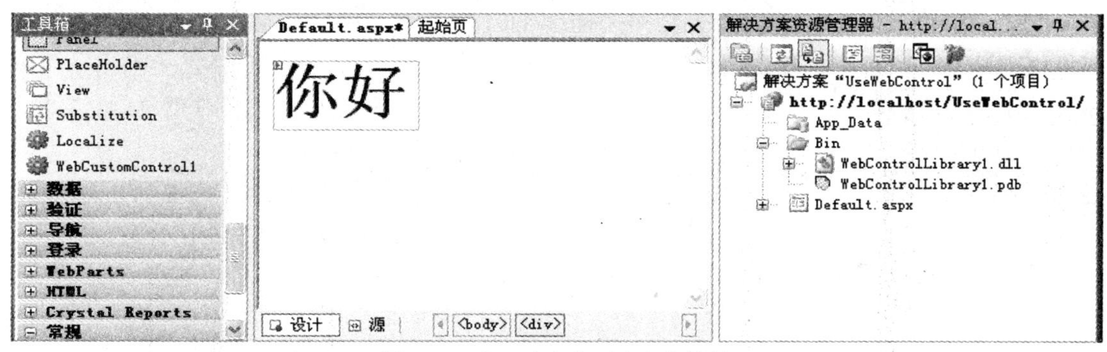

图 4.66 在网站中使用自定义控件

此时运行 default.aspx 就可以看到刚才创建的自定义控件应用到 Web 窗体页的结果如图 4.67 所示。

图 4.67 自定义控件测试页

本节通过一个简单示例说明了实现自定义服务器控件的基本过程。通过这些内容，可以发现：创建自定义服务器控件与创建普通 Web 应用程序之间有着较大区别，这些差别主要体现在创建模式、所利用技术等方面。

4.4.3 用户控件和自定义控件的异同

用户控件和自定义控件的主要区别在于设计时的易创建性与易用性，见表 4.6。

表 4.6 服务器端对象模型与客户端的区别

Web 用户控件	Web 自定义控件
易于创建	难于创建
为使用可视化设计工具的使用者提供有限的支持	为使用者提供完全的可视化设计工具支持
每个应用程序中需要控件的一个单独副本	仅在全局程序集缓存中需要控件的单个副本
不能添加到 Visual Studio 中的工具箱	可以添加到 Visual Studio 中的工具箱
适用于静态布局	适用于动态布局

本章小结

HTML 控件和 WEB 服务器控件在 ASP.NET 2.0 框架中起着举足轻重的作用，是构建 Web 应用程序最关键、最重要的组成元素。对于一个优秀的开发人员，掌握 HTML 控件和 WEB 服务器控件的基础知识是非常重要的。本章就 HTML 控件和 WEB 服务器控件的概念、类型、相关属性等关键内容进行了介绍，并通过例子来解释它们的使用方法。

习题

(1) 简述 HTML 控件和 WEB 服务器控件的区别。

(2) 简述 HTML 控件的工作原理。

(3) 简述 HTML 控件的常用属性及用法。

(4) 简述基本的 HTML 控件及其用法。

(5) 简述基本的 WEB 服务器控件及其用法。

(6) 简述验证控件的类型及各自的用法。

(7) 一个服务器控件如果受到多个验证控件控制时，在什么情况下页面才能通过验证？

(8) 在使用 RangeValidator 控件或 CompareValidator 控件时，如果相应的输入框中没有输入内容，验证是否能过得到通过？

(9) 验证控件有几种类型？分别写出它们的名称。

上机操作题

(1) 利用本章学习的 HTML 控件和 WEB 服务器控件的知识，编写一个简单的科学计数器程序。

(2) 设计一个 ASP.net 项目，实现如下功能：通过一个组合列表框选择或输入姓名，通过复选框选择其籍贯，然后显示“欢迎来自***的**！”，***代表籍贯，**代表姓名。

(3) 利用本章学习的知识，定义一个能够显示时间的自定义控件。

(4) 编制程序 ch06_6.aspx，在其中创建一个 ValidatorSummary 控件，用于将未通过验证的输入项的信息显示在网页上。输入的信息是学生情况登记表，其中包括 3 个输入框，分别是“学生姓名”、“学生年龄”和“注册入学时间”，验证条件可自己设定判断。

(5) 编制程序 ch06_7.aspx，在其中创建 2 个 TextBox 控件，分别用来输入“姓名(拼音)”和“邮政编码”，再创建 2 个 RegularExpressionValidator 控件来验证它们的内容是否正确。

5 ASP.NET 对象

ASP.NET 中有几个常用的内部对象，如 Response、Request、Application、Session 等，这些对象与服务器控件一样，也是用.NET Framework 类来实现的。在开发制作 Web 应用程序时，可以方便地使用这些对象提供的丰富和实用的功能，例如维护 Web 服务器活动状态、页面输入输出、信息在页面间的传递等。

本章主要介绍 ASP.NET2.0 中几个常用对象的功能以及这些对象的使用方法。

5.1 ASP.NET 对象概述

在 ASP.NET 早期版本 ASP 中，有几个内部对象，如 Response、Request 等，这几个对象是 ASP 技术中最重要的一部分。在 ASP.NET 中，这些对象仍然存在，使用的方法也大致相同，不同的是，这些内部对象是由.NET Framework 中封装好的类来实现的。因为这些内部对象是在 ASP.NET 页面初始化请求时自动创建的，所以在程序中可以直接使用，而无须对类进行实例化。

ASP.NET 中常用的内置对象及功能说明如表 5.1 所示。

表 5.1 ASP.NET 常用对象功能说明

对 象 名	功 能 说 明
Page	用于操作整个页面
Response	用于向浏览器输出信息
Request	用于获取来自浏览器的信息
Server	提供服务器端的一些属性和方法
Application	用于共享多个会话和请求之间的全局信息
Session	用于存储特定用户的会话信息
Cookies	用于设置或获取 Cookie 信息

5.2 Page 对象

Page 对象是由 System.Web.UI 命名空间中的 Page 类来实现的，Page 类与扩展名为.aspx 的文件相关联，这些文件在运行时被编译为 Page 对象，并缓存在服务器内存中。Page 对象提供的常用属性、方法及事件如表 5.2 所示。

表 5.2 Page 对象常用属性、方法及事件

名 称	功 能 说 明
IsPostBack 属性	获取一个值，该值表示该页是否正为响应客户端回发而加载
IsValid 属性	获取一个值，该值表示页面是否通过验证
EnableViewState 属性	获取或设置一个值，该值指示当前页请求结束时是否保持其视图状态
Validators 属性	获取请求的页上包含的全部验证控件的集合
DataBind 方法	将数据源绑定到被调用的服务器控件及其所有子控件
FindControl 方法	在页面中搜索指定的服务器控件
RegisterClientScriptBlock 方法	向页面发出客户端脚本块
Validate 方法	指示页面中所有验证控件进行验证
Init 事件	当服务器控件初始化时发生
Load 事件	当服务器控件加载到 Page 对象中时发生
Unload 事件	当服务器控件从内存中卸载时发生

5.2.1 IsPostBack 属性

IsPostBack 属性用来获取一个布尔值，如果该值为 True，则表示当前页是为响应客户端回发(例如单击按钮)而加载，否则表示当前页是首次加载和访问。这是一个很有用的功能，在以后的程序开发中，你将逐步体会其特殊用途。

【例 5.1】 在页面首次加载时进行一些操作。代码如下：

```
Protected void Page_Load(Object o,EventArgs e)
{
    if (!IsPostBack)
    {
    //如果页面为首次加载，则进行一些操作
    }
}
```

5.2.2 IsValid 属性

IsValid 属性用来获取一个布尔值，该值指示页验证是否成功，如果页验证成功，则为 true；否则为 false。一般在包含有验证服务器控件的页面中使用，只有在所有验证服务器控件都验证成功时，IsValid 属性的值才为 true。

【例 5.2】 使用 IsValid 属性来设置条件语句，输出相应的信息。

```
Protected void Button_Click(Object Sender, EventArgs E)
{
    if (Page.IsValid == true)   //也可写成if (Page.IsValid)
    {
        mylabel.Text="您输入的信息通过验证!";
```

```
    }
else
    {
        mylabel.Text="您的输入有误，请检查后重新输入！";
    }
}
```

5.2.3 RegisterClientScriptBlock 方法

RegisterClientScriptBlock 方法用来在页面中发出客户端脚本块，它的定义如下：

```
Public virtual void RegisterClientScriptBlock(string key,string script);
```

其中参数 key 为标识脚本块的唯一键，script 为发送到客户端的脚本的内容，客户端脚本刚好在 Page 对象的<form runat=server>元素的开始标记后发出。脚本块是在呈现输出的对象被定义时发出的，因此必须同时包括<script>和</script>两个标记。通过使用关键字标识脚本，多个服务器控件实例可以请求该脚本块，而不用将其发送到输出流两次。具有相同 key 参数值的任何脚本块均被视为重复的。另外最好在脚本周围加入 HTML 注释标记，以便在请求的浏览器不支持脚本时脚本不会呈现。

5.2.4 Init 事件和 Load 事件

页面生命周期中的第一个阶段是初始化，这个阶段的标志是 Init 事件。在成功创建页面的控件树后，将会触发 Page 对象的此事件。Init 对应的事件处理程序为 Page_Init()。在编程实践中，Init 事件通常用来设置网页或控件属性的初始值。

当页面被加载时，会触发 Page 对象的 Load 事件，Load 对应的事件处理程序为 Page_Load()。Load 事件与 Init 事件的主要区别在于，对于来自浏览器的请求而言，网页的 Init 事件只触发一次，而 Load 事件则可能触发多次。

5.3 Response 对象

Response 对象是由类 System.Web.HttpResponse 来实现的。Response 对象用于将 HTTP 响应数据发送到客户端，告诉浏览器响应内容的报头、服务器端的状态信息及输出指定的内容。Response 对象常用的属性及方法如表 5.3 所示。

5.3.1 Write 方法

Write 方法用来向客户端输出信息。例如：

```
Response.Write("现在时间为：" + DateTime.Now.ToString());
```

可以输出当前的时间。在代码呈现块中，如果只有一个输出语句，例如：

```
<%
```

表 5.3 Response 对象常用属性和方法

名 称	功 能 说 明
BufferOutput 属性	获取或设置一个值，该值指示是否缓冲输出
ContentType 属性	获取或设置输出流的 HTTP MIME 类型
Cookies 属性	获取响应 Cookie 集合
Expires 属性	获取或设置该页在浏览器上缓存过期之前的分钟数
IsClientConnected 属性	获取一个值，该值指示客户端是否仍连接在服务器上
Clear 方法	清除缓冲区中的所有内容输出
Flush 方法	刷新缓冲区，向客户端发送当前所有缓冲的输出
End 方法	将当前所有缓冲的输出发送到客户端，停止该页的执行
Redirect 方法	将客户端重定向到新的 URL
Write 方法	将信息写入 HTTP 输出内容流

```
    Response.Write("内容");
%>
```

则可以简写为：

```
<%="内容" %>
```

5.3.2 End 方法

End 方法用来输出当前缓冲区的内容，并中止当前页面的处理。例如程序段：

```
Response.Write("欢迎光临");
Response.End();
Response.Write("我的网站！");
```

只输出“欢迎光临”，而不会输出“我的网站！”。End 方法常常用来帮助调试程序。

5.3.3 Redirect 方法

在网页中，可以利用超级链接把访问者引导到另一个页面，但访问者必须单击超级链接才可以。有时候需要页面自动重定向到另一个页面，例如，管理员没有登录而访问管理页面，就需要使页面自动跳转到登录页面。Redirect 方法就是用来重定向页面的，例如：

```
Response.Redirect("login.aspx");
```

可以将当前页面重定向到当前目录下的 login.aspx 页面。也可以转向到外部的网站，例如：

```
Response.Redirect("http://www.sohu.com");
```

可以将当前页面重定向到搜狐主页。

5.3.4 ContentType 属性

ContentType 属性用来获取或设置输出流的 HTTP MIME 类型，也就是 Response 对象向浏览器输出内容的类型，默认值为 text/html。ContentType 的值为字符串类型，格式为 type/subtype，type 表示内容的分类，subtype 表示特定内容的分类。例如：

```
Response.ContentType="image/gif";
```

表示向浏览器输出的内容为 gif 图片。

5.3.5 BufferOutput 属性

BufferOutput 属性用来获取或设置一个布尔值，该值指示是否对页面输出进行缓冲。True 表示先输出到缓冲区，在完成处理整个页之后再从缓冲区发送到浏览器；False 表示不输出到缓冲区，服务器直接将内容输出到客户端浏览器；默认值为 True。

如果使用了 Redirect 方法对页面进行重定向，则必须开启输出缓冲，因为在关闭输出缓冲的情况下，服务器直接将页面输出到客户端，当浏览器已经接收到 HTML 内容后，是不允许再定向到另一个页面的。

5.4 Request 对象

Request 对象是由类 System.Web.HttpRequest 来实现的。当客户请求 ASP.NET 页面时，所有的请求信息，包括请求报头、请求方法、客户端基本信息等都被封装在 Request 对象中，利用 Request 对象就可以读取这些请求信息。Request 对象常用的属性和方法如表 5.4 所示。

表 5.4 Request 对象常用属性和方法

名 称	功 能 说 明
Browser 属性	获取有关正在请求的客户端的浏览器功能的信息
Cookies 属性	获取客户端发送的 Cookie 的集合
Files 属性	获取客户端上传的文件的集合
Form 属性	获取表单变量的集合
QueryString 属性	获取 HTTP 查询字符串变量集合
ServerVariables 属性	获取 Web 服务器变量的集合
UserHostAddress 属性	获取远程客户端的主机 IP 地址
SaveAs 方法	将 HTTP 请求保存到磁盘

在 Request 对象的属性中，有些表示的是数据集合，像 Cookies、Form 等，获取这些集合中的数据的语法为：

```
Request.Collection["key"]
```

其中，Collection 为数据集合，key 为集合中数据的关键字，当 Collection 为 Cookies、Form、QueryString、ServerVariables 四种集合时，其中的 Collection 可以省略，也就是说 Request["key"] 与 Request.Cookies["key"]两种写法都是允许的。如果省略了 Collection，则 Request 对象会依照 QueryString、Form、Cookies、ServerVariables 的顺序查找，直至找到关键字为 key 的数据

并返回数据值，如果没有找到，则返回 null。建议最好使用 Collection，因为在省略的情况下可能返回错误的值，而且，过多的搜索也会降低程序执行效率。

5.4.1 Form 数据集合

使用 Request 的 Form 集合来获取客户端通过 POST 方法传送的表单数据，例如，服务器上有两个网页 form.htm 和 do.aspx，form.htm 中包含一个表单，表单传送数据的方法为 POST，并且表单提交到同一目录下的 do.aspx。form.htm 的代码如下：

```
<html>
<head>
<title>使用POST传送数据</title>
</head>
<body>
<form method="post" action="do.aspx">
请输入您的名字：<input type="text" name="mingzi"><br>
<input type="submit" value="提交">
</form>
</body>
</html>
```

在 do.aspx 中将使用 Request.Form["mingzi"]来获取用户输入的名字，do.aspx 的代码如下：

```
<script language="C#" runat="server">
void Page_Load(Object o,EventArgs e)              //页面加载后即显示表单数据
    {
    string strmessage="您的名字为：";              //定义字符串变量并赋初值
    strmessage+= Request.Form["mingzi"];          //把表单数据串接到变量
    Response.Write(strmessage);                   //输出变量
    }
</script>
```

首先请求 form.htm，打开表单页面，并在文本框中输入名字，如图 5.1 所示。单击表单中的“提交”按钮，可将表单数据提交到 do.aspx，显示结果如图 5.2 所示。

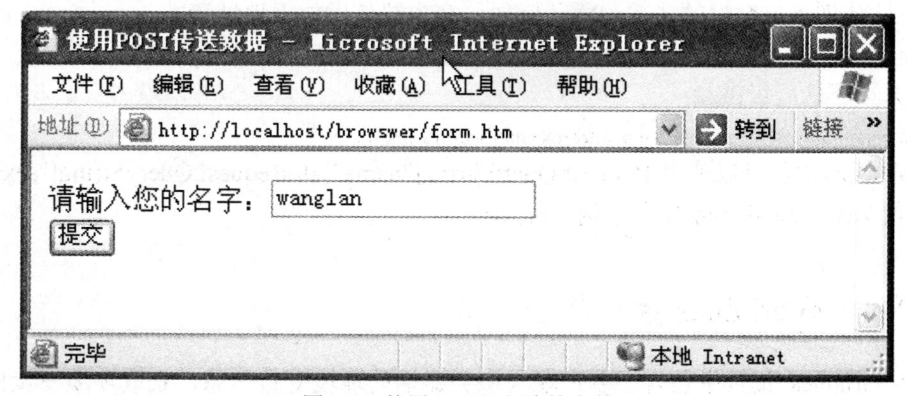

图 5.1 使用 POST 方法的表单

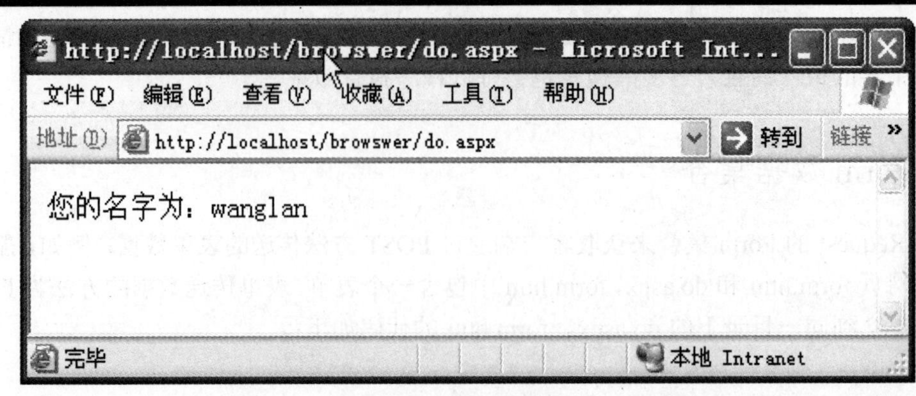

图 5.2 获取表单数据

注意：输入提交的是英文，如果表单中输入中文，提交后可能不显示，则需要修改配置文件，在 web.config 中添入下列语句：

```
<globalization
    requestEncoding="gb2312"
    responseEncoding="gb2312"
/>
```

添加后，就使得在输入中文时也可正常显示中文了(参考示例：browser)。

尽管使用 Form 可以获取表单中的数据，但事实上在 ASP.NET 中基本上不再使用 Form，因为 ASP.NET 中使用服务器控件来制作表单，在程序中可以直接访问服务器控件而得到用户输入的值。

5.4.2 QueryString 数据集合

可以利用 QueryString 集合来获取客户端通过 GET 方法传送的表单数据，如果把 form.htm 中表单的 method 属性值由 POST 改为 GET，另存为文件：form_get.htm，则在 doit.aspx 中就需要通过 Request.QueryString ["mingzi"]来获取输入的名字。因为 GET 方法传送数据有一定的限制并且不安全，所以表单一般不使用 GET 方法。

在 Web 应用程序开发中，QueryString 常用来获取 URL 查询字符串中变量的值，这与使用 GET 方法传送表单数据的情况一样。例如，客户端使用如下地址请求：

```
http://localhost/doit.aspx?name=zhangsan&sex=nan
```

或打开如下的超级链接：

```
<a href="doit.aspx?name=zhangsan&sex=nan">doit.aspx</a>
```

在 doit.aspx 中就可以使用 Request.QueryString["name"]和 Request.QueryString["sex"]来获取相应的值 zhangsan 和 nan(参考示例：browser)。

5.4.3 ServerVariables 数据集合

ServerVariables 集合中包含了客户端与服务器端的环境变量信息，获取环境变量值的方法为：

Request.ServerVariables["环境变量名称"]

例如，使用 Request.ServerVariables["REMOTE_ADDR"]可以获取客户端的 IP 地址，使用 Request.ServerVariables["LOCAL_ADDR"]可以获取服务器的 IP 地址。常用的环境变量如表 5.5 所示。

表 5.5　常用的环境变量

环境变量名	说　明
CONTENT_LENGTH	发送到客户端的文件长度
CONTENT_TYPE	发送到客户端的文件类型
QUERY_STRING	URL 中查询字符串
LOCAL_ADDR	服务器 IP 地址
REMOTE_ADDR	客户端 IP 地址
REMOTE_HOST	客户端主机名
REMOTE_PORT	客户端端口号
SCRIPT_NAME	当前文件的程序名(包含虚拟路径)
SERVER_NAME	服务器名称
SERVER_PORT	服务器接受请求的端口号
PATH_INFO	当前文件的虚拟路径
HTTP_USER_AGENT	客户端浏览器的信息

5.4.4 Browser 属性

不同的浏览器所具有的功能是不同的，而同一个网页在不同的浏览器上显示的结果也可能会不一样，解决这种问题的最好方法就是针对不同的浏览器书写不同的 Web 页。要做到这一点，必须能够对客户端浏览器的特性做出判断，而使用 Request 的 Browser 属性可以方便地获取有关客户端浏览器的信息，比如浏览器是否支持背景音乐、JavaScript 等，这个属性是由类 System.Web.HttpBrowserCapabilities 实现的对象。

浏览器的特性可以通过访问 Browser 对象的属性得到，例如，使用 Request.Browser.Browser 可以得到浏览器的类型，也可以把属性字符串作为 Browser 对象的索引来得到相应的特性，例如，得到浏览器的类型也可以使用 Request.Browser["Browser"]。

【例 5.3】 用 browser.aspx 来显示客户端浏览器的一些信息，代码如下：

```
<script language="C#" runat="server">
void Page_Load(Object o,EventArgs e)
    {
    HttpBrowserCapabilities bc = Request.Browser;
    Response.Write("<p>您所用的浏览器信息如下：</p>");
    Response.Write("名称及版本：" + bc.Type + "<br>");
    Response.Write("类型：" + bc.Browser + "<br>");
    Response.Write("版本号：" + bc.Version + "<br>");
    Response.Write("主版本号：" + bc.MajorVersion + "<br>");
```

```
        Response.Write("次版本号：" + bc.MinorVersion + "<br>");
        Response.Write("平台：" + bc.Platform + "<br>");
        Response.Write("是否为测试版：" + bc.Beta + "<br>");
        Response.Write("是否为“美国在线”浏览器：" + bc.AOL + "<br>");
        Response.Write("是否为基于Win16计算机：" + bc.Win16 + "<br>");
        Response.Write("是否为基于Win32计算机：" + bc.Win32 + "<br>");
        Response.Write("是否支持HTML框架：" + bc.Frames + "<br>");
        Response.Write("是否支持HTML表格：" + bc.Tables + "<br>");
        Response.Write("是否支持Cookie：" + bc.Cookies + "<br>");
        Response.Write("是否支持VBScript：" + bc.VBScript + "<br>");
        Response.Write("是否支持JavaScript：" + bc.JavaScript + "<br>");
        Response.Write("是否支持Java Applets：" + bc.JavaApplets + "<br>");
        Response.Write("是否支持ActiveX：" + bc.ActiveXControls + "<br>");
        }
    </script>
```

程序运行结果如图 5.3 所示。

图 5.3 Browser 对象检测的浏览器信息

5.5 Server 对象

Server 对象是由 System.Web.HttpServerUtility 类来实现的，它是专门为处理服务器上的特定任务而设计的，它提供了许多非常有用的属性和方法帮助程序有序的执行。Server 对象常用的属性和方法如表 5.6 所示。

表 5.6 Server 对象常用属性和方法

名 称	功 能 说 明
MachineName 属性	获取服务器的计算机名称
ScriptTimeout 属性	获取和设置文件最长执行时间(以秒计)
CreatObject 方法	创建 COM 对象的一个服务器实例
Execute 方法	使用另一页执行当前请求
HtmlEncode 方法	对要在浏览器中显示的字符串进行编码
HtmlDecode 方法	对已被 Html Encode 编码的字符串进行解码
UrlEncode 方法	对指定字符串以 URL 格式进行编码
UrlDecode 方法	对 URL 格式字符串进行解码
MapPath 方法	将虚拟路径转换为物理路径
Transfer 方法	终止当前页的执行，并开始执行新的请求页

5.5.1 ScriptTimeout 属性

ScriptTimeout 属性用来查看或设置请求超时时间，默认时间为 90 秒。如果一个文件执行时间超过此属性设置的时间，则自动停止执行，这样可以防止某些可能进入死循环的程序导致服务器资源的大量消耗。

如果页面需要较长的运行时间，比如要上传一个非常大的文件，就需要设置一个较长的请求超时时间，例如：

```
Server.ScriptTimeout=200;
```

这样，就把最长执行时间设置为 200 秒。

5.5.2 HtmlEncode 方法

当字符串中包含有 HTML 标记时，浏览器会根据标记的作用来显示内容，而标记本身不会显示在页面上。有时候需要在页面上显示 HTML 语句，比如要在页面上显示一个网页的源文件等，另外，在留言本、论坛等程序中，如果用户输入的信息中包含有 HTML 代码或一些客户端脚本程序等，则可能会对网站造成一定的危害。Server 对象的 HtmlEncode 方法就是用来将字符串中的 HTML 标记字符转换为字符实体，从而使 HTML 标记本身显示在页面上。

【例 5.4】 用 htmlencode.aspx 来说明 HtmlEncode 方法的作用。其代码如下：

```
<script language="C#" runat="server">
void Page_Load(Object o,EventArgs e)
    {
    string str1,str2;//定义两个字符串变量
    str1="<h2>大家好！</h2>";          //包含有HTML标记的字符串
    str2=Server.HtmlEncode(str1);     //对字符串编码
```

```
        Response.Write(str1);                //输出原始字符串
        Response.Write(str2);                //输出编码后的字符串
        }
    </script>
```

htmlencode.aspx 的执行结果如图 5.4 所示。

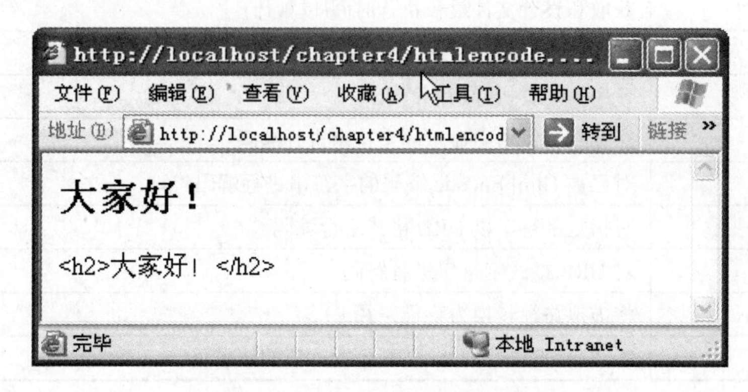

图 5.4 在页面中显示 HTML 标记

查看页面的源文件，可以看到 Server 对象的 HtmlEncode 方法已经把“<”和“>”进行了转换，如图 5.5 所示。与 HtmlEncode 方法作用相反的是 HtmlDecode 方法，它用来把字符实体转换为 HTML 标记字符。

图 5.5 HTML 标记转换结果

5.5.3 UrlEncode 方法

Server 对象的 UrlEncode 方法，是用来对字符串进行 URL 格式编码的。在 URL 中，有时候会出现一些特殊的字符，比如带空格的路径等。另外，通过 URL 查询字符串传递数据时，也可能会出现特殊字符，例如，用“http://server/a.aspx?a=张三&b=1 2”传递数据时，在有些浏览器上就不能正确得到数据，这时就需要对字符串进行 URL 编码。

【例 5.5】 用 urlencode.aspx 来说明 UrlEncode 方法的作用。其代码如下：

```
<script language="C#" runat="server">
void Page_Load(Object o,EventArgs e)
    {
    string url;
    url="http://myserver/1.aspx?a=";
```

```
url+=Server.UrlEncode("张 三");                //对传递的值进行编码
url+="&b="+Server.UrlEncode("ab   cd e");     //对传递的值进行编码
Response.Write(url);                          //输出编码后的字符串
}
</script>
```

urlencode.aspx 执行结果如图 5.6 所示。

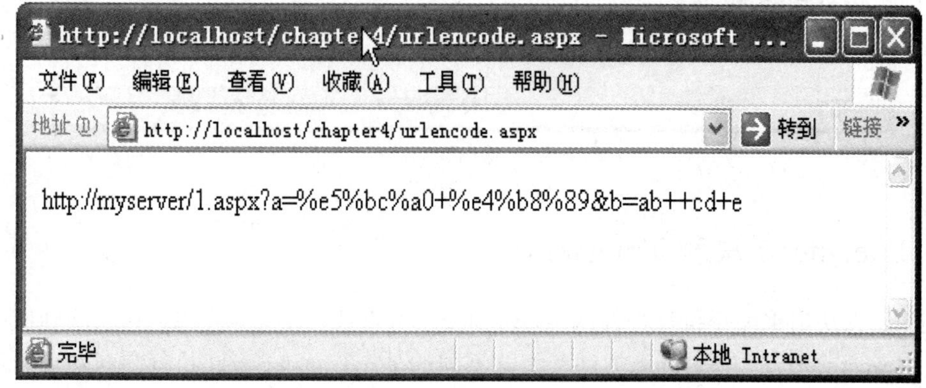

图 5.6　URL 编码

与 UrlEncode 方法作用相反的是 UrlDecode 方法，它用来对 URL 格式的字符串进行解码，如果在程序中用 Request.QueryString()获取的数据是编码过的，则需要用 UrlDecode 方法还原。

5.5.4　MapPath 方法

在页面中，一般使用的是虚拟路径，但是在连接 Access 数据库或其他文件操作时就必须使用物理路径。物理路径可以在程序中直接写出，但有时候不利于网站的移植，而利用 Server 对象的 MapPath 方法可以将虚拟路径转换为物理路径，既方便了网站的移植，又满足了程序的需要。

使用 MapPath 的语法为：

```
Server.MapPath(虚拟路径字符串)
```

【例 5.6】 用实例 mappath.aspx 来说明 MapPath 的用法，其代码如下：

```
<script language="C#" runat="server">
void Page_Load(Object o,EventArgs e)
    {
    Response.Write("当前目录物理路径:"+Server.MapPath("."));
    Response.Write("<br>");
    Response.Write("上级目录物理路径:"+Server.MapPath(".."));
    Response.Write("<br>");
    Response.Write("网站根物理路径:"+Server.MapPath("/"));
    }
</script>
```

mappath.aspx 执行结果如图 5.7 所示。

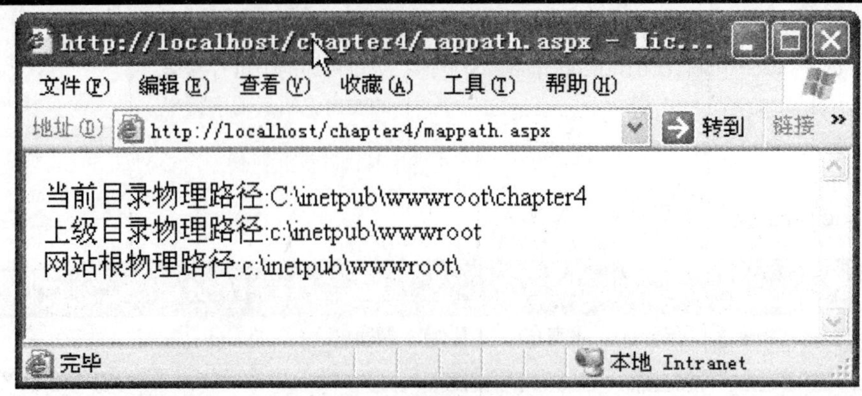

图 5.7 输出物理路径

5.5.5 Execute 方法和 Transfer 方法

Execute 方法用来停止执行当前网页，转到新的网页执行，执行完毕后再返回到原网页继续执行。Transfer 方法与 Execute 方法类似，不同的是，Transfer 方法执行完新网页后不再返回原网页执行。

5.6 Application 对象

ASP.NET 应用程序是单个 Web 服务器上的某个虚拟目录及其子目录范围内的所有文件、页、处理程序、模块和代码的总和。如果想在整个应用程序范围内存储一些所有用户共享的信息，Application 对象将是最佳的选择，利用 Application 存储的变量和对象在整个应用程序内执行的所有 ASP.NET 页面中都是可用的，并且值也是相同的。

Application 对象是由 System.Web.HttpApplicationState 类来实现的，它所维护的是应用程序状态，是与应用程序的生命周期有关的，它在客户端第一次从某个特定的 ASP.NET 应用程序虚拟目录中请求任何 URL 资源时创建，在应用程序或进程被撤消时结束。对于 Web 服务器上的每个 ASP.NET 应用程序都要创建一个单独的 Application 对象。如果要在应用程序启动时进行一些初始化操作，可在 Global.asax 文件中编写 Application_Start()事件处理程序；如果要在应用程序结束时进行一些操作，可在 Global.asax 文件中编写 Application_End()事件处理程序(详见第 8 章)。

因为 Application 对象中存放的是应用程序全局变量，这些变量占用的内存资源在变量被删除或被替换前是不会被释放的，所以在设计程序时应尽量避免将极少使用的大的对象存入 Application 中。

5.6.1 利用 Application 存储信息

Application 是一个集合对象，可看作是存储信息的容器，而信息在集合中是以对象的形式存放的，每条信息对应一个对象名和一个对象值。用 Application 存储信息，也就是向集合中添加对象，利用 Application 对象提供的 Add 方法就可以将新对象添加到集合中，Add 方法定义的形式为：

```
public void Add(string name,object value);
```

其中，参数 name 为要添加到集合中的对象名，参数 value 为对象值，因为 value 为 object 类型的，所以，可以将任何类型的值存入 Application 中。例如，下面的程序段将两个名字分别为 var1 和 var2 的应用程序变量添加到 Application 集合中。

```
string str1="这是一个字符串";          //定义字符串变量
int int1=34;  //定义整型变量
Application.Add("var1",str1);         //将字符串存进Application
Application.Add("var2",int1);         //将整数存进Application
```

如果 Application 集合中原来不存在相同名字的应用程序变量，也可以用另外一种方法添加变量，例如，上面使用 Add 方法的语句也可以写成：

```
Application["var1"]=str1;
Application["var2"]=int1;
```

如果原先已存在 var1 与 var2，则会修改原先的变量值，而不会添加新对象。

因为 Application 里的信息是整个应用程序共享的，有可能发生同一应用程序的多个用户同时操作同一个 Application 对象的情况，所以，在操作 Application 对象(主要是写操作)时需要将其锁定，以防止出现意外错误。Application 对象提供的 Lock 方法与 UnLock 方法就是用来锁定和解除锁定的。例如，下面的程序段使用 Lock()和 UnLock()，以便在更改名为 age 的应用程序变量值之前防止其他用户更改它。

```
Application.Lock();          //锁定Application
Application["age"]=25;       //更改应用程序变量值
Application.UnLock();        //解除对Application锁定
```

5.6.2 读取 Application 中的信息

将信息存入 Application 对象之后，在需要的时候就可以把信息从 Application 对象中读取出来使用。可以通过对象名称索引或对象在集合中的位置数字索引来访问 Application 集合中的对象，例如，下面程序段返回集合中第一个对象和名字为 var1 的对象。

```
object obj1,obj2;                     //定义两个object变量
obj1=Application[0];                  //获得集合中第一个对象
obj2= Application["var1"];            //获得名字为var1的对象
```

为了与以前版本 ASP 保持兼容，也可以使用 Application 对象的 Contents 属性来访问集合中的对象，例如，上面的语句也可以写成：

```
object obj1,obj2;                     //定义两个object变量
obj1=Application.Contents[0];         //获得集合中第一个对象
obj2= Application.Contents["var1"];   //获得名字为var1的对象
```

因为得到的对象都是 object 类型的，所以需要转换为相应的存储前的类型，例如，下面的程序段用来读取两个应用程序变量：整型的 var1 和字符串类型的 var2。

```
int intvar;
string strvar;
```

```
intvar=(int)Application["var1"];            //显式将object类型转换为int类型
strvar=(string)Application["var2"];         //显式将object类型转换为string类型
```

如果直接使用一个根本不存在的应用程序变量时，会引发“未将对象引用设置到对象实例”的异常，可以在使用前加上判断来避免这种异常的发生，例如，下面程序段先判断 var1 是否存在，在存在的情况下才进行读取。

```
if (Application["var1"]!=null)
    {
        int intvar=(int)Application["var1"];
    }
```

5.6.3 删除 Application 中的信息

当 Application 对象中某些变量不再使用时，可以显式地将其删除来节省服务器的资源。Applicaton 对象的 Remove 方法用来删除以参数为名字的变量，例如，下面语句会删除集合中的变量 var1。

```
Application.Remove("var1");
```

要清除 Application 对象中所有的变量，可使用 Clear 方法或 RemoveAll 方法。例如：

```
Application.RemoveAll();
Application.Clear();
```

5.7 Session 对象

Session 对象的作用是在服务器端存储特定信息，但与 Application 对象存储信息是完全不同的，Application 对象存储的信息是整个应用程序共享的全局信息，每个客户访问的是相同的信息，而 Session 对象存储的信息是局部的，是特定于某一个用户的，Session 中的信息也称为会话状态。利用 Session 对象，可以在客户访问一个页面时，存储一些信息，当转到下一个页面时，再取出信息使用，比如，在设计论坛网站时，可以在客户登录成功后把用户名和密码存入 Session，在其他发帖页面或回复页面，就可以直接使用 Session 中的用户名和密码来判断客户是否有权限进行操作，而不需要让客户再次输入用户名和密码。在购物车程序中，也常用 Session 来保存用户在浏览商品过程中所购物品的信息。

Session 对象是由 System.Web.SessionState.HttpSessionState 类来实现的，对应于浏览器与服务器的同一次会话，在浏览器第一次请求应用程序的某个页面时，会话开始；在会话超时或被关闭时，会话结束。可以在 Global.asax 文件中编写 Session_Start 和 Session_End 事件处理程序。

5.7.1 Session 工作原理

Session 的工作原理是相当复杂的。当一个会话启动时，ASP.NET 会自动产生一个长的 SessionID 字符串对会话进行标识和跟踪，该字符串只包含 URL 中所允许使用的 ASCII 字符，是使用保证唯一性和随机性的算法生成的，其中保证唯一性的目的是确保会话不冲突，保证随机性的目的是确保怀有恶意的用户不能使用新的 SessionID 来计算现有会话的 SessionID，可以通过 Session 对象的 SessionID 属性来查看 SessionID 值。

通常情况下，SessionID 会存放在客户端的 Cookies 内，当用户访问应用程序任何页面时，SessionID 会通过 Cookies 传递到服务器端，服务器根据 SessionID 来对用户进行识别，就可以返回用户对应的 Session 信息。也可以通过配置应用程序，使在不要求客户端浏览器支持 Cookies 的情况下使用 Session，此时，SessionID 不存入 Cookies，而是自动嵌套在 URL 中，服务器可以通过请求的 URL 获得 SessionID 值，这在浏览器不支持或禁用 Cookies 功能的情况下非常有用。

根据配置应用程序的方式，Session 中信息的存储位置可以是 ASP.NET 进程、状态服务器、SQL Server 数据库，ASP.NET 在相应的位置根据 SessionID 值存储或读取个人状态信息。

Session 的生命周期是有限的，默认为 20 分钟，可以通过 Session 对象的 Timeout 属性来设置。在 Session 的生命周期内，Session 的值是有效的，如果用户在大于生命周期的时间里没有再访问应用程序，Session 就会自动过期，Session 对象就会被释放，其存储的信息也就不再有效。

5.7.2 使用 Session

在 ASP.NET 的程序代码中使用 Session 对象时，必须保证页面的@Page 指令中 EnableSessionState 属性的值为 True 或 ReadOnly，并且在 Web.config 文件中对 Session 进行了正确的配置。

Session 也是一个集合对象，是用来存放会话变量的容器，使用的语法与使用 Application 对象一样。

【例 5.7】 将两个名字分别为 var1 和 var2 的会话变量存入 Session 中。

```
string str1="这是一个字符串";      //定义字符串变量
int int1=34;//定义整型变量
Session.Add("var1",str1);          //将字符串存进Session
Session.Add("var2",int1);          //将整数存进Session
```

如果 Session 集合中原来不存在相同名字的会话变量，也可以用另外一种方法添加变量，例如，上面使用 Add 方法的语句也可以写成：

```
Session["var1"]=str1;
Session["var2"]=int1;
```

如果原先已存在 var1 与 var2，则会修改原先的变量值，而不会添加新对象。

可以通过对象名称索引或对象在集合中的位置数字索引来访问 Session 集合中的对象，例如，下面程序段返回集合中第一个对象和名字为 var1 的对象。

```
object obj1,obj2;                  //定义两个object变量
obj1=Session[0];                   //获得集合中第一个对象
obj2= Session["var1"];             //获得名字为var1的对象
```

也可以通过 Session 对象的 Contents 属性来访问 Session 中的对象，例如：

```
object obj1,obj2;                  //定义两个object变量
```

```
obj1=Session.Contents[0];          //获得集合中第一个对象
obj2=Session.Contents["var1"];     //获得名字为var1的对象
```

因为得到的对象都是 object 类型的，所以需要转换为相应的存储前的类型，例如，下面的程序段用来读取两个会话变量：整型的 var1 和字符串类型的 var2。

```
int intvar;
string strvar;
intvar=(int)Session["var1"];          //显式将object类型转换为int类型
strvar=(string)Session["var2"];       //显式将object类型转换为string类型
```

如果直接使用一个根本不存在的会话变量时，会引发“未将对象引用设置到对象实例”的异常，可以在使用前加上判断来避免这种异常的发生，例如，下面程序段先判断 var1 是否存在，在存在的情况下才进行读取。

```
if (Session["var1"]!=null)
    {
    int intvar=(int)Session["var1"];
    }
```

Session 对象的 Remove 方法用来删除以参数为名字的会话变量，例如，下面语句会删除集合中的变量 var1。

```
Session.Remove("var1");
```

要清除 Session 对象中所有的变量，可使用 Clear 方法或 RemoveAll 方法。例如：

```
Session.RemoveAll();
Session.Clear();
```

Session 对象的 Abandon 方法用来显式结束用户会话，值得注意的是，它并不会在调用语句处立即结束会话，而会等待当前页面完成处理。因此调用 Abandon 方法后，仍然可以获得会话变量的值。例如，下面程序段会输出两次“abc”。

```
Session["name"]="abc";                  //把字符串abc存入Session
Response.Write(Session["name"]);        //第一次输出字符串
Session.Abandon();                      //页面执行完结束当前会话
Response.Write(Session["name"]);        //第二次输出字符串
```

5.7.3 配置 Session

ASP.NET 中配置信息存储在基于 XML 的文本文件中，位于目录“<%systemroot%>\Microsoft.NET\Framework\<%versionNumber%>\CONFIG\”下的根配置文件 Machine.config 提供整个 Web 服务器的 ASP.NET 配置设置。多个名称为 Web.config 的配置文件可以出现在 ASP.NET Web 应用程序服务器上的多个目录中。每个 Web.config 文件都将配置设置应用于它自己的目录和它下面的所有子目录。子目录中的配置文件可以提供除从父目录继承的配置信息以外的配置信息，子目录配置设置可以重写或修改父目录中定义的设置。配置应用程序一般使用 Web.config 而不使用 Machine.config(配置文件更详细的内容见第 11 章)。Session 的配置是通过配置文件中<system.web>标记下的<sessionState>标记的属性设置来完成的，可以设置会话状态模式、是否使用 Cookie、会话超时等信息。例如，下面是一个配置文件的内容。

```
<configuration>
```

```
    <system.web>
        <sessionState mode="Inproc"
            cookieless="false"
            timeout="20">
        </sessionState>
    </system.web>
</configuration>
```

<sessionState>标记的 cookieless 属性是可选的，用来指示会话是否使用客户端 Cookie，当取值为 true 时，指示应使用不具有 Cookie 的会话，这种情况下，SessionID 会嵌入 URL 中；当取值为 false 时，指示使用具有 Cookie 的会话，这种情况下，SessionID 会存入客户端 Cookies 中。默认值为 false。

<sessionState>标记的 timeout 属性是可选的，用来指定在放弃一个会话前该会话可以处于空闲状态的分钟数。默认值为 20。

<sessionState>标记的 mode 属性是必须的，用来指定在哪里存储会话状态。该属性有四种可能的值：

(1) Off：指示禁用会话状态。

(2) InProc：指示使用进程内会话状态模式，在服务器本地存储会话状态数据。使用进程内会话状态模式时，如果 aspnet_wp.exe 或应用程序域重新启动，则会话状态数据将丢失。这种模式的优点是性能较高。

(3) StateServer：指示使用状态服务器模式，在运行 ASP.NET 状态服务的机器上存储会话状态数据。使用状态服务器模式时，ASP.NET 辅助进程直接与状态服务器对话，利用该简单的存储服务，当每个 Web 请求结束时，在客户的 Session 集合中(使用.NET 序列化服务)序列化并保存所有对象。当客户重新访问服务器时，相关的 ASP.NET 辅助进程从状态服务器中以二进制流的形式检索这些对象，将它们反序列化为实时实例，并将它们放置回对请求处理程序公开的新 Session 集合对象。另外必须设置<sessionState>标记的 stateConnectionString 属性，用于指定远程存储会话状态的服务器名称和端口，例如：

```
stateConnectionString="tcpip=127.0.0.1:42424"
```

(4) SQLServer：指示使用 SQL 模式，在 SQL Server 上存储会话状态数据。若要使用 SQL Server，首先在将存储会话状态的 SQL Server 计算机上，运行位于目录“<%systemroot%>\Microsoft.NET\Framework\<%versionNumber%>”之下的 InstallSqlState.sql 或 InstallPersist SqlState.sql。两个脚本均创建一个名为 ASPState 的数据库，它包含若干存储过程。两个脚本间的差异在于放置 ASPStateTempApplications 和 ASPStateTempSessions 表的位置。InstallSqlState.sql 脚本将这些表添加到 TempDB 数据库，该数据库在计算机重新启动时将丢失数据。相反，InstallPersistSqlState.sql 脚本将这些表添加到 ASPState 数据库，该数据库允许在计算机重新启动时保留会话数据。然后设置<sessionState>标记的 sqlConnectionString 属性，为 SQL Server 指定连接字符串。例如 sqlConnectionString= "data source=localhost;Integrated Security=SSPI;Initial Catalog=northwind"。

<sessionState>标记的 stateNetworkTimeout 属性，在使用 StateServer 模式存储会话状态时，指定在放弃会话之前 Web 服务器和状态服务器之间的 TCP/IP 网络连接空闲的时间(以秒为单

位)。默认值为 10。

5.8 Cookies 对象

Response 对象和 Request 对象有一个共同的属性 Cookies，它是存放 Cookie 对象的集合，使用 Response 对象的 Cookies 属性设置 Cookie 信息，并使用 Request 对象的 Cookies 属性读取 Cookie 信息。

5.8.1 Cookie 介绍

Cookie 是一小段文本信息，伴随着用户请求同页面一起在 Web 服务器和浏览器之间传递。用户每次访问站点时，Web 应用程序都可以读取 Cookie 包含的信息。Cookie 为 Web 应用程序保存用户相关信息提供了一种有用的方法，例如，当用户访问一个网站时，网站程序员可以利用 Cookie 保存用户首选项或其他信息，这样，当用户下次再访问这个网站时，应用程序就可以检索以前保存的信息。

Cookie 的基本工作原理可以通过访问网站的过程来说明。假设用户请求访问网站 www.myweb.com 上的某个页面时，应用程序发送给该用户的不仅仅只有一个页面，还有一个包含日期和时间信息的 Cookie，用户的浏览器在获得页面的同时还得到了这个 Cookie，并且将它保存在用户硬盘上的某个文件夹中。以后，如果该用户再次访问该网站上的页面，当用户输入 URL www.myweb.com 时，浏览器就会在用户本地硬盘上查找与该 URL 相关联的 Cookie。如果该 Cookie 存在，浏览器就将它与页面请求一起发送到网站，应用程序就能读取 Cookie 信息，从而能确定该用户上一次访问网站的日期和时间。程序可以根据这些信息向用户输出相应的消息。Cookie 是与 Web 站点而不是与具体页面关联的，所以无论用户请求浏览网站中的哪个页面，浏览器和服务器都将交换 www.myweb.com 的 Cookie 信息。用户访问其他网站时，每个网站都可能会向用户浏览器发送一些 Cookie，而浏览器会将所有这些 Cookie 分别保存。

Cookie 也是一种进行状态管理的方法，它最根本的用途是帮助 Web 应用程序保存有关访问者的信息。例如，购物网站上的 Web 服务器跟踪每个购物者，以便网站能够管理购物车和其他的用户相关信息；一个实施民意测验的网站可以简单地利用 Cookie 作为布尔值，表示用户的浏览器是否已经参与了投票，从而避免重复投票；而那些要求用户登录的网站则可以通过 Cookie 来确定用户是否已经登录过，这样用户就不必每次都输入凭据。因此 Cookie 的作用就类似于名片，它提供了相关的标识信息，可以帮助应用程序确定如何继续执行。

在网站中使用 Cookie 存在着一些限制：

(1) 大多数浏览器支持最多可达 4096 字节的 Cookie，如果要将为数不多的几个值保存到用户计算机上，这一空间已经足够大，但不能用一个 Cookie 来保存数据集或其他大量数据。

(2) 浏览器限制每个站点可以在用户计算机上保存的 Cookie 数。大多数浏览器只允许每个站点保存 20 个 Cookie。如果试图保存更多的 Cookie，则最先保存的 Cookie 就会被删除。还有些浏览器会对来自所有站点的 Cookie 总数做出限制，这个限制通常为 300 个。

(3) 用户可以设置自己的浏览器，拒绝接受 Cookie。

因此，尽管 Cookie 在应用程序中非常有用，应用程序也不应该依赖于能够保存 Cookie。利用 Cookie 可以做到锦上添花，但不要利用它们来支持关键功能。如果应用程序必须使用 Cookie，则可以通过测试来确定浏览器是否接受 Cookie。

5.8.2 设置 Cookie

可以使用 Response 对象的 Cookies 属性来设置 Cookie，设置 Cookie 就是向 Cookies 集合里添加 Cookie 对象，Cookie 对象是由 System.Web.HttpCookie 类来实现的，它的常用属性如表 5.7 所示。

表 5.7 Cookie 对象常用属性

名　称	说　　明
Name	获取或设置 Cookie 的名称
Expires	获取或设置 Cookie 的过期日期和时间
Domain	获取或设置 Cookie 关联的域
HasKeys	获取一个值，通过该值指示 Cookie 是否具有子键
Path	获取或设置要与 Cookie 一起传输的虚拟路径
Secure	获取或设置一个值，通过该值指示是否安全传输 Cookie
Value	获取或设置单个 Cookie 值
Values	获取在单个 Cookie 对象中包含的键值对的集合

设置一个 Cookie，需要通过相应的属性指定一些值。通过 Cookie 的 Name 属性来指定 Cookie 的名字，因为 Cookie 是按名称保存的，如果设置了两个名称相同的 Cookie，后保存的那一个将覆盖前一个，所以创建多个 Cookie 时，每个 Cookie 都必须具有唯一的名称，以便日后读取时识别。

Cookie 的 Value 属性用来指定 Cookie 中保存的值，因为 Cookie 中的值都是以字符串的形式保存的，所以为 Value 指定值时，如果不是字符串类型的要进行类型转换。

Cookie 的 Expires 属性为 DateTime 类型的，用来指定 Cookie 的过期日期和时间：Cookie 的有效期。Cookie 一般都写入到用户的磁盘，当用户再次访问某个网站时，浏览器会先检查这个网站的 Cookie 集合，如果某个 Cookie 已经过期，浏览器不会把这个 Cookie 随页面请求一起发送给服务器，而是适当的时候删除这个已经过期的 Cookie。如果不给 Cookie 指定过期日期和时间，则为会话 Cookie，不会存入用户的硬盘，在浏览器关闭后就被删除。应根据应用程序的需要来设置 Cookie 的有效期，如果利用 Cookie 来保存用户的首选项，则可以把其设置为永远有效(例如 100 年)，因为定期重新设置首选项对用户而言是比较麻烦的；如果利用 Cookie 统计用户访问次数，则可以把有效期设置为半年，如果某个用户已有半年时间未访问，则可以把该用户访问次数归 0。需要注意的是用户可以随时删除自己计算机上的 Cookie，所以即使设置 Cookie 长期有效，用户也可以自行决定将其全部删除，同时清除保存在 Cookie 中的所有设置。

下面程序段设置一个名字为 userage 的 Cookie，有效期为 3 天。

```
Response.Cookies["userage"].Value=23.ToString();
Response.Cookies["userage"].Expires=DateTime.Now.AddDays(3);
```

也可以先创建一个 Cookie 对象，再添加进 Response.Cookies 集合，下面程序段实现同样的功能。

```
HttpCookie mycookie=new HttpCookie("userage");     //生成一个名字为userage的Cookie对象
mycookie.Value=23.ToString();                       //设置cookie的值
mycookie.Expires=DateTime.Now.AddDays(3);           //设置过期日期和时间
Response.Cookies.Add(mycookie);                     //把Cookie对象添加到Response.Cookies集合
```

上面程序段中，一个 Cookie 对象只存储了一个值，也可以在一个 Cookie 中存储多个值，这样的 Cookie 称为多值 Cookie，在编程中，常使用它来存储一组相关或类似的信息。多值 Cookie 中，包含一个或多个子键，每个子键对应一个值，可以通过查看 Cookie 对象的 HasKeys 属性来判断是否为多值 Cookie。

下面程序段设置一个名字为 user 的多值 Cookie，包含两个子键 username 和 userage，有效期为 3 天。

```
Response.Cookies["user"]["username"]="张三";
Response.Cookies["user"]["userage"]=23.ToString();
Response.Cookies["user"].Expires=DateTime.Now.AddDays(3);
```

也可以用下面的程序段实现同样的功能。

```
HttpCookie mycookie=new HttpCookie("user");
mycookie.Values["username"]="张三";
mycookie.Values["userage"]=23.ToString();
mycookie.Expires=DateTime.Now.AddDays(3);
Response.Cookies.Add(mycookie);
```

设置 Cookie 对象的 Path 属性可以把 Cookie 的有效范围限制到服务器上的某个目录中；设置 Cookie 对象的 Domain 属性可以把 Cookie 的有效范围限制到某个域。

5.8.3 读取 Cookie

当用户向网站发出请求时，该网站的 Cookie 会与请求一起发送。在 ASP.NET 应用程序中，可以使用 Request 对象的 Cookies 属性来读取 Cookie 信息。

在读取 Cookie 的值之前，应该确保该 Cookie 确实存在。否则，将得到一个“未将对象引用设置到对象实例”的异常。

【例 5.8】 读取名字为 username 的 Cookie，并将值显示在 label1 控件中。

```
if (Request.Cookies["username"]!=null)
    {
    Label1.Text=Request.Cookies["username"].Value;
    }
```

也可以用另一种方法实现同样的功能，例如：

```
if (Request.Cookies["username"]!=null)
    {
```

```
        HttpCookie mycookie=Request.Cookies["username"];
        label1.Text=mycookie.Value;
        }
```

如果读取的为多值 Cookie，需要使用子键来获得值，例如，下面程序段读取名字为 user，子键为 username 和 userage 的 Cookie 值，并显示在 label1 和 label2 控件中。

```
    if (Request.Cookies["user"]!=null)
        {
        //下面两语句作用相同
        // label1.Text=Request.Cookies["username"].Values["username"];
        label1.Text=Request.Cookies["username"]["username"];
        label2.Text=Request.Cookies["username"]["userage"];
        }
```

5.8.4　修改和删除 Cookie

有时会需要修改某个 Cookie，更改其值或延长其有效期等。尽管可以从 Request.Cookies 集合中获取 Cookie 并对其进行操作，但 Cookie 本身仍然存在于用户硬盘上的某个地方。因此，修改某个 Cookie，实际上是指用新的值创建新的 Cookie，并把该 Cookie 发送到浏览器，覆盖客户机上旧的 Cookie。

删除 Cookie 是修改 Cookie 的一种形式。由于 Cookie 位于用户的计算机中，所以无法直接将其删除。但是，可以修改 Cookie 将其有效期设置为过去的某个日期，从而让浏览器删除这个已过期的 Cookie。

5.9　对象应用实例

本节使用 Visual Studio 2005 开发几个实例 Web 应用程序，这些实例演示如何创建 Web 应用程序、如何在 C#中使用 ASP.NET 对象等。

5.9.1　聊天室

聊天室程序，主页面分为上下两个窗口，上面窗口显示聊天内容，下面窗口显示输入聊天信息的表单，实现了基本的网上聊天功能，主要使用的技术为 HTML 框架和 Application 对象。

开发聊天室应用程序的步骤如下：

(1) 新建一个名字为 chat 的 ASP.NET Web 应用程序：在 Visual Studio 2005 开发环境中，打开“文件”菜单，选择“新建”命令，再选择“网站”命令，弹出“新建网站”对话框，在“项目类型”列表框中选中“Visual C# 项目”选项，在“模板”列表框中选中“ASP.NET Web 应用程序”选项，在“位置”文本框中输入 http://localhost/chat，如图 5.8 所示，然后单击“确定”按钮。

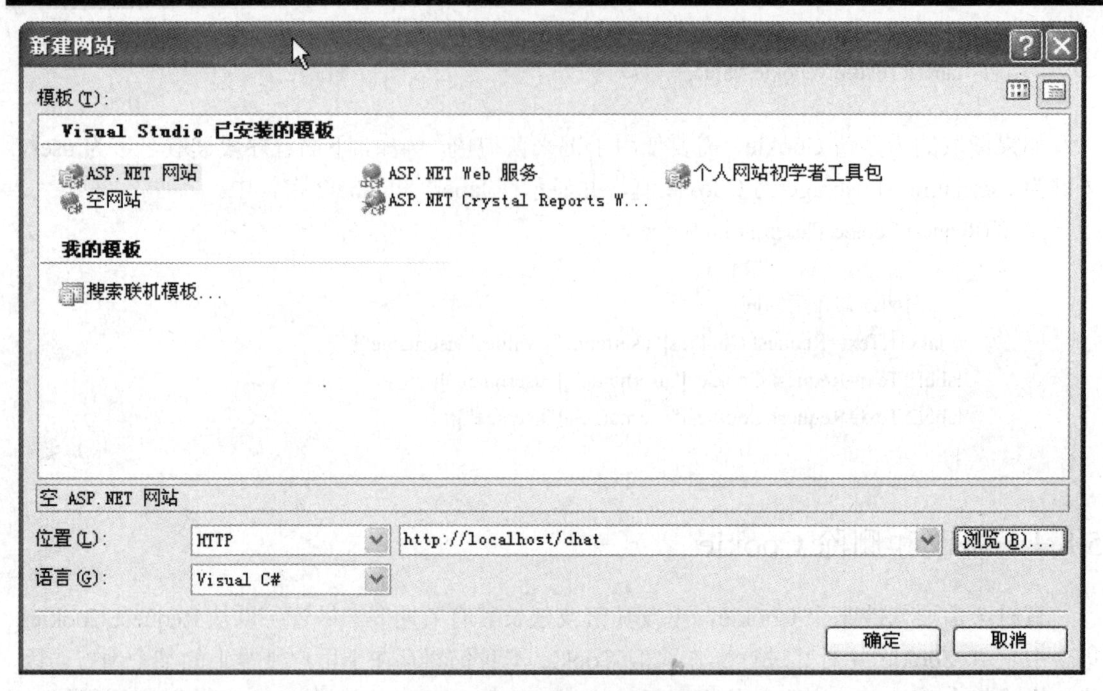

图 5.8 新建 Web 应用程序

(2) 在“解决方案‘chat’”上点击右键，在出现的下拉菜单中选中“添加新项”菜单。出现如图 5.9 所示的对话框，选择“全局应用程序类”，则把 Global.asax 文件添加到网站中，

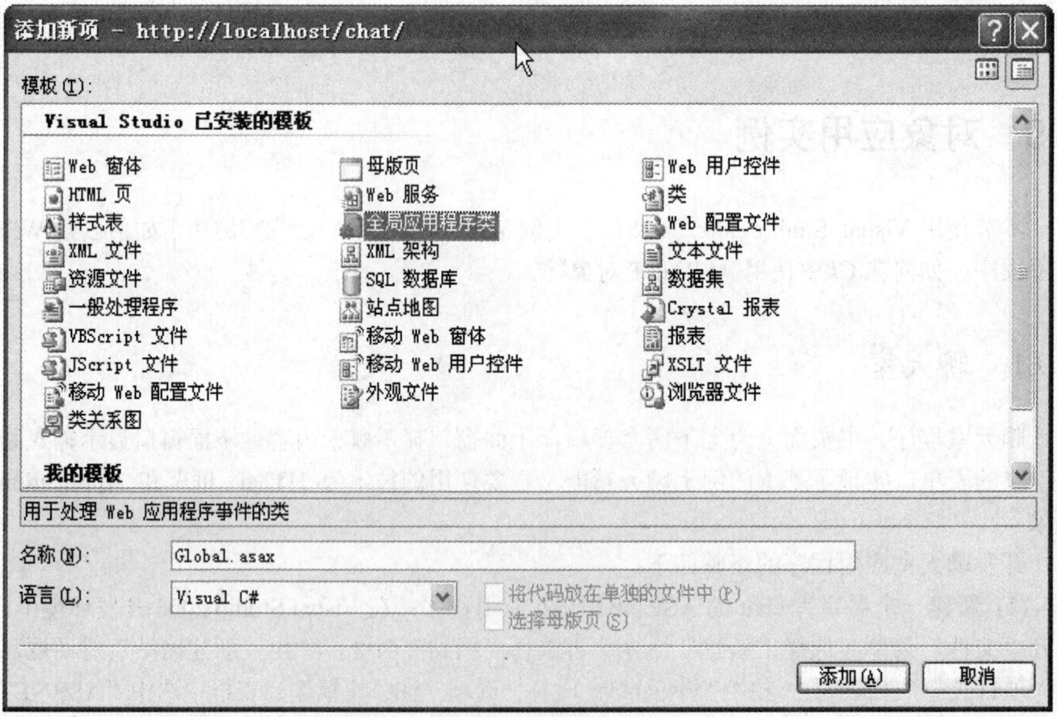

图 5.9 全局应用程序类 Global.asax

(3) 初始化聊天内容：因为聊天内容要求所有用户都能看到，所以本实例中使用 Application 对象来存储聊天内容。因为读取 Application 中不存在的内容会引起异常，所以要初始化聊天内容。在 Global.asax 代码编辑窗口中，为 Application_Start()添加代码如下：

```
void Application_Start(Object sender, EventArgs e)
    {
    // 在应用程序启动时运行的代码
    Application["chatcontent"]="<h2>欢迎来到幸福聊天室......</h2>";
    }
```

(4) 重命名 Default.aspx 为 send.aspx：当创建一个新的应用程序时，会默认生成文件 Default.aspx，可以根据需要重新命名。在“解决方案资源管理器”窗口中，右击文件 Default.aspx，在快捷菜单中选择“重命名”命令，输入新的名字 send.aspx。

(5) 设计 send.aspx 的界面：send.aspx 用来让用户输入聊天内容，是对应于主页面中下面的窗口。send.aspx 的界面如图 5.10 所示，其中对应姓名的文本框控件的 ID 属性设置为：sender，对应内容的文本框控件的 ID 属性设置为：content。

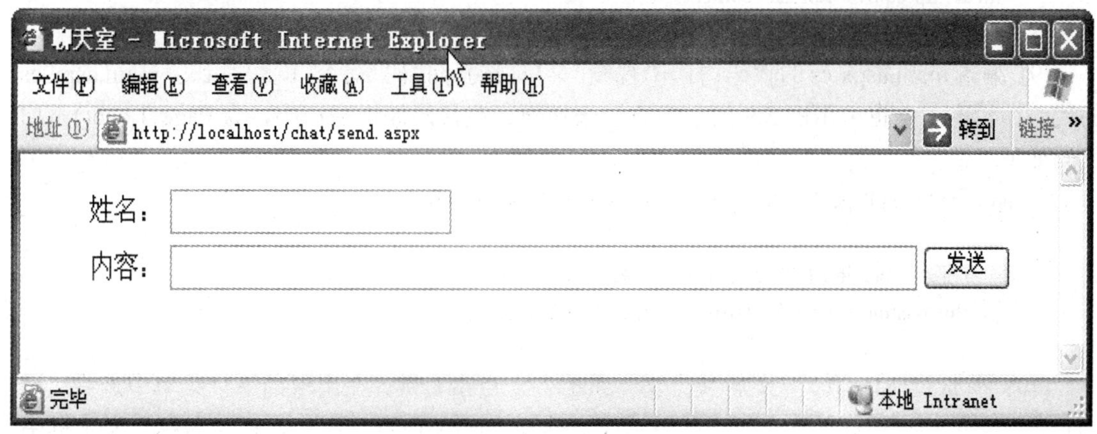

图 5.10 send.aspx 界面

(6) 为 send.aspx 中的按钮添加 Click 事件处理程序：双击 send.aspx 中的按钮，可打开 send.aspx.cs 的代码编辑窗口，光标自动放置在 Button1_Click()方法内部，此方法会在单击按钮时执行，在此添加代码如下：

```
protected void Button1_Click(object sender, System.EventArgs e)
    {
    //定义变量,用来存放一条聊天信息,包括说话者、说话内容、说话日期时间
    string message;
    //获取说话者的名字并用蓝色显示
    message="<font color='blue'>"+this.sender.Text+"</font>说:";
    //获取说话内容
    message+=this.content.Text;
    //获取说话日期时间并用斜体显示
    message+="(<i>"+DateTime.Now.ToString()+"</i>)";
    //在每条信息后面加上换行
```

```
        message+="<br>";
        Application.Lock();
        //把新聊天信息附加在原来聊天信息的后面并存入Application
        Application["chatcontent"]=(string)Application["chatcontent"]+message;
        Application.UnLock();
        //清空聊天文本框
        this.content.Text="";
        }
```

(7) 添加 Web 窗体：在“解决方案‘chat’”上点击右键，在出现的下拉菜单中选中“添加新项”菜单。出现图 5.9 对话框，选择“Web 窗体”命令，在“名称”文本框中输入 main.aspx，添加 web 窗体。

(8) 设计 main.aspx 页面：从“工具箱”中拖出一个 Label 控件放在页面上，把 Label 控件的 ID 属性改为 chatmessage，把 Text 属性设置为空，然后把 main.aspx 窗口由设计视图切换到 HTML 源视图，并在<head>与</head>之间添加下面代码：

```
<meta http-equiv="refresh" content="4;">
```

这行代码的作用是让页面每 4 秒钟自动刷新一次，以自动更新聊天内容。

(9) 编辑 main.aspx.cs 的代码：打开“视图”菜单，选择“代码”命令，就切换到了 main.aspx.cs 的代码编辑窗口，也可用图 5.9 所示的方法来切换。在代码编辑窗口中，为 Page_Load()添加代码如下：

```
protected void Page_Load(object sender, System.EventArgs e)
    {
    //把Application中的聊天信息读出来显示在页面中
    this.chatmessage.Text=(string)Application["chatcontent"];
    }
```

(10) 添加 HTML 页：在“解决方案‘chat’”上点击右键，在出现的下拉菜单中选中“添加新项”菜单。出现如图 5.9 所示的对话框，选择“HTML 页”命令，在“名称”文本框中输入 chat.htm，然后单击“打开”按钮。

(11) 编辑 chat.htm：在 chat.htm 的 HTML 源视图窗口中，把源代码修改为：

```
<html xmlns="http://www.w3.org/1999/xhtml" >
    <head>
        <title>幸福聊天室欢迎您</title>
    </head>
    <frameset rows="*,80">
        <frame src="main.aspx"/>
        <frame src="send.aspx"/>
    </frameset>
</html>
```

(12) 把 chat.htm 设为起始页：在“解决方案资源管理器”窗口中，右击文件 chat.htm，在快捷菜单中选择“设为起始页”命令。

(13) 预览应用程序：打开“调试菜单”，选择“启动”命令，也可以直接按 F5 键，就可以看到程序运行的结果，输入自己的网名，就可以聊天了，如图 5.11 所示。

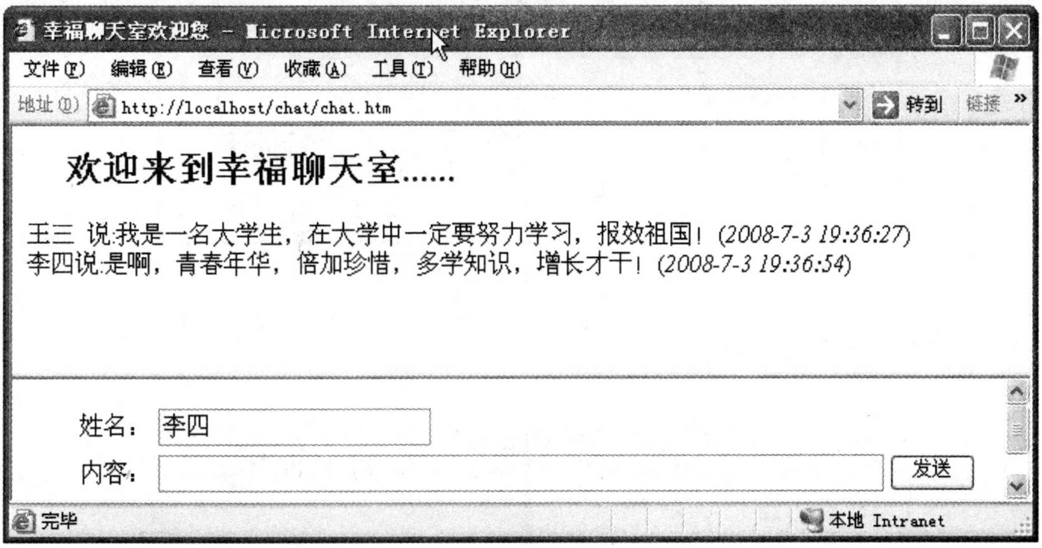

图 5.11 聊天室运行结果

本实例虽然实现了基本的聊天功能，但采用的方案并不是最佳的，因为随着聊天内容的增多，Application 消耗的服务器资源也在增加，影响了应用程序的性能。因此，可以对程序进行改进，比如，定期清除 Application 中的信息，把聊天信息存入数据库，等等。

5.9.2 用户权限检查

在 Web 应用程序和网站中，往往存在一些比较特殊的页面，这些页面会自动检查访问者的权限，不同权限的访问者看到的执行结果是不同的。比如，网站的后台管理页面，一般用户是访问不到的，只有登录成功的管理员才能访问，从而执行相应的管理操作。

本例中，用户分为一般用户和管理员两种，主要用 Session 对象来实现。因为本例主要是用来演示如何使用 Session 的，所以页面内容很简单，没有实现具体的管理操作。实例中主要用到三个页面：index.aspx 为起始页，所有用户都可以访问，且看到的内容一样；login.aspx 为登录页面，管理员在本页面进行登录，如果登录成功则自动转到页面 admin.aspx，否则弹出提示信息；admin.aspx 为管理页面，只有管理员才能看到页面内容，一般用户访问时会自动转到登录页面。

具体的实现过程如下：

1) 创建一个新的 Visual C# 网站：名字为 login，保存位置为 http://localhost/login。

2) 在“解决方案资源管理器”窗口中，把 default.aspx 重命名为 index.aspx。

3) 设计 index.aspx 的界面：

(1) 在页面中输入文本：“这个页面是主页，所有用户都有权访问，你可以根据需要加入内容，管理员可以登录后进入管理页面。”

(2) 选中文本中“登录”两字，打开“格式”菜单，选择“转换为超级链接”命令，弹出“超级链接”对话框，在“URL”文本框里输入 login.aspx，如图 5.12 所示，然后单击“确定”按钮。

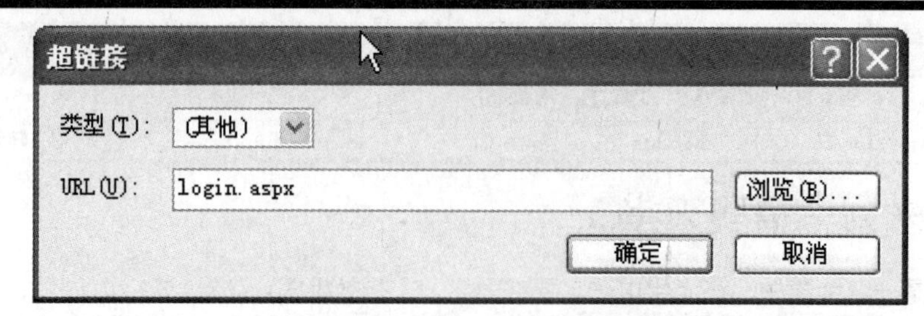

图 5.12　设置登录的超级链接

(3) 用同样的方法，把“管理”转换为超级链接，链接的 URL 设置为 admin.aspx。如图 5.13 所示。

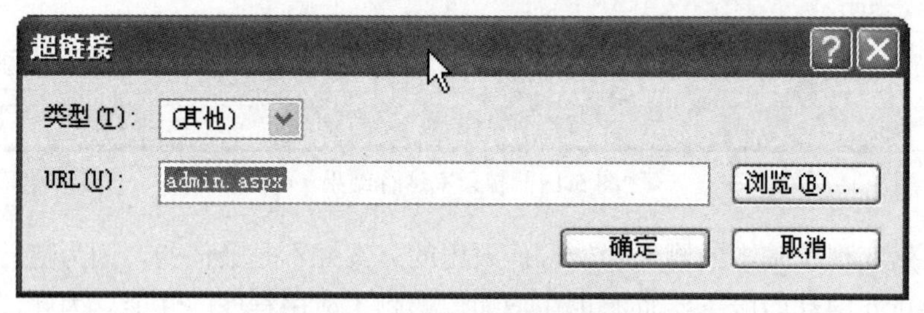

图 5.13　设置管理的超级链接

4) 添加 Web 窗体，并命名为 login.aspx。

5) 设计 login.aspx 的界面如图 5.14 所示，其中对应姓名的文本框控件的 ID 属性设置为：username，对应密码文本框控件的 ID 属性设置为：userpass。

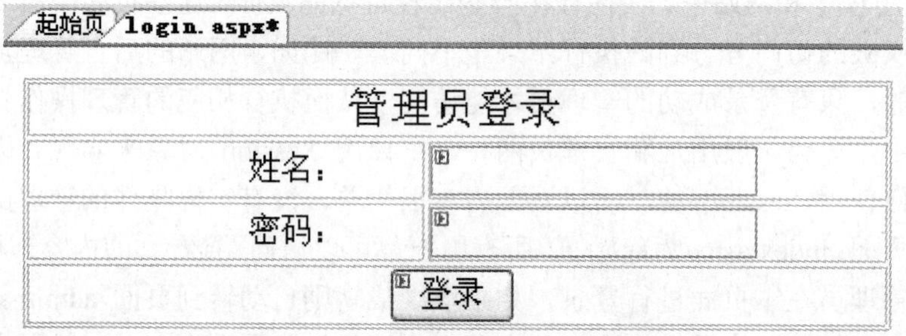

图 5.14　登录界面

6) 双击 login.aspx 中的 Button 控件，为 Button 控件添加 Click 事件处理程序如下：

```
protected void Button1_Click(object sender, System.EventArgs e)
    {
    //定义登录失败时弹出信息框的客户端脚本
    string strno="<script>alert('用户名或密码不正确！');<"+"/script>";
    //判断是否为管理员，在实际应用中，用户名和密码一般都存在数据库中
    //应先从数据库中读出再进行判断
    if(username.Text=="admin" && userpass.Text=="123456")
        {
        //登录成功，把用户名和密码都存入Session对象中
```

```
            Session["username"]=username.Text;
            Session["userpass"]=userpass.Text;
            //把页面转向到admin.aspx
            Response.Redirect("admin.aspx");
            }
        else
            {
            //登录不成功，并弹出信息
            Page.RegisterClientScriptBlock("loginno",strno);
            }
        }
```

7) 添加 Web 窗体，并命名为 admin.aspx。

8) 设计 admin.aspx 的界面：

(1) 把 title 属性改为“管理页面”。

(2) 在页面中输入文本“管理员：你现在可以对网站进行管理了！”。

9) 在 admin.aspx 页面空白处双击，打开 admin.aspx.cs 的代码编辑窗口，为 Page_Load() 添加代码如下：

```
    protected void Page_Load(object sender, System.EventArgs e)
        {
        //判断相应的Session信息是否存在
        if(Session["username"]!=null && Session["userpass"]!=null)
            {
            //相应的Session信息存在，进一步判断是否为管理员
            string username=Session["username"].ToString();
            string userpass=Session["userpass"].ToString();
            if(username!="admin" || userpass!="123456")
                {
                //不是管理员，自动转到登录页面并终止执行当前页
                Response.Redirect("login.aspx",true);
                }
            }
        else
            {
            //相应Session信息不存在，自动转到登录页面并终止执行当前页
            Response.Redirect("login.aspx",true);
            }
        }
```

10) 在“解决方案资源管理器”窗口中，双击文件 Web.config，打开配置文件的编辑窗口，在配置文件的代码里找到会话状态设置一节，在<sessionState>标记中，把 cookieless 的属性值改为 true。这样一来，程序中使用的 Session 不再需要客户端浏览器支持 Cookie。

本实例演示过程如下：

(1) 在.NET 开发环境中，按 F5 键，可以看到 index.aspx 的执行结果，如图 5.15 所示。

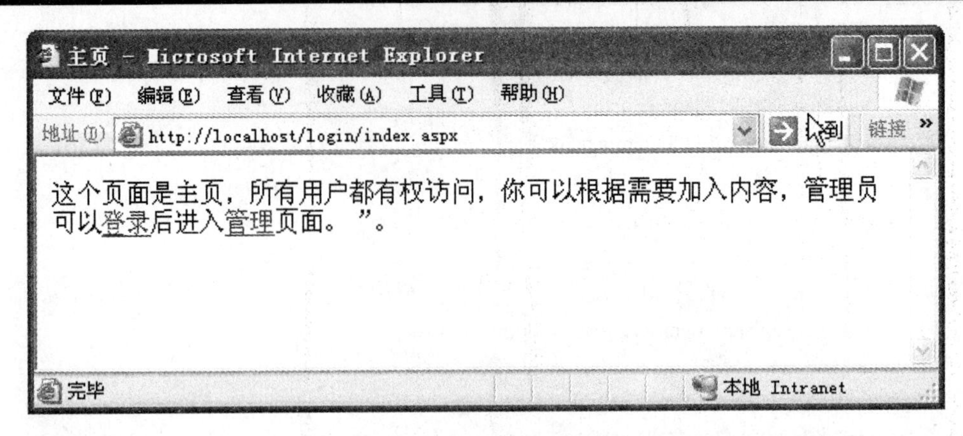

图 5.15 主页面 index.aspx

(2) 打开主页中超级链接“管理”，虽然链接的目标为 admin.aspx，但打开的却是登录页面 login.aspx，如图 5.16 所示，这是因为一般用户没有权限查看 admin.aspx。

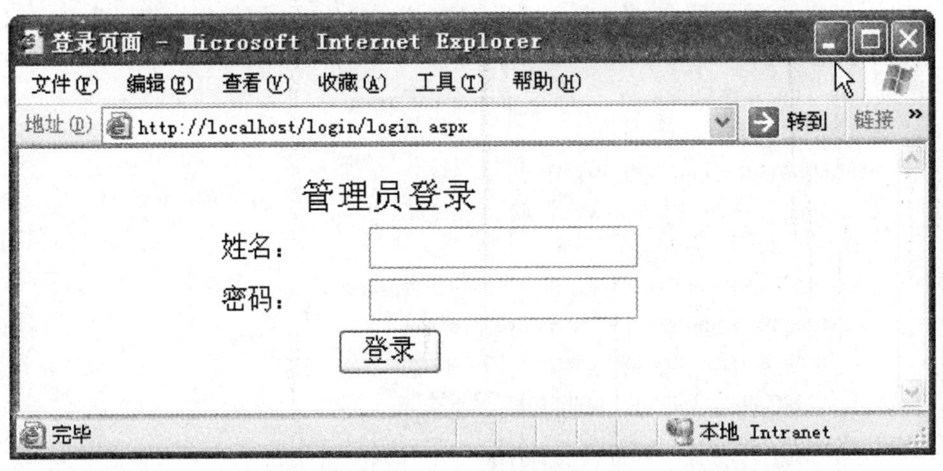

图 5.16 登录页面 login.aspx

(3) 在登录页面中，不输入信息或输入错误的信息，单击“登录”按钮后，会弹出警告信息，如图 5.17 所示，单击警告框的“确定”按钮关闭警告框，页面中重新显示登录界面。

图 5.17 登录失败

(4) 在登录页面中，输入正确的姓名(admin)和密码(123456)，单击“登录”按钮后，浏览器中显示管理页面 admin.aspx，如图 5.18 所示。

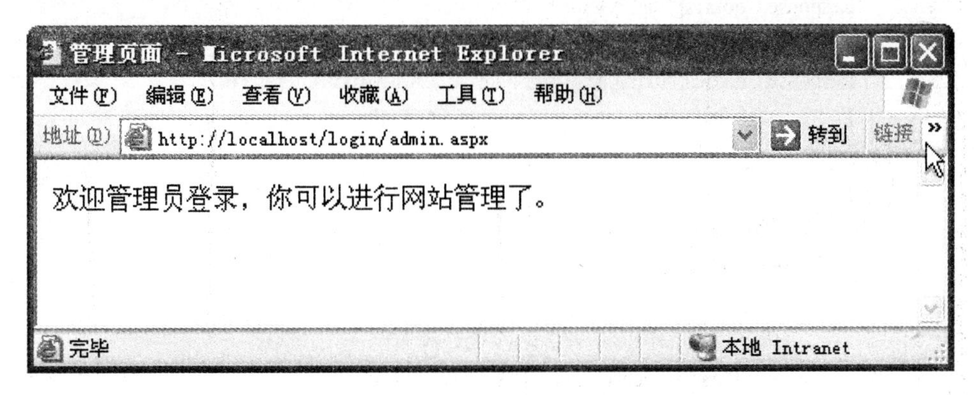

图 5.18 管理页面 admin.aspx

本实例实现的功能非常简单，只有一个管理页面，而在实际应用中，可能有多个页面需要管理员权限，在实现时可以采用相同的方法，为每个管理页面添加相同的检查权限代码，当然，也可以用其他的方法实现。

5.9.3 访问计数器

本实例实现的功能为：记录某个用户对某个页面访问的次数。访问的次数存入客户端的 Cookie 中，所以确切地说，记录的应该是某台机器访问页面的次数。具体实现过程如下：

1) 创建一个新的 Visual C# 网站：名字为 visitcount，保存位置为 http://localhost/visitcount。

2) 设计 default.aspx 的界面：

(1) 在“属性”窗口里，把 DOCUMENT 的 title 属性改为“访问计数器”。

(2) 从“工具箱”里拖出一个 Label 控件放置在页面中的适当位置，并把 Label 控件的 ID 属性设置为 message，Text 属性设置为空。

3) 在 default.aspx 页面空白处双击，打开 default.aspx.cs 的代码编辑窗口，为 Page_Load() 添加代码如下：

```
protected void Page_Load(object sender, System.EventArgs e)
    {
    //定义一个变量,用来存放新的访问次数
    int ivs;
    //判断计数Cookie是否存在
    if(Request.Cookies["vnumber"]==null)
        {
        //如果计数Cookie不存在,则认为是第一次访问
        ivs=1;
        //设置计数Cookie,存放访问次数
        Response.Cookies["vnumber"].Value=ivs.ToString();
        //设置计数Cookie的有效期为两年
        Response.Cookies["vnumber"].Expires=DateTime.Now.AddYears(2);
```

```
            //设置标记Cookie,用来判断用户在过去的10分钟内是否已经访问过
            Response.Cookies["flag"].Value="ok";
            //设置标记Cookie的有效期为10分钟
            Response.Cookies["flag"].Expires=DateTime.Now.AddMinutes(10);
            }
        else
            {
            //如果计数Cookie存在,则进一步判断是否在过去的10分钟内访问过
            if(Request.Cookies["flag"]==null)
                {
                //如果过去10分钟内没有访问过,则计数加1
                ivs=int.Parse(Request.Cookies["vnumber"].Value)+1;
                //把新的计数值存入计数Cookie
                Response.Cookies["vnumber"].Value=ivs.ToString();
                //再次设置计数Cookie的有效期为两年,此句如果省略,则变为会话Cookie
                Response.Cookies["vnumber"].Expires=DateTime.Now.AddYears(2);
                //设置标记Cookie,说明已经访问过
                Response.Cookies["flag"].Value="ok";
                //设置标记Cookie的有效期为10分钟
                Response.Cookies["flag"].Expires=DateTime.Now.AddMinutes(10);
                }
            else
                {
                //如果标记Cookie存在，则过去10分钟内计数已加1，所以不再加1
                ivs=int.Parse(Request.Cookies["vnumber"].Value);
                }
            }
        //把访问次数显示在页面中
        this.message.Text="<h3>你是第"+ivs.ToString()+"次访问本页面</h3>";
        }
```

4) 按 F5 键，可看到程序执行结果，如图 5.19 所示。

图 5.19 访问计数器

本章小结

本章主要介绍了 ASP.NET 常用对象的属性和方法，最后通过几个实例演示了这些对象在 C#中的使用。每个对象都对应着.NET Framework 中的一个类，这些对象提供了很多有用的属性和方法，在应用程序中有着自己特定的用途：Page 代表着一个 Web 窗体页；Response 用来向客户端发送信息；Request 用来从客户端获取信息；Server 提供了一些访问服务器的方法和属性；Application 用来维护应用程序状态；Session 用来维护会话状态；Cookie 用来在客户端存放数据。有些对象的功能和用法非常相似，如 Application 与 Session，使用时需要注意它们之间的不同点。另外，使用对象实现同一功能时，可能会有很多种方法，这正是.NET 用法灵活、功能强大的表现。

习题

(1) 用来判断页面是否通过验证的是 Page 对象的__________属性。

(2) 用来重定向页面的是 Response 对象的__________方法。

(3) Application 对象与 Session 对象有什么相同点和不同点？

(4) 简述 Cookie 的工作原理。

(5) Request.Form 与 Request.QueryString 有什么区别？

上机操作题

(1) 在页面中显示来访者的 IP 地址。

(2) 设置一个多值 Cookie，用来存放用户的姓名、性别、年龄，有效期为一个月。

(3) 使用 Cookie 实现 5.9.2 节中实例的功能。

(4) 在一个页面中把一个数组存入 Session，在另一个页面从 Session 中读出数组并输出。

6 数据库和 ADO.NET

数据访问技术是任何实际应用程序的核心部分，在设计应用程序、尤其是分布式应用程序时，就需要确定如何表示并访问与该应用程序相关联的业务数据。微软公司推出的 ADO.NET 是 Microsoft.NET Framework 的核心组件。借助 ADO.NET，可以展示最新数据访问技术，这是一种高级的应用程序编程接口，可用于创建分布式的数据共享应用程序。

本章主要围绕有关数据库的基本概念、基本操作及 ADO.NET 数据模型的基本结构等内容展开，重点介绍 ADO.NET2.0 组件所涉及到的数据操作。

6.1 数据库的基本概念

计算机数据管理技术的发展经历了人工管理、文件系统、数据库系统三个阶段。从 20 世纪 60 年代后期开始，需要计算机处理的数据量急剧增长，对数据共享的需求日益增强，为了有效地管理和存取大量的数据资源，数据库技术应运而生，并得到迅猛发展。

数据库技术的主要目的是：提高数据的共享性，使多个用户能够并发存取数据库中的数据；减少数据的冗余度，以提高数据的一致性和完整性；提供数据与应用程序的独立性，从而减少应用程序的维护代价。

现在，数据库已经成为各种信息系统的核心和基础。

6.1.1 数据库技术概述

数据库(Database)：数据库是通用化的相关数据集合，它不仅包括数据本身，而且包括相关数据之间的联系。数据库中的数据不只面向某一项特定应用，而是面向多种应用的，可以被多个用户、多个应用程序共享。

数据库系统(Database System，DBS)：数据库系统是指在计算机系统中引入数据库后的系统构成，一般由数据库、数据库管理系统(及其开发工具)、应用系统、数据库管理员和用户构成。

数据库管理系统(Database Management System，DBMS)：数据库管理系统是位于用户与操作系统之间的一层数据管理软件。数据库在建立、运用和维护时由数据库管理系统统一管理、统一控制。数据库管理系统使用户能方便地定义数据和操纵数据，并能够保证数据的安全性、完整性，以及多用户对数据的并发使用和发生故障后的数据库恢复。

数据库应用系统(Database Application System，DBAS)：数据库应用系统是由系统开发人员利用数据库系统资源开发出来的，面向某一类实际应用的应用软件系统。

6.1.2 关系模型和关系数据库

关系模型是当今几乎所有数据库都支持的数据模型，它建立在严格的数学理论基础上。关系模型的基本结构是表(table)，即关系(relations)。在关系数据库中，每个关系是一张命名的二维表。关系数据库使用表(即关系)来表示实体及其联系。如表 6.1 所示。

表 6.1 读者关系

借书证号	姓 名	性 别	职 称	单 位	电 话
1201	黎 明	男	副教授	计算机系	13903715678
1203	王大力	男	讲师	计算机系	13038823456
1302	王 瑞	女	讲师	经济管理系	89226997
1303	赵 勇	男	助教	经济管理系	89674685

表中的第一行表示了表的结构，其余各行是表的内容，每一行反映了一个实体的有关信息，称为一条记录。表中的每一列是一个字段。

这种用二维表的形式来表示实体和实体间联系的数据模型称为关系数据模型。

从用户观点看，关系数据库是一个存放数据的表和支持这些数据的存储、检索、安全性和完整性的逻辑成分所组成的集合。下面列出常用的关系术语：

(1) 关系：一个关系就是一张二维表，每个关系有一个关系名。在计算机中，一个关系可以存储为一个表。如表 6.1 的读者关系。

(2) 关系模式：对关系的描述称为关系模式，其格式为：

关系名(属性名1，属性名2，…，属性名n)

一个关系模式对应一个关系的结构。例如：图书(总编号，书名，书号，分类号，作者，出版单位，出版日期，单价)；读者(借书证号，姓名，性别，职称，单位，电话)；借阅(借书证号，总编号，借书日期，还书日期)分别描述了三个关系模式。

(3) 元组：表中的行称为元组。一行是一个元组，对应存储文件的一个记录值。如表 6.1 有 4 个元组。

(4) 属性：表中的列称为属性，每一列有一个属性名，属性值相当于记录中的字段值。如表 6.1 的借书证号、姓名等均为属性。

(5) 元数：关系模式中属性的数目是关系的元数。如图书关系是一个 8 元关系。

一个具体的关系模型是若干个关系模式的集合。上面的图书、读者、借阅三个关系构成一个简化了的图书管理系统的关系模型。

(6) 域：属性的取值范围，即不同元组对同一个属性的取值所限定的范围。例如图书的分类号限定为“2 个字母＋3 个数字＋1 个小数点＋3 个数字”；逻辑型属性只能从逻辑真和逻辑假两个值中取值。

(7) 关键字：又称为“键”或“码”，是属性或属性组合，其值能够唯一地标识一个元组，例如图书关系中的总编号，其他属性都不能起到这个作用。对于关系模式借阅，其关键字是属性组合(借书证号、总编号)。

(8) 外关键字：又称外码。某个关系模式 R 中的属性或属性组 X 并非 R 的关键字，但 X 是其他关系模式的关键字，则称 X 是 R 的外关键字。例如借书证号不是关系模式借阅的关键字，但借书证号是关系模式读者的关键字，则借书证号是关系模式借阅的外关键字。

外关键字提供了数据库中多个数据表进行关联的手段。如读者关系和借阅关系就是通过借书证号来体现它们之间的联系的。借书证号是关系模式读者和借阅的公共属性，在关系模型中，公共属性的属性名一般是相同的，但是并非一定要相同，只要具有相同的语义和相同的域即可。

6.1.3 数据库设计

数据库设计是对一个给定的应用环境，构造一个最优的数据库模式，并据此建立一个能反映现实世界的信息和信息之间的联系、满足用户对数据的要求和对数据加工的要求的数据库及其应用系统，使得数据库既能有效、安全、完整地存储大宗数据，又能满足多个用户的信息要求和处理要求。

数据库设计过程是数据库生命周期的一个阶段。数据库生命周期一般包含数据库系统的规划、设计、实现、运行管理和维护、扩充和重构等大的阶段。应该用软件工程的原理和方法来指导设计过程。一般数据库设计过程可以分为以下阶段：

(1) 需求分析：数据库设计的第一步是调查与分析设计的对象，对所有可能的数据库用户的数据要求和处理要求，进行全面的了解、收集和分析。需求分析是后续各步的基础。

(2) 概念模型设计：在需求分析的基础上，构造每个数据库用户的局部视图，然后合并各局部视图，并经优化后形成一个全局的数据库公共视图。这个公共视图就是数据库的概念模型，或称为企业的组织模式，它是整个企业信息的轮廓框架，是独立于任何一种数据模型和任何具体的 DBMS 的信息结构的。

(3) 逻辑设计：逻辑结构设计的任务是按照一定的规则，将概念模型转换为某种数据库管理系统所能接受的数据模型。这个数据模型需要经过优化处理，并适当考虑完整性、安全性、一致性以及恢复和效率等一系列有关数据库性能的因素。

逻辑设计所得到的数据模型反映了数据库的全局逻辑结构，它就是数据库的模式。在这个阶段可以用 DBMS 提供的 DDL(数据定义语言)描述。DDL 主要用于描述数据库的逻辑结构，但由于实际的 DDL 往往带有一些描述物理结构的成分，因此用 DDL 定义模式的工作一般可放在物理设计之后进行。

(4) 物理设计：数据库的物理设计是为一个给定的逻辑数据模型选取一个最合适应用环境的物理结构的过程。这里的物理结构主要指数据库在物理设备上的存储结构和存取方法，它是完全依赖于给定的计算机系统的。

6.2 数据库的基本操作

各个数据库软件开发商为自己的数据库设计不同的数据库管理系统。有许多流行的数据库产品，如 Oracle、Sybase、Informix、Microsoft SQL Server、Microsoft Access、Visual FoxPro

等。不同的数据库管理系统操作方式各异，相互之间的数据交换更是一件非常麻烦的事情。

ASP.NET 应用程序开发中，支持目前几乎所有流行的数据库产品。这里以微软的数据库产品 Microsoft SQL Server 为例，对有关数据库基本操作问题展开讨论。

6.2.1 SQL Server 概述

SQL Server 是 Microsoft 公司在原来和 Sybase 公司合作的基础上打包推出的一款面向高端的数据库管理系统。自它推出后，迅速占领了的数据库应用市场。经过不断地更新换代，目前的最新版本是 SQL Server 2005。它具有高性能、功能强、安全性好、易操作、易维护等优点。它是基于客户端/服务器模式的新一代大型关系型数据库管理系统，是当前应用最广泛的 DBMS 之一，在电子商务、数据仓库和数据库解决方案等应用中起着重要的核心作用，为企业的数据管理提供强大的支持。它定位于 Internet 背景下，基于 Windows 操作系统，能够为用户的 Web 应用提供完善的数据管理和数据分析解决方案。

下面以 SQL Server 2000 为例来介绍有关数据库的基本操作知识，这是目前公认的最为稳定的一个版本。

Microsoft SQL Server 2000 使用的语言称为 Transact-SQL(简称 T-SQL)，这是一种功能强大的数据库查询和编程语言，它除了包含标准的 SQL 语句外，还增加了一些非标准的 SQL 语句。在 SQL Server 2000 中，主要有两种方式对数据库、表进行操作，一是通过企业管理器界面，另一种方式是通过 T-SQL 命令方式。

企业管理器是基于一种新的被称为微软管理控制台(Microsoft Management Console)的公共服务器管理环境，它是 SQL Server 中最重要的一个管理工具。企业管理器不仅能够配置系统环境和管理 SQL Server，而且由于它能够以层叠列表的形式来显示所有的 SQL Server 对象，因而所有 SQL Server 对象的建立与管理都可以通过它来完成。

启动 SQL Server 企业管理器(Enterprise Manager)界面如图 6.1 所示。

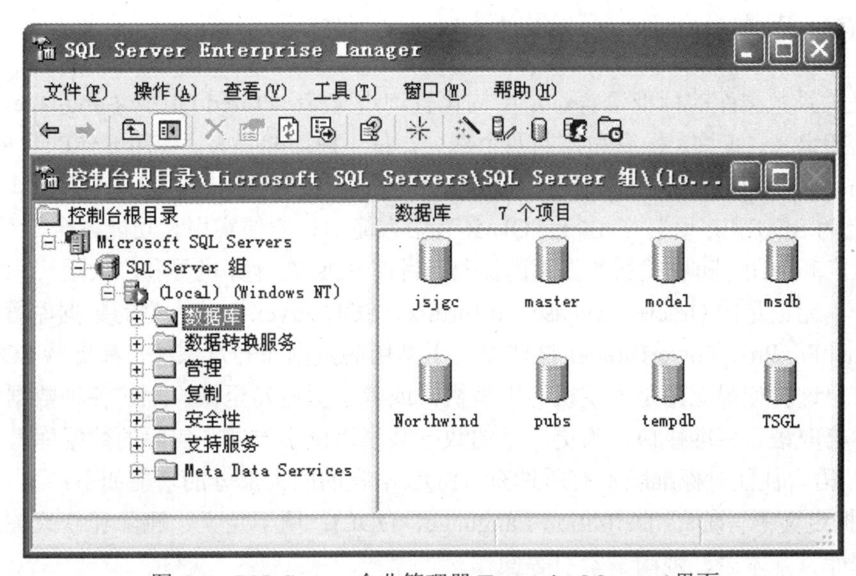

图 6.1 SQL Server 企业管理器(Enterprise Manager)界面

SQL Server 2000 的查询分析器用于输入和执行 Transaction-SQL 语句，并且迅速查看这些语句的结果，以分析和处理数据库中的数据。这是一个非常实用的工具，对掌握 SQL 语言，深入理解 SQL Server 的管理工作有很大帮助。

通过 T-SQL 命令方式对数据库进行操作，一般可以在 SQL Server 的查询分析器中进行。其步骤是：打开 SQL Server 企业管理器→选择主菜单的“工具”→“SQL 查询分析器”，即可在查询分析器的输入窗口中输入 T-SQL 命令语句。如图 6.2 所示。语句输完后，按下 F5 键，或单击工具栏中的运行按钮，将执行所输入的语句。

本节将分别介绍使用图形界面和使用命令方式对数据库和表进行操作。

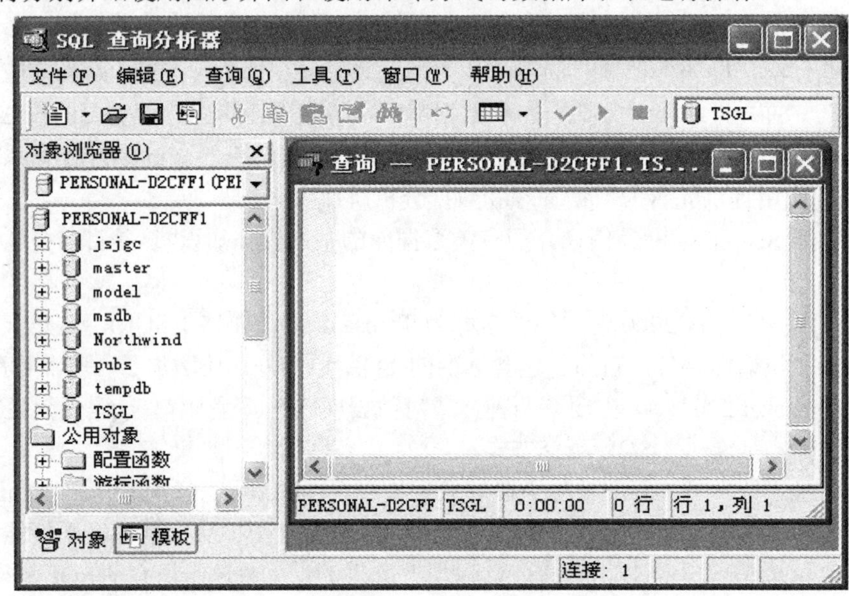

图 6.2　查询分析器

6.2.2 SQL 语言

SQL 是关系数据库的标准语言，是结构化查询语言(Structured Query Language)的缩写，它实际上包括定义、查询、操纵和控制四个部分，是一种功能强大、使用方便的数据库语言。

SQL 语言在 20 世纪 70 年代中期由 Boyce 和 Chamberlin 提出，在 IBM 大型计算机上实现(当时称之为 SEQUEL 语言)。由于 SQL 具有语言简洁、方便实用、功能齐全等突出优点，很快得到推广和应用，随着关系数据库的流行，目前 SQL 在计算机界和广大用户中已经得到公认。如今，无论是像 Oracle、Sybase、Informix、SQL server 这些大型的数据库管理系统，还是像 Visual FoxPro、PowerBuilder 这些微机上常用的数据库开发系统，都支持 SQL 语言作为查询语言。这就使得无论是大型机、中型机，或者小型机乃至微机上的各种数据库系统都有了共同的存取语言标准接口，为更广泛的数据共享提供了方便。实际的数据库管理系统中实现的 SQL 语言往往对标准版本有所扩充。SQL 语言的四大部分的功能如下：

(1) 数据定义语言(Data Definition Language，DDL)：用于定义、删除和修改关系模式，即定义数据库、基本表、视图、索引等操作。

(2) 数据查询语言(Data Query Language，DQL)：用于查询数据库中的数据。在数据库系统中，数据的查询是最常用的操作。

(3) 数据操纵语言(Data Manipulation Language，DML)：用于对关系中的具体数据进增加、删除和更新等操作。

(4) 数据控制语言(Data Control Language，DCL)：用来实现对数据访问权限的授予或撤消。

SQL 有两种使用方法，一种是以与用户交互的方式联机使用，另一种是作为子语言嵌入到其他程序设计语言中使用。前者称为交互式 SQL，可以在软件开发时使用。后者称为宿主型 SQL，适合于程序设计人员用高级语言编写应用程序并访问数据库时嵌入到主语言中使用。这两种使用方法的基本语法结构一致。

在本书中，应用最多的是嵌入到 C#中的 SQL 语句，C#即为宿主语言。

6.2.3 SQL Server 系统安全管理

SQL Server 提供了较为复杂的数据库安全保护机制，主要有两个方面：用户身份认证和存取控制。用户身份认证即用户标识和鉴定，主要手段是用户名和口令；存取控制机制确保只授权给有资格的用户访问数据库的权限，以防止未经授权的访问。

每个用户，包括网络和本地用户，在访问 SQL Server 数据库之前，都必须经过两个阶段的安全性验证。第一个阶段是身份验证，验证用户是否具有“连接权”，即是否允许用户访问 SQL Server 服务器实例，对应到连接权的用户称为登录账户(Login)或登录名；第二个阶段是数据库的访问权，即已经登录的用户是否有相应的权限在数据库中进行某种操作，如查询、更新数据的权限。

SQL Server 的身份认证模式是指系统确认用户的方式，SQL Server 2000 有两种身份认证模式，即 Windows 身份认证模式和 SQL Server 身份认证模式。

1) Windows 身份认证模式：用户对 SQL Server 实例的访问控制通过 Windows NT 或 Windows 2000 操作系统完成。当连接数据库时，用户不需要提供 SQL Server 实例的登录账户。这样做有一个前提，即 SQL Server 系统管理员必须指定 Windows 账户或工作组作为有效的 SQL Server 登录账户。

2) SQL Server 身份认证模式：当使用 SQL Server 身份认证机制时，SQL Server 系统管理员必须定义 SQL Server 登录账户和口令。当用户要连接到 SQL Server 实例时，必须提供 SQL Server 登录账户和口令。在 Windows 2000 或 Windows XP 等操作系统下安装或管理 SQL Server 实例时，SQL Server 系统管理员可以选择或指定 SQL Server 的以下两种身份认证模式之一：

(1) 仅 Windows 身份认证模式：只允许采用 Windows 验证机制，用户不用指定 SQL Server 登录账户。

(2) 混合认证模式：SQL Server 系统既允许使用 Windows 账户登录，也允许使用 SQL Server 账户登录。

在企业管理器中依次展开“服务器组”→“服务器”→“安全性”，单击“登录”节点，就会在详细信息窗口中看到以下两个内置的登录账户。

(1) BUILTIN\Administrators：一个 Windows 系统用户的组，凡属于该组的系统账户都可以作为 SQL Server 的登录账户。

(2) sa：SQL Server 系统管理员登录账户，在混合验证模式下，该账户拥有最高的管理权限，可以执行服务器实例范围内的所有操作。

6.2.4 在 SQL Server 2000 中创建和维护数据库、表

本节以图书管理数据库、表操作为例介绍介绍 Microsoft SQL Server 2000 系统中数据库、表的创建和维护方法。数据库名为 TSGL，包含 3 个表：图书信息表、读者信息表和借阅信息表，各个表的名称分别为 Book，Reader 和 Borrow。各表的结构分别列于表 6.2～表 6.4 中。本章所有关于数据库的操作，如果没有特别指明，都是以数据库 TSGL 为例进行的。

表 6.2 Book 表结构

列名	数据类型	长度	允许空
总编号	char	8	
书名	varchar	30	
书号	char	13	
分类号	char	10	
作者	char	16	
出版单位	char	20	
出版日期	datetime	8	
单价	smallmoney	4	√

表 6.3 Reader 表结构

列名	数据类型	长度	允许空
借书证号	char	4	
姓名	char	10	
性别	char	2	√
职称	char	10	√
单位	char	12	√
电话	char	12	√

表 6.4 Borrow 表结构

列名	数据类型	长度	允许空
借书证号	char	4	
总编号	char	8	
借书日期	datetime	8	
还书日期	datetime	8	√

6.2.4.1 创建数据库

在 SQL Server 2000 中，一个数据库是包含表、视图、存储过程等数据库对象的容器，数

据库的各种数据库对象都是保存在数据库的数据文件中。

创建数据库应具备的条件是：在 SQL Server 2000 中，能够创建数据库的用户必须是系统管理员或具有 Database Creators 权限的服务器角色。

1) SQL Server 数据库的文件。在默认方式下，创建的数据库都包含一个主数据文件和一个事务日志文件，如果需要，可以包含辅助文件和多个事务日志文件。用户创建数据库或添加新的文件时，可以自行指定文件的路径。下面分别说明 SQL Server 数据库的 3 类文件。

(1) 主数据文件(Primary File)：是数据库的起点，指向数据库中文件的其他部分，同时也用来存放用户数据。每个数据库都有一个且仅有一个主数据文件，文件扩展名为.mdf。

(2) 辅助数据文件(Secondary File)：专门用来存放数据。有些数据库可能没有辅助数据文件，而有些数据库可能有多个辅助数据文件。辅助数据文件的扩展名为.ndf。使用辅助数据文件可以扩大数据库的存储空间，如果数据库只有主数据文件，那么该文件的最大容量受整个磁盘空间的限制，若数据库使用了辅助数据文件，则可以将该文件建立在不同的磁盘上，这样数据库的容量则不再受一个磁盘空间的限制了。

(3) 事务日志文件(Transaction Log File)：存放恢复数据库所需的所有信息。凡是对数据库中的数据进行的修改操作，如 INSERT、UPDATE、DELETE 等 SQL 语句，都会记录在事务日志文件中。当数据库遭到破坏时，可以利用事务日志文件恢复数据库的内容。每个数据库至少有一个事务日志文件，也可以有多个事务日志文件，其扩展名为.ldf。

2) 使用图形界面创建数据库。在图形界面下创建数据库的过程如下：

(1) 启动企业管理器：在企业管理器的树型界面中，展开到要创建数据库的服务器实例，右键单击结点“数据库”，在打开的快捷菜单中选中“新建数据库”菜单项。此时将出现“数据库属性”对话框。

(2) “数据库属性”对话框有 3 个选项卡：常规、数据文件、事务日志。如图 6.3 所示。

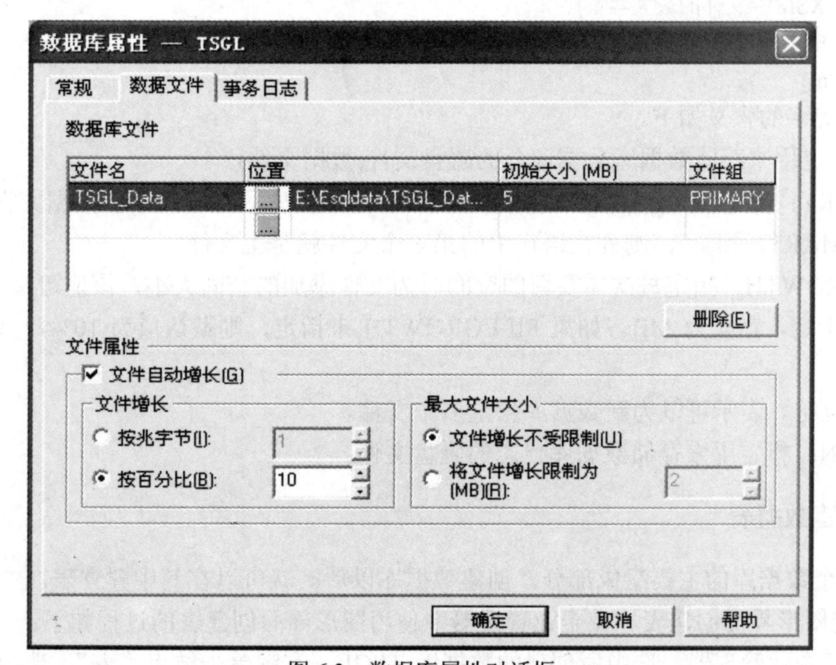

图 6.3 数据库属性对话框

首先在“常规”选项卡中输入要创建的数据库名称 TSGL。在“数据文件”选项卡中可以看到数据库文件名、存放位置、初始大小、所属文件组，以及数据文件的空间属性，这些数据都是由系统自动产生的。用户也可以根据自己的需要进行相应的修改。如可以修改主文件的位置为 E:\sqldata，将初始主文件的初始大小改为 5MB。文件的空间属性可以选默认设置：文件按 10%自动增长，文件增长大小不受限制。

如果希望将数据库存放于多个数据文件上，此时可以在“文件名”的第 2 行或第 3 行指定辅助数据文件的文件名、存放路径、初始大小和所属文件组等。

选择“事务日志”选项卡，同样可以设置日志文件的相应选项。

(3) 最后单击“确定”按钮，关闭“数据库属性”对话框，保存所创建的数据库。

3) 使用命令方式创建数据库。使用命令方式创建数据库用 CREATE DATABASE 命令。

CREATE DATABASE 语句的语法如下：

```
CREATE DATABASE  数据库名
[ON
{([PRIMARY] [NAME=数据文件的逻辑名,]
FILENAME='数据文件的物理名'
[ ,SIZE=文件的初始大小]
[ ,MAXSIZE=文件的最大容量]
[ ,FILEGROWTH=文件空间的增长量])
}[, …n]]
[LOG ON
{([NAME=日志文件的逻辑名, ]
FILENAME='日志文件的物理名'
[ ,SIZE=文件的初始大小]
[ ,MAXSIZE=文件的最大容量]
[ ,FILEGROWTH=文件空间的增长量])
}[, …n]]
```

各个关键字的含义如下。

ON：指定用来存储数据库数据部分的磁盘文件(数据文件)。

PRIMARY：指定主文件组中的主数据文件。一个数据库只能有一个主数据文件。如果没有使用 PRIMARY 关键字，则列在语句中的第 1 个文件就是主文件。

FILEGROWTH：指定每次需要新的空间时为文件添加的空间大小，该值可按 MB、KB 或%的形式指定，默认为 MB。如果 FILEGROWTH 未指定，则默认值为 10%，且最小值为 64 KB。

N：占位符。表示可以为新数据库指定多个文件。

LOG ON：指定用来存储数据库日志的磁盘文件。

6.2.4.2 创建数据表

表是一个数据库的主要组成部分。创建数据库以后，就可以在其中建立表。

1) 使用图形界面创建表。在企业管理器中使用图形界面创建表的过程如下：

(1) 打开企业管理器，选中所创建的数据库 TSGL，右键单击结点“表”，选中弹出菜单中的“新建表”命令，即可打开“表设计器”窗口。如图 6.4 所示。

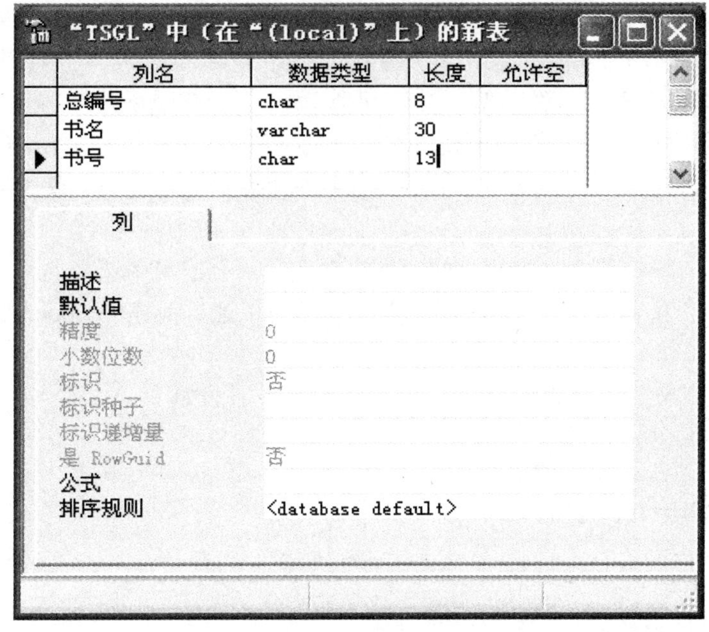

图 6.4　表设计器

(2) 在“表设计器”窗口中输入所要创建的表的结构，包括表的每一列的列名、数据类型、长度、是否允许空等。“列名”也称为“字段名”，应符合命名规则：可以包含英文字母、汉字、数字、下划线；最长 128 个字符；同一个表中的字段名必须唯一。“数据类型”必须是下拉表中的类型之一，可以是系统数据类型或用户定义的数据类型。SQL Server 系统数据类型见表 6.5。

表 6.5　SQL Server 系统数据类型

数据类型	符号标识
整数型	bigint int smallint tinyint
精确数值型	decimal numeric
浮点型	float real
货币型	money smallmoney
位型	bit
字符型	char varchar
Unicode 字符型	nchar nvarchar
文本型	text ntext
二进制型	binary varbinary
日期时间类型	datetime smalldatetime
时间戳型	timestamp
图像型	image
其他	Cursor sql_variant table uniqueidentifier

“长度”对于字符型等数据类型，只需输入字节的长度(一个汉字占 2 个字节)。对于日期时间等类型，其长度是系统确定的，不能修改。对于精确数据类型等，还需要在表设计器下部的附加属性中，指定“精度”和“小数位数”。在表设计器下部，可以设置当前字段的附加属性，如默认值、精度、小数位数、标识、标识种子及标识递增量等。

(3) 设置“主键”。方法一：选中要设置为主键的字段所在的行，然后单击工具栏上的“钥匙”按钮；方法二：右键单击要设置为主键的字段所在的行，在打开的快捷菜单中选中“设置主键”菜单项。

(4) 保存创建的表。单击工具栏上的“保存”按钮，会出现“选择名称”对话框，输入表名，单击“确定”按钮即可完成表的创建。在这里可以建立前述的 Book、Reader、Borrow 等 3 个表。

2) 用 SQL 语句创建表。用 SQL 语句创建表的基本语法如下：

```
CREATE TABLE 表名
 ( 列名1 列属性 [列完整性约束],
   列名2 列属性 [列完整性约束],
   ……
  [表完整性约束] )
```

其中，列属性的格式为：

```
数据类型 [(长度)][NULL|NOT NULL][IDENTITY(初始值，步长)]
```

列约束的格式为：

```
[CONSTRAINT 约束名] PRIMARY KEY [(列名)]          //指定主键
[CONSTRAINT 约束名] UNIQUE KEY [(列名)]           //指定唯一键
[CONSTRAINT 约束名]FOREIGN KEY [(外键列)]REFERENCES引用表名(引用列)
[CONSTRAINT 约束名]CHECK(检查表达式)              //指定检查约束
[CONSTRAINT 约束名] DEFAULT 默认值                //指定默认值
```

6.2.4.3 数据表结构的修改和维护

表创建以后，可以修改其结构。在企业管理器中修改表结构的方法是：在企业管理器中，展开到数据库 TSGL，右键单击要操作的表“Book”，在弹出菜单中选择命令项“设计表”，则打开如图 6.4 的表设计器窗口。该窗口和创建表时的窗口是一样的，所做操作也基本相同。下面介绍使用企业管理器对表的数据进行添加、修改和删除的方法。这里以表 Book 为例。

(1) 在企业管理器中，展开到数据库 TSGL，右键单击要操作的表“Book”，在弹出菜单中选择命令项“打开表”→“返回所有行”，即可打开数据录入窗口。如图 6.5 所示。

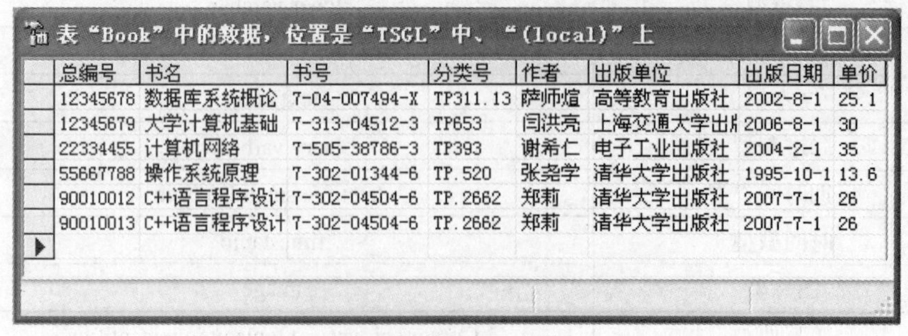

表“Book”中的数据，位置是“TSGL”中、“(local)”上

总编号	书名	书号	分类号	作者	出版单位	出版日期	单价
12345678	数据库系统概论	7-04-007494-X	TP311.13	萨师煊	高等教育出版社	2002-8-1	25.1
12345679	大学计算机基础	7-313-04512-3	TP653	闫洪亮	上海交通大学出版	2006-8-1	30
22334455	计算机网络	7-505-38786-3	TP393	谢希仁	电子工业出版社	2004-2-1	35
55667788	操作系统原理	7-302-01344-6	TP.520	张尧学	清华大学出版社	1995-10-1	13.6
90010012	C++语言程序设计	7-302-04504-6	TP.2662	郑莉	清华大学出版社	2007-7-1	26
90010013	C++语言程序设计	7-302-04504-6	TP.2662	郑莉	清华大学出版社	2007-7-1	26

图 6.5　数据录入窗口

(2) 在打开的数据录入窗口中，可以对表进行添加记录、修改数据、删除记录等操作。要添加数据记录，直接在最后一行添加即可。删除记录的方法是：选中要删除的行，右键单击此行，在打开的快捷菜单中选中“删除”命令。

6.2.4.4 T-SQL 的数据更新语句

表中数据的添加、删除和修改也可以用 SQL 语句来实现。T-SQL 的数据更新语句包括 INSERT、UPDATE、DELETE 语句。

1) 数据插入语句 INSERT。INSERT 语句可给表添加一个或多个新行。其语法格式如下：

```
INSERT [INTO] table_or_view [(column_list)] data_values
```

此语句将使 data_values 作为一行或者多行插入已命名的表或视图中。column_list 是由逗号分隔的列名列表，用来指定为其提供数据的列。如果没有指定 column_list，表或者视图中的所有列都将接收数据。如果 column_list 没有为表或视图中的所有列命名，将在列表中没有命名的任何列中插入一个 null 值(或者在默认情况下为这些列定义的默认值)。在列的列表中没有指定的所有列都必须允许 null 值或者指定的默认值。

在执行 INSERT 语句时，所提供的数据值必须与列的列表匹配。数据值的数目必须与列数相同，每个数据值的数据类型、精度和小数位数也必须与相应的列匹配。如果插入的数据与约束或规则的要求产生冲突或值的数据类型与列的数据类型不匹配，那么 INSERT 执行失败。有两种方法指定数据值：

(1) 用 VALUES 子句为一行指定数据值。

【例 6.1】 向表 Reader 中插入一条记录：

```
INSERT INTO Reader
VALUES('1203','王大力','男','副教授','计算机系','13900015678')
```

【例 6.2】 向表 Reader 中插入一条记录：

```
INSERT INTO Reader(借书证号,姓名)
VALUES('1303', '赵勇');
```

(2) 用 SELECT 子查询为一行或多行指定数据值。

【例 6.3】 首先用如下的 CREATE 语句建立一个表 Reader2：

```
CREATE TABLE Reader2
(借书证号  char(4) NOT NULL,
 姓名  char(8) NOT NULL,
 单位  char(10)
)
```

用如下的 INSERT 语句向 Reader2 表中插入数据：

```
INSERT INTO Reader2
SELECT  借书证号,单位,姓名
FROM Reader
WHERE  单位='计算机系'
```

2) 数据删除语句 DELETE。DELETE 语句的功能是从表中删除行，其基本语法格式是：

```
DELETE [FROM] {table_name|view_name}
[WHERE <search_conditions>]
```

该语句的功能为从 table_name 指定的表或 view_name 所指定的视图中删除满足 <search_conditions>条件的行，若省略该条件，表示删除所有行。

【例 6.4】 将 TSGL 数据库的 Reader 表中姓名为“王大力”的行删除，使用如下的 SQL 语句：

```
DELETE FROM Reader
WHERE姓名='王大力'
```

3) 数据修改语句 UPDATE。UPDATE 语句可以用来修改表中的数据行，其基本格式为：

```
UPDATE {table_name|view_name}
SET column_name={expression|DEFAULT|NULL}[, …n]
[WHERE <search_conditions>]
```

该语句的功能是：将 table_name 指定的表或 view_name 所指定的视图中，满足 <search_conditions>条件的记录中由 SET 指定的各列的列值设置为 SET 所指定的新值。若不使用 WHERE 子句，则更新所有记录的指定列值。

【例 6.5】 将 Reader 表中姓名为“王大力”的读者的职称改为“教授”，使用如下的 SQL 语句：

```
UPDATE Reader
SET 职称 ='教授'
WHERE 姓名='王大力'
```

6.2.4.5 建立表之间的依赖关系

数据库中的表往往不是彼此孤立的，它们之间会有密切的联系，因此建立和利用表之间的依赖关系对于数据库应用程序开发是十分重要的。下面介绍创建数据库关系图的方法。

(1) 在企业管理器中，展开到数据库 TSGL，右键单击结点“关系图”，在打开的快捷菜单中选定“新建数据库关系图”，取消向导方式，右键单击“关系设计窗口”的空白处，在打开的快捷菜单中选定“添加表”菜单项，依次添加 Borrow、Book、Reader 三个表。

(2) 拖动 Borrow 表的“总编号”字段，拖到表 Book 上，即自动打开“创建关系”对话框，如图 6.6 所示，按图示进行设置，即建立了 Borrow 表和 Book 表之间的关系。

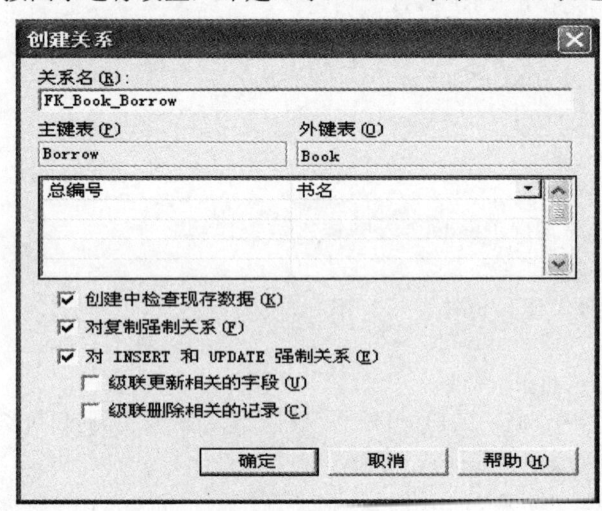

图 6.6 创建关系对话框

采用同样的方法，可以建立 Borrow 表和 Reader 表之间的关系。结果如图 6.7 所示。图中的锁链端表示外键所在的表，钥匙端表示主键所在的表，即分别表示引用方和被引用方。

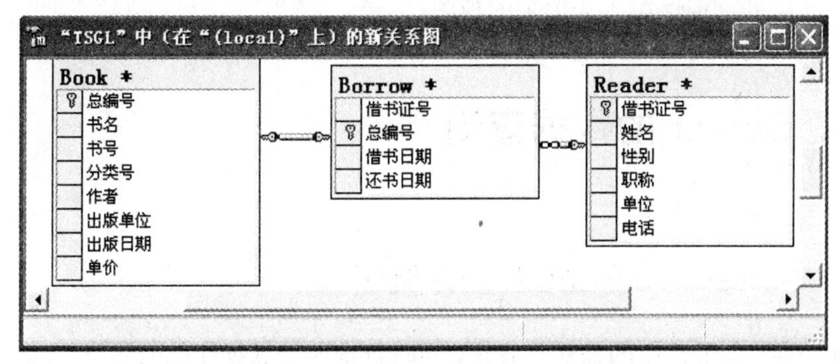

图 6.7 图书管理系统中表之间的关系

6.2.5 视图

6.2.5.1 视图的概念

视图(View)是从一个或几个基本表(Base Table)或其他视图导出来的表。视图本身并不独立存储数据，系统只保存视图的定义。在访问视图时，系统将按照视图的定义从基本表中存取数据。因此，视图是个虚表，它动态地反映基本表中的当前数据。从用户的观点看，基本表和视图都是关系，用 SQL 一样访问。

6.2.5.2 创建视图

在 SQL Server 2000 中，创建视图可以用两种方法：一是在企业管理器中使用可视化的方法或视图向导进行，二是使用 T-SQL 的 CREATE VIEW 语句。本节介绍第二种方法。

【例 6.6】 创建包含计算机系的读者信息的视图。

```
USE TSGL
GO
CREATE VIEW V_JSJX
    AS
    SELECT *
    FROM READER
    WHERE 单位='计算机系'
    WITH CHECK OPTION
GO
WITH CHECK OPTION子句
```

6.2.5.3 视图的查询和更新

视图定义后，就可以如同查询基本表那样对视图进行查询，在此不再赘述。

视图的更新(包括增加、删除、修改记录)是受限的。因为对视图的操作最终要转换为对基本表的操作，而有些视图的更新不能唯一地有意义地转换为对相应基本表的更新。一般地，行列子集视图是可以更新的。所谓行列子集视图是从单个基本表导出，并且只是去掉了基本表的某些行和某些列，但保留了关键字的视图。

6.3 SQL Server 的数据查询

6.3.1 SQL Server 的 SELECT 查询概述

在数据库应用中，最常用的操作是查询，同时查询还是数据库的其他操作(如统计、插入、删除及修改)的基础。SELECT 查询是 SQL 语言的核心，功能强大，和各类 SQL 子句相结合，可以完成各类复杂的查询操作。

SELECT 查询是高度非过程化的，用户只需要指出查询要求和查询目标，不需要指出如何去查询，系统自动对查询过程进行优化，可以实现对数据库及其数据表的高速查询。SELECT 查询的结果是元组的集合。

SELECT 语句的完整语法较为复杂，其主要的子句可归纳如下：

```
SELECT    select_list
[ INTO new_table ]
FROM table_source
[ WHERE search_condition ]
[ GROUP BY group_by_expression ]
[ HAVING search_condition ]
[ ORDER BY order_expression [ ASC | DESC ] ]
```

其中，SELECT 子句用于指定由查询返回的列；INTO 子句用于创建新表并将结果行从查询插入新表中；FROM 指定从其中检索行的表或视图，即查询结果的来源；WHERE 子句用于指定用于限制返回的行的搜索条件；GROUP BY 子句用于按指定的列进行分组；HAVING 子句通常与 GROUP BY 子句一起使用，用于指定组或聚合的过滤条件；ORDER BY 子句用于对查询的结果进行排序，ASC 指定按递增顺序排序，DESC 指定按递减顺序排序，缺省值是 ASC。可以在查询之间使用 UNION 运算符，以将查询的结果组合成单个结果集。

6.3.2 基本查询

【例 6.7】 查询全部图书的情况。

```
SELECT *
FROM Book
```

【例 6.8】 查询计算机系所有读者的姓名和职称。

```
SELECT 姓名，职称
FROM Reader
WHERE 单位='计算机系'
```

【例 6.9】 查找清华大学出版社的所有图书及单价，结果按降序排列。

```
SELECT 书名，出版单位，单价
FROM Book
WHERE 出版单位='清华大学出版社'
ORDER BY 单价 DESC
```

(1) DISTINCT 子句：DISTINCT 子句的作用是在查询结果中去掉重复元组。试比较例 6.8 和例 6.9 的结果。

【例 6.10】 DISTINCT 子句的使用。

```
SELECT DISTINCT书名，出版单位，单价
FROM Book
WHERE 出版单位='清华大学出版社'
ORDER BY 单价 DESC
```

(2) 常用聚合函数：对表数据进行检索时，经常需要对结果进行汇总或计算，例如在图书管理数据库中求图书的平均价格等。聚合函数用于计算表中的数据，返回单个计算结果。常用的聚合函数列于表 6.6 中。

表 6.6 常用聚合函数

函数名	说 明
AVG	求组中值的平均值
COUNT	求组中项数，返回 int 类型整数
MAX	求最大值
MIN	求最小值
SUM	返回表达式中所有值的和
VAR	返回给定表达式中所有值的统计方差

【例 6.11】 计算所藏图书的总价值

```
SELECT SUM(单价) AS 图书总值
FROM BOOK
```

(3) GROUP BY 子句：GROUP BY 子句可以实现分组统计。

【例 6.12】 计算所藏图书中各个出版社所出版图书的册数

```
SELECT 出版单位,COUNT(*) AS 图书总册数
FROM BOOK
GROUP BY 出版单位
```

6.3.3 多表连接查询

在查询中，数据来源往往不止是一个表，而是涉及到多个表，查询时这些表不是彼此孤立的，而必须通过其内在的逻辑关系建立连接，因此这种查询称为多表连接查询。这种连接分为交叉连接、内连接、外连接和自连接 4 种。其中最常用的是自然连接，即去掉重复属性的等值连接。交叉连接的结果是两个表的笛卡儿积，在实际应用中一般是没有意义的。

6.3.3.1 内连接

内连接按照 ON 所指定的条件连接两个表，返回满足条件的行。内连接是系统默认的，可以省略 INNER 关键字。内连接可以有两种书写格式。

【例 6.13】 查询所有借出去的图书的书名及借出日期。

第一种格式：

```
SELECT 书名,借书日期
FROM Borrow , Book
where Borrow.总编号= Book.总编号
```

第二种格式：

```
SELECT 书名,借书日期
FROM Borrow JOIN Book ON Borrow.总编号= Book.总编号
```

内连接还可以实现多表查询。见例 6.14。

【例 6.14】 查询所有借出去的图书的信息，包括书名和读者姓名。

```
SELECT Borrow.*,Reader.姓名, Book.书名
FROM Book JOIN Borrow JOIN Reader ON Reader.借书证号= Borrow.借书证号 ON Borrow.总编号= Book.总编号
```

请注意表名和 ON 子句的书写顺序。

6.3.3.2 外连接

外连接的结果不仅包含满足连接条件的行，还包括相应表中的所有行。外连接包括三种：

(1) 左外连接(LEFT OUTER JOIN)：结果表中除了包括满足连接条件的行外，还包括左表的所有行。

(2) 右外连接(RIGHT OUTER JOIN)：结果表中除了包括满足连接条件的行外，还包括右表的所有行。

(3) 完全外连接(FULL OUTER JOIN)：结果表中除了包括满足连接条件的行外，还包括两个表的所有行。

三种外连接中的 OUTER 关键字均可省略。外连接只能对两个表进行。

【例 6.15】 查询所有读者的借书信息。包括读者姓名、单位以及所借图书总编号、借书日期。

```
SELECT READER.姓名, READER.单位, BORROW.总编号, BORROW.借书日期
FROM READER LEFT OUTER JOIN BORROW ON READER.借书证号=BORROW.借书证号
```

结果如图 6.8 所示。

	姓名	单位	总编号	借书日期
1	王大力	计算机系	NULL	NULL
2	黎明	计算机系	12345678	2007-05-10 00:00:00.000
3	黎明	计算机系	55667788	2007-12-16 00:00:00.000
4	王大力	计算机系	NULL	NULL
5	赵勇	经济管理系	NULL	NULL
6	王瑞	经济管理系	22334455	2008-01-05 00:00:00.000

图 6.8 外连接的执行结果

从结果可以看出，查询结果包括未借书的读者的信息，相应行的借阅信息字段为 NULL。

6.3.4 嵌套查询

在 SQL 语言中，当一个查询块嵌套在另一个查询块内部时，称为之子查询。

在执行嵌套查询时，每一个内层子查询是在上一级外层处理之前完成的，即外层用到内层的查询结果，从形式上看是自下而上进行处理的，因此按照手工查询的思路可以很自然地组织嵌套查询。

6.3.4.1 用 IN 指出包含在一个子查询模块的查询结果中

【例 6.16】 查询曾借过萨师煊所著图书的读者的借书证号。

```
SELECT 借书证号
FROM Borrow
WHERE 总编号 IN
    (SELECT 总编号
     FROM Book
     WHERE 作者= '萨师煊')
```

6.3.4.2 用 EXISTS 进行存在性测试

存在性测试中的子查询检查返回的结果是否为空，使用的关键字为 EXISTS 或 NOT EXISTS，它产生逻辑真值“TRUE”或逻辑假值“FALSE”。例如，使用 EXISTS 进行测试，如果子查询的结果非空，则测试的结果值为真值“TRUE”。

【例 6.17】 查询计算机系是否还清所有借书。如果还清，显示该系所有读者的姓名和职称。

```
SELECT 姓名,职称
FROM Reader
WHERE 单位='计算机系' AND NOT EXISTS
(SELECT *
    FROM Borrow JOIN Reader ON Borrow.借书证号= Reader.借书证号
WHERE 单位='计算机系' AND 还书日期 IS  NULL)
```

6.3.4.3 ALL 和 ANY

在 WHERE 子句的条件中，用 ALL 表示与子查询结果中所有元组的相应值相比均符合要求才算满足条件。而 ANY 表示与子查询结果相比较，任何一个元组满足条件即可。

【例 6.18】 找出藏书中比高等教育出版社的所有图书单价更高的书籍。

```
SELECT *
FROM Book
WHERE 单价>ALL
    (SELECT 单价
FROM Book
WHERE 出版单位='高等教育出版社')
```

6.4 存储过程

在使用 SQL Server 2000 创建应用程序时，可用两种方法存储和执行程序。一是在应用服务器本地存储程序，并创建向 SQL Server 服务器发送命令并处理结果的应用程序；二是将程序在 SQL Server 中存储为存储过程，并创建执行存储过程并处理结果的应用程序。

6.4.1 存储过程的概念及优点

存储过程是一段在服务器上执行的 SQL 程序，它将一组操作集中起来交给 SQL Server 服务器，在服务器端对数据库记录进行处理。

使用存储过程的优点有：

(1) 减少网络流量。对于 C/S 模式的应用系统，只要将执行存储过程的语句发给数据库服务器，将结果发给客户端即可。这样，既利用了服务器强大的计算能力，也避免了将大量的数据从服务器下载到客户端，减少了网络上的传输量，同时也提高了客户端的工作效率。

(2) 执行效率高。存储过程在首次执行时，由数据库服务器对其进行分析、优化和编译，并存储在服务器端的高速缓存中，以后调用时，只用直接执行该过程的在高速缓存中的版本。而如果在应用程序中直接执行 T-SQL 命令，则每次都要从客户端重复发送，并且在 SQL Server 每次执行这些语句时，都要对其进行编译和优化，执行速度明显降低。

(3) 便于实现模块化程序设计。存储过程作为数据库对象存储在数据库服务器端，在项目开发和运行维护阶段，存储过程可由在数据库技术方面有专长的人员创建，并可独立于应用程序源代码而单独修改。业务规则在存储过程中实现，如果业务规则发生了变化，只用修改存储过程来适应新的业务规则，而不用修改客户端应用程序，这样也增强了应用系统开发的灵活性。

(4) 便于实现安全机制。数据库用户可以得到权限来执行存储过程，而不必给予用户直接访问数据库的权限，这进一步增强了数据库的安全性。

存储过程包括系统存储过程和用户存储过程，系统存储过程又分为一般系统存储过程和扩展存储过程。本书主要介绍用户存储过程。

6.4.2 建立和执行存储过程

6.4.2.1 创建和修改存储过程的基本方法

简单存储过程类似于将一组 SQL 语句起个名字，然后就可以在需要时多次调用。复杂的存储过程则要有输入和输出参数。

存储过程返回的数据类型，可以分为两类：一类类似于 SELECT 语句，用于查询数据，查询到的数据以结果集的形式给出；另一类存储过程是通过输出参数返回信息，或不返回信息只执行一个动作。

创建和修改存储过程的方法有两种：一是在查询分析器中执行 T-SQL 命令。二是在企业管理器中进行操作。

在企业管理器中定义存储过程的步骤是：

(1) 在企业管理器中打开要建立或修改存储过程的数据库→选中“存储过程”节点。

(2) 如果新建存储过程，则右键单击“存储过程”节点，在打开的快捷菜单中选定“新建存储过程”命令，则打开“存储过程属性”窗口，在这里可以编写存储过程。如图 6.9 所示。

图 6.9 存储过程属性对话框

(3) 如果要查看或修改已有存储过程的定义，则右键单击要查看或修改的存储过程，在打开的快捷菜单中选定“属性”命令，则打开如图 6.9 所示的“存储过程属性”窗口，在这里可以查看或修改存储过程的定义。

6.4.2.2 创建存储过程的语法格式

创建存储过程的基本语法格式如下：

```
CREATE   PROCEDURE <存储过程名>
[{@参数名 数据类型}
[VARYING][=默认值][OUTPUT] ]
[WITH {ENCRYPTION| RECOMPILE| ENCRYPTION,RECOMPILE}]
AS
SQL语句
```

其中各参数含义如下：

@参数名：定义存储过程的输入或输出参数。要指定数据类型，多个参数定义要用逗号“,”隔开。在调用存储过程时该参数将由指定的参数值来代替，如果执行时未提供参数值，则使用默认值作为实参，默认值可以是常量或空值(NULL)。

OUTPUT：指定此参数为输出参数。

VARYING：指定输出参数是结果集，专门用于游标作为输出参数。

[WITH ENCRYPTION]：对存储过程进行加密。

[WITH RECOMPILE]：对存储过程重新编译。

执行存储过程的基本语法格式如下：

```
EXEC[UTE] <存储过程名>
```

6.4.2.3 创建和执行简单存储过程

【例 6.19】 在 TSGL 数据库中创建一个存储过程，查询所有借出去的图书的信息，包括书名和读者姓名。

此例在例 6.14 中已经建立了查询语句，现在把它定义为一个存储过程。

创建存储过程：

```
CREATE PROCEDURE SP_Bookinfo
AS
SELECT BORROW.*,Reader.姓名,BOOK.书名
FROM BOOK JOIN BORROW JOIN    Reader ON Reader.借书证号=BORROW.借书证号
ON BORROW.总编号=BOOK.总编号
GO
```

调用存储过程：

```
EXECUTE SP_Bookinfo
GO
```

6.4.3 存储过程中参数的使用

一个存储过程可以有输入或输出参数，输入参数是指调用程序向存储过程传递的参数，它们在创建存储过程语句中被定义，在执行存储过程中给出相应的参数值；输出参数是从存储过程返回调用程序的参数。

在存储过程中使用输入和输出参数，可以增强存储过程的功能和系统开发的灵活性。通过输入参数，可以使同一存储过程按照用户的不同要求执行不同的功能；通过输出参数，可以从存储过程中返回一个或多个值。

【例 6.20】 存储过程 SP_ReturnBook 实现读者还书，即根据输入的借书证号和图书总编号修改还书日期为当前日期。此例中定义两个输入参数 BorrowID 和 BookID，分别表示借书证号和图书总编号。

创建存储过程 SP_ReturnBook 的 T-SQL 语句如下：

```
/* 创建存储过程SP_ReturnBook */
CREATE PROCEDURE SP_ReturnBook
 (  @BorrowID CHAR(4),
    @BookID CHAR(8)
 )
AS
```

```
UPDATE BORROW
SET 还书日期=GETDATE()
WHERE 借书证号=@BorrowID AND 总编号=@BookID
GO
```

调用该存储过程的示例语句如下：

```
EXECUTE SP_RETURNBOOK '1201','12345678'
//打开表Borrow即可看到这个语句的执行结果
```

6.5 SQL Server 数据库的日常维护

开发 ASP.NET 应用程序时，访问数据库几乎是必不可少的。我们应当掌握 SQL Server 数据库的一些日常维护技巧：譬如数据库的分离与附加；数据库的备份与还原等等。

6.5.1 数据库的分离与附加

如果想把数据库从一台机器转移到另外一台机器，这在实际工作中会经常遇到。利用 SQL Server2000 提供的分离和附加数据库操作很有用。分离和附加数据库有以下两种方法：

6.5.1.1 利用企业管理器

1) 分离数据库：

(1) 打开企业管理器，依次展开服务器组→服务器→数据库。

(2) 用鼠标右键单击要分离的数据库，然后选择“所有任务”→“分离数据库”命令。系统弹出如图 6.10 所示的分离数据库对话框。

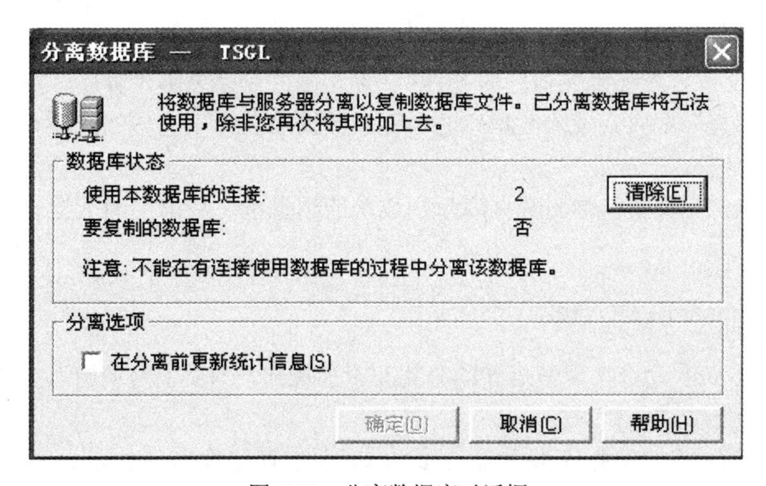

图 6.10 分离数据库对话框

注意：只有在你是 sysadmin 固定服务器角色成员并且所连接的服务器是 SQL Server 2000 时才可执行分离操作，且无法分离 master、model 和 tempdb 数据库。

(3) 在“分离数据库”对话框中，检查数据库的状态。要成功地分离数据库，状态应为：数据库已就绪，可以分离。可以选择在分离操作前更新统计信息。

(4) 不能在有连接使用数据库的过程中分离该数据库，若要终止任何现有的数据库连接，请单击“清除”按钮。

(5) 单击“确定”按钮，完成分离操作。已分离的数据库从数据库节点即从“数据库”文件夹中被删除。

2) 附加数据库：通过附加数据库可以将分离的数据库附加到另一台服务器上，从而实现数据库的转移。

(1) 打开企业管理器，依次展开服务器组→服务器。

(2) 用鼠标右键单击数据库节点，然后选择“所有任务”→“附加数据库”命令。系统弹出如图 6.11 所示的附加数据库对话框。

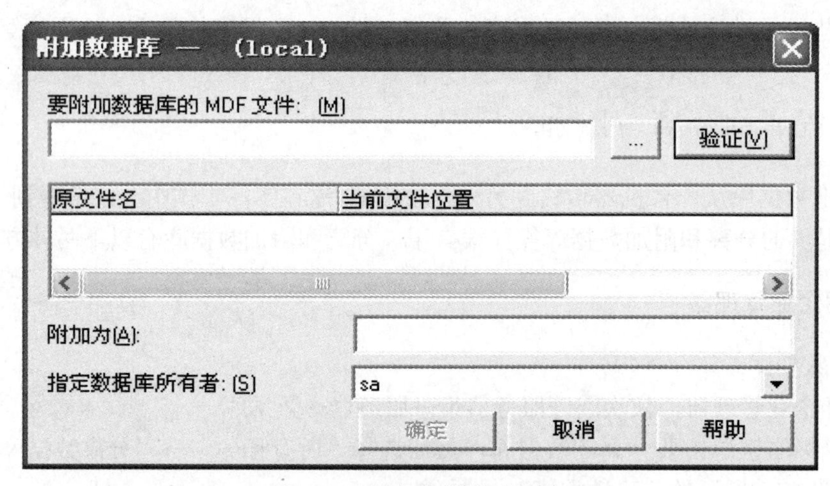

图 6.11 附加数据库对话框

(3) 输入要附加的数据库的 MDF 文件。如果不确定文件位于何处，可以通过单击浏览 ... 按钮来找到文件。若要确保指定的 MDF 文件正确，可以单击“验证”按钮。

(4) 在“附加为”框内，输入数据库的名称。数据库名称不能与任何现有数据库名称相同。

(5) 单击“确定”按钮。弹出数据库附加成功的消息框。新附加的数据库出现在“数据库”文件夹中。

6.5.1.2 利用 Transact-SQL 命令

利用 Transact-SQL 命令实现数据库的分离和附加操作，本质上是调用对应的系统存储过程。

1) 分离数据库：分离数据库调用 sp_detach_db 系统存储过程，语法如下：

```
sp_detach_db [ @dbname = ] 'dbname' [ , [ @skipchecks = ] 'skipchecks']
```

其中：

[@dbname =] 'dbname'：要分离的数据库名称。dbname 的数据类型为 sysname，默认值为 NULL。

[@skipchecks =] 'skipchecks'：skipchecks 的数据类型为 nvarchar(10)，默认值为 NULL。如果为 true，则跳过 UPDATE STATISTICS。如果为 false，则运行 UPDATE STATISTICS。对于要移动到只读媒体上的数据库，此选项很有用。

【例 6.21】 分离 TSGL 数据库，并将 skipchecks 设为 true。

```
EXEC sp_detach_db 'TSGL', 'true'
```

2) 附加数据库：附加数据库调用 sp_attach_db 系统存储过程，语法如下：

```
sp_attach_db [ @dbname = ] 'dbname' , [ @filename1 = ] 'filename_n' [ ,...16 ]
```

其中：

[@dbname=] 'dbname'：要附加到服务器的数据库的名称。该名称必须是唯一的。dbname 的数据类型为 sysname，默认值为 NULL。

[@filename1=] 'filename_n'：数据库文件的物理名称，包括路径。filename_n 的数据类型为 nvarchar(260)，默认值为 NULL。最多可以指定 16 个文件名。

【例 6.22】 附加 TSGL 数据库，将其两个文件附加到当前服务器。

```
EXEC sp_attach_db @dbname = 'TSGL',
    @filename1 = 'E:\ Esqldata\ TSGL.mdf',
    @filename2 = 'E:\ Esqldata\ TSGL_log.ldf'
```

6.5.2　数据库的备份和还原

与分离数据库不一样，数据库备份用于创建备份完成时数据库内存在的数据的副本，利用数据库备份可以在发生系统故障时恢复数据库中的数据。当然，通过数据库备份和还原操作也可以把数据库从一台机器转移到另外一台机器。SQL Server 系统提供有多种方式实现数据库的备份与还原操作，这里通过企业管理器来实现数据库的备份与还原。

6.5.2.1　备份数据库

(1) 打开企业管理器，依次展开服务器组→服务器→数据库。

(2) 用鼠标右键单击要分离的数据库，然后选择“所有任务”→“备份数据库”命令。系统弹出如图 6.12 所示的备份数据库对话框。

(3) 在“数据库”下拉列表中选择要进行备份的数据库。在“名称”框内，输入备份集名称。在“描述”框中输入对备份集的描述。这里，名称和描述两项内容用于描述备份的内容，便于在恢复数据库时利用这些信息。

(4) 在“备份”选项下单击“数据库—完全”。

(5) 在“目的”选项下，单击“磁带”或“磁盘”，然后指定备份目的地。如果没出现备份目的地，则单击"添加"以添加现有的目的地或创建新目的地。

(6) 在“重写”选项下，可执行下列操作之一：单击“追加到媒体”，将备份追加到备份设备上任何现有的备份中；单击“重写现有媒体”，将重写备份设备中任何现有的备份。

(7) 选择“调度”复选框调度备份操作在以后执行或定期执行。(可选)

(8) 单击“选项”卡，在选项区域选择相应操作。(可选)

(9) 单击“确定”按钮，开始数据库备份。

图 6.12　备份数据库对话框

6.5.2.2　还原数据库

(1) 打开企业管理器，依次展开服务器组→服务器→数据库。

(2) 用鼠标右键单击要还原的数据库，然后选择“所有任务”→“还原数据库”命令。系统弹出如图 6.13 所示的还原数据库对话框。

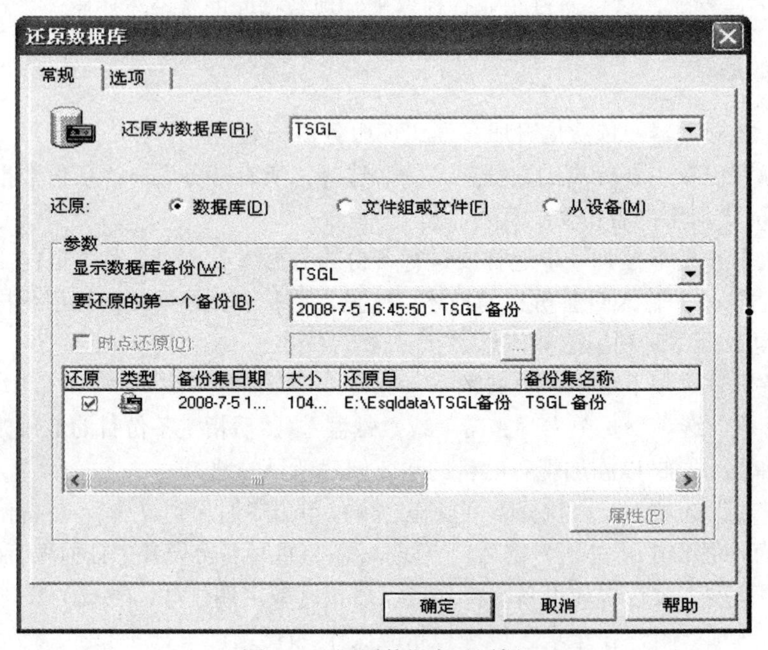

图 6.13　还原数据库对话框

(2) 在“还原为数据库”框中，如果要还原的数据库名称与显示的默认数据库名称不同，请在其中进行输入或选择。若要用新名称还原数据库，请输入新的数据库名称。

(3) 在“还原”区域有三项供选择：数据库、文件组或文件、从设备。默认选择从数据库。这里，不同的选项代表不同的备份数据源，譬如：“数据库”是指从当前数据库服务器选择数据库曾经备份的数据文件，备份日志都是在日志文件中有案可查的，因为需要从列表中选择；“从设备”是指从其他存储设备，包括其他的硬盘分区、磁带机、软盘、移动硬盘等指定数据备份文件进行还原操作。这个备份文件可以是其他数据库备份产生的文件。在还原时需要设置好数据库的物理位置。

(4) 针对在“还原”区域的不同选择，在参数框中将显示对应的参数选项：如要还原的数据库备份；曾经做过的文件组和文件备份；若选择“从设备”，还需要在参数框里面手工选择备份设备，并指定完全还原、差异还原、事务日志还原、文件或者文件组还原等。

(5) 也可以单击“选项”卡，在选项区域选择相应操作。(可选)

(6) 单击“确定”按钮，开始数据库还原操作。

除了上述通过“企业管理器”实现数据库的备份与还原操作之外，还可以通过备份向导，甚至利用 Transact-SQL 命令等多种方式实现数据库的备份与还原操作。

6.5.3　生成数据库 SQL 脚本

在数据库的日常维护工作中，除了数据库的分离、备份等操作外，有时候，可能需要在多个服务器上创建相同的数据库。这时，可以将创建好的一个数据库生成脚本，在其他服务器的查询分析器里执行。这样能够快速的在多个服务器上创建相同结构的数据库。

这里，通过“企业管理器”操作，来演示生成 SQL 脚本的操作方法。

(1) 打开企业管理器，依次展开服务器组→服务器→数据库。

(2) 用鼠标右键单击要操作的数据库，然后选择“所有任务”→“生成 SQL 脚本”命令。系统弹出还原数据库对话框。单击“显示全部”，如图 6.14 所示。

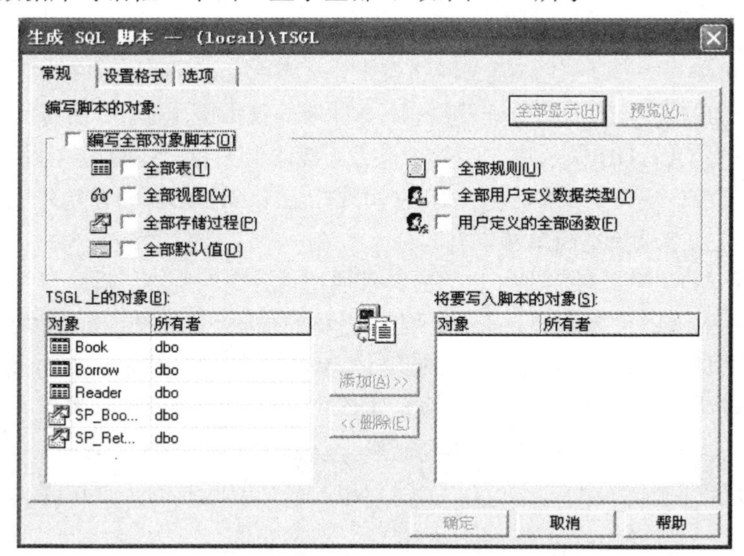

图 6.14　生成 SQL 脚本对话框

(3) 在“常规”选项卡中，添加将要写入脚本的对象，包括一些数据表、存储过程等。可以通过单击“预览”按钮预览生成脚本的内容。

(4) 在“设置格式”选项卡中，选择相应脚本选项来指定如何编写脚本对象。

(5) 在“选项”选项卡中，通过选择相应项，可进一步完善创建数据库对象的 Transact-SQL 语句。

上述(4)、(5)两步，多数情况下采用默认值即可。

(6) 设置完毕后，单击“确定”按钮。系统会弹出“另存为”对话框，选择保存位置并输入文件名。最后，单击“确定”按钮，完成 SQL 脚本生成。

6.6 ADO.NET 模型

在开发 ASP.NET 应用程序时，ADO.NET 组件技术必不可少，她是实现数据访问的核心部件。这里，让我们首先来简单回顾一下数据访问技术发展历史。

6.6.1 数据访问技术发展概况

最初各个数据库软件开发商为自己的数据库设计不同的数据库管理系统 DBMS，不同类型的数据库之间的数据交换是一件非常麻烦的事情。为解决这一问题，微软提出了 ODBC(Open Data Base Connectivity，开放式数据库连接)技术,它试图建立一种统一的应用程序访问数据库的接口，通过它，开发人员无需了解数据库内部的结构就可以实现对数据库的访问。

随着计算机技术的迅猛发展，ODBC 在面对新的数据驱动程序的设计和构造方法时，遇到了困难，OLE DB(Object Linking and Embedding Data Base，对象连接和嵌入数据库)技术应运而生了。从某种程度上来说，OLE DB 是 ODBC 发展的一个产物。它在设计上采用了多层模型，对数据的物理结构依赖更少。

当前，已是可编程 Web 时代，随着网络技术，尤其是 Internet 技术的发展，大量的分布式系统得到广泛的应用。为适应新的开发需求，一种新的技术诞生了，即所谓的 ADO(ActiveX 数据对象)。ADO 对 OLE DB 做了进一步的封装，从整体上来看，ADO 模型以数据库为中心，具有更多的层次模型，更丰富的编程接口。它大致相当于 OLE DB 的自动化版本，虽然在效率上稍有逊色，但它追求的是简单和友好。

ADO.NET 是 ADO 的最新发展产物，更具有通用性。她的出现，开辟了数据访问技术的新纪元。访问基于 Web 的数据库是目前最新的数据访问技术，和传统的数据库访问技术相比，这是一件非常困难的事情，因为网络一般是断开的，Web 页基本上是无状态的。但是 ADO.NET 技术具有革命性的力量，它的革命性在于成功实现了在断开的概念下实现客户端对服务器上数据库的访问，而且做到这一点，并不需要开发人员做大量的工作。

目前，ADO.NET 的最新版本是 2.0。ADO.NET 提供了断开的数据访问模型，这对 Web 环境编程至关重要。

6.6.2 ADO.NET 编程模型

从本质上讲，ADO.NET 是微软针对应用程序实现数据访问技术而封装好的一系列类，这些类作为一种高级的应用程序编程接口，帮助开发人员开发在 Intranet 和 Internet 上使用的高效多层数据库应用程序。

6.6.2.1 ADO.NET 模型

核心的 ADO.NET 大体可以分为两个部分：一部分是数据提供程序(Data Provider)，负责与数据源通信；另一部分是数据集(DataSet)，用来存储检索到的数据。在开发 ASP.NET 应用程序中，ADO.NET 组件介于 Web 应用程序和后台数据库之间。图 6.15 描述了基于 ADO.NET 的数据访问模型与应用程序和数据库之间的逻辑关系。

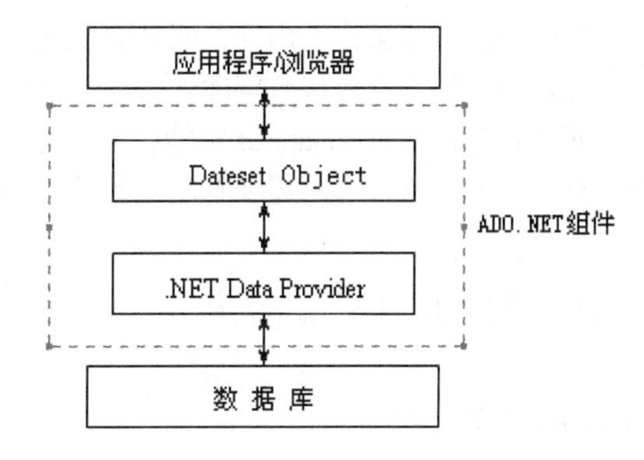

图 6.15 基于 ADO.NET 的数据访问模型

从图 6.15 可以看到 ADO.NET 模型中的两个核心组件：.NET Data Provider(数据提供程序)和 DataSet Object(数据集对象)。ADO.NET 组件封装了一系列的类，对应 ADO.NET 模型中的两个核心组件，这些类被分成两部分：连接类和非连接类。

图 6.16 显示了这两部分的基本结构，中间用虚线将其分开。左边的称之为连接对象，这些对象直接与数据源通信，管理连接和事务，可以从数据库检索数据并向数据库提交所做的更改；右边的称之为非连接对象，允许用户脱机、在断开的模式下处理数据。

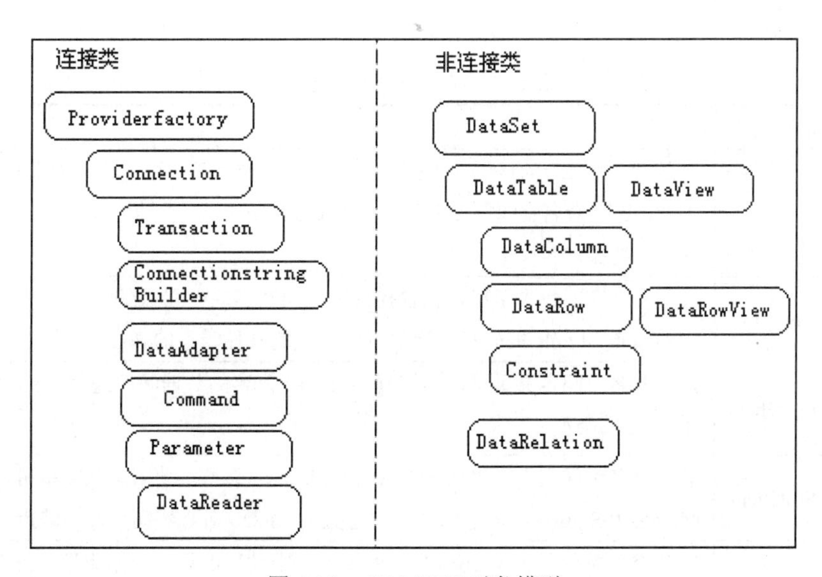

图 6.16 ADO.NET 对象模型

6.6.2.2 ADO.NET 数据访问策略

ADO.NET 假定这样一个用于数据访问的模型：打开与目标数据库(源)的一个连接，获取数据或执行操作，然后关闭该连接。这里，获取数据或执行操作的结果集可以用两种不同的方式处理，这也是 ADO.NET 为使用此模型所提供的两种基本策略。

第一种策略：将数据记录缓存于数据集(Dataset)中，因为 Dataset 存储在内存中，因此，可以关闭数据库连接，这一点对于 Web 编程至关重要。不过，也因为 Dataset 存储在内存中，从而会消耗大量内存。

第二种策略：直接访问数据库并使用数据读取器(DataReader)来读取数据记录。此时，并没有将整个检索结果读入内存，而是需要通过 DataReader 不断地去数据库中读取。当然，在读的过程中需要一直保持数据库连接为打开状态。

两者各有优缺点：Dataset 功能强大，而 DataReader 效率很高。实际应用中应根据具体情况选择合适的策略，当不需要自动排序等功能时，推荐使用 DataReader 来获取更高的效率。

6.6.3 ADO.NET 编程开发涉及关键技术

6.6.3.1 名称空间

在使用.NET 框架时，名称空间(Namespace)是一个经常提到的术语。所谓名称空间，就是一种逻辑命名方案，主要用于将相关的类进行分组，它代表的是一种逻辑上的不同位置。在.NET 框架体系中存在大量的类，包括系统本身提供的，还有编程人员编写的。不同的开发人员在编写“类”时，完全有可能会用同一个类名编写不同的两个类。但只要引入名称空间，使这两个同名而不同内容的类分别处在不同的名称空间之下，就不会引起冲突。

ADO.NET 有太多的类，大致说来，所有的类被划分为若干个组。表 6.7 列出了 ADO.NET 的主要命名空间。

表 6.7 ADO.NET 命名空间

ADO.NET 命名空间	意 义
System.Data	这是 ADO.NET 的核心命名空间。它定义了表示表、行、列、约束和 DataSet 的类型。这个命名空间并没有定义连接到数据源的类型。而且，它所定义的类型只能表示数据本身
System.Data.Common	这个命名空间包含了能在托管提供者之间共享的类型。这些类型中很多都能作为由 OleDb 和 SqlClient 托管提供者所定义的具体类型的基类
System.Data.OleDb	这个命名空间定义了可以连接到 OLE DB 兼容的数据源、提交 SQL 查询和填充 DataSet 的类型。
System.Data.SqlClient	这个命名空间定义了组成 SQL 托管提供者的类型。使用这些类型可以直接与 Microsoft SQL Server 进行交互，避免了 OleDb 对等物间接性的缺点
System.Data.SqlTypes	这个类型表示了在 Microsoft SQL Server 中使用的原始数据类型。虽然可任意使用相应的 CLR 数据类型，但这些 SqlTypes 类型已被优化应用到 SQL Server 中

6.6.3.2 .NET 数据提供程序

.NET 数据提供程序(.NET Data Provider)是 ADO.NET 中的一个核心内容，它描述连接的类型并协调应用程序、DataSet 对象及数据库之间的通信，实现 ADO.NET 接口。

.NET 数据提供程序是一个类的集合，专门设计用来同特定类型的数据存储区进行通信。目前，.NET Framework 提供了 4 种数据提供程序：SQL Client.NET 数据提供程序、Oracle Client.NET 数据提供程序、ODBC.NET 数据提供程序和 OLE DB.NET 数据提供程序。不同的数据提供程序被设计分别用于不同的数据库(源)。如，SQL Client.NET 数据提供程序用于 SQL Server，Oracle Client.NET 数据提供程序用于和 Oracle 进行通信等等。

每种.NET 数据提供程序都实现相同的基类：ProviderFactory，Connection，Connection StringBuilder，Command，DataReader，Parameter 和 Transaction 等。针对不同的数据提供程序，这些基类的名称稍有变化，如，SQL Client.NET 数据提供程序具有 SqlConnection 类，而 ODBC.NET 数据提供程序包括 OdbcConnection 类。这样带来的好处就是，编程人员无论使用哪种.NET 数据提供程序，都通过相同的基本接口获得一致的编程接口，从而所编写的代码看起来都有些相似。

每个.NET 数据提供程序都有自己的命名空间。.NET Framework 中所包括的 4 个提供程序是 System.Data 命名空间的一个子集。SQL Client 数据提供程序位于 System.Data.SqlClient 命名空间中；Oracle Client .NET 数据提供程序则位于 System.Data.OracleClient 命名空间中；ODBC .NET 数据提供程序位于 System.Data.Odbc 命名空间中；OLE DB.NET 数据提供程序位于 System.Data.OleDb 命名空间中。

6.6.3.3 .NET 数据提供程序包含的 4 个的核心对象

每一种.NET Framework 数据提供程序都提供了一些相同对象，这些对象中核心的有 4 个：Connection，Command，DataReader 和 DataAdapter 等，这些对象之间的关系如图 6.17 所示。

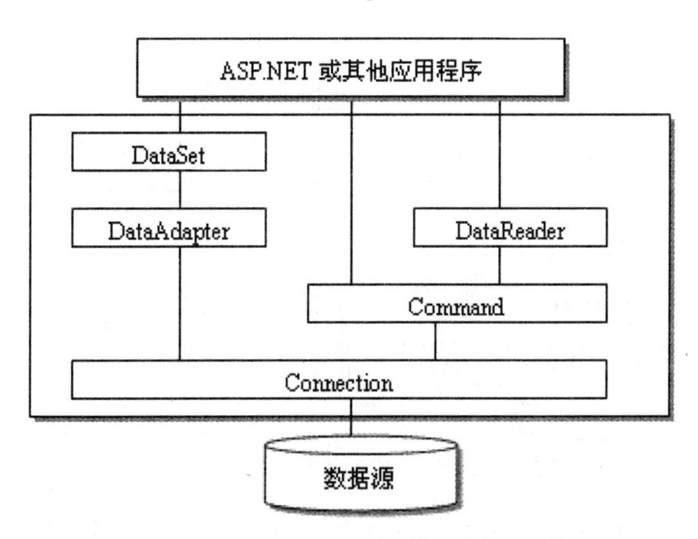

图 6.17 ADO.NET 核心对象

这 4 个核心对象的功能如下：

(1) Connection：建立与特定数据源的连接。

(2) Command：对数据源执行数据库命令,用于返回数据、修改数据、运行存储过程以及发送或检索参数信息等。

(3) DataReader：从数据源中读取只进且只读的数据流。

(4) DataAdapter：执行 SQL 命令并用数据源填充 DataSet。DataAdapter 提供连接 DataSet 对象和数据源的桥梁。DataAdapter 使用 Command 对象在数据源中执行 SQL 命令，以便将数据加载到 DataSet 中，并使对 DataSet 中数据的更改与数据源保持一致。

6.6.3.4 数据集对象模型

DataSet 是 ADO.NET 的中心概念，所有 ADO.NET 对象的基本原理和根源都是 DataSet 对象模型。

在 DataSet 的内部是用 XML 来描述的，众所周知，XML 是一种通用的数据描述语言，借助 XML 可以描述具有复杂关系的数据，比如最常见的父子关系等，这使得采用 DataSet 技术带来一个明显的优势，即能够容纳复杂关系的数据；DataSet 不依赖于数据源(如数据库)而独立存在于内存中，它是一个离散的数据对象，我们可以把 DataSet 想象成内存中的数据库，也就是把它理解为一个简单、独立、存在于内存中的数据库视图。一个 DataSet 可以包含任意数目的表，每个表一般对应于一个数据库表或视图。DataSet 支持多表、表间关系、数据约束等等，所有这些，和关系数据库的模型基本一致。

DataSet 具有如此非凡的特征，简直就是我们进行数据访问的“瑞士军刀”，也正是由于它具备这些特征，才使得程序员在编程序时可以屏蔽数据库之间的差异，从而获得一致的编程模型。通过它，可以轻松访问各种数据源的数据。

DataSet 对象与其他对象之间的关系可以用图 6.18 来表示。

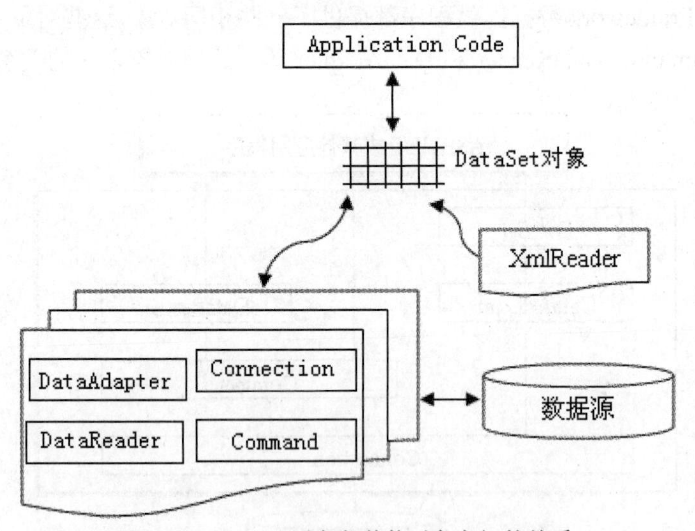

图 6.18 DataSet 对象与其他对象之间的关系

由图可知，DataSet 对象作为数据的缓存，本身没有操作数据库的能力，必须与 DataAdapter(或其他对象)配合使用。只有 DataAdapter(或其他对象)把 DataSet 对象的内容更新至数据源时，才对实际的数据源进行了操作。

6.7 ASP.NET 数据库应用程序的开发

使用 ADO.NET 进行 ASP.NET 数据库应用程序开发的基本过程可以描述为：使用 Connection 对象建立连接，然后使用 Command 对象通过 SQL 语句操作数据，或者进一步使用 DataReader 对象，逐行从数据源中获取数据并加以处理，更或者，根据需要，也可以在数据集 DataSet 对象中进行更复杂的操作。

6.7.1 连接数据库

访问数据库信息的第一步是与数据源建立连接。只有建立了连接，才能实现在数据库和应用程序之间移动数据。目前，.NET Framework 提供了 4 种数据提供程序，分别对应不同的数据源。由于每种.NET 数据提供程序都实现相同的基本接口，所以，这里着重介绍一种数据提供程序：SQL Client .NET 数据提供程序。访问其他类型数据源的方法可以类比这里的方法。如果要在程序中应用 SQL Client .NET 数据提供程序所封装好的各个类，需要在对应的代码段起始位置导入对应的名称空间：System.Data 和 System.Data.SqlClient。具体语句如下：

```
using System.Data;
using System.Data.SqlClient;
```

6.7.1.1 SqlConnection 连接对象简介

SqlConnection 类对象定义的语法格式为：

```
SqlConnection对象名=new SqlConnection ([ConnectionString])
```

参数 ConnectionString 是连接串，用于指定数据连接方式，它随着连接的数据源的不同而有不同的参数。若该参数省略，可在创建 Connection 对象之后再指定其属性。

【例 6.23】 以下代码示例建立一个与 SQL Server2000 数据库的连接：

```
//连接到本地SQL Server2000服务器上TSGL数据库
//定义连接字符串
string strConn= " Data Source =(local); Initial Catalog =TSGL;User ID=SA;Pwd=";
//声明Connection对象
SqlConnection Ocon = new SqlConnection(strConn);
//打开连接
Ocon.Open();
//连接状态
String ConnState = Ocon.State.ToString();
//关闭连接
Ocon.Close();
```

在这里，正确理解连接字符串很重要。从形式上看，连接字符串由多个“名称=值”对组成，各个“名称=值”对之间用分号分隔。Connection 对象通过使用这种特定的连接字符串，才能正确地找到数据源的位置，并与之建立合法信任的连接。上述连接字符串的例子中，Data

Source 表示设置要连接的数据库服务器名；Initial Catalog 表示设置要连接的数据库名；User ID 代表登录 SQL Server 的账号；Password (Pwd)表示登录 SQL Server 的密码。

SQL Client .NET 数据提供程序在连接到数据库时极其灵活，它提供了多种用以生成连接字符串的方式。例如，可以使用旧术语 “Server”和“Database”来分别代替“Data Source”和“Initial Catalog”。

另外一种连接字符串的写法是利用用户的 Windows 凭据验证用户(集成安全性)，而不是像上面的那样，在连接字符串中指定用户名称和密码。例如：

```
string strConn= " Data Source =(local); Initial Catalog =TSGL; Integrated Security=True ";
```

这里，同样可以使用旧式的 Trusted_Connection 关键字代替 Integrated Security。

可以使用多种特殊值来表示连接到本地计算机，上面的例子我们采用“(local)”，也可以采用完整的计算机名称，很多人习惯用一个小圆点“.”来代表本地计算机。

6.7.1.2 SqlConnection 对象的属性、方法和事件

在创建了 Connection 对象之后，就可以使用 Connection 的属性、方法和事件。Connection 对象常用的属性、方法和事件见表 6.8、表 6.9 和表 6.10。

表 6.8 SqlConnection 对象的常用属性

属　性	说　　明
ConnectionString	控制 SqlConnection 对象如何连接到数据源
ConnectionTimeout	指定 SqlConnection 在尝试连接到数据源时等待多少秒(只读)
Database	返回已连接或将要连接数据库的名称(只读)
DataSource	返回已连接或将要连接数据库的位置(只读)
PacketSize	返回与 SQL Server 进行通信时所使用的数据包大小(只读)
ServerVersion	返回数据源的版本(只读)
State	指示 SqlConnection 对象的当前状态(只读)
StatisticsEnabled	控制是否为该连接启用统计。默认情况下，此属性被设置为 False。
WorkstationId	返回数据库客户端的名称。默认情况下，这一属性被设置为机器名称(只读)

表 6.9 SqlConnection 对象的常用方法

方　法	说　　明
BeginTransaction	开始该连接上的一个事务
ChangeDatabase	修改一个开放式连接的当前数据库
Close	关闭该连接
CreateCommand	为当前连接生成 SqlCommand
GetSchema	返回该连接的架构信息
Open	打开该连接
ResetStatistics	重置当前连接的统计信息
RetrieveStatistics	返回当前连接的统计信息

表 6.10 SqlConnection 类的事件

事 件	说 明
InfoMessage	当连接从数据源接收信息性消息时激发
StateChange	当连接的 State 属性变化时激发

ConnectionString 属性：该属性控制 SqlConnection 对象如何尝试连接数据源。只有当 SqlConnection 未连接到数据源时才能设置此属性。当已经连接到数据源之后，该属性为只读。

Database 和 DataSource 属性：术语“数据库”和“数据源”经常被交换使用，但 SqlConnection 类将它们作为不同属性进行公开。可以这样来区分：SQL Server 的一个实例是数据源(DataSource)，它可以安装不同的数据库(Database)。

State 属性：该属性返回连接的当前状态，它是 System.Data 命名空间中 ConnectionState 枚举中的一个成员。在 ADO.NET 2.0 中，SqlConnection.State 将返回 Open 或 Closed。在 ADO.NET 的未来版本中可能会使用其他值。可以使用 SqlConnection 对象的 StateChange 事件来确定 State 属性的值何时发生变化。

Open 方法：要打开与数据源的连接，请调用 SqlConnection 对象的 Open 方法。SqlConnection 对象将尝试根据在该对象的 ConnectionString 属性中提供的信息来连接数据源。如果连接尝试失败，SqlConnection 对象将引发异常。

Close 方法：要关闭一个 SqlConnection，请调用该对象的 Close 方法。对于一个已经被标记为关闭的 SqlConnection 对象，调用其 Close 方法不会引发异常。SqlConnection 对象的处置将隐式调用此 Close 方法。

RetrieveStatistics 和 ResetStatistics 方法：分别用来重置当前连接的统计信息和返回当前连接的统计信息。SqlConnection 类现在允许获取有关当前连接的统计信息。您可能希望知道已经连接了多长时间、已经向服务器传送了多少字节、已经接受了多少字节，等等。

SqlConnection 类公开两个事件：InfoMessage 和 StateChange，其中，StateChange 事件与 SqlConnection 类的 State 属性关联，State 属性只要变化，则 StateChange 事件即被激发。这在某些情况下，如要追踪显示当前连接状态，利用这一事件将非常方便。

6.7.2 执行 SQL 命令

成功连接数据库之后，就可以直接编写代码进行数据处理，可以用 Command 对象来执行对数据库的操作，以及返回查询结果等。这种方式下，对数据库的访问操作是在保持连接打开状态下进行的。常用的 SQL 命令如 SELECT、UPDATE、NSERT、DELETE 等都可以在 Command 对象中创建。

Command 类对象定义的语法格式为：

```
SqlCommand对象名=new SqlCommand(cmdText,connection)
SqlCommand对象名=new SqlCommand(cmdText,connection)
```

参数 cmdText 为要执行的 SQL 命令，connection 为使用的数据库连接对象。在创建 Command 对象时，这两个参数可以省略，在创建 Command 对象之后，通过设置 Command 对象的 CommandText 和 CommandType 等属性再进行指定。

【例 6.24】 以下代码示例利用 SqlCommand 对象从数据库读者表中删除王大力的信息。

```
//Ocon为以创建好的连接对象
//构造SQL语句，该语句用于从数据库读者表中删除王大力的信息
string sqlDelete = "Delete From Reader Where 姓名='王大力'";
//创建SqlCommand对象cmd
SqlCommand cmd = new SqlCommand(sqlDelete,Ocon);
// 给CommandText属性赋值,指定命令类型为SQL语句
cmd.CommandType = CommandType.Text;
//执行ExecuteNonQuery
cmd.ExecuteNonQuery();
//关闭连接
Ocon.Close();
```

有关 Command 对象的属性和方法见表 6.11 和表 6.12。

表 6.11　Command 对象的常用属性

属　性	说　明
CommandText	获取或设置要执行的 SQL 命令、存储过程或数据表名
CommandTimeout	获取或设置 Command 对象的超时时间，单位为 s，若在此时间内 Command 对象无法执行 SQL 命令，则返回失败。值为 0 表示不限制，默认为 30s
CommandType	获取或设置命令类别，可取值：Text，TableDirect，StoreProcedure，其含义分别为：SQL 语句、数据表名和存储过程，默认为 Text
Connection	获取或设置 Command 对象所使用的数据连接
Parameters	SQL 命令参数集合
Transaction	指定用于查询的事务

表 6.12　Command 对象的常用方法

方　法	说　明
BeginExecuteNonQuery，BeginExecuteReader，BeginExecuteXmlReader	开始查询的异步执行
Cancle	退出查询的执行
Clone	返回 SqlCommand 的一个副本
CreateParameter	为查询创建一个新参数
EndExecuteNonQuery，EndExecuteReader，EndExecuteXmlReader	完成查询的异步执行
ExecuteNonQuery	执行查询(用于不返回行的查询)
ExecuteReader	执行查询，并获取 SqlDataReader 中的结果
ExecuteScalar	执行查询，并获取第一行第一列的数据
ResetCommandTimeout	将 CommandTimeout 属性重置为其默认值 30 秒

CommandText 属性：该属性用于获取或设置要对数据源执行的 Transact-SQL 语句或存储过程。在调用一种可用方法(ExecuteReader，ExecuteScalar，ExecuteNonQuery 或 ExecuteXmlReader)来执行查询时，SqlCommand 将要执行该查询。

CommandType 属性：默认情况下，该属性被设置为 Text，这使得 SqlCommand 仅执行在 CommandText 属性中指定的查询语句；可以将 CommandType 属性设置为 StoredProcedure，此时，应将 CommandText 属性设置为存储过程的名称；如果 CommandText 属性被设置为 TableDirect，则要求 CommandText 属性值必须是表名而不能是 Transact-SQL 语句。(注：TableDirect 是由 OLE DB 引入的一个概念，利用它可以简单地通过仅指定表名称就可以获取一个表中的所有行和所有列。)

CommandTimeout 属性：该属性决定 Command 在等待查询的第一行数据多长时间后(单位为秒)发生超时。默认情况下，此属性被设置为 30。如果在 CommandTimeout 属性指定的时间内，查询未能完成，Command 将引发异常。

Connection 属性：该属性包含 SqlCommand 将用于执行指定查询的 SqlConnection 对象。

ExecuteNonQuery 方法：该方法对 Connection 执行诸如 INSERT、DELETE、UPDATE、SET 等 SQL 语句，不返回结果集；对于 INSERT、DELETE、UPDATE 命令，仅返回命令所影响的行数，对于其他类型的语句，返回值为－1。

ExecuteReader 方法：该方法返回一个 DataReader 对象。DataReader 提供了只向前的快速读取数据库中数据的方法，如果只是为了读取数据库中的内容，最后使用这种方法。

ExecuteScalar 方法：该方法类似于 ExecuteReader，只是在一个一般 Object 数据类型中返回结果集中的第一行第一列。多用于查询聚合值的情况，如用到 count( )或 sum( )函数的 SQL 命令。比如：Select Ccount(*) From Employees Where City='London'。

6.7.3 使用 DataReader 对象访问数据

ADO.NET 有两种访问数据源的方式，分别为 DataReader 对象和 DataSet 对象。DataReader 对象是用来读取数据库的最简单方式，它只能读取，不能写入，并且是从头至尾按顺序依次读的。对于需要从数据库查询返回的结果中进行检索且一次处理一个记录的程序来说，该对象显得尤为重要。另外，采取这种方式每次处理时在内存只有一行内容，因此有助于减少系统开销，提高应用程序的性能。

6.7.3.1 DataReader 对象的属性和方法

DataReader 对象是 ADO.NET 中非常重要的一类对象，利用它的属性和方法可以很好地完成对数据库的读取操作。DataReader 对象常用的属性和方法见表 6.13 和表 6.14。

FieldCount 属性：此属性返回一个整数，以指示结果集中数据的字段数。

HasRows 属性：此属性只读，以查看所执行的查询是否返回行。当需要根据查询是否返回数据行而执行不同代码时，这一属性非常方便。

IsClosed 属性：该属性返回 Boolean 值，以指示 SqlDataReader 对象是否被关闭。DataReader 对象最常用的方法有 Read、GetDateTime、GetDouble、GetValues、Close 等。

表 6.13 SqlDataReader 类的常用属性

属 性	说 明
FieldCount	获取当前行中的字段数(只读)
HasRows	指示 SqlCommand 的查询是否返回行(只读)
IsClosed	指示 DataReader 是否被关闭(只读)
RecordsAffected	获取在执行 Insert，Update 或 Delete 命令后受影响的行数。

表 6.14 SqlDataReader 类的常用方法

方 法	说 明
Close	关闭 SqlDataReader 对象
Get<DataType>	根据一个字段的序号，以指定类型返回当前行内该字段的内容
GetDataTypeName	根据一个字段的序号，返回该字段的数据类型名称
GetName	根据一个字段的序号，返回该字段的名称
GetOrdinal	根据一个字段的名称，返回该字段的序号
IsDBNull	指示一个字段是否包含 Null 值
NextResult	当读取批处理 SQL 语句的结果时，移动到下一个结果
Read	移动到下一行

Read：用于从数据源读取一条记录，根据它返回的布尔类型的结果可以判断当前数据源的读取位置是否到达末尾；通过向 DataReader 对象提供列值或者列的名称，可以返回当前行选定的内容。

GetDateTime、GetDouble：这一类方法根据给定的列值，返回当前选中行中该字段的值，方法中的 DateTime、Double 等指明了返回值的类型。如果返回的类型与指定的类型不匹配，将会出现异常。

Close：每次使用完 DataReader 对象之后，调用 Close 方法关闭它。

6.7.3.2 使用 DataReader 对象访问数据

前面几节分别介绍了 Connection 对象和 Command 对象，其中 Connection 对象负责在应用程序和数据库间建立连接；Command 对象向数据库提供者发出命令，返回的结果以一种流的方式贯穿于这些连接中；结果集可以用 DataReader 快速的读取，也可以储存到驻留内存的 DateSet 对象中进行操作。本节主要介绍如何使用 DataReader 对象访问数据。

DataReader 对象的创建方法：

若要创建 DataReader 对象，必须调用 Command 对象的 ExecuteReader( )方法，而不直接使用构造函数，因为 SqlDataReader 是一个抽象类，不能显式实例化。使用 DataReader 对象访问数据需要以下步骤：

(1) 建立数据库链接，如选用 SQLConnection。

(2) 使用 Connection 对象的 open 方法打开数据库链接。

(3) 将查询保存在 SQLCommand 或者 OledbCommand 对象中。

(4) 调用 Command 对象的 ExecuteReader 方法，将数据读入 DataReader 对象中。

(5) 调用 DataReader 的 Read 或者 Get 方法读取一批数据，以便显示。

(6) 调用对应连接的 Close 方法，关闭数据库连接。

【例 6.25】在 Visual Studio 2005 环境下创建一个名为 UseDataReader 的 ASP.NET 网站。其中，从 NorthWind 数据库的 Employees 表中使用 SqlDataReader 读取 LastName,FirstName 和 City 三个字段，并添加一个 Label 标签来显示数据。页面设计如图 6.19 所示。

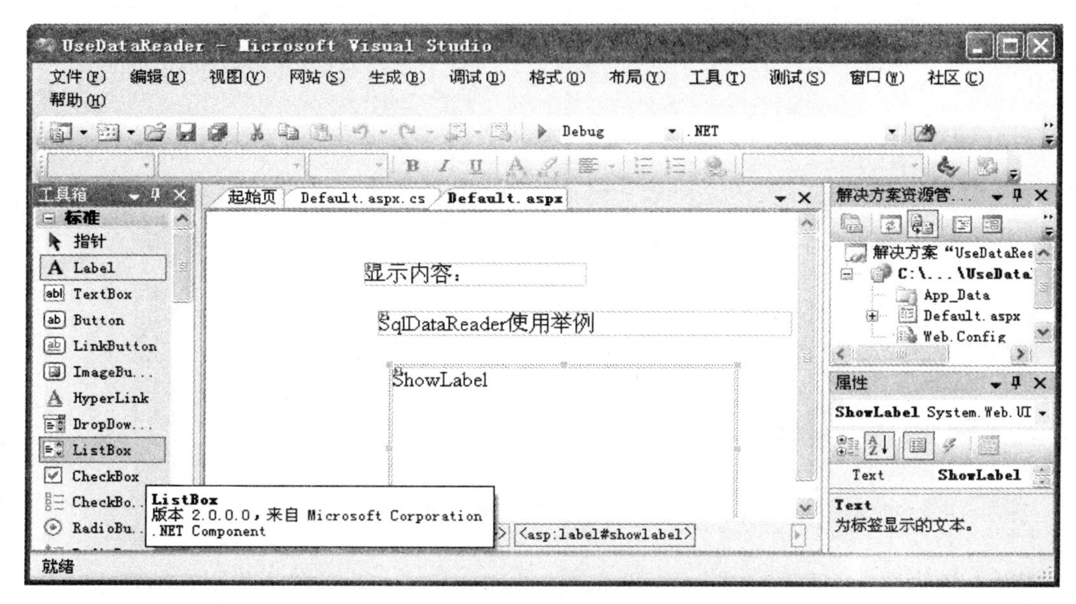

图 6.19 SqlDataReader 使用举例页面设计图

相应的后台代码 Page_Load ( )函数部分如下如下：

```
//程序清单：
protected void Page_Load(object sender, EventArgs e)
    {
    //在此处放置用户代码以初始化页面
    string ConnectionString = "Server=(local);User id=sa;Pwd=;Database= Northwind";
    string Sql = "SELECT LastName, FirstName,City    FROM Employees";
    //需要引入命名空间using System.Data.SqlClient
    SqlConnection thisConnection = new SqlConnection(ConnectionString);
    SqlCommand thisCommand = new SqlCommand(Sql, thisConnection);
    thisCommand.CommandType = CommandType.Text;
    try
        {
        // 打开数据库连接
        thisCommand.Connection.Open();
        // 执行SQL语句，并返回DataReader对象
        SqlDataReader dr = thisCommand.ExecuteReader();
        // 以粗体显示标题
        ShowLabel.Text = "<b>LastName FirstName City </b><br>";
```

```
        // 循环读取结果集
        while (dr.Read())
            {
              // 读取三个列值并输出到Label中
              ShowLabel.Text += dr["LastName"] + "    " + dr["FirstName"] + "    " +
              dr["city"] + "<br>";
            }
        // 关闭DataReader
        dr.Close();
        }
catch (SqlException ex)
        {
      // 异常处理
      Response.Write(ex.ToString());
        }
finally
        {
      // 关闭数据库连接
      thisCommand.Connection.Close();
        }
this.Button1.Text = thisCommand.Connection.State.ToString();
}
```

此外，还需要引入命名空间 using System.Data.SqlClient。运行结果如图 6.20 所示。

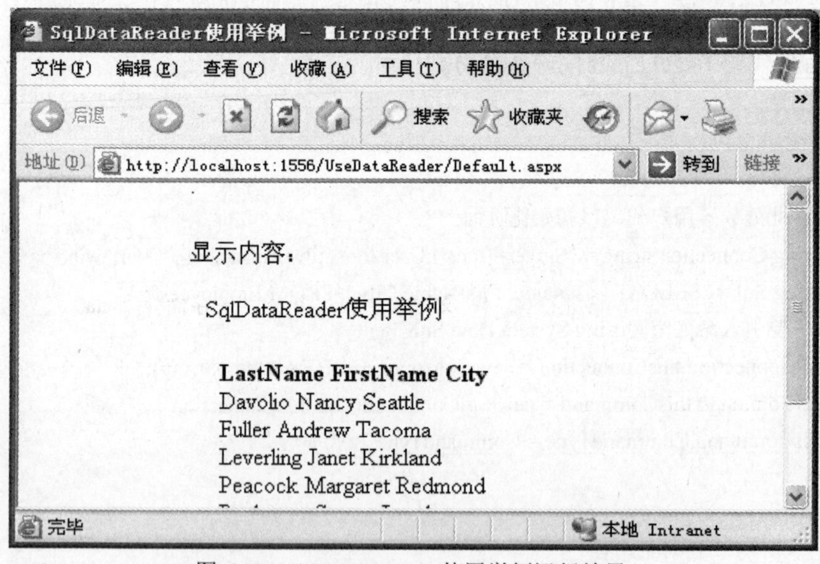

图 6.20 SqlDataReader 使用举例运行结果

注意：每次使用完 DataReader 都应调用 Close( )方法关闭它。因为，默认情况下，当正在使用 DataReader 时，它将独占与之关联的 Connection，而且除了关闭 DataReader 以外不能对 Connection 执行其他任何操作(包括创建另一个 DataReader 对象)。如果漏写了 DataReader

的 Close()的方法，.NET 垃圾收集程序会自动完成断开连接的操作，但是，这不能保证程序结束之前相应的后期处理全部得到执行，并且可能会浪费资源。

另外，当 DataReader 关闭后，只能调用 IsClosed 和 RecordsAffected 属性。尽管可以在 DataReader 存在时随时访问 RecordsAffected 属性，但始终应该在返回 RecordsAffected 的值之前调用 Close，以确保正确的返回值。

6.7.4 DataAdapter 对象

基于连接的方式操作数据的方法，其缺点是只能逐行顺序且以只读方式访问数据，因此，在任意访问某行数据或修改数据的情况下，使用 DataReader 就有些不够方便。

除了使用 DataReader 对象逐行顺序地从数据源获取数据之外，还可以使用 DataSet 对象将数据存到内存中处理。和 DataReader 对象直接使用 Command 对象操纵数据不一样，DataSet 对象使用 DataAdapter 对象实现与数据库关联。

6.7.4.1 DataAdapter 对象

DataAdapter 对象用于 ADO.NET 对象模型中已连接部分和未连接部分之间的桥梁。可以使用 DataAdapter 从数据库中获取数据，并将其存储在 DataSet 中。SqlDataAdapter 也可以取得缓存在 DataSet 中的更新，并将它们提交给数据库。

要使用 DataAdapter 对象执行数据库查询命令，只需像使用 Command 对象一样，设置分别表示 SQL 命令和数据库连接的两个参数，就可以利用 DataAdapter 的 Fill 方法将数据表填充到客户端 DataSet 数据集中，填充后与数据库服务器的连接就断开了，两个对象之间将不存在连接。DataAdapter 对象常用的属性和方法见表 6.15 和表 6.16。

表 6.15 SqlDataAdapter 类的属性

属 性	说 明
ContinueUpdateOnError	获取或设置当执行 Update( )方法更新数据源发生错误时是否继续(默认为 False)
DeleteCommand	用于提交挂起的删除命令，该值为 Command 对象
InsertCommand	用于提交挂起的插入命令，该值为 Command 对象
SelectCommand	用于查询数据库，以及获取结果，并将结果存储在 DataSet 或 DataTable 的 SqlCommand
UpdateBatchSize	控制 SqlDataAdapter 每批提交多少个 DataRow(默认为 1)
UpdateCommand	用于提交挂起更新的 SqlCommand，该值为 Command 对象

表 6.16 SqlDataAdapter 类的方法

方 法	说 明
Fill	执行存储在 SelectCommand 中的查询，并将结果存储在 DataSet 中
GetFillParameters	返回一个数组，其中包含 SelectCommand 的参数
Update	将存储在 DataSet(或 DataTable 或 DataRows)中的更改提交至数据库

从表 6.15 可知，DataAdapter 对象具有四项用于从数据源检索数据和向数据源更新数据的属性。SelectCommand 属性从数据源中返回数据。InsertCommand、UpdateCommand 和 DeleteCommand 属性用于管理数据源中的更改。在调用 DataAdapter 的 Fill( )方法之前，必须设置 SelectCommand 属性。根据对 DataSet 中的数据做出的更改，在调用 DataAdapter 的 Update( )方法之前，必须设置 InsertCommand、UpdateCommand 或 DeleteCommand 属性。例如，如果已添加行，在调用 Update 之前必须设置 InsertCommand。当 Update 处理已插入、更新或删除的行时，DataAdapter 将使用相应的 Command 属性来处理该操作。

从表 6.16 可知，DataAdapter 对象通过 Fill( )方法把数据添加到 DataSet 中，在对数据完成增加、删除或修改操作后再调用 Update( )方法更新数据源。

图 6.21 展示了 DataAdapter 对象、DataSet 对象以及 SQL 数据库之间的关系。

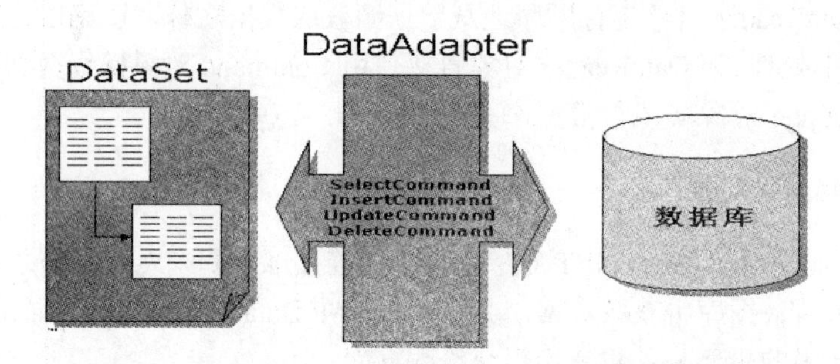

图 6.21 DataSet、DataAdapter 与 SQL 数据库关系模型

SqlDataAdapter 类仅提供 3 个事件，见表 6.17。

表 6.17 SqlDataAdapter 类的事件

事 件	说 明
FillError	调用 DataAdapter 的 Fill( )方法时若发生错误，则触发该事件
RowUpdating	在向数据库提交一个已修改行之前激发
RowUpdated	在向数据库提交一个已修改行之后激发

(1) FillError 事件：其参数 FillErrorEventArgs 的取值有如下几种：

Continue：获取或设置发生错误时是否继续将数据置入 DataSet 对象。

DataTable：获取发生错误时正在置入数据的数据表名。

Errors：获取正在处理的错误。

Values：获取发生错误时，正在更新的数据行。

(2) RowUpdated 和 RowUpdating 事件：RowUpdated 事件的参数，对 Sql Server 数据库为 SqlRowUpdatedEventArgs，对 OLE DB 数据库为 OleDbRowUpdatedEventArgs；RowUpdating 事件的参数，对 Sql Server 数据库为 SqlRowUpdatingEventArgs，对 OLE DB 数据库为 OleDbRowUpdatingEventArgs。它们都有以下常用属性：

Command：获取调用 Update( )方法时执行的 Command 对象。

Errors：获取执行 SQL 命令时，.NET 数据提供程序所产生的错误。

RecordsAffected：获取被 Delete，Insert 或 Update 等命令影响的行数。

Row：获取 Update( )方法所发送的数据行。

StatementType：获取 Command 对象执行的 SQL 命令类型。返回值可能为 Select、Insert、Delete 和 Update。

Status：获取更新状态。返回值可能为：Continue(继续处理)、ErrorsOccurred(发生错误)、SkipAllRemainingRows(不更新当前和剩余行)、SkipCurrentRow(不更新当前行)。

6.7.4.2 定义 DataAdapter 对象的语法格式

(1) 不带任何参数，语法格式如下：

```
SqlDataAdapter 对象= new SqlDataAdapter( )
```

例如：

```
//创建Connection对象
SqlConnection ObjConn=new SqlConnection("Server=.;User id=sa;Pwd=;Database=Northwind ");
//创建SqlDataAdapter对象
SqlDataAdapter ObjDA=new SqlDataAdapter( );
```

完成定义 SqlDataAdapter 对象之后，可根据定义好的连接设置 SqlDataAdapter 的各个属性。如：

```
ObjDA.SelectCommand=new SqlCommand("Select ProdcutName from Products", ObjConn);
```

(2) 带一个参数，且该参数为已经定义好的 Command 对象，　　语法格式如下：

```
SqlDataAdapter 对象名 = new SqlDataAdapter(SqlCommand对象)
```

例如：

```
SqlConnection ObjConn=new SqlConnection("Server=.;User id=sa;Pwd=;Database=Northwind ");
//创建Command对象
SqlCommand SCmd = new SqlCommand("Select ProdcutName from Products", ObjConn);
SqlDataAdapter ObjDA=new SqlDataAdapter(SCmd);
```

因为定义该 SqlDataAdapter 对象时以 Command 对象为参数，且 Command 对象的值为 Select 语句，那么 Command 对象的值将赋给 SqlDataAdapter 对象的 SelectCommand 属性。同样，如果定义 Command 对象时其初值为 Update、Insert 或 Delete 语句，则 Command 对象的值将赋给 SqlDataAdapter 对象相应的属性。

(3) 带有两个参数，分别为 SQL 命令语句和 Connection 对象，语法格式如下：

```
SqlDataAdapter 对象名= new SqlDataAdapter(SQL语句，SqlConnection对象)
```

例如：

```
SqlConnection ObjConn=new SqlConnection("Server=.;User id=sa;Pwd=;Database=Northwind ");
SqlDataAdapter ObjDA=new SqlDataAdapter("Select ProdcutName from Products", ObjConn);
```

(4) 带有两个参数，分别为ＳＱＬ命令语句和连接字符串，语法格式如下：

```
SqlDataAdapter 对象名= new SqlDataAdapter(SQL语句，连接字符串)
```

这种格式不需要先建立 Connection 对象和 Command 对象。例如：

```
SqlDataAdapter ObjDA = new SqlDataAdapter("Select ProdcutName from Products ",
    "Data Source&_= Server=.;User id=sa;Pwd=;Database= Northwind ");
//创建Connection对象
SqlConnection ObjConn = ObjDA.SelectCommand.Connection;
```

以上是创建 SqlDataAdapter 对象的几种方法，读者可以选择使用。如果要创建

OleDbDataAdapter 对象，将所有的"Sql"改为"OleDb"即可。

DataAdapter 对象对数据源的查询与更新操作一般都要通过 DataSet 对象，在下面的章节中将给出具体的应用。

6.7.5 DataSet 及 DataTable 对象

DataSet 可以理解为一个容器，可以把从数据库中取得的数据保存在应用程序中，像是应用程序的微型数据库。

从 DataSet 对象模型可知，DataSet 对象结构非常复杂，在 DataSet 对象的下一层中是 DataTableCollection 对象、DataRelationCollection 对象和 ExtendedProperties 对象。

(1) DataTableCollection：DataTable 是数据集中一个基本组成部分，它表示内存中数据的一个表，其结构类似于关系数据库中表的结构。DataSet 由一组 DataTable 对象组成，DataTable 对象包含 DataRow 和 DataColumn 对象，分别存放表中行和列的数据信息。有关行和列的信息可以通过 DataTable 的 Rows 和 Columns 属性来访问。DataTable 是真正缓存数据的地方。

(2) DataRelationCollection：DataRelationCollection 对象就是管理 DataSet 中所有 DataTable 之间的 DataRelation 关系的。它使一个 DataTable 中的行与另一个 DataTable 中的行相关联。这种关联类似于关系数据库中数据表之间的主键列和外键列之间的关联。

(3) ExtendedProperties：在 DataSet 中，DataSet、DataTable 和 DataColumn 都具有 ExtendedProperties 属性。Extended Properties 其实是一个属性集(PropertyCollection)，用以存放各种自定义数据，如生成数据集的 SELECT 语句等。

6.7.5.1 DataSet 对象常用属性、方法及事件

有关 DataSet 对象的属性和方法见表 6.18 和表 6.19。

表 6.18 DataSet 对象的常用属性

属 性	说 明
CaseSensitive	获取或设置在 DataTable 对象中字符串比较时是否区分字母的大小写。默认为 False
DataSetName	获取或设置 DataSet 对象的名称
EnforceConstraints	获取或设置执行数据更新操作时是否遵循约束。默认为 True
HasErrors	DataSet 对象内的数据表是否存在错误行
Tables	获取数据集的数据表集合(DataTableCollection)，DataSet 对象的所有 DataTable 对象都属于 DataTableCollection

表 6.19 DataSet 对象的常用方法

方 法	说 明
Clear	删除所有 DataTable 对象，清除 DataSet 对象的数据
Clone	复制 DataSet 的结构，包括所有 DataTable 架构、关系和约束。不复制任何数据
Copy	复制 DataSet 对象的结构和数据

DataSet 对象定义的语法格式：

```
DataSet对象名= new DataSet ( )
```

创建 DataSet 对象之后，就可以用 DataAdapter 对象的 Fill(DataSet 对象,SrcTable)方法将数据表记录填入 DataSet 对象。给出的 Fill( )方法中的 SrcTable 参数所指定的表名，不是数据库中的表名称，而是 DataSet 对象中的表名。

【例 6.26】 定义一个数据集对象 myDs，并通过 DataAdapter 对象填充数据。

```
//创建Connection对象
string strConn = " Data Source =(local); DataBase =NorthWind; Trusted_Connection=True ";
SqlConnection myConn=new SqlConnection(strConn);
//创建Command对象
string mySelectQuery = "select * from Employees";
SqlCommand  myCommd=new SqlCommand(mySelectQuery,myConn);
myConn.Open( );
//创建DataAdapter对象
SqlDataAdapter Adapter=new SqlDataAdapter( );
Adapter.SelectCommand=myCommd;
//创建DataSet对象
DataSet myDs=new DataSet( );
//通过DataAdapter对象填充DataSet数据集
Adapter.Fill(myDs,"Employees");
myConn.Close();
//通过循环使用oTable对象中的数据
for (int intLoop = 0; intLoop <= myDs.Tables["Employees"].Rows.Count - 1; intLoop++)
{
this.ListBox1.Items.Add(myDs.Tables["Employees"].Rows[intLoop]["LastName"].ToString());
}
```

由程序可以看出，通过 DataAdapter 对象填充 DataSet 数据集之后，就可以关闭连接了。此时，从数据库中读取的数据在内存数据集 myDs 中的数据表 Employees 中缓存，通过 for 循环使用内存数据表中的数据。

注意：这里用到了数据集 DataSet 的 Tables 属性来访问其中的数据表，通过数据表的 Rows 属性来访问记录行，进而得到对应行的字段值。

6.7.5.2 DataTable 对象的常用属性、方法及事件

DataSet 可以理解为一个容器，数据真正缓存的地方是在数据表中。可以直接把数据读到数据表对象中进行操作。当然，DataTable 只能存放数据库中的一张表，而数据集可以存放多张表，同时，数据集支持表间关系、约束等等。

每个数据表都是一个 DataTable 对象。创建 DataTable 对象的语法格式有下列两种：

```
DataTable 对象名=new  DataTable( )
DataTable 对象名=new  DataTable("数据表名")
```

使用第一种方式创建 DataTable 对象，可以在对象创建后使用 TableName 属性设置表名。有关 DataTable 对象的属性、方法及事件见表 6.20、表 6.21 和表 6.22。

表 6.20 DataTable 对象的常用属性

属 性	说 明
Columns	获取数据表的所有字段，即 DataColumnCollection 集合
DataSet	获取 DataTable 对象所属的 DataSet 对象
DefaultView	获取与数据表相关的 DataView 对象。DataView 对象可用来显示 DataTable 对象的部分数据。可通过对数据表选择、排序等操作获得 DataView(相当于数据库中的视图)
PrimaryKey	获取或设置数据表的主键
Rows	获取数据表的所有行，即 DataRowCollection 集合
TableName	获取或设置数据表名

表 6.21 DataTable 对象的常用方法

方 法	说 明
Clear	清除表中所有的数据
Clone	复制 DataTable 对象的结构，包括所有 DataTable 架构和约束，而不复制数据
Copy	复制 DataTable 对象的结构和数据，返回与本 DataTable 对象具有同样结构和数据的 Data Table 对象
NewRow	创建一个与当前数据表有相同字段结构的数据行
GetErrors	获取包含错误的 DataRow 对象数组

表 6.22 DataTable 对象的事件

事 件	说 明
ColumnChanged	当数据行中某字段值发生变化时将触发该事件。其参数为 DataColumnChangeEventArgs，可以取的值为：Column(值被改变的字段)；Row(字段值被改变的数据行)
RowChanged	当数据行更新成功时将触发该事件。其参数为 DataRowchangeEventArgs，可以取的值为：Action (对数据行进行的更新操作名，包括：Add—将行加入数据表；Change—修改数据行内容；Commit—数据行的修改已提交；Delete—数据行一被删除；RollBack—数据行的更改被取消)；Row(发生更新操作的数据行)
RowDeleted	数据行被成功删除后将触发该事件。其参数为 DataRowDeleteEventArgs，可以取的值与 RowChanged 事件的 DataRowchangeEventArgs 参数相同

DataTable 可以看作是存储单个表数据的容器，使用方法和 DataSet 类似。

【例 6.27】 通过 DataAdapter 将 Northwind 数据库中的 Employees 表的数据填充到 DataTable，最终显示在页面上。在 Visual Studio 2005 环境下创建一个名为 UseDataTable 的 ASP.NET 网站，在前台页面上添加一个 DataView 控件 GridView1，页面设计如图 6.22 所示。

后台代码 Page_Load ( )函数部分如下：

```
protected void Page_Load(object sender, EventArgs e)
    {
    // 连接字符串及SQL语句
    String ConnectionString ="server=(local);Initial Catalog= Northwind; UID=sa;PWD=";
```

```
string Sql = "SELECT EmployeeID, LastName, FirstName, BirthDate FROM Employees";
// 创建SqlConnection、SqlDataAdapter对象，使用命名空间System.Data.SqlClient
SqlConnection thisConnection = new SqlConnection(ConnectionString);
SqlDataAdapter adapter = new SqlDataAdapter(Sql, thisConnection);
// 创建DataTable对象
DataTable table = new DataTable();
// 填充数据到DataTable
adapter.Fill(table);
// 将DataTable绑定到DataView控件
GridView1.DataSource  = table;
GridView1.DataBind();
}
```

DataTable使用举例：

Column0	Column1	Column2
abc	abc	abc
abc	abc	abc
abc	abc	abc
abc	abc	abc
abc	abc	abc

图 6.22　DataTable 使用举例页面设计图

此外，还需要引入命名空间 using System.Data.SqlClient。运行结果如图 6.23 所示。

EmployeeID	LastName	FirstName	BirthDate
1	Davolio	Nancy	1948-12-8 0:00:00
2	Fuller	Andrew	1952-2-19 0:00:00
3	Leverling	Janet	1963-8-30 0:00:00
4	Peacock	Margaret	1937-9-19 0:00:00
5	Buchanan	Steven	1955-3-4 0:00:00
6	Suyama	Michael	1963-7-2 0:00:00

图 6.23　DataTable 使用举例运行结果

6.7.6　更新数据库

DataAdapter 对象实际上是通过以下 3 个属性封装相应的语句来完成这样的功能的：

InsertCommand 属性：封装 Insert 语句。

UpdateCommand 属性：封装 Update 语句。

DeleteCommand 属性：封装 Delete 语句。

通过设置这 3 个属性所使用的 SQL 语句就可以完成不同的数据更新功能。不过，这些操作相对麻烦一些，借助 System.Data.SqlClien 命名空间中的 SqlCommandBuider 类，可以获得更为简单方式实现更新数据库。

SqlCommandBuider 类将 DataSet 的变化与 SQL Server 数据库联系起来，当 DataSet 被改动后，SqlCommandBuiler 会自动生成更新用的 SQL 语句。

下面通过一个实例来介绍如何利用 SqlCommandBuider 类封装好的方法，并通过 DataAdapter 对象的 Update 方法来完成数据的更新。

【例 6.28】在 Visual Studio 2005 环境下创建一个名为 UseDataReader 的 ASP.NET 网站，在前台页面上添加一个 Label 控件 lbl，页面设计如图 6.24 所示。

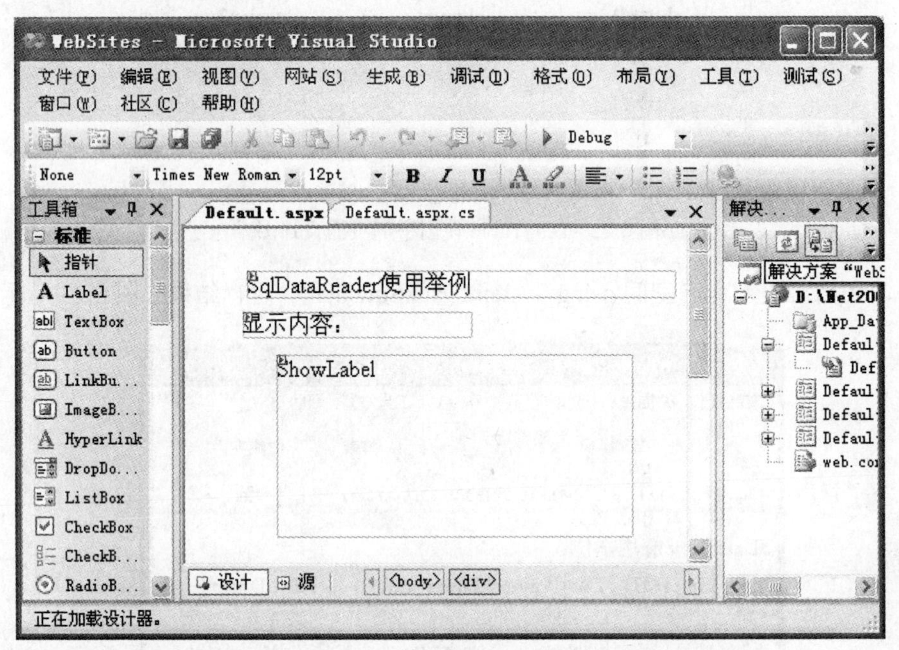

图 6.24 通过 DataAdapter 对象更新数据库举例页面设计图

后台代码 Page_Load ( )函数部分如下：

```
protected void Page_Load(object sender, EventArgs e)
    {
    // 连接字符串及SQL语句
    string ConnStr = "Server=(local);User id=sa;Pwd=;Database=Northwind";
    string Sql = "SELECT CustomerID,CompanyName,Country FROM Customers";
    // 建立连接SqlConnection对象，并和SqlDataAdapter关联
    SqlConnection conn = new SqlConnection(ConnStr);
    SqlDataAdapter da= new SqlDataAdapter(Sql, conn);
    // 创建DataSet对象
    DataSet data = new DataSet();
```

```
// 创建SqlCommandBuilder对象，并和SqlDataAdapter关联
SqlCommandBuilder builder = new SqlCommandBuilder(da);
da.Fill(data, "Customers");
// 修改DataSet的内容
data.Tables["Customers"].Rows[0]["CompanyName"] = "联想集团";
data.Tables["Customers"].Rows[0]["Country"] = "China";
data.Tables["Customers"].Rows[1]["CompanyName"] = "Microsoft";
data.Tables["Customers"].Rows[1]["Country"] = "America";
// 从DataSet更新SQL Server数据库
da.Update(data, "Customers");
lbl.Text="NorthWind数据库的Customer表已经改动,请注意查看！";
}
```

此外，还需要引入命名空间 using System.Data.SqlClient。运行结果如图 6.25 所示。

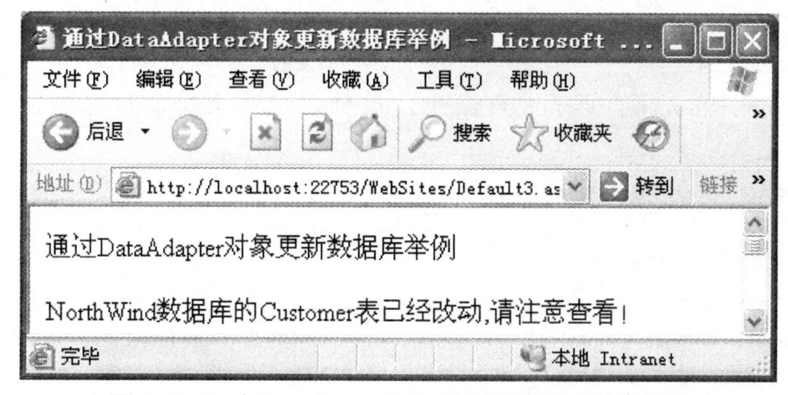

图 6.25 通过 DataAdapter 对象更新数据库举例运行结果

6.7.7 调用存储过程

更新数据库不一定非要使用前面例子中给出的方法，利用自定义的 SQL 语句和存储过程也可以达到同样的目的。下面给出一个使用带参数的存储过程修改数据库的例子。

【例 6.29】 利用存储过程实现：给出员工编号及其新的电话号码，并更新其家庭电话号码。

(1) 存储过程代码：在 Northwind 数据库中创建存储过程 sp_UpdtEmployee：根据员工的编号字段@id 来更新其家庭电话字段@Phone。

```
CREATE PROCEDURE sp_UpdtEmployee (
    @id int,
    @Phone      nvarchar(15)
)
AS
    UPDATE Employees
    SET HomePhone=@Phone
    WHERE EmployeeID=@id
```

(2) 在 Visual Studio 2005 环境下创建一个名为 UseStorePro 的 ASP.NET 网站，界面设计如图 6.26 所示。其中包含一个 DataView 控件 GridView1，用来显示结果的变化。

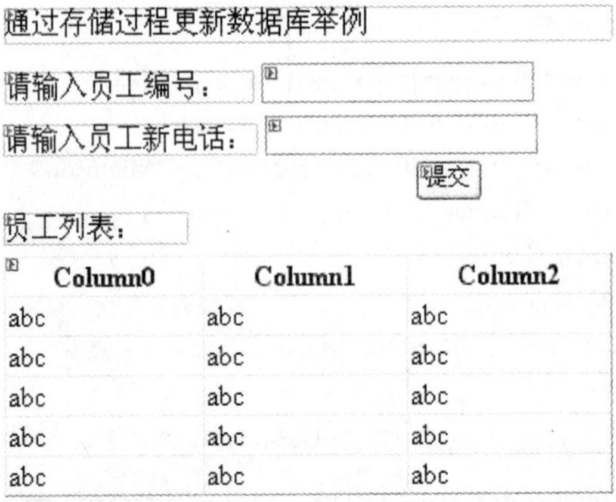

通过存储过程更新数据库举例

请输入员工编号：

请输入员工新电话：

提交

员工列表：

Column0	Column1	Column2
abc	abc	abc
abc	abc	abc
abc	abc	abc
abc	abc	abc
abc	abc	abc

图 6.26　通过存储过程对象更新数据库举例页面设计图

(3) 后台代码段：为了便于观察结果，单独定义一个实现数据绑定的方法成员 BindDridView()：

```
protected void BindDridView()
    {
    // 连接字符串及SQL语句
    string strConn = "Server=(local);User id=sa;Pwd=;Database=Northwind";
    string Sql = "select EmployeeID,FirstName,LastName,HomePhone From Employees";
    // 连接SqlConnection对象，并和SqlDataAdapter关联
    SqlConnection conn = new SqlConnection(strConn);
    SqlDataAdapter da = new SqlDataAdapter(Sql, conn);
    // 创建 DataSet 对象，并填充数据集
    DataSet ds = new DataSet();
    da.Fill(ds, "testTable");
    // 绑定数据到DataView控件
    GridView1.DataSource = ds;
    GridView1.DataBind();
    }
```

在 Page_Load 方法中调用 BindDridView()，以便初始化整个页面。

最后，给出员工编号及其新的电话号码，通过“提交”按钮的数据处理程序调用后台的存储过程，来实现对数据库的更新。对应代码如下：

```
protected void Button2_Click(object sender, EventArgs e)
    {
    //定义连接SqlConnection对象
    string strConn = "Server=(local);User id=sa;Pwd=;Database=Northwind";
    SqlConnection conn = new SqlConnection(strConn);
    //定义SqlCommand对象并和SqlConnection关联
    SqlCommand comm = new SqlCommand();
```

```
comm.Connection = conn;
comm.Connection.Open();
//指定要调用的存储过程名称" sp_UpdtEmployee "
//指定SqlCommand对象的命令类型为"StoredProcedure"枚举值
comm.CommandText = "sp_UpdtEmployee";
comm.CommandType = CommandType.StoredProcedure;
//创建SqlParameter对象，指定参数名称、数据类型、长度及参数值
SqlParameter para = new SqlParameter("@id", SqlDbType.Int, 4);
para.Value = tbxID.Text;
comm.Parameters.Add(para);
para = new SqlParameter("@Phone", SqlDbType.VarChar, 15);
para.Value = tbxPhone.Text;
comm.Parameters.Add(para);
//执行更新操作
comm.ExecuteNonQuery();
//关闭数据连接
comm.Connection.Close();
//数据绑定
BindDridView();
}
```

(4) 运行结果如图 6.27 所示。

图 6.27　通过存储过程更新数据库举例运行结果

6.7.8 数据源控件

数据访问的关键在于安全和高效。ASP.NET 2.0 在提高数据访问安全和效率方面进行了卓有成效的改进，其中，最引人注目的就是使用数据源控件实现数据绑定技术。

通过数据源控件、数据绑定控件等技术，能够使得开发人员在不编写或者少编写代码的情况下完成数据访问、显示、编辑等操作。

6.7.8.1 数据源控件

数据源控件主要用于从不同的数据源获取数据，包括连接到数据源、使用 SQL 语句获取和管理数据等。数据源控件处理与数据源进行交互的所有低级操作，而且拥有智能化、更加自动化。本质上说，数据源控件是对 ADO.NET 的进一步包装。

表 6.23 列出了目前 ASP.NET 2.0 提供的几个新的数据源控件：SqlDataSource、ObjectDataSource、XmlDataSource、AccessDataSource 和 SiteMapDataSource。它们都可以用来从它们各自类型的数据源中检索数据，并且可以绑定到各种数据绑定控件。

数据源控件减少了为检索和绑定数据甚至对数据进行排序、分页或编辑而需要编写的自定义代码的数量。

表 6.23 数据源控件列表

数据源控件	说　明
ObjectDataSource	允许使用业务对象或其他类，并创建依赖于中间层对象来管理数据的 Web 应用程序
SqlDataSource	使用连接字符串连接数据库，数据源可以是 SQL Server、Access、OLE DB、ODBC 或 Oracle 等
AccessDataSource	数据源是 Microsoft Access 数据库。从 SqlDataSource 类继承而来。使用 Jet 4.0 OLE DB 提供程序与数据库连接
XmlDataSource	数据源是 XML 文件，该 XML 文件对诸如 TreeView 或 Menu 控件等分层 ASP.NET 服务器控件极为有用
SiteMapDataSource	类似于 XmlDataSource，只是专门为站点导航使用而做了优化，数据源默认是以.sitemap 为扩展名的 XML 文件

每个数据源控件都具有类似的属性，以便与其各自的数据源进行交互。SiteMap DataSource 和 XmlDataSource 是为了检索分层结构的数据，而生成其他数据源控件是为了检索带有列和行的基于集合的数据。AccessDataSource 应用面比较窄，只能用于从 Access 数据库中检索数据。

比较常用的两个基本数据源控件是 SqlDataSource 和 ObjectDataSource。前者用于直接连接数据库，后者用于连接业务对象。SqlDataSource 看起来好像只能使用 SQL Server，但实际情况不是这样的。它实际上可以用来从任何 OLE DB 或符合 ODBC 的数据源中检索数据。

无论和什么样的数据源交互，数据源控件都提供了统一的基本编程模型和 API。只要学会一种数据源控件的使用方法，使用类似的控件就能一通百通。

6.7.8.2 SqlDataSource 数据源控件

SqlDataSource 控件应用最为广泛，该控件能够与多种常用的数据库进行交互，包括 SQL Server、Access、OLE DB、ODBC 或 Oracle 等。在数据绑定控件的支持下，能够完成多种数据访问。下面以一个实例来演示如何通过 SqlDataSource 控件获取并显示数据库中的数据。这里，为便于观察结果，我们借助数据绑定控件 GridView 控件在页面上来显示获取的数据。

【例 6.30】 通过 SqlDataSource 控件检索并更新数据库中的资料。

1) 使用 SqlDataSource 控件连接到数据库。

(1) 首先在 Visual Studio 2005 中创建一个新网站，命名为 SQLDS，选择“文件系统”存放方式。向导将自动生成一个 Default.aspx 的文件。

(2) 从工具箱中分别找到 SqlDataSource 和数据绑定控件 GridView，拖放到页面中适当的位置，如图 6.28 所示。如果 SqlDataSource 控件上没有显示“SqlDataSource 任务”快捷菜单，则用鼠标右键单击 SqlDataSource 控件，然后，在系统弹出的快捷菜单上选择“显示智能标记”。

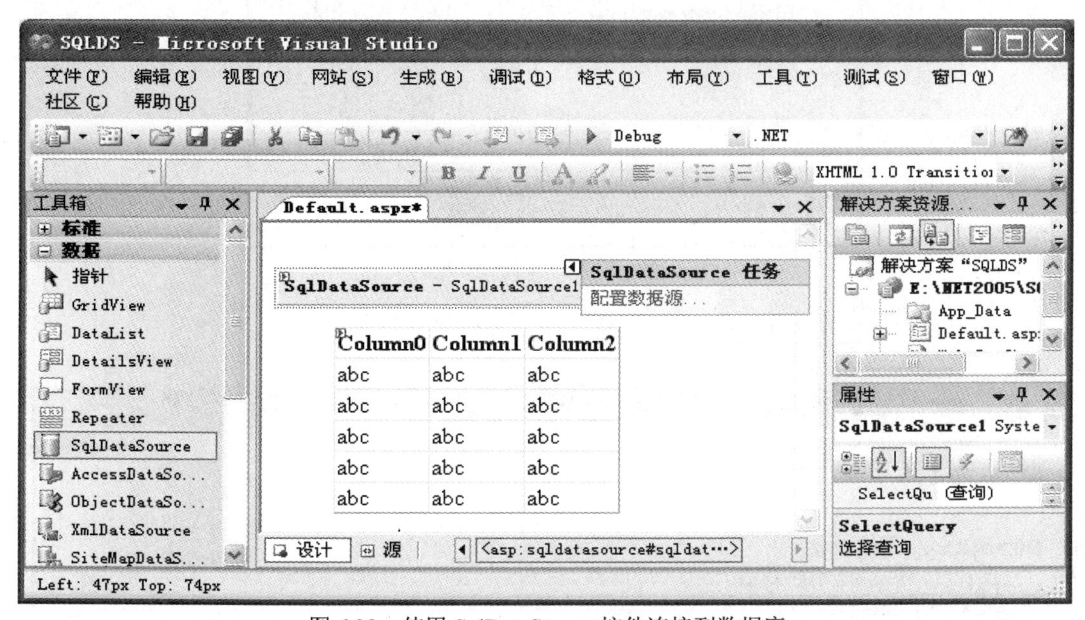

图 6.28 使用 SqlDataSource 控件连接到数据库

(3) 单击“SqlDataSource 任务”菜单上的“配置数据源”，系统就会弹出“配置数据源”向导。其中，第一步就是选择数据连接，单击“新建连接”按钮，即出现“添加连接”对话框，如图 6.29 所示。这里，数据源选项保持不变：Microsoft SQL Server (SqlClient)；服务器名设置为 localhost；因为 SQL Server 在本地，使用 Windows 身份验证即可；在选择或输入一个数据库名单选下拉框中，选择 Northwind；最后，单击“测试连接”，在确认该连接生效无误后，单击“确定”。

(4) 向导的下一步会询问是否将刚才定义好的连接字符串保存到 Web.config 文件中。与将连接字符串存储在页面中相比，将字符串存储在配置文件中能带来许多好处，如更安全且可以重复使用，所以，勾选“是”，选择将连接字符串保存到 Web.config 文件中。然后单击“下一步”。

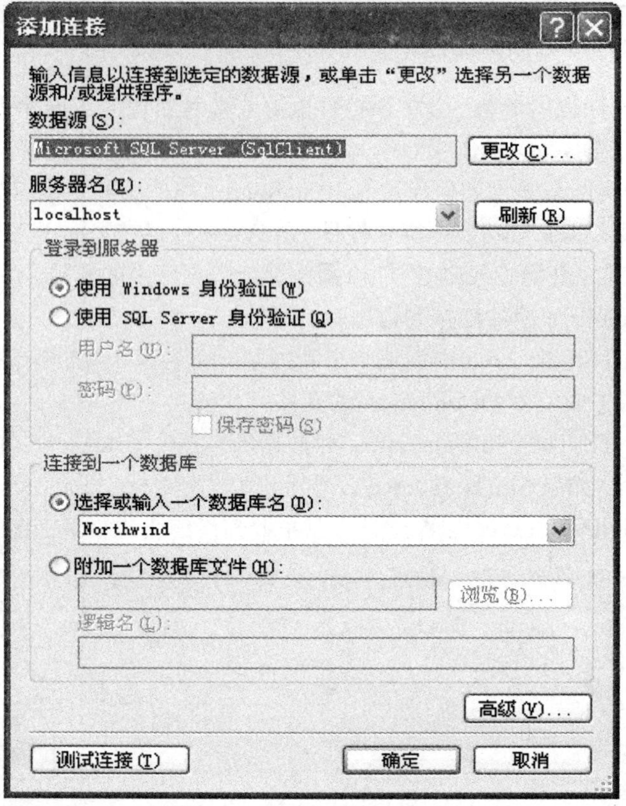

图 6.29 “添加连接”对话框

(5) 向导进入“配置 Select 语句”画面，如图 6.30 所示。

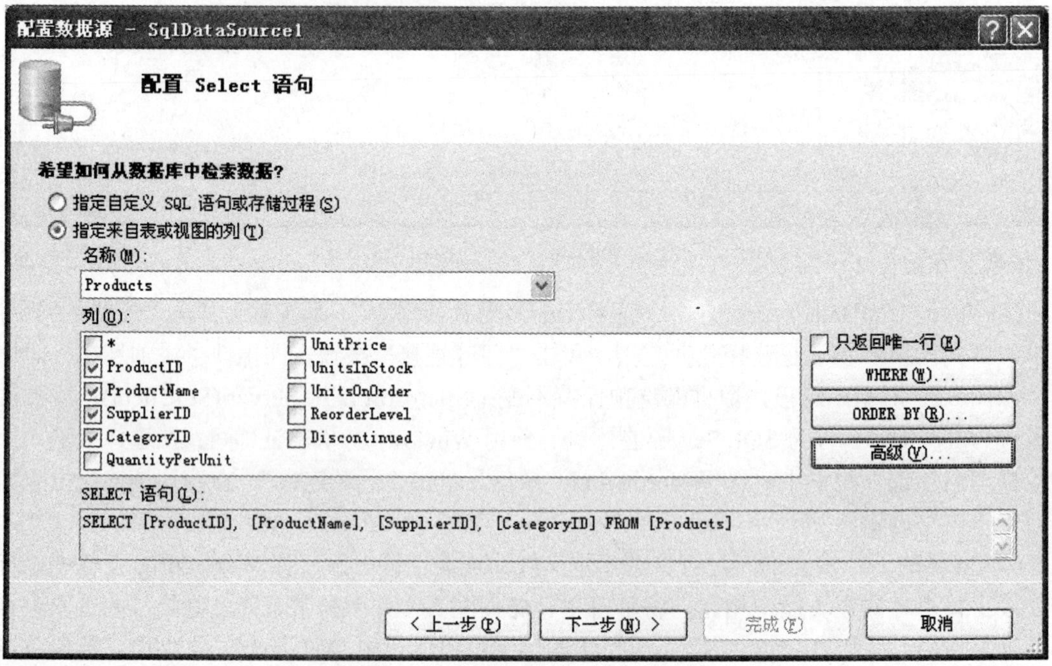

图 6.30 “配置 Select 语句”对话框

这里，可以指定要从数据库中获取哪些数据。在“指定来自表或视图的列”下的“名称”下拉列表中，选择“Products”；在“列”下，勾选“ProductID”、“ProductName”、“SupplierID”、“CategoryID”字段。更复杂的定制 Select 语句，可以通过单击“WHERE”、“ORDER BY”、“高级”等按钮进行配置。

(6) 单击“下一步”，进入“测试查询”画面。可以通过单击“测试查询”按钮进行测试以确保前面所做配置无误，获取的数据是所需数据。

(7) 单击“完成”按钮。至此，使用 SqlDataSource 控件连接到数据库的配置任务完成。

2) 将 SqlDataSource 控件和数据绑定控件进行绑定。

(1) 在页面设计窗体上选择 GridView 控件，如果未显示“GridView 任务”快捷菜单，同样用鼠标右键单击 GridView 控件，然后，在系统弹出的快捷菜单上选择“显示智能标记”。因为前面已经配置好了 SqlDataSource 控件，所以直接在“选择数据源”列表框中选择已定义好的 SqlDataSource1 控件即可，如图 6.31 所示。

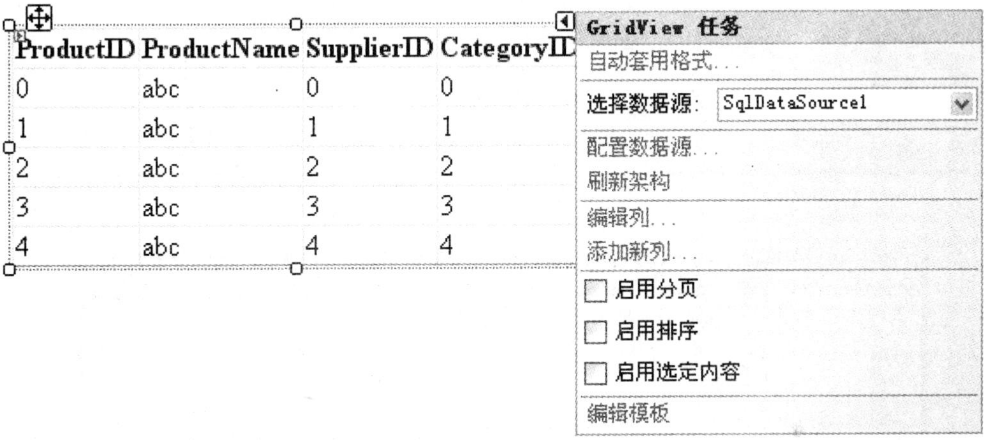

图 6.31 设置 GridView 控件的数据源

如果前面没有进行 SqlDataSource 控件的配置，在这里，可以通过在“选择数据源”列表框中选择“新建数据源”，系统会出现“数据源配置向导”对话框，如图 6.32 所示。这里，选择“数据库”获取数据，并单击“确定”按钮，随即就会出现“配置数据源”向导，后面的步骤就和前面的一样了。

(2) 将前面配置好的 SqlDataSource 控件设置为 GridView 控件的数据源，本质上就是将 GridView 控件和 SqlDataSource 控件绑定到了一起。因此，GridView 控件将显示 SqlDataSource 控件返回的数据。图 6.33 是最后的运行结果画面。

由示例可见，SqlDataSource 数据源控件功能的强大，使用 SqlDataSource 数据源控件，只需设置正确的连接字符串信息，定义简单的 SQL 语句，我们没有手写一行代码，甚至连数据提供程序都不需要定义，就实现了很复杂的功能。

应当说明，SqlDataSource 数据源控件本质上是对 ADO.NET 托管数据提供程序的进一步包装。因为 ADO.NET 托管数据提供程序提供对 Microsoft SQL Server、OLE DB、ODBC 或 Oracle 等各类数据库的访问，所以 SqlDataSource 数据源控件能够从 ADO.NET 托管数据提供程序支持的数据源中检索数据。

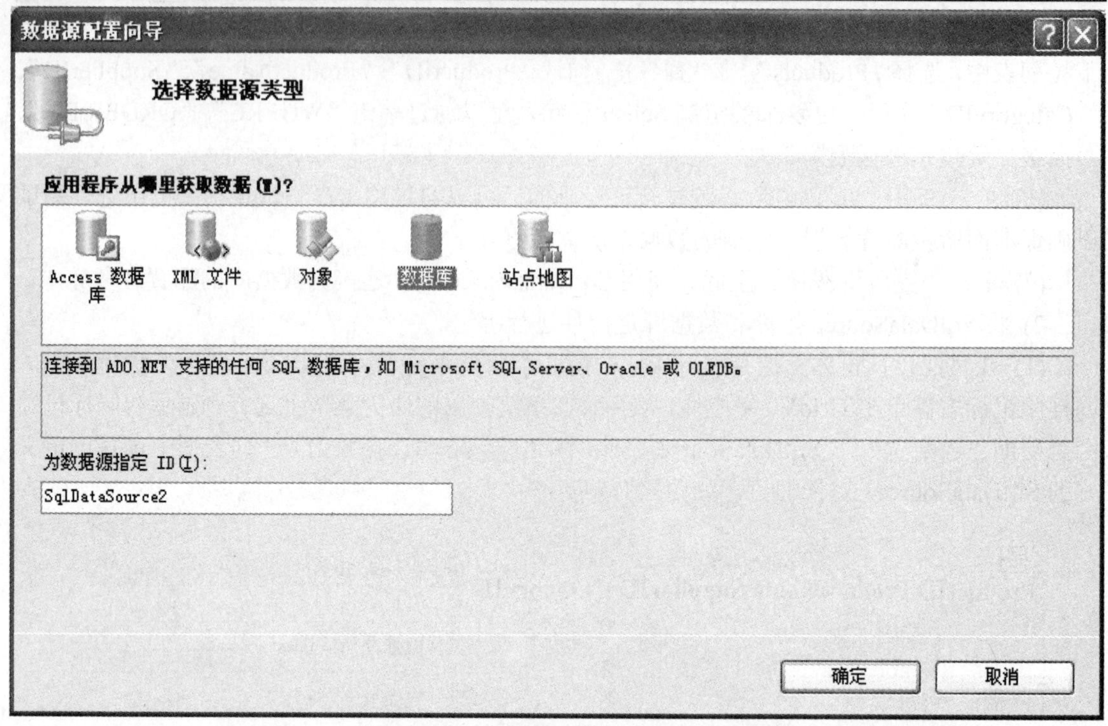

图 6.32 “数据源配置向导”对话框

使用SqlDataSource控件连接SQL Server数据库 - Microsoft...

文件(F) 编辑(E) 查看(V) 收藏(A) 工具(T) 帮助(H)

地址(D) http://localhost:1916/SQLDS/Default.aspx

ProductID	ProductName	SupplierID	CategoryID
1	Aniseed Syrup	1	1
2	Chang	1	1
3	Aniseed Syrup	1	2
4	Chef Anton's Cajun Seasoning	2	2
5	Chef Anton's Gumbo Mix	2	2
6	Grandma's Boysenberry Spread	3	2
7	Uncle Bob's Organic Dried Pears	3	7

完毕 本地 Intranet

图 6.33 运行结果

对于使用 SqlDataSource 数据源控件访问 ODBC、Oracle 等数据源的方法，可以参考上述例子，此处不再赘述。

6.7.8.3 ObjectDataSource 数据源控件

ObjectDataSource 控件是另外一个重要的数据源控件，和 SqlDataSource 控件用于直接连接数据库不同，ObjectDataSource 控件的数据源是一个符合一定规范的类(包含一些特殊的方法成员)，因此，通常用来指定一个业务层的对象。

ASP.NET 应用程序开发中目前广泛使用 N 层结构来改善程序的可维护性以及代码的可重用性。最常用的是把 ASP.NET 应用程序分为三个层：表示层、业务逻辑层和数据访问层。各层相对独立，通过相应的接口，层与层之间进行信息的传递。其他 N 层结构都是三层结构的扩展版本。

表示层：主要包含窗体、页面元素等用户界面部分。表示层首先实现与用户的交互，同时还需要事先从业务逻辑层获取数据。

业务逻辑层：主要包括核心业务相关的逻辑，程序中大多将此部分封装在类中。业务逻辑层主要负责处理来自数据层的数据，实现系统的业务功能，并将结果返回给表示层。

数据访问层：主要包括数据存储和与它交互的组件或服务。

显然，采用分层方式设计应用程序，使得每一层相对独立，可以单独修改，整个程序易于扩展、维护等。但一般的数据源控件，如 SqlDataSource 控件，却把表示层和业务逻辑层混合在了一起。这在应用程序规模较小、功能不复杂的情况下，还看不出有多大的缺陷。但当应用程序规模扩大，采用 SqlDataSource 这类控件的缺陷就明显化了。为此，ASP.NET 2.0 提供了一个专门的数据源控件 ObjectDataSource 控件，用于在表示层、业务逻辑层和数据访问层之间构建一座桥梁。

包含 ObjectDataSource 控件的三层程序结构可用图 6.34 表示。

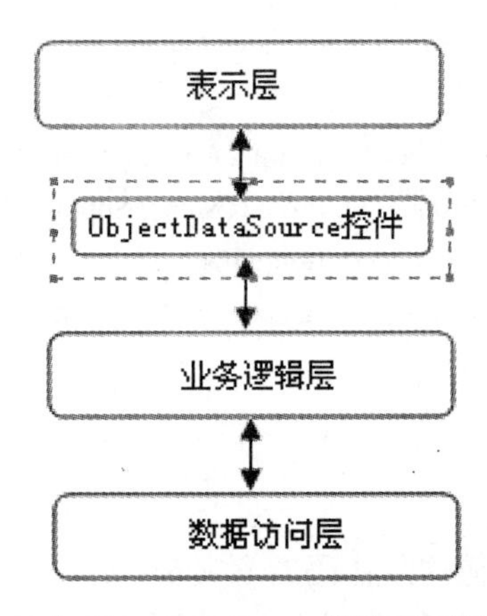

图 6.34 包含 ObjectDataSource 控件的三层程序结构

同样，为便于观察结果，借助数据绑定控件 GridView 控件在页面上来显示获取的数据。

【例 6.31】 通过 ObjectDataSource 控件检索并更新 SQL Server 数据库 Northwind 中 Products 表中的资料。

因为 ObjectDataSource 控件将用户自己创建的对象绑定到数据控件中，所以，需要用户首先准备好用于表达业务逻辑的中间层，这里用一个类来表达。

1) 创建一个 Products 类。

(1) 参考上一个示例，在 Visual Studio 2005 中创建一个新网站，命名为 ObjectDS。

(2) 右击“解决方案资源管理器”中对应项目位置，在系统弹出的快捷菜单中选择“添加新项”，如图 6.35 所示。

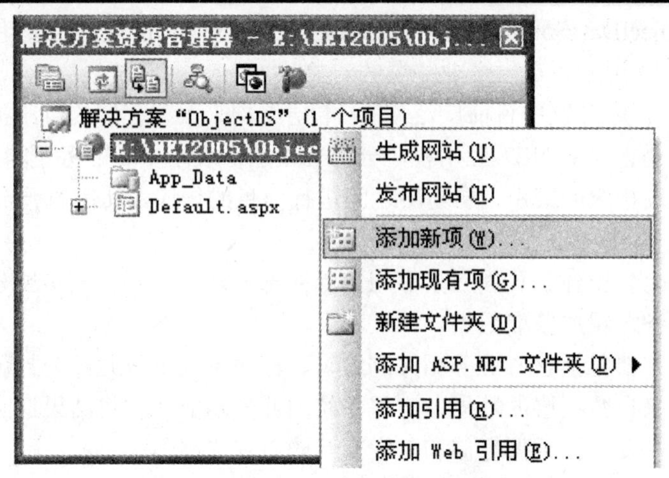

图 6.35　在项目中添加新项

系统会显示出“添加新项”对话框，在对话框中，选择添加“类”，并将这个类命名为Products。一般情况下，因为是首次手工添加代码，系统会提示你将要建立的“类”放在App_Code 文件夹中，我们选择“是”即可。

(3) 系统自动打开 Products 类的代码窗体。因为是模版，所以大部分的固定内容系统已经自动生成，我们需要添加一个命名空间的：using System.Data.SqlClient。然后，在类中添加一个名为 GetProducts 方法成员。代码如下：

```
public DataSet GetProducts()
    {
    string strCon ="Data Source=localhost;Initial Catalog=Northwind;Integrated Security=True";
    string strSql="SELECT    ProductID, ProductName, SupplierID, CategoryID FROM Products";
    SqlConnection oCon=new SqlConnection(strCon);
    SqlDataAdapter oDA=new SqlDataAdapter(strSql ,oCon);
    DataSet oDS=new DataSet();
    oDA.Fill(oDS ,"Products");
    return oDS ;
    }
```

根据前面所学知识，不难看懂这段代码的含义是：通过定义一个 SqlConnection 连接对象 oCon 和一个 SqlDataAdapter 数据适配器对象 oDA，将 Northwind 数据库的 Products 表中所有记录取出并填充至内存中的 DataSet 对象 oDS 中，最后以 DataSet 形式返回。

2) 添加 ObjectDataSource 和 GridView 控件。

(1) 切换到主页面 Default.aspx 的设计视图，从工具箱中分别找到 ObjectDataSource 控件和数据绑定控件 GridView，拖放到页面中适当的位置，如图 6.36 所示。如果 ObjectDataSource 控件上没有显示“ObjectDataSource 任务”快捷菜单，则用鼠标右键单击 ObjectDataSource 控件，然后，在系统弹出的快捷菜单上选择“显示智能标记”。

(2) 单击“ObjectDataSource 任务”菜单上的“配置数据源”，系统就会弹出“配置数据源”向导。首先，需要选择业务对象，如图 6.37 所示。在“选择业务对象”下拉列表中，可以看到刚刚定义好的一个类 Products 这一业务对象，选择它，并单击“下一步”按钮。

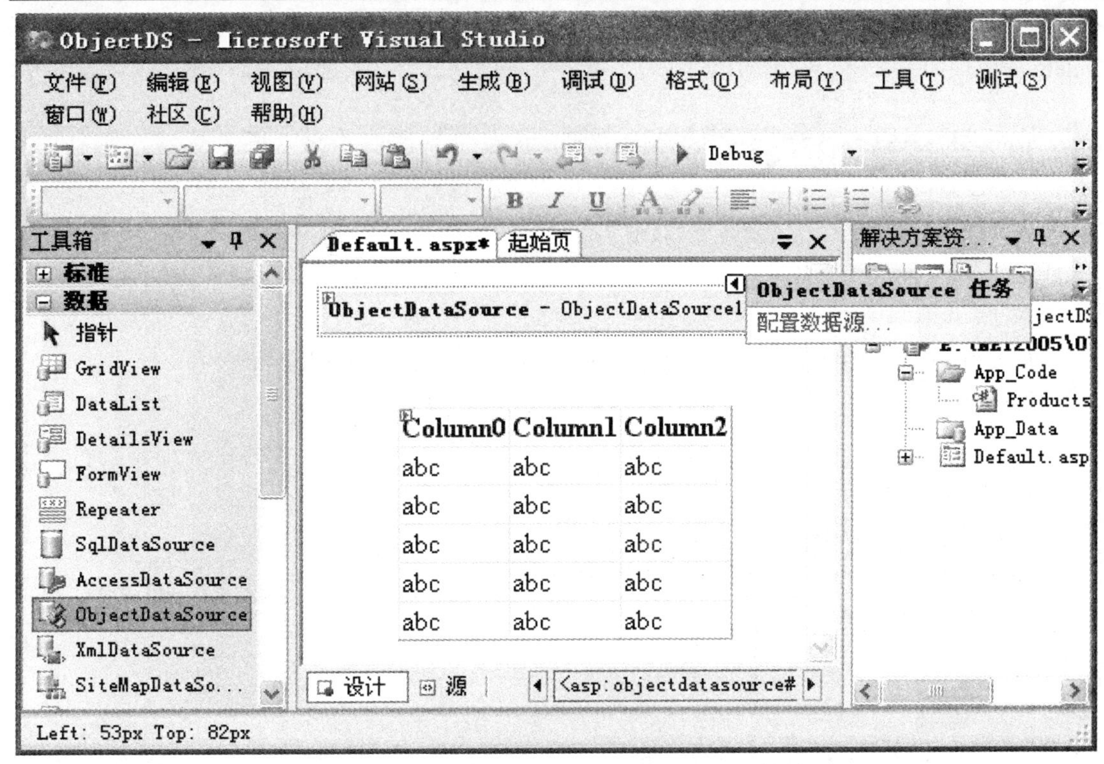

图 6.36 添加 ObjectDataSource 和 GridView 控件

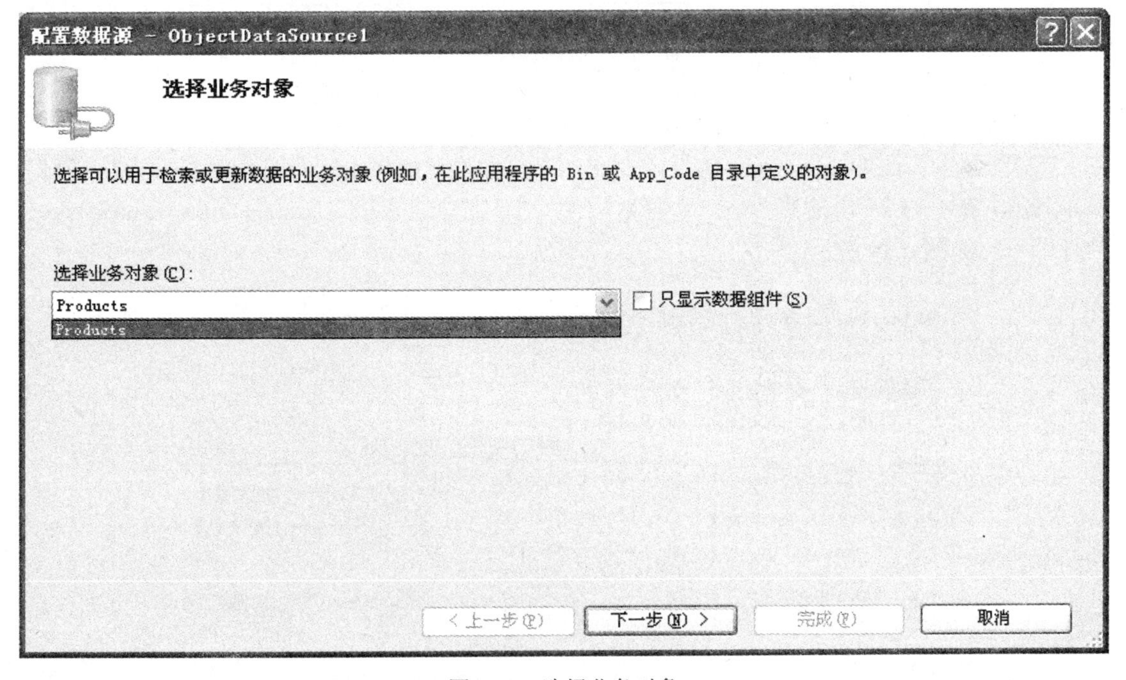

图 6.37 选择业务对象

(3) 向导转入“定义数据方法”画面，如图 6.38 所示。我们已经在 Products 类中定义好了一个用于返回数据集对象的方法 GetProducts，所以可以选择它。因为在类 Products 中并没有定义诸如 Update，Insert，Delete 等更复杂的 SQL 语句方法，所以，这里对应 Update，Insert，Delete 等选项为空。

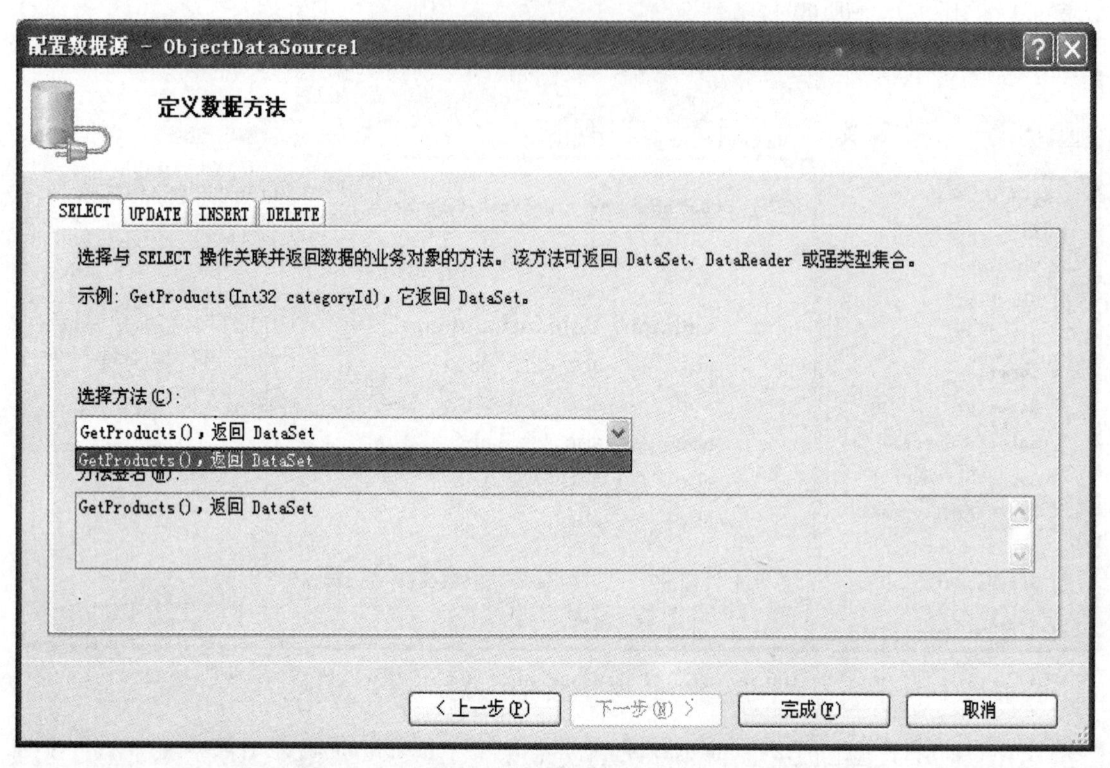

图 6.38 定义数据方法

(4) 单击“完成”，结束 ObjectDataSource 控件配置数据源任务。

(5) 回到主页面 Default.aspx 的设计视图。在页面设计窗体上选择 GridView 控件，确保显示“GridView 任务”快捷菜单。在“选择数据源”列表框中选择已定义好的 ObjectDataSource1 控件即可，如图 6.39 所示。

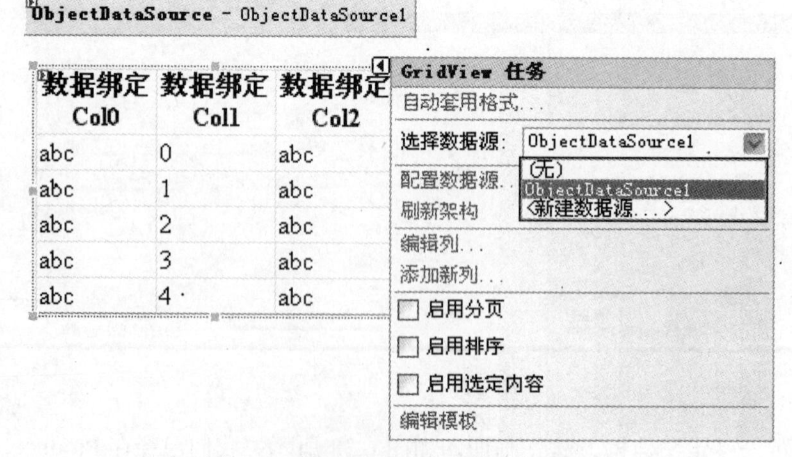

图 6.39 设置 GridView 控件的数据源

这一步，我们实现了数据源于数据显示控件的绑定。实际上，到这一步，后面的操作就类似于上一个例子了。图 6.40 显示了最终的运行结果。

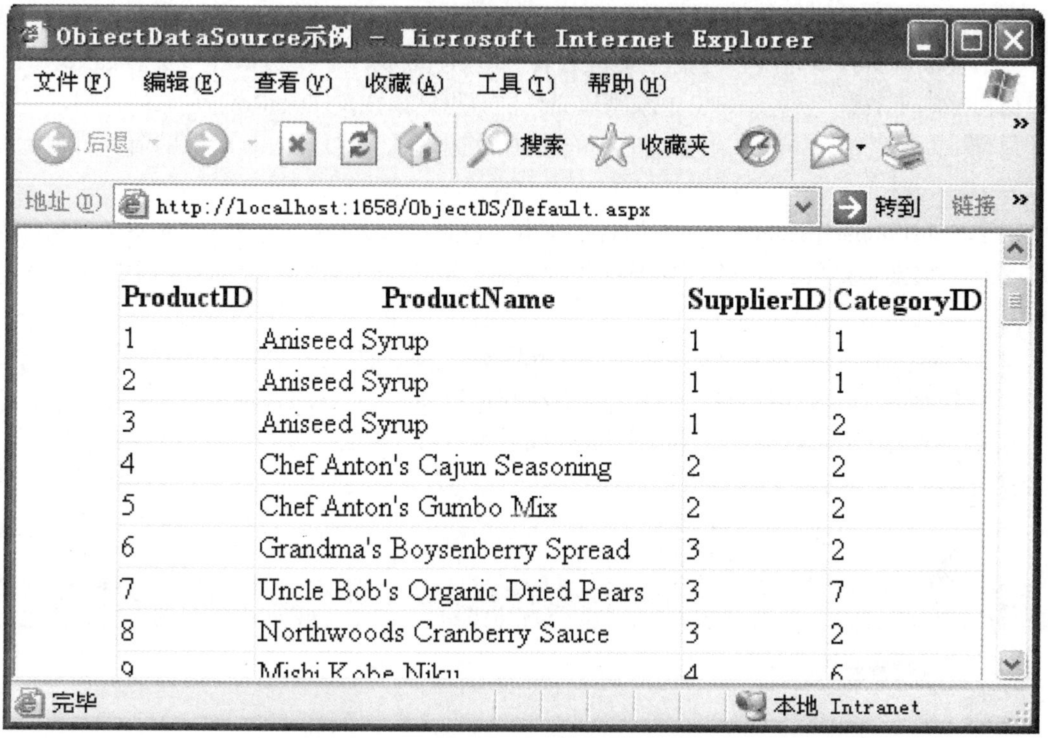

ObjectDataSource示例 - Microsoft Internet Explorer

http://localhost:1658/ObjectDS/Default.aspx

ProductID	ProductName	SupplierID	CategoryID
1	Aniseed Syrup	1	1
2	Aniseed Syrup	1	1
3	Aniseed Syrup	1	2
4	Chef Anton's Cajun Seasoning	2	2
5	Chef Anton's Gumbo Mix	2	2
6	Grandma's Boysenberry Spread	3	2
7	Uncle Bob's Organic Dried Pears	3	7
8	Northwoods Cranberry Sauce	3	2
9	Mishi Kobe Niku	4	6

图 6.40 运行结果

3) 对记录进行编辑和修改。

(1) 修改 Products 类。上述操作仅仅是通过 ObjectDataSource 控件实现数据的读取，要想实现对数据记录的修改更新也不是难事。当然，同样需要在业务逻辑层进行必要的设置，打开前面定义好的 Products 类的代码窗体，在类中继续添加一个名为 UpdateProducts 方法成员。代码如下：

```
public void UpdateProducts(int ProductID,string ProductName,int SupplierID,int CategoryID)
    {
    string strCon ="Data Source=localhost;Initial Catalog=Northwind;Integrated Security=True";
    string strSql="SELECT ProductID, ProductName, SupplierID,
        CategoryID FROM Products Where ProductID=" + ProductID.ToString();
    SqlConnection oCon=new SqlConnection(strCon);
    SqlDataAdapter oDA=new SqlDataAdapter(strSql ,oCon);
    DataSet oDS=new DataSet();
    oDA.Fill(oDS ,"Products");
    DataRow oDR=oDS.Tables["Products"].Rows[0];
    oDR["ProductName"]=ProductName;
    oDR["SupplierID"] = SupplierID;
    oDR["CategoryID"] = CategoryID;
```

```
SqlCommandBuilder oCB=new SqlCommandBuilder(oDA);
oDA.Update(oDS ,"Products");
}
```

这段代码也不是很麻烦，通过定义一个连接对象 oCon 和一个数据适配器对象 oDA，从数据库中提取资料并填充到数据集对象 oDS 中。然后，定义了一个数据行对象 DataRow，其字段结构等同于数据集对象 oDS 中刚刚填充好的数据表。定义 DataRow 对象的目的，是为了在内存中对其赋值，并最后通过 SqlCommandBuilder 对象将 DataRow 对象的值更新到对应数据库中。

关于 SqlCommandBuilder 对象，简言之，就是 SqlCommandBuider 类将 DataSet 的变化与 SQL Server 数据库联系起来，当 DataSet 被改动后，SqlCommandBuiler 会自动生成更新用的 SQL 语句。具体内容参见 6.7.6。

(2) 重新配置 ObjectDataSource 对象和 GridView 对象。修改完 Products 类之后，再次回到主页面 Default.aspx 的设计视图，重新配置 ObjectDataSource 对象和 GridView 对象。

在 ObjectDataSource 对象配置数据源向导的“定义数据方法”步骤，点 UPDATE 选项卡，就会发现此时可以选择已定义好的 UpdateProducts 方法了，我们选择它，如图 6.41 所示。然后，单击“完成”按钮，结束配置数据源工作。

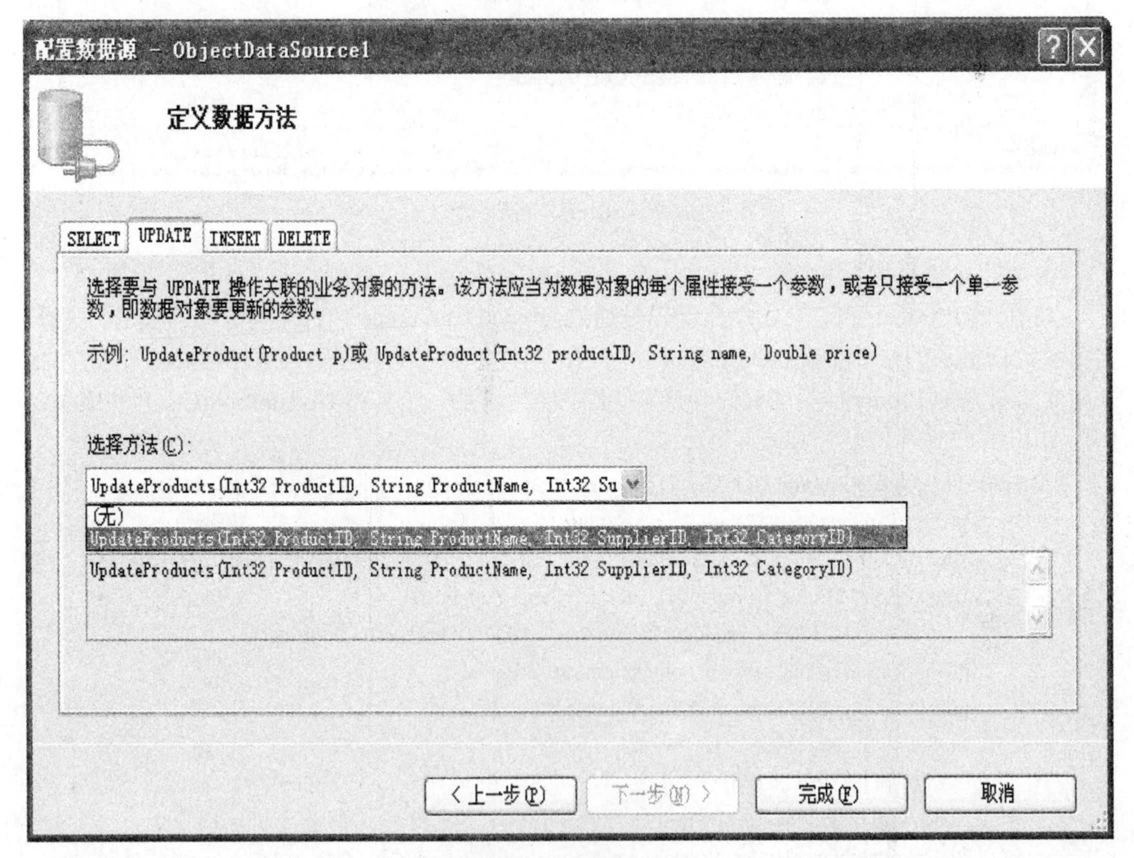

图 6.41 定义数据方法

选择 GridView 控件，选择其“GridView 任务”快捷菜单，会发现此时多出来了一个选项“启用编辑”。依次勾选“启用分页”、“启用排序”、“启用编辑”，然后运行程序，可观察到最终结果，如图 6.42 所示。

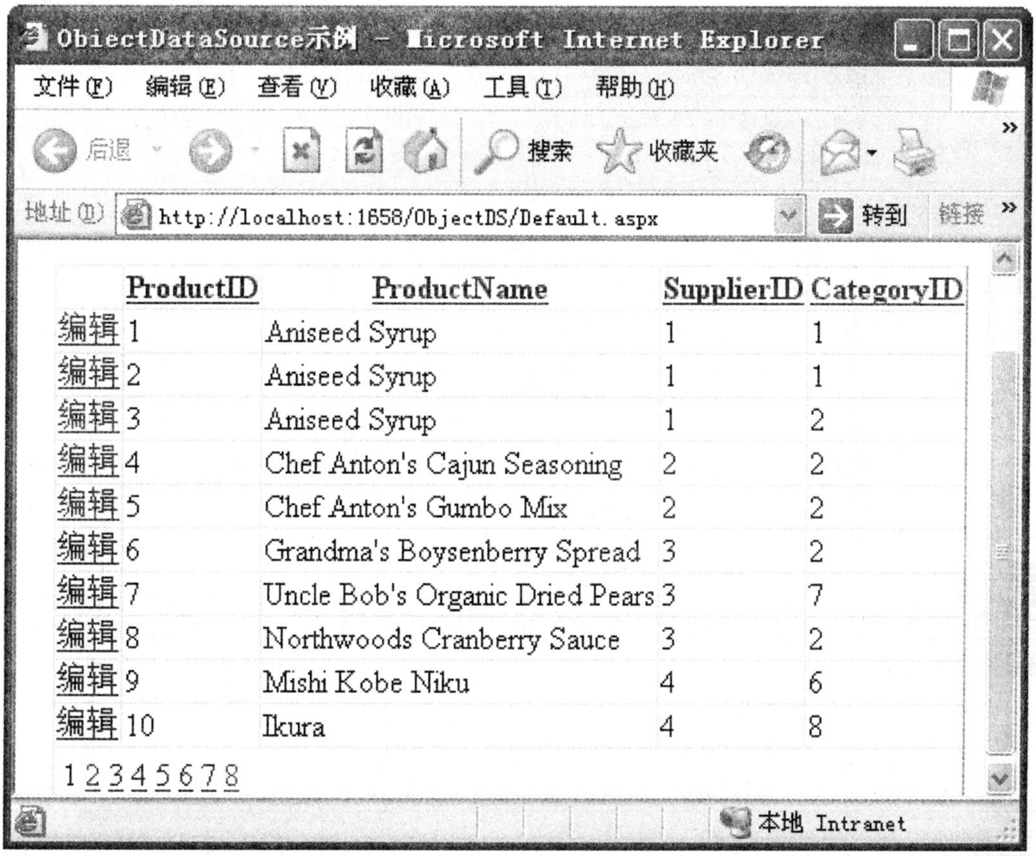

图 6.42 运行结果

6.7.9 数据绑定控件

ASP.NET 2.0 技术依靠两种类型的服务器控件实现数据访问：数据源控件和数据绑定控件。前者负责连接和访问数据库，而后者负责将从数据库中获取的数据显示出来。

数据绑定控件有很多，前面讲述数据源控件时用到的 GridView 控件，就是一个功能强大、最为常用的数据绑定控件。本节以 GridView 控件为例来学习 ASP.NET 2.0 提供的数据绑定控件的基本用法。

6.7.9.1 GridView 控件简介

GridView 控件是早期 DataGrid 控件的更新，功能更强大。它采用表格形式显示从数据源中获取的数据。表 6.24 对 GridView 控件的功能进行了简单描述。

GridView 支持大量属性，这些属性属于如下几大类：行为、外观、样式、状态和模板等。表 6.25~表 6.27 描述了其主要的行为、外观、样式等属性。

表 6.24 GridView 控件的功能描述

功 能	描 述
显示数据	将数据源控件获得数据集合，以表格形式显示在 Web 页面中。支持数据库直接拖曳产生 GridView 及 DataSource 控件
格式化数据	对显示在表格中的数据进行对层次、多形式的格式化处理：如对表格中的行、列，单元格等进行格式化，在表格中显示按钮、复选框、超链接等
数据分页及导航	自动对数据进行分页、为分页创建导航按钮
数据排序	支持排序，通过单击列标头，进行双向排序
数据编辑	在数据源控件的支持下，对数据进行编辑、删除等操作
数据行选择	对应事件，开发人员可自定义对所选数据行的操作
自定义外观和样式	具有很多外观和样式模版，便于创建令人满意的用户界面

表 6.25 GridView 控件的行为属性

属 性	描 述
AllowPaging	指示该控件是否支持分页
AllowSorting	指示该控件是否支持排序
AutoGenerateColumns	指示是否自动地为数据源中的每个字段创建列。默认为 True
DataMember	指示一个多成员数据源中的特定表绑定到该网格，与 DataSource 结合使用
DataSource	获得或设置包含用来填充该控件的值的数据源对象
DataSourceID	指示所绑定的数据源控件
RowHeaderColumn	用作列标题的列名，该属性旨在改善可访问性
SortDirection	获得列的当前排序方向
SortExpression	获得当前排序表达式

表 6.26 GridView 控件的外观属性

属 性	描 述
BackImageUrl	GridView 控件背景图片 Image Url
EmptyDataText	没有任何数据时所显示的文字
GridLine	GridView 的网格线，有水平及垂直网格线
ShowHeader	是否显示 GridView 控件的表头
ShowFooter	是否显示 GridView 控件的表尾

表 6.27 GridView 控件的样式属性

属 性	描 述	属 性	描 述
AlternatingRowStyle	设置交替数据行的外观	PagerStyle	设置页面导航栏的外观
EditRowStyle	设置编辑数据行的外观	RowStyle	设置数据行的外观
FooterStyle	设置页尾数据行的外观	SelectedRowStyle	设置已选取数据行的外观
HeaderStyle	设置页首数据行的外观		

更多的 GridView 控件属性，可在 Visual Studio 2005 设计窗体中查看。通过在 GridView 控件属性窗口选中某一属性项，则系统即会在属性窗口的下方显示出对应属性项的简要说明信息。

GridView 控件提供有一些重要的方法和事件，通过这些方法和事件，程序设计人员可以非常方便地对 GridView 控件进行控制，实现设计意图。

表 6.28 和表 6.29 描述了 GridView 控件常用的方法和事件。

表 6.28 GridView 控件常用方法

方 法	描 述
DeleteRow(int rowIndex)	参数代表数据行索引，根据行索引删除对应数据行
Sort(string sortExpression, SortDirection sortDirection)	参数 sortExpression 表示排序表达式，参数 sortDirection 表示排序方向。该方法根据参数对数据表进行排序
UpdateRow(int rowIndex, bool causesValidation)	参数 rowIndex 表示要更新数据行索引，参数 causesValidation 表示调用该方法时，是否验证，True 表示验证，该方法根据参数更新数据记录

表 6.29 GridView 控件常用事件

事 件	描 述
PageIndexChanging, PageIndexChanged	这两个事件都是在其中一个分页器按钮被单击时发生。它们分别在网格控件处理分页操作之前和之后激发
RowCancelingEdit	事件发生在 Cancel 按钮被单击，但是在该行退出编辑模式之前发生
RowCommand	单击一个按钮时发生
RowCreated	创建一行时发生
RowDataBound	一个数据行绑定到数据时发生
RowDeleting, RowDeleted	这两个事件都是在一行的 Delete 按钮被单击时发生。它们分别在该网格控件删除该行之前和之后激发
RowEditing	当一行的 Edit 按钮被单击时，但是在该控件进入编辑模式之前发生
RowUpdating, RowUpdated	这两个事件都是在一行的 Update 按钮被单击时发生。它们分别在该网格控件更新该行之前和之后激发
SelectedIndexChanging, SelectedIndexChanged	这两个事件都是在一行的 Select 按钮被单击时发生。它们分别在该网格控件处理选择操作之前和之后激发
Sorting, Sorted	这两个事件都是在对一个列进行排序的超链接被单击时发生。它们分别在网格控件处理排序操作之前和之后激发

6.7.9.2 GridView 的基本操作

Visual Studio 2005 在数据库支持方面做得非常好，GridView 支持将 SQL Server 数据字段直接拖曳到 ASP.NET 网页设计界面，并自动建立好 GridView 与 Sq1DataSource 数据库连接的相关设置，这在以前是不可想象。

下面以拖曳的方式创建 GridView 与 Sq1DataSource 数据库连接，从而轻松构造一个能够实现数据访问的 Web 页面。

【例 6.32】 GridView 的基本操作。

1) 以拖曳的方式创建 GridView 与 Sq1DataSource 控件关联。

(1) 在前述网站的基础上，添加一个新的页面 GridViewSq1DataSource.aspx 并切换至设计视图。

(2) 开启服务器资源管理器(或数据库资源管理器)建立与 SQL Server 数据库的连接。然后，展开 Employees 数据表。

(3) 按住 Ctrl 键不放，以鼠标连续点击 Employees 数据表的 EmployeeID、LastName、FirstName 与 Address 四个字段。并将这四个字段往 Web Form 拖曳过去。

(4) 最后放开鼠标按钮后，Visual Studio 2005 会自动产生 GridView 控件及 SqlDataSource 相关设置如图 6.43 所示。

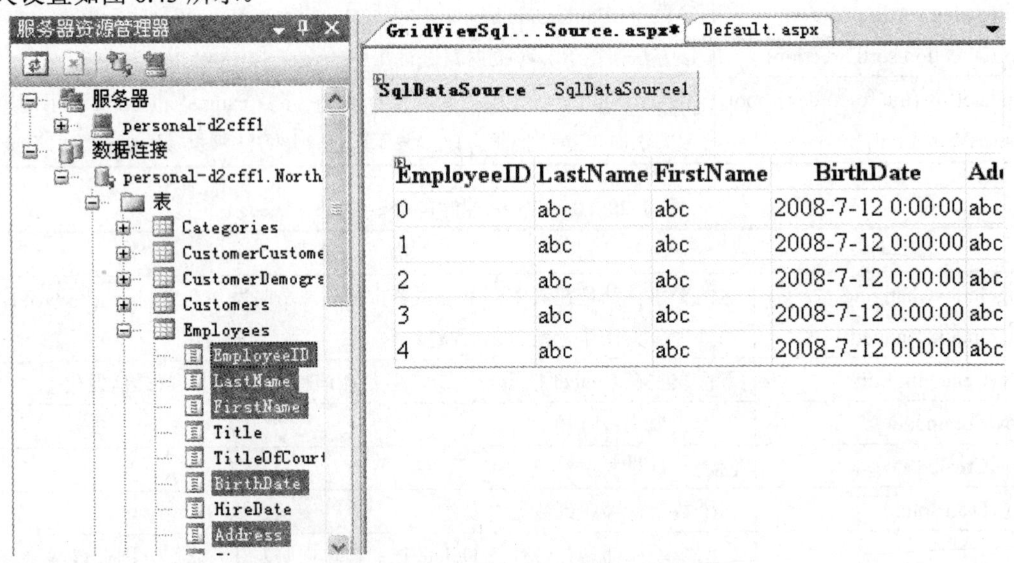

图 6.43　拖曳部分字段至 Web 窗体

当然，完全可以把整表都拖曳到 Web 窗体中，Visual Studio 2005 会自动完成所需配置。将该页面设置为起始页面，调试运行，结果与预期相符，窗体上正确显示出从数据库中提取出来的有关记录。

如果希望进行更复杂的操作，譬如添加排序和分页，启用编辑功能，实现简单的搜索功能等，借助于 GridView 控件一样可以轻松实现。

2) 添加排序和分页。

(1) 在前面设计好的页面窗体上选择 GridView 控件，如果没有显示“GridView 任务”快捷菜单，用鼠标右键单击 GridView 控件，然后，在系统弹出的快捷菜单上选择“显示智能标记”。

(2) 在“GridView 任务”快捷菜单上，选择“启用排序”、“启用分页”复选框，见图 6.44。

可以看出，GridView 控件中列标题变为链接，运行时，单击对应列标头可以实现双向排序，因为启用了分页选项，GridView 控件下面添加了页码的链接。

当然，可以通过观察 GridView 控件的属性，查看所做的设置。如果窗体中看不见属性窗口，可以先选中 GridView 控件，再按 F4 功能键，控件属性窗口就会出现，见图 6.45。

SqlDataSource - SqlDataSource1

EmployeeID	LastName	FirstName	BirthDate	Address
0	abc	abc	2008-7-12 0:00:00	abc
1	abc	abc	2008-7-12 0:00:00	abc
2	abc	abc	2008-7-12 0:00:00	abc
3	abc	abc	2008-7-12 0:00:00	abc
4	abc	abc	2008-7-12 0:00:00	abc
5	abc	abc	2008-7-12 0:00:00	abc
6	abc	abc	2008-7-12 0:00:00	abc
7	abc	abc	2008-7-12 0:00:00	abc
8	abc	abc	2008-7-12 0:00:00	abc
9	abc	abc	2008-7-12 0:00:00	abc

1 2

GridView 任务
自动套用格式...
选择数据源: SqlDataSource1
配置数据源...
刷新架构
编辑列...
添加新列...
☑ 启用分页
☑ 启用排序
☐ 启用编辑
☐ 启用删除
☐ 启用选定内容
编辑模板

图 6.44 “GridView 任务”快捷菜单

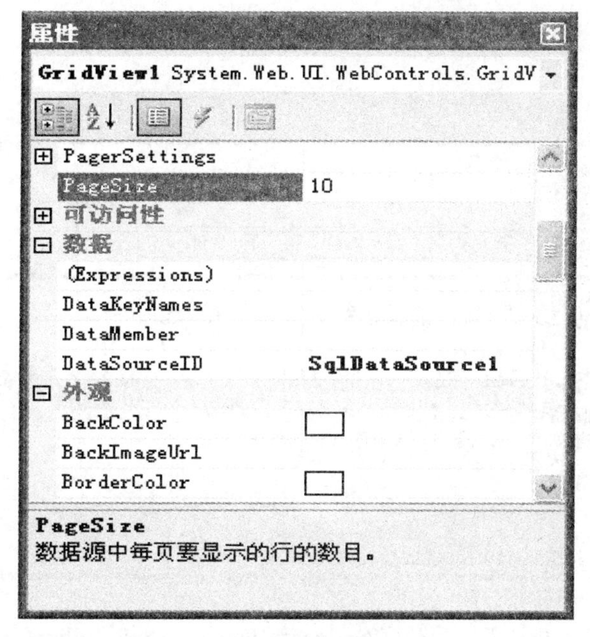

图 6.45 GridView 属性窗口

在属性窗口中可以设置每页记录的个数，默认值每页显示 10 条记录。

3) 对记录添加编辑和删除功能。同样，也可以通过简单设置，不写一行代码，实现编辑、删除记录的功能。要想启用编辑、删除记录的功能，需要 SqlDataSource 数据源控件的 UpDate 功能支持。在“GridView 任务”快捷菜单上(见图 6.44)，勾选“启用编辑”、“启用删除”复选框。如果没有这两个选项，则需要重新配置以下数据源控件。操作如下：

(1) 设计窗体上选择 GridView 控件，确保显示“GridView 任务”快捷菜单。选择“配置数据源”，在向导中切换到“配置 Select 语句”页面，然后，单击“高级”按钮。在弹出的“高级 SQL 生成选项”对话框中，勾选“生成 INSERT、UPDATE 和 DELETE 语句”复选框，见图 6.46。

(2) 设置完毕“高级 SQL 生成选项”对话框，再次打开 GridView 控件的“GridView 任务”快捷菜单。发现快捷菜单中将多出了两个选项：“启用编辑”、“启用删除”。勾选相应项，并再次运行程序，效果如图 6.47 所示。

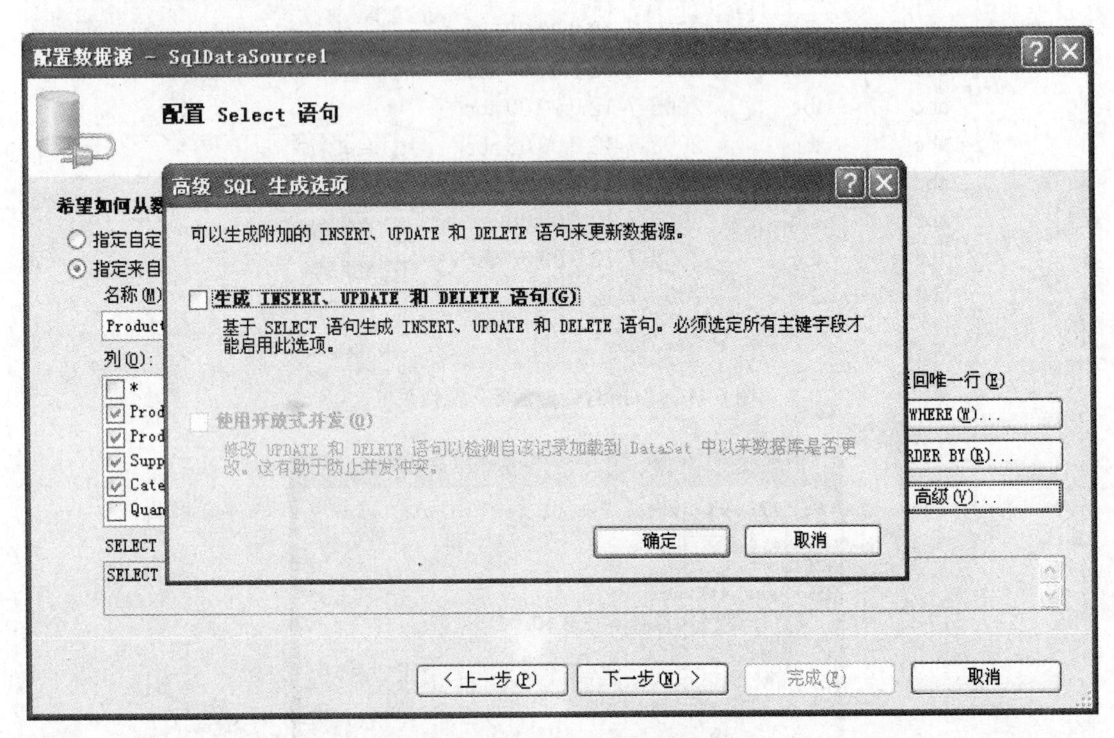

图 6.46 高级 SQL 语句生成选项

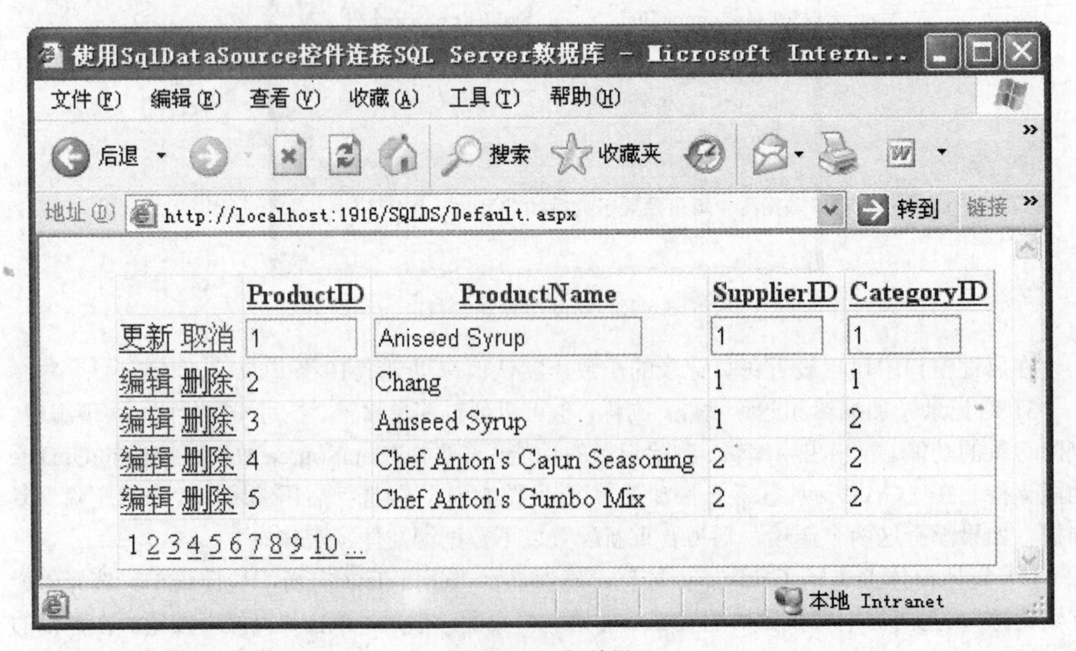

图 6.47 运行结果

如果希望在数据库中进行筛选查找某些符合条件的记录，同样可以通过修改 SqlDataSource 数据源控件的“配置 Select 语句”向导，通过单击“WHERE”按钮，从而添加 WHERE 子句，实现带条件查询。比照前面的操作，实现起来并不复杂，具体操作步骤不再演示。

通过这个例子，我们感受到了 GridView 控件高度自动化的功能，同时，在灵活性上也毫不逊色。

6.7.9.3 格式化 GridView 控件

虽然大多数情况下，采用默认值属性就可以满足要求，但有时候可能需要对 GridView 控件的外观样式进行定制。定制 GridView 控件的样式，主要有以下几种方式：

1) 采用 GridView 内置格式方案。选中 GridView 控件，在“GridView 任务”快捷菜单上选择“自动套用格式”，系统即会弹出“自动套用格式”对话框，如图 6.48 所示。

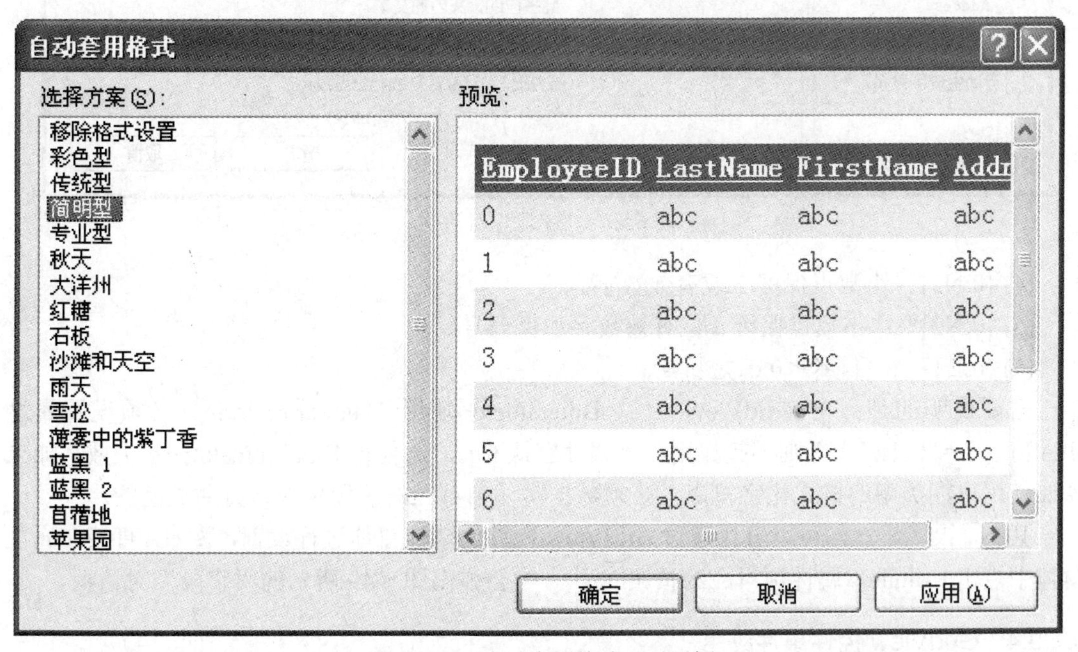

图 6.48 “自动套用格式”对话框

可以看出，系统提供了多种风格的样式供设计人员选择。

2) 自定义“列”格式。除此之外，如果希望针对表格的某一列进行自定义的操作，也不麻烦，选中 GridView 控件，在“GridView 任务”快捷菜单上选择“编辑列”，系统即会弹出“字段”对话框，如图 6.49 所示。

在此对话框中，可以对每一列的格式进行详细的设置。比如，可以设置 BirthDate 字段对应的列标题为汉字“出生日期”，字段显示为短日期格式：{0:d}等。

“字段”对话框中可以设置字段的显示格式，常用格式化表达式如下：

(1) {0:C}：货币。

(2) {0:D4}：由 0 填充的 4 个字符宽的字段中显示整数。

(3) {0:000.0}：四舍五入小数点保留第几位有效数字。

图 6.49 “字段”对话框

(4) {0:N2}：小数点保留 2 位有效数字。

(5) {0:N2}%：小数点保留 2 位有效数字加百分号。

(5) {0:D}：长日期；{0:d}短日期。

需要说明的是：在 GridView 中的 BoundField 使用 DataFormatString 必须设置属性 HtmlEncode="False"，否则不起作用，该属性默认 true，这使得 DataFromatString 失效；如果需要使用日期类型的格式化字符串，必须数据实体中对应的字段也应该日期类型的。

其实，很多属性都可以直接通过 GridView 控件的属性窗体进行设置，譬如，直接在属性窗体中点击 Columns 属性项对应的按钮...，一样会弹出图 6.49 所示的“字段”对话框。

6.7.9.4 GridView 控件事件应用

GridView 控件提供了大量的事件，恰当利用事件，可以完成许多重要的工作，下面以 RowDeleting 事件为例演示 GridView 控件的事件编程。

在单击某一行的“删除”按钮时，在 GridView 控件删除该行之前会发生 RowDeleting 事件。

【例 6.33】 使用 RowDeleting 事件取消删除操作。

(1) 为了在窗体中显示事件响应信息，从工具箱中向 Web 窗体中拖入一个标签，命名为 Message，调整到合适的位置。

(2) 在 Web 窗体的设计界面，选中 GridView 控件，然后，在对应的“GridView 控件属性”窗体中点击事件按钮，并在事件列表中选 RowDeleting 事件。如图 6.50 所示。

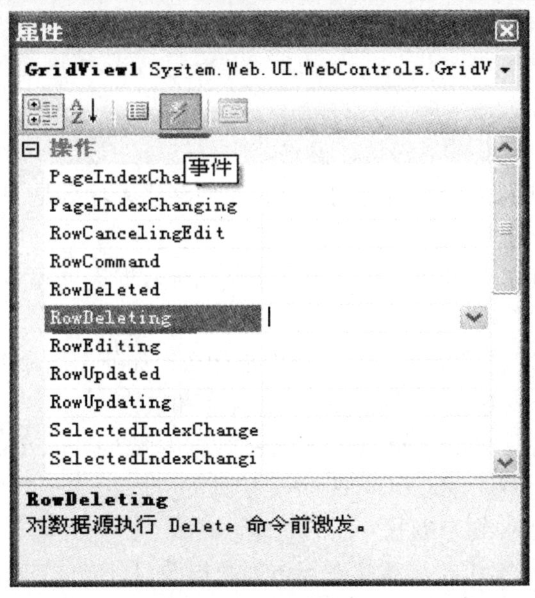

图 6.50 “GridView 控件属性”窗体中的事件列表

此处，可以为 RowDeleting 事件响应方法自定义一个名字，也可以直接双击该事件，采用默认的名字 GridView1_RowDeleting，系统将自动打开对应的代码视图，输入如下代码：

```
protected void GridView1_RowDeleting(object sender, GridViewDeleteEventArgs e)
    {
    if (GridView1.Rows.Count <= 1)
        {
         e.Cancel = true;   // 取消删除操作
         Message.Text = "You must keep at least one record.";
        }
    }
```

这段代码相对简单：当单击某一行的“删除”按钮时，首先检查当前记录行数是否大于 1 条，如果只剩下最后一条记录，则系统拒绝删除操作。

通过事件编程，能够实现复杂的操作。大家可以举一反三，达到灵活运用。

本章小结

本章在简要介绍数据库的基本知识的基础上，重点讲述了常用的数据库管理系统 Microsoft SQL Server 2000 的使用要点和在 ASP.NET 中使用数据库基本技术 ADO.NET 的框架和方法，并详细讨论了 ADO.NET 的两种访问数据源的方式：使用 DataReader 对象和使用 DataSet 对象。数据库的日常维护以及存储过程等在数据库访问技术应用开发中必不可少，本章对此也进行了一定的讨论。

ASP.NET 2.0 通过数据源控件及数据绑定控件对 ADO.NET 进行了全新封装。本章的重点是数据源控件及数据绑定控件技术的应用。

通过本章的学习，应重点掌握数据库的基本概念，初步掌握根据实际应用系统设计数据库和表，熟练掌握在 SQL Server 2000 中创建及操作数据库和表的方法，建立清晰的 ADO.NET

数据模型的概念，并能灵活应用数据源控件、数据绑定控件等技术实现数据库访问。

习题

(1) 简述 SQL Server2000 的身份认证模式。

(2) 使用 SQL 语言进行多表连接查询，什么是内连接？什么是外连接？外连接又分为几种？简述其区别。

(3) ADO.NET 提供了哪几种数据提供程序？这几种数据提供程序分别适应于哪些数据库系统？

(4) 什么是 ADO.NET 的命名空间？其作用是什么？如何引用命名空间？

(5) 使用 DataReader 对象访问数据源有什么优点和缺点？

(6) SqlDataSource 控件只能访问 SQL Server 数据库吗？ObjectDataSource 控件有什么作用？试比较 SqlDataSource 和 ObjectDataSource 控件的异同。

(7) 简述 GridView 控件都有哪些方面的功能。

(8) 使用 DataSet 数据集进行离线状态下访问数据源对分布式应用程序有什么意思？

(9) 说出几种 ASP.NET 2.0 支持的数据源类型。

(10) 在 Web.config 文件中保存连接字符串的好处是什么？

上机操作题

设有商品销售数据库 sales，sales 包含两个数据表：客户 client 和订单 order，client 的字段有：客户编号、客户名称、银行账号、地址、电话；order 的字段有：订单号、客户编号、订货日期、货物名称、货款金额、付款标志。

(1) 在 SQL Server 2000 中创建数据库 sales 及两个数据表 client 和 order。须指定 client 和 order 的关键字。

(2) 建立表 client 和表 order 的依赖关系。

(3) 在图形界面下，给表 client 和 order 各添加两条记录。注意数据之间的关系。

(4) 用命令方式向表 client 添加如下记录：

1101	宏大数码公司	369258123456	上海市南京路 1000 号	02187654321

(5) 用命令方式将表 client 中客户编号为“1101”的记录的电话字段改为 02166668888。

(6) 写出查询语句，查询所有订单的订单号，客户名称，银行账号，订货日期，货物名称，货款金额，付款标志。

(7) 将上述(6)的查询语句创建为存储过程。

(8) 在 Visual Studio 2005 中建立网站，分别利用 DataReader 和 DataSet 对象在网页中显示数据表 order 的信息。

(9) 利用数据源控件 SqlDataSource 和数据绑定控件 GridView，在网页上显示数据表 order 的信息，并能编辑修改记录。

(10) 在上一步的基础上，通过编写 GirdView 的事件响应方法代码，实现订单记录数少于 10 条，则窗体上显示出提示信息。(提示：利用 RowDataBound 事件)

7 XML 和 Web 服务

本章介绍 XML 基础知识、XML 在 ASP.NET 中的应用、Web 服务(Web Service)及其相关技术。XML 作为 Internet 时代的数据表示和传输形式会越来越重要，支持它的工具会越来越多，只要掌握了 ASP.NET 操纵 XML 的方法，其他的会触类旁通；而 Web Service 技术可用于分布式系统之间的通信，电子商务的数据交换等。它给异构分布式应用提供了技术基础，相信将会获得广泛的应用。

7.1 XML 的应用

7.1.1 什么是 XML

XML 的全称是 The Extensible Markup Language(可扩展标识语言)。目前推荐遵循的是 W3C 组织于 2000 年 10 月 6 日发布的 XML1.0 版本。与 HTML 一样，XML 同样来源于 SGML，但 XML 是一种能定义其他语言的语言。XML 最初设计的目的是弥补 HTML 的不足，它以强大的扩展性满足网络信息发布的需要，后来逐渐用于网络数据的转换和描述。

XML 与 HTML 一样，都是出于 SGML 的标准通用语言。XML 是 Internet 环境中跨平台的、依赖于内容的技术，是当前处理结构化文档信息的有力工具。扩展标记语言 XML 是一种简单的数据存储语言，使用一系列简单的标记描述数据，而这些标记可以用方便的方式建立，虽然 XML 要占用比二进制数据更多的空间，但 XML 极其简单易于掌握和使用。

XML 与 Access，Oracle 和 SQL Server 等数据库不同，数据库提供了更强有力的数据存储和分析能力，例如：数据索引、排序、查找、相关一致性等，XML 仅仅是展示数据。事实上 XML 与其他数据表现形式最大的不同是：它极其简单。这是一个看上去有点琐碎的优点，但正是这点使 XML 与众不同。

XML 的简单使其易于在任何应用程序中读写数据，这使 XML 很快成为数据交换的唯一公共语言，虽然不同的应用软件也支持其他的数据交换格式，但不久之后他们都将支持 XML，那就意味着程序可以更容易的与 Windows、Mac OS，Linux 以及其他平台下产生的信息结合，然后可以很容易加载 XML 数据到程序中并分析它，并以 XML 格式输出结果。

这里有两点需要注意：

(1) XML 并不是 HTML 的替代品。XML 不同于 HTML，也不是 HTML 的简单升级，它的功能更强，用途更广。但在较长的一段时间里将继续使用 HTML。值得注意的是，HTML 的升级版本 XHTML 的确正在向适应 XML 靠拢。

(2) 不能用 XML 来直接写网页。即便是包含了 XML 数据，依然要转换成 HTML 格式才能在浏览器上显示。下面是一段 XML 示例文档：

```
<?xml version="1.0"?>
<myfile>
    <title>XML Quick Start</title>
    <author>ajie</author>
    <email>ajie@aolhoo.com</email>
    <date>20010115</date>
</myfile>
```

这段代码仅仅是让你初步感性认识一下 XML，并不能实现什么具体应用。其中类似 title，author 的语句就是自己创建的标记(tags)，它们与 HTML 标记不同，例如这里的 title 是文章标题的意思，HTML 里的 title 是页面标题。

7.1.2 使用 XML 的原因

HTML 自身的特点使它蕴藏了许多危机，随着它不断地发展，这些危机不但没有减弱，反而越来越突出，甚至已然成为 HTML 继续发展应用的障碍。时至今日，连 HTML 经过几年来广泛应用所赢得的资深声誉也无法掩饰其日益深刻的危机了。

HTML 越来越侧重于信息的表示，标签中原本就很微弱的信息描述的含义也被削弱了。最后，HTML 终于演变为专门用于 Netscape 和 Microsoft IE 两大浏览器的页面显示语言。

日益增多的标签不但使 HTML 越来越庞大，浏览器的开发越来越复杂，还降低了不同浏览器之间的兼容性。尽管 HTML 的标签越来越多，其显示力却还远远不够。现在 HTML 内部结构的条理性越来越差。

那些原本条理清晰、层次分明的数据库的内容在 HTML 文件中早就被各种各样的标签搞得混乱不堪，而搜索引擎则不得不在这些混乱的内容中大海捞针！

为了解决以上问题，专家们使用 SGML 精简制作，并依照 HTML 的发展经验，产生出一套使用严谨但规则简单的描述数据语言 XML。

XML 打破了标记定义的垄断，你可以自由地制定自己的标记语言，允许各个组织、个人建立适合他们自己需要的标记库，并且，这个标记库可以迅速地投入使用。现在许多行业、机构都利用 XML 定义了自己的标记语言。比较早而且比较典型的是下面两个实例：

化学标记语言 CML(Chemistry Markup Language)，by Peter Murray-Rust。

数学标记语言 MathML(Mathematical Markup Language)1.0 Specification，W3C Recommendation 07—April—1998。

与 HTML 相同，XML 文档中的数据是由纯文本标识编码而成的。多数操作系统能够很容易地处理纯文本，因此它使建立处理 XML 的处理器和浏览器更加容易。创建 XML 文档具有任意的灵活度，甚至在单个文档中可以有几个多达几万个元素和属性。而且在什么时候进行扩展，如何扩展，只要它们是符合 XML 标准的就都可以被立即识别。

简而言之，尽管 HTML 提供了用于显示的丰富工具，但 HTML 并没有提供任何基于标准的管理数据的方式。正如数年前用于显示的 HTML 标准扩展了 Internet 一样，数据显示标准亦将扩展 Internet。数据标准将是商业交易、发布个人喜爱的配置文件、自动协作和数据共享的工具，将以此格式编写医疗记录、制药研究数据、半导体部件图以及采购订单等，这需要开创众多的新用途。以面是一个简单的 XML 文档例子：

pc.xml：

```
<?xml version="1.0" encoding="utf-8" ?>
<Root url="Default.aspx" name="电脑产品总览" describe="电脑产品">
    <Parent url="CPU.aspx" name="CPU处理器" describe="CPU" >
        <Child url="INTEL.aspx" name="INTEL处理器" describe="INTEL" />
        <Child url="AMD.aspx" name="AMD处理器" describe="AMD" />
    </Parent>
    <Parent url="MainBorad.aspx" name="主板" describe="主板" >
        <Child url="ASUS.aspx" name="华硕主板" describe="华硕" />
        <Child url="GIGAByte.aspx" name="技嘉主板" describe="技嘉" />
        <Child url="MSI.aspx" name="微星主板" describe="微星" />
    </Parent>
    <Parent url="HDD.aspx" name="硬盘" describe="硬盘" >
        <Child url="Seagate.aspx" name="Seagate硬盘" describe="Seagate" />
        <Child url="Maxtor.aspx" name="Maxtor硬盘" describe="Maxtor" />
    </Parent>
</Root>
```

7.1.3 XML 的优点

7.1.3.1 XML 遵循严格的语法要求

HTML 的语法要求并不严格，浏览器可以显示有文法错误的 HTML 文件。但 XML 就不同了，它不但要求标记配对、嵌套，而且还要求严格遵守 DTD 的规定，比如在 pc.xml 中，决不能在<Parent></Parent>这对标记外面，再套上一层< Child ></ Child >标记。

7.1.3.2 XML 便于不同系统之间信息的传输

在不同的平台、不同的数据库软件之间传输信息，不得不使用一些特殊的软件，非常之不便。而不同的显示界面，从工作站、个人微机、到手机，使这些信息的个性化显示也变得很困难。有了 XML，各种不同的系统之间可以采用 XML 作为交流媒介。XML 不但简单易读，而且可以标注各种文字、图像甚至二进制文件，只要有 XML 处理工具，就可以轻松地读取并利用这些数据，使得 XML 成为一种非常理想的网际语言。

7.1.4 XML 与 HTML 的比较

XML 与 HTML 的异同见表 7.1。

表 7.1 XML 与 HTML 的比较

比较内容	HTML	XML
可扩展性	不具有扩展性	是源置标语言，可用于定义新的置标语言
侧重点	侧重于如何表现信息	侧重于如何结构化地描述信息
语法要求	不要求标记的嵌套、配对等，不要求标记之间具有一定的顺序	严格要求嵌套、配对；遵循 DTD 的树形结构
可读性及可维护性	难于阅读、维护	结构清晰，便于阅读、维护
数据和显示的关系	内容描述与显示方式整合为一体	内容描述与显示方式相分离
保值性	不具有保值性	具有保值性
编辑及浏览工具	已有大量的编辑、浏览工具	编辑、浏览工具尚不成熟

7.1.5 XML 的标记和元素

7.1.5.1 XML 语法

XML 的语法规则既简单又严格，非常容易学习和使用，正因为如此，编制读写和操作 XML 的软件也相对容易。下面是一个 XML 文档的例子，在 XML 文档使用了简单的语法。

```
<?xml version="1.0" encoding="ISO-8859-1"?>
<note>
    <to>Zhao</to>
    <from>Xian</from>
    <heading>Reminder</heading>
    <body>Don't forget me today!</body>
</note>
```

文档的第 1 行是 XML 声明：定义此文档所遵循的 XML 标准的版本，在这个例子里是标准 1.0 版，并声明使用的是 ISO—8859—1(Latin-1/West European)字符集。

文档的第 2 行是根元素(就像是说“这篇文档是一个便条”)：

```
<note>
```

文档的第 3～6 行描述了根元素的四个子节点(to，from，heading 和 body)：

```
<to>Zhao</to>
<from>Xian</from>
<heading>Reminder</heading>
<body>Don't forget me today!</body>
```

文档的最后一行是根元素的结束：

```
</note>
```

从这个文档中可以看出是 Xian 给 Zhao 留的便条。

下面是 XML 文档应遵循的语法规则：

(1) 所有的 XML 文档必须有一个结束标记，XML 的标记必须成对出现。在 HTML 文档中，一些元素可以是没有结束标记的。下面的代码在 HTML 中是完全合法的：

```
<p>This is a paragraph
<p>This is another paragraph
```

但是在 XML 文档中必须要有结束标记，像下面的例子一样：

```
<p>This is a paragraph</p>
<p>This is another paragraph</p>
```

你可能已经注意到了，最前面的例子中的第一行并没有结束标记，这不是一个错误，因为 XML 声明并不是 XML 文档的一部分，它也不是 XML 元素，所以就不应该有结束标记。

(2) XML 标记都是大小写敏感的，这也与 HTML 不同。在 XML 中，标记<Letter>与标记<letter>是两个不同的标记，因此在 XML 文档中开始标记和结束标记的大小写必须保持一致。

```
<Message>This is incorrect</message>  是错误的
<message>This is correct</message>  是正确的
```

(3) 所有的 XML 元素必须合理包含。在 HTML 中，允许有一些不正确的包含，例如下面的代码可以被浏览器解析：

```
<b><i>This text is bold and italic</b></i>
```

但在 XML 中，应该写成：

```
<b><i>This text is bold and italic</i></b>
```

(4) 所有的 XML 文档必须有一个根元素，XML 文档中的第一个元素就是根元素。所有 XML 文档都必须包含一个单独的标记来定义根元素，所有其他的元素都必须成对地在根元素中嵌套。XML 文档有且只能有一个根元素。

所有的元素都可以有子元素，子元素必须正确的嵌套在父元素中，下面的代码可以形象地说明：

```
<root>
<child>
  <subchild>……</subchild>
</child>
</root>
```

(5) 在 XML 中，属性值必须使用引号""。如同 HTML 一样，XML 元素同样也可以拥有属性。XML 元素的属性以名字/值成对的出现。XML 语法规范要求 XML 元素属性值必须用引号引着。请看下面两个例子：

错误的例子：

```
<?xml version="1.0" encoding="ISO-8859-1"?>
    <note date=08/01/2005>
        <to>zhao</to>
        <from>xian</from>
        <heading>Reminder</heading>
        <body>Don't forget me tody!</body>
    </note>
```

正确的例子：

```
<?xml version="1.0" encoding="ISO-8859-1"?>
    <note date="08/01/2005">
        <to>wang</to>
```

```
    <from>fang</from>
    <heading>Reminder</heading>
    <body>Don't forget me tomorrow!</body>
</note>
```

第一个文档的错误之处是属性值没有用引号引着，正确的写法是：date="08/01/2005"。

(6) 在 XML 文档中，空白将被保留，不会被解析器自动删除。这一点与 HTML 是不同的，在 HTML 中，这样的一句话“Hello   my name is Xian”将会被显示成“Hello my name is Xian”，因为 HTML 解析器会自动把句子中的空格部分去掉。

(7) XML 中的注释的语法基本上与 HTML 中的一样，用<!--这是一个注释-->表示。

7.1.5.2 XML 元素

XML 元素是可以扩展的，它们之间有关联，并遵循简单的命名规则。

1) XML 元素是可以扩展的，XML 文档可以被扩展以携带更多的信息。请看下面的 XML 便条例子：

```
<note>
    <to>Zhao</to>
    <from>Xian</from>
    <body>Don't forget me tody!</body>
</note>
```

让我们来设想一个能够读取此 XML 文档的并能解读其中 XML 元素(<to>，<from>，<body>)的软件，可能的输出如下：

```
MESSAGE
To: Zhao
From: Xian
Don't forget me today!
```

这时，如果便条的作者 Xian 在这个 XML 文档中加入一些其他的信息也是可以的，如下所示：

```
<note>
    <date>2008-02-01</date>
    <to> Zhao </to>
    <from>Xian</from>
    <heading>Reminder</heading>
    <body>Don't forget me tody!</body>
</note>
```

2) XML 元素是相互关联的。为了更好地理解 XML 元素之间的关系以及元素的内容是如何被描述的，设想有这样一本书的信息：

书名：XML高级应用
第一章：XML简介
1.1　什么是HTML
1.2　什么是XML
第二章：XML语法

2.1 XML元素必须有结束标记

2.2 XML元素必须正确的嵌套

我们可以用 XML 文档来描述这本书：

```
<book>
    <title>XML 高级应用</title>
    <prod id="33-657" media="paper"></prod>
    <chapter >第一章：XML简介
        <para>1.1  什么是HTML </para>
        <para>1.2  什么是XML </para>
    </chapter>
    <chapter>第二章：XML语法
        <para>2.1  XML元素必须有结束标记  </para>
        <para>2.2  XML元素必须正确的嵌套</para>
    </chapter>
</book>
```

在上面的文档中，book 元素是 XML 文档的根元素，title 元素和 chapter 元素是 book 元素的子元素。book 元素是 title 元素和 chapter 元素的父元素，title、prod 和 chapter 是平级元素。

3) XML 元素可包含不同的内容。XML 元素的内容指的是从该元素的开始标记到结束标记之间的这部分内容。XML 元素可以包含简单内容、混合内容或者空内容。每个元素还可以拥有自己的属性。在上面的例子中，book 元素有元素内容，因为 book 元素包含了其他的元素；chapter 元素有混合内容，因为它里面包含了文本和其他元素；para 元素有简单的内容，因为它里面仅有简单的文本；prod 元素有空内容，因为他不携带任何信息。

在上面的例子中，只有 prod 元素有属性，id 属性值是 33-657，media 属性值是 paper。

4) XML 元素命名必须遵守下面的规则：

(1) 元素的名字可以包含字母，数字和其他字符。

(2) 元素的名字不能以数字或者标点符号开头。

(3) 元素的名字不能以 XML(或者 xml，Xml，xMl...)开头。

(4) 元素的名字不能包含空格和":"(":"在 XML 命名空间中是个特殊的字符)。

除此之外，任何的名字都可以使用，没有保留字(除了 XML)，但元素的名字应该具有可读性，使用下划线是一个不错的选择，例如：<first_name>，<last_name>，尽量避免使用“-”，“.”，因为有可能引起混乱。

元素的名字可以很长，但也不要太长了。命名应该遵循简单易读的原则，例如：<book_title>与<the_title_of_the_book>，前者就显得简练一些。

非英文字符/字符串也可以作为 XML 元素的名字，例如<蓝色理想>、<经典论坛>这都是完全合法的元素名字，但是有一些软件不能很好的支持这种命名，所以尽量使用英文字母来命名。

7.1.5.3 XML 属性

HTML 代码<IMG SRC="computer.gif">，src 是 img 元素的属性，提供了关于 img 元素的

额外信息。在 XML 中(在 HTML 中也一样)元素的属性提供了元素的额外信息：

```
<file type="gif">computer.gif</file>
```

属性提供的信息通常不是数据的一部分。在上面的例子中，类型和数据毫不相关，但对于操作这个元素的软件来说却相当重要。

1) 属性值必须用引号引导，单引号、双引号都可以使用。例如 person 元素可以这样写：

```
<person sex="female">
```

也可以这样写成：

```
<person sex='female'>。
```

上面的两种写法在一般情况下是没有区别的，使用双引号的应用更普遍一些，但是在某些特殊的情况下就必须使用单引号，比如：

```
<gangster name='George "Shotgun" Ziegler'>
```

2) 数据既可以存储在子元素中也可以存储在属性中。请看下面的两个例子：

```
(1)    <person sex="female">
           <firstname>Anna</firstname>
           <lastname>Smith</lastname>
       </person>
(2)    <person>
           <sex>female</sex>
           <firstname>Anna</firstname>
           <lastname>Smith</lastname>
       </person>
```

在第 1 个例子中，sex 是一个属性，在第 2 个例子中，sex 则是一个子元素。这两个例子都提供了相同的信息。什么时候用属性，什么时候用子元素，没有一定的规则可以遵循。一般情况下，属性在 HTML 中使用相当便利，但在 XML 中，尽量避免使用。

下面的三个 XML 文档包含了相同的信息：

第一个例子使用了 data 属性：

```
<note date="12/11/99">
    <to>Tove</to>
    <from>Jani</from>
    <heading>Reminder</heading>
    <body>Don't forget me this weekend!</body>
</note>
```

第二个例子使用了 data 元素：

```
<note>
    <date>12/11/99</date>
    <to>Tove</to>
    <from>Jani</from>
    <heading>Reminder</heading>
    <body>Don't forget me this weekend!</body>
</note>
```

第三个例子使用了扩展的 data 元素：

```
<note>
```

```
        <date>
            <day>12</day>
            <month>11</month>
            <year>99</year>
        </date>
        <to>Tove</to>
        <from>Jani</from>
        <heading>Reminder</heading>
        <body>Don't forget me this weekend!</body>
    </note>
```

其中，第三个例子的表示方法最好，因为最容易理解和处理。

3) 使用属性应注意的问题。如果要使用属性应注意下列问题：

(1) 属性不能包含多个值(子元素可以)。

(2) 属性不能够描述结构(子元素可以)。

(3) 属性不容易扩展。

(4) 属性很难被程序代码处理。

(5) 属性值很难通过 DTD 进行测试。

(6) 属性很难阅读和操作，仅使用属性来描述那些与数据关系不大的额外信息。

但也有一个例外，在为一个元素设计一个 ID 引用时，通过这个 ID 可以引用存取特定的 XML 元素，就像 HTML 中的 name 和 id 属性一样。请看下面的例子：

```
<messages>
    <note ID="501">
        <to>Tove</to>
        <from>Jani</from>
        <heading>Reminder</heading>
        <body>Don't forget me this weekend!</body>
    </note>
    <note ID="502">
        <to>Jani</to>
        <from>Tove</from>
        <heading>Re: Reminder</heading>
        <body>I will not!</body>
    </note>
</messages>
```

在上面的例子中，ID 属性是一个唯一的标识符，在 XML 文档中标识不同的便条信息，它不是便条信息的一部分。

7.1.5.4 XML 确认

符合语法的 XML 文档称为结构良好的 XML 文档。通过 DTD 验证的 XML 文档称为有效的 XML 文档。

(1) 按正确的语法编写的 XML 文档就是“结构良好的”XML 文档。下面的例子就是一个结构良好的 XML 文档：

```
<?xml version="1.0" encoding="ISO-8859-1"?>
<note>
    <to>Tove</to>
    <from>Jani</from>
    <heading>Reminder</heading>
    <body>Don't forget me this weekend!</body>
</note>
```

(2) 遵守 DTD 的描述的 XML 文档就是“有效的” XML 文档。一个有效的 XML 文档也是一个结构良好的 XML 文档，同时还必须符合 DTD 的规则。下面就是一个有效的 XML 文档，因为遵循 InternalNote.dtd 的描述。

```
<?xml version="1.0" encoding="ISO-8859-1"?>
<!DOCTYPE note SYSTEM "InternalNote.dtd">
<note>
    <to>Tove</to>
    <from>Jani</from>
    <heading>Reminder</heading>
    <body>Don't forget me this weekend!</body>
</note>
```

DTD 定义了 XML 文档中可用的合法元素。DTD 的意图在于定义 XML 文档的合法建筑模块，他通过定义一系列合法的元素决定了 XMl 文档的内部结构。结构良好的 XML 文档不一定是有效的 XML 文档，但有效的 XML 文档一定是结构良好的 XML 文档。如果你想了解更多关于 DTD 的知识可以参考 DTD 指南。

7.1.6 在 ASP.NET 中使用 XML

7.1.6.1 XML 可以用来作为数据交换格式

在实际应用中，各种数据库中的数据格式大都不兼容，应用软件开发人员的一个主要问题就是如何在 Internet 上进行系统之间的数据交换，XML 及相关技术打开了人和机器之间实现电子通信的新途径。XML 允许人-机和机-机通信，XML 是“最底层”且“体现共同性质”的语言，所有系统，无论是专用的还是开放的，都能够使用。将数据转化成为 XML 文档结构可大大降低数据交换的复杂性。

XML 和其他应用程序结合，加上适当的安全机制，可以将具有丰富信息内容的消息通过网络传递给预定的接受方。XML 格式数据是未来计算机中数据交换的通用格式，普遍性日增。

7.1.6.2 在 ASP.NET 中操作 XML

ASP.NET 可以处理 XML 格式的数据，主要是 XML 文件的导入与导出，即将数据库中的数据导出为 XML 文档和读取 XML 文件，这些动作主要是使用 DataSet 对象中的 WriteXML、ReadXML 方法，而执行文件的读写操作则必须要依靠 FileStream 对象来完成。

ASP.NET 中提供了多种操作 XML 文档的方法。主要的类有 XmlTextReader、XmlTextWriter、FileStream 和 DataSet。

1) XmlTextReader：属于 System.Xml 命名空间，它实现了 Xml 文档的读取、解析操作。它的格式为：

```
XmlTextReader reader=new XmlTextReader("AddressBook.Xml")
```

XmlTextReader 有一个参数，其值为所需读取的 Xml 文档路径。通常，可以使用 XmlTextReader 逐行的按顺序读取 XML 文档中的数据。XmlTextReader 使用 Reader()方法实现在文档节点中的移动，并通过判断节点的类型来完成不同的操作，实现了 Xml 文档的读取。

2) XmlTextWriter：属于 System..Xml 命名空间，其作用与 XmlTextReader 相反，主要是用于编写 XML 文档。他的格式为：

```
XmlTextWriter writer=new XmlTextWriter(Server.MapPath("Programmer.xml"), nulll);
```

XmlTextWriter 的第一个参数表示创建的 XML 文档名，第二个参数表示 XML 文档的编码格式。

由于 XML 存在着许多不同的节点类型，所以 XmlTextWriter 类中的方法比较多，由于 Xml 标签都需要关闭，故许多方法都是成对出现的。

XmlTextWriter 类中主要的方法有：

(1) WriteStartDocument：编写文档首先需要使用的方法，其作用为写入一个声明语句并指定版本为 1.0。

```
public override void WriteStartDocument();
```

此方法可以带一个布尔参数，如果需要设置 standalone 属性为 yes，则可将此参数设置为 true。

(2) WriteEndDocument：与 WriteStartDocument 对应的方法，其作用为关闭所有元素与属性，并将 XmlTextWriter 对象置为初始状态，注意此方法不带参数。

(3) WriteStartElement：拥有三种使用方法，分别带有 1、2、3 个类参数。比较常用的是只带一个参数。

```
Public void WriteStartElement( String localName)
```

(4) WriteEndElement：用于关闭元素标签，此方法同样不能带参数。

(5) WriteAttributeString：用于写入元素的属性，此方法拥有三种使用方法，分别可以带有 2、3、4 个参数，常用的是使用 2 个参数的方法。

```
Public void WriteAttributeString(String localName, String value)
```

其中：第一个参数表示属性名，第二个参数表示属性值。WriteAttributeString 用于写入叶子元素名与值(其中，叶子元素是指 XML 文中没有包含任何子元素的最后一级元素)。

(6) WriteElementString 方法可以带有两个 String 类参数。

```
Public void WriteElementString(String localName，String value)
```

其中：第一个参数表示元素名，第二个参数则表示元素值。

(7) WriteComment：用于写注释语句。

(8) Flush：将缓冲区的数据存为文件。

(9) Close：关闭 XmlTextWriter 对象。

3) FileStream 对象：在 ASP.NET 中引入了名字空间，其中文件操作对应的名字空间是

System.IO。名字空间和动态链接库有些类似，但是名字空间在整个.net 系统中都可以应用。在 ASP.NET 的页面可以使用<%@import namespace=...%>来引用名字空间。filestream 对象为文件的读写操作提供通道，而 file 对象相当于提供一个文件句柄，在文件操作中，filestream 对象的操作比较简单。创建 filestream 对象可以采用 filestream 对象的构造函数。创建 filestream 对象的格式：

变量名称=New FileStream(文件名，文件存取模式，参数)

对文件的存取模式有下面几种：

(1) filemode.append：以追加的方式打开文件，或者以追加的方式创建一个新的文件。使用这种模式操作文件时，必须和 fileaccess.write 一起使用，就是说必须有写入权限。

(2) filemode.create：创建一个新文件，如果存在同名的文件，将覆盖原文件。

(3) filemode.createnew：创建一个新文件，如果有同名文件，打开文件出错。

(4) filemode.open：打开一个已经存在的文件。

(5) filemode.openorcreate：打开一个已经存在文件，如果该文件不存在则创建一个新文件

(6) filemode.truncate：当文件打开时清空文件的所有内容，如果使用这个属性对文件至少要有写入的权限。

文件存取模式的参数主要有：

(1) fileaccess.read：打开的文件只有读取的权限。

(2) fileaccess.write：打开的文件只有写入的权限。

(3) fileaccess.readwrite：打开的文件既可以写入也可以读取。

4) DataSet 对象： XmlTextReader、XmlTextWriter 对象操作 XML 文档均需要以节点为单位来操作 XML 文档数据，并且最后数据的格式还需要程序手工来完成，不同的 XML 文档需要有不同的 XSL 样式表来设定其显示样式，这严重阻碍了程序操作 XML 的"兼容性"。XML 文档拥有数据行、字段等数据存储结构，这与 DataSet 的内部结构相似，因此，XML 文档中的数据完全可以像数据库中的数据一样存入 DataSet 对象，或是从 DataSet 对象中读取，其主要方法如下：

(1) GetXml：返回存储在 DataSet 中的数据的 XML 表示形式。

(2) GetXmlSchema：为 DataSet 返回一个包含 XML 模式的字符串。

(3) WriteXml：把 DataSet 类中数据的 XML 表示写入流、文件、TextWrite 或者 XMLWrite 类中，模式可与 XML 包含在一起

(4) WriteXmlShema：把包含 XML 信息的字符串写入到流或者文件中

(5) ReadXml：利用从流或者文件中读取的指定数据填充 DataSet 类

(6) ReadXmlSchema：把指定的 XML 模式信息加载到当前的 DataSet 类中

7.1.6.3 ASP.NET 中使用 XML 的实例

下面举例演示如何使用 ADO.NET 和 XML 来执行一些常见的任务，这些例子包括如何从数据库中读取数据并将结果保存为 XML 格式以及如何从 XML 文档中读取数据并将其显示到 Web 表单页面中。

(1) 读取数据库表中并将其保存为 XML。至此，已学了很多 XML 有关的类及其属性和方法，现在来看看如何在 ASP.NET 的应用程序中使用它们。

【例 7.1】 读取 SQL Server 2000 数据库表中的数据，并将信息保存为 XML 文档。

先在开发工具 Visual Studio 2005 创建网站，命名为：XML_Page。在网站中建立连接数据库的类，命名为 DB.CS，连接的数据库为第 9 章综合示例库 S_class，相关代码如下：

```
public static SqlConnection createCon()
    {
    return new SqlConnection("Server=.;DataBase=S_class;uid=sa;pwd=;");
    }
```

在界面中加入一命令按钮控件，在其事件中加入相关代码如下：

```
protected void Button1_Click(object sender, EventArgs e)
    {
    DataSet ds = new DataSet();
    SqlConnection conn = DB.createCon();
    conn.Open();
    SqlDataAdapter da = new SqlDataAdapter("select * from student", conn);
    da.Fill(ds);
    ds.WriteXml(@"C:\temp1.xml");
    this.Label2.Text = "已经生成XML文件，在C:\temp1.xml";
    }
```

运行后，可把 student 表的数据生成一个 XML 文件：temp1.xml，文件内容如下：

```
<?xml version="1.0" standalone="yes"?>
<NewDataSet>
    <Table>
        <Student_id>0253001</Student_id>
        <Student_name>白礼华</Student_name>
        <Student_sex>男          </Student_sex>
        <Student_nation>汉          </Student_nation>
        <Student_birthday>1983-02-05T00:00:00+08:00</Student_birthday>
        <Student_time>2002-05-08T00:00:00+08:00</Student_time>
        <Student_classid>bxj021</Student_classid>
        <Student_home>湖北</Student_home>
        <Student_else />
    </Table>
    <Table>
        <Student_id>0253002</Student_id>
        <Student_name>李瑛昊</Student_name>
        <Student_sex>男          </Student_sex>
        <Student_nation>汉          </Student_nation>
        <Student_birthday>1983-05-04T00:00:00+08:00</Student_birthday>
        <Student_time>2002-09-01T00:00:00+08:00</Student_time>
        <Student_classid>bxj021</Student_classid>
        <Student_home>河南</Student_home>
        <Student_else />
    </Table>
```

```
……(中间数据略)
    <Table>
        <Student_id>admin</Student_id>
        <Student_name>超级用户2</Student_name>
        <Student_sex>男          </Student_sex>
        <Student_nation>汉          </Student_nation>
        <Student_birthday>1990-07-08T00:00:00+08:00</Student_birthday>
        <Student_time>2002-07-09T00:00:00+08:00</Student_time>
        <Student_classid>bxj021</Student_classid>
        <Student_home>河南</Student_home>
        <Student_else>团员</Student_else>
    </Table>
</NewDataSet>
```

下面看一下如何读取 XML 文档中的数据。到目前为止，读取 XML 文档中的数据并将其显示到页面的最简单方法是使用 Dataset 类的 ReadXML 方法。将 XML 文档装载至 Dataset 对象后，只需使用 DataSource 属性和 DataBind 方法将其绑定到 DataGrid 服务器控件即可。

一般情况下，ReadXml 带有一个参数，此参数可以为 TextReader 类、Stream 类、String 类。格式为：

```
Public XmlReaderMode ReadXml(参数)
```

注意：XML 数据一旦被读入 DataSet，这些数据就将遵从 DataSet 的规则。可以在 DataSet 中对这些数据进行任意的添加、修改、删除等操作。

(2) 读取XML文档中的数据。

【例 7.2】 有一 XML 文档：course.xml，内容如下：

```
<?xml version="1.0" standalone="yes"?>
<NewDataSet>
    <Table>
        <Course_id>aa000001</Course_id>
        <Course_name>体系结构</Course_name>
        <Course_period>40</Course_period>
        <Course_credit>4</Course_credit>
        <Course_kind>2</Course_kind>
        <Course_describe>txjg</Course_describe>
    </Table>
    <Table>
        <Course_id>cc000001</Course_id>
        <Course_name>人工智能</Course_name>
        <Course_period>40</Course_period>
        <Course_credit>3</Course_credit>
        <Course_kind>1</Course_kind>
        <Course_describe>ok</Course_describe>
    </Table>
```

```
    <Table>
        <Course_id>cc000003</Course_id>
        <Course_name>计算机网络</Course_name>
        <Course_period>35</Course_period>
        <Course_credit>4</Course_credit>
        <Course_kind>1</Course_kind>
        <Course_describe>kjh</Course_describe>
    </Table>
        <Table>
        <Course_id>sj000128</Course_id>
        <Course_name>数据结构</Course_name>
        <Course_period>40</Course_period>
        <Course_credit>4</Course_credit>
        <Course_kind>1</Course_kind>
        <Course_describe>iy</Course_describe>
    </Table>
</NewDataSet>
```

建立一页面，命名为：XML_Page.ASPX，在其上方放置命令按钮控件和GridView控件。在命令按钮的鼠标单击事件中放置程序代码如下：

```
protected void Button1_Click(object sender, EventArgs e)
{
    DataSet dsxml = new DataSet();
    dsxml.ReadXml(@"C:\course.xml", XmlReadMode.Auto);
    this.GridView1.DataSource = dsxml;
    this.GridView1.DataBind();
}
```

运行该页面，执行该代码后的执行结果如图 7.1 所示。

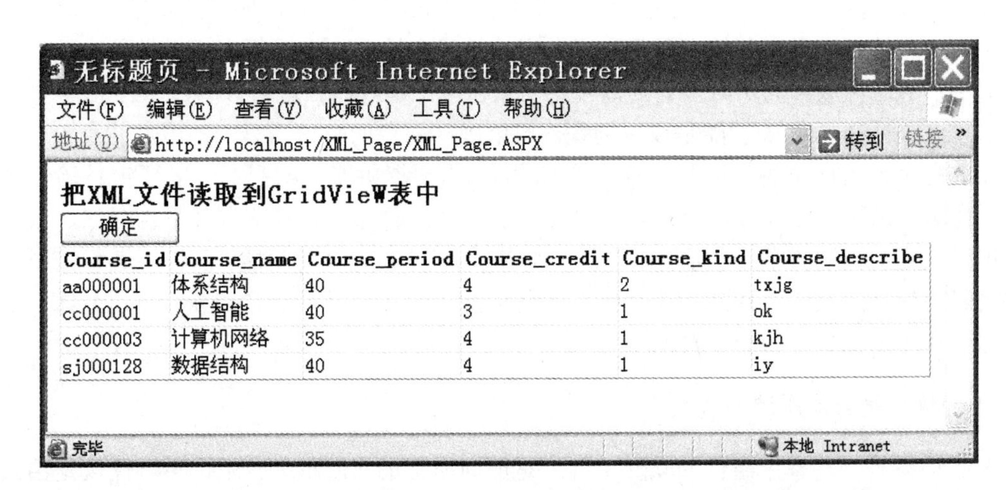

图7.1 读取XML文档中的数据

注意：web.config文件就是一个XML文件。后面要介绍的Web服务被称为是Internet的下一个热点。这些服务就是基于XML的。

7.2 Web 服务

7.2.1 Web 服务简介

从表面上看，Web 服务(Web Service)就是一个应用程序，它向外界提供了一个能够通过 Web 进行调用的应用程序接口 API。这就是说，你能够用编程的方法通过 Web 调用来实现某个功能的应用程序。例如，可以创建一个 Web 服务，其作用是查询某公司某员工的基本信息。它接受该员工的编号作为查询字符串，返回该员工的具体信息。

从深层次上看，Web 服务是一种新的 Web 应用程序分支，它们是自包含、自描述、模块化的应用，可以在网络(通常为 Web)中被描述、发布、查找以及通过 Web 来调用。

通俗地说，Web 服务是在网络上提供的能够完成一定功能的单元，我们可以在远程对它直接进行调用，不需要知道它内部是如何实现的。如不需要知道内部程序算法编写的难度。只要知道它能干什么，能够对它进行调用即可。Web 服务实际是就是一个在 Internet 上运行并在 Internet 上发布出来的应用程序。它需要给外部提供一个接口，通过接口和各种 Web 服务进行通信。Web 服务之间可以互相调用，使数据交换成为可能，实现了在 Internet 上的信息共享。以前在 Internet 上的数据共享一直没有找到好的方法，主要是因为各个网站可能使用的是不同的操作系统，也可能使用不同的数据库，使得网站上的数据格式和标准不同，给信息的共享带来困难。后来 XML 的出现，使得网站之间可通过统一的通信标准 XML 传递信息，使得在 Web 服务之间可利用此统一的通信标准 XML。就是说网上的服务器和操作系统无论采用何种操作系统，最终都是以 XML 文档的格式来传递数据。这就达到了数据的统一，无论是什么系统，都可以接入，都可以实现数据的共享，就是因为数据的格式是一样的，这是 Web 服务的基础和核心，我们说是基于 XML 的 Web 服务。Web 服务真正地把 Internet 统一起来，从而使得电子商务的应用得到了有力的技术支撑。如在银行中，提供了一种付款的 Web 服务，把这种服务提供给外界的商家，商家在网上购物时，就可以通过 web 服务直接划账付款。这种 Web 服务的功能是可以划账，可以确认两者的身份。第一是用户的身份，第二是商家的身份。用户向商家买东西时，买家(用户)需要提供账号给银行，需要银行验证是合法的；商家提供账号给银行，同样需要银行验证。经过验证，如果双方都是合法的，银行就可以把钱从用户拨给商家。银行可以提供一个 Web 服务来完成此功能。而使用者不需要关心银行是怎么验证的，只需要知道银行有一个 Web 服务可以确认两者的身份，可以划账。这是 Web 服务在电子商务中的一个典型应用。

7.2.1.1 Web 服务体系结构

Web 服务是一种基于组件的软件平台，是面向服务的 Internet 应用，不再仅仅是由人阅读的页面，而是以功能为主的服务。Web 服务由 4 部分组成，分别是 Web 服务(Web Service)本身、服务的提供方(Service Provider)、服务的请求方(Service Requester)和服务注册机构(Service Regestry)，其中服务提供方、请求方和注册机构称为 Web 服务的三大角色。这三大角色及其行为共同构成了 Web 服务的体系结构，如图 7.2 所示。

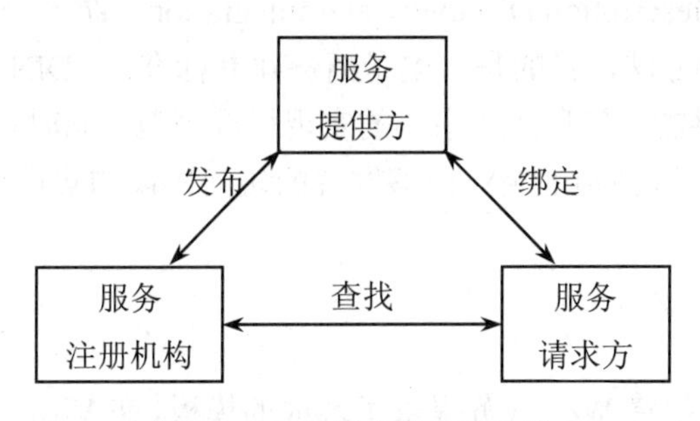

图 7.2 Web 服务的体系结构

(1) 服务提供方：从商务观点看，服务提供方是服务的所有者；而从体系结构的角度看，是提供服务的平台。

(2) 服务请求方：与服务提供方类似，从商务观点看，服务请求方是请求某种特定功能的需求方；从体系结构的角度看，它是查询或调用某个服务的应用程序或客户端。

(3) 服务注册机构：是服务的注册管理机构，服务提供方将其所能提供的服务在此进行注册、发布，以便服务请求方通过查询和授权获取所需要的服务。

使用 Web 服务的应用程序时，都至少进行以下三种"动作"：

(1) 发布：为了使所提供的服务可访问，服务提供方应发布描述信息，以便将来服务请求方可以查找所需要的服务。

(2) 查找：服务请求方要获取自己所需要的服务，首先要对服务进行查找。在查找过程中，服务请求方直接检索服务描述信息或在服务注册方进行查找。查找可以在设计阶段或运行阶段出现。

(3) 绑定：在真正使用某个服务时，需要绑定、调用该服务。绑定某个服务时，服务请求方使用服务描述中的绑定信息来定位、联系并调用该服务，进而在运行时调用或启动与服务的互操作。

7.2.1.2 Web 服务的相关标准和规范

为了实现图 7.2 这一体系结构，Web 服务使用了一系列协议，主要成员包括 SOAP、WSDL、UDDI。

(1) SOAP(Simple Object Access Protocol，简单对象访问协议)：是用于交换 XML 编码信息的轻量级协议。它有三个主要方面：XML-envelope 为描述信息内容和如何处理内容定义了框架，将程序对象编码成为 XML 对象的规则，执行远程过程调用(RPC)的约定。SOAP 可以运行在任何其他传输协议上。例如，可以使用 SMTP，即因特网电子邮件协议来传递 SOAP 消息，这可是很有用的。在传输层之间的头是不同的，但 XML 有效负载保持相同。

Web 服务实现不同的系统之间能够用"软件-软件对话"的方式相互调用，打破了软件应用、网站和各种设备之间的格格不入的状态，实现"基于 Web 无缝集成"的目标。

(2) WSDL(Web Service Define Language，Web 服务描述语言)：定义了一种基于 XML 规范的用于描述 Web 服务的语言，就是用机器能阅读的方式提供的一个正式描述文档而基于 XML 的语言，用于描述 Web Service 及其函数、参数和返回值。因为是基于 XML 的，所以

WSDL 既是机器可阅读的，又是人可阅读的。

(3) UDDI(Universal Description Discovery and Integration，统一描述发现和集成)：提供一种发布和查找服务描述的方法，目的是为电子商务建立标准；UDDI 是一套基于 Web 的、分布式的、为 Web 服务提供的、信息注册中心的实现标准规范，同时也包含一组使企业能将自身提供的 Web 服务注册，以使别的企业能够发现的访问协议的实现标准。

7.2.2 创建 Web 服务

Visual Studio 2005 为创建 Web 服务提供了现成的模板，在 Visual Studio 2005 中创建 Web 服务主要使用 ASP.NET 服务框架。

7.2.2.1 创建 Web 服务

Visual Studio 2005 使用下面的步骤创建 Web 服务：

(1) 选择“文件”→“新建”→“网站”命令，打开“新建网站”对话框，如图 7.3 所示。

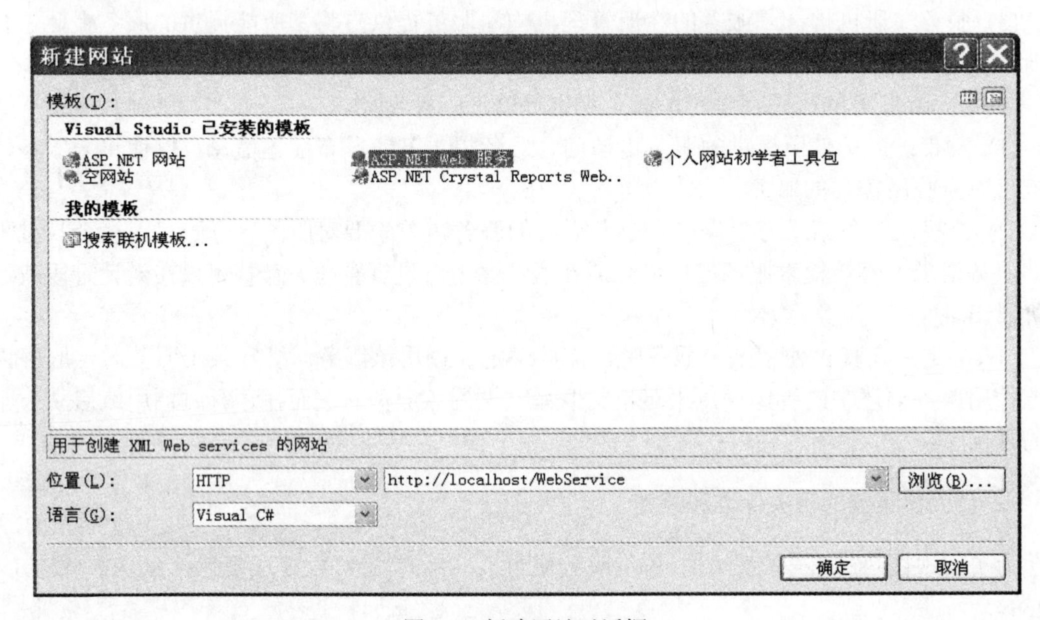

图 7.3 新建网站对话框

(2) 在“新建网站”对话框“模板”列表框中选择“ASP.NET Web 服务”模板。

(3) 在“新建网站”对话框下边的“名称”文本框中输入新网站的名称，本例子中采用默认名称 WebService，再在“位置”下拉列表框选择“HTTP”方式。或者通过“浏览”按钮选择一个地址。

(4) 最后单击“确定”按钮，关闭“新建网站”对话框，并自动生成新网站所包含的文件，如图 7.4 所示。

从图 7.4 中可以看出，Visual Studio 2005 为用户生成了一组文件，其中有文件 Service.asmx，它包含了实现 Web 服务的类的定义(自动生成)，并生成了一个 Web 服务示例 HelloWorld()。

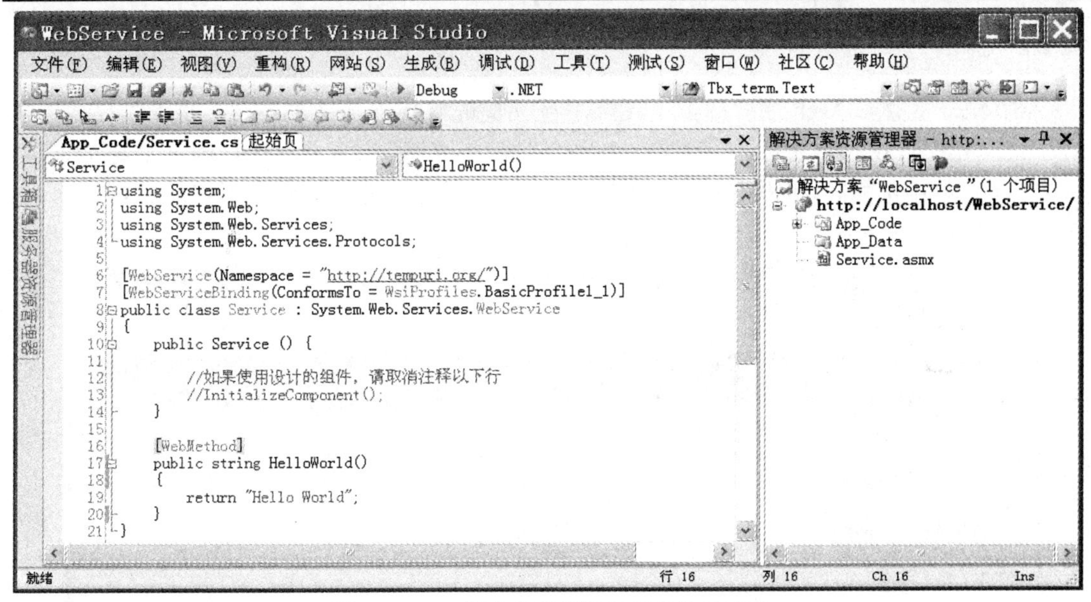

图 7.4　Web 服务组件设计及相关代码示例

```
[WebMethod]
public string HelloWorld()
    {
    return "Hello World"
    }
```

从上面的代码窗体可以看出，Visual Studio 2005 自动生成了一个 Web 服务类，并包含一个 HelloWorld()方法。为了运行该例子，可以把 HelloWorld()的注释符去掉，并做如下修改：

```
[WebMethod(Description="返回一个字符串")]
public string HelloWorld()
    {
    return "Hello  上海交通大学！";
    }
```

在实际应用中，用户往往根据需要定义自己的方法，Web 服务的方法的定义和一般方法的定义相同。下面为该例子添加自己定义的方法 Subtract()，如下所示：

```
[WebMethod(Description="返回两个整数的差")]
public int Subtract(int x,int y)
    {
    return x-y;
    }
```

利用同样的方法，创建一乘法 Multiply 服务，方法定义如下：

```
[WebMethod(Description="返回两个整数的乘积")]
public int Multiply(int x,int y)
    {
    return x*y;
    }
```

7.2.2.2 测试 Web 服务

ASP.NET 为测试 Web 服务提供了支持，它可以测试 Web 服务的方法，也可以自动生成返回 Web 服务的 WSDL 文件。为了测试刚才生成的 Web 服务，用户可以直接在 Visual Studio 2005 的工具栏中选择[启动]按钮(也可以通过其他方法，读者可以试验)，这时将显示如图 7.5 所示的服务帮助页面。

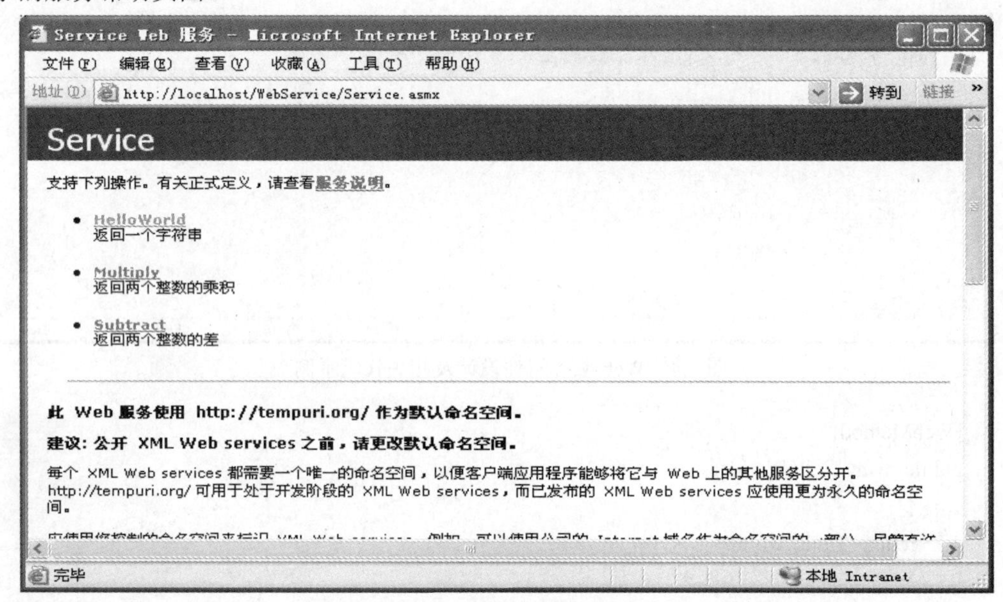

图 7.5 Web 服务帮助页面

从图 7.5 中可以看到，创建的 Web 服务包含三个方法：HelloWorld、Multiply 和 Subtract。单击方法的链接将显示它们的测试页面，如图 7.6 为 HelloWorld 方法的测试页面。

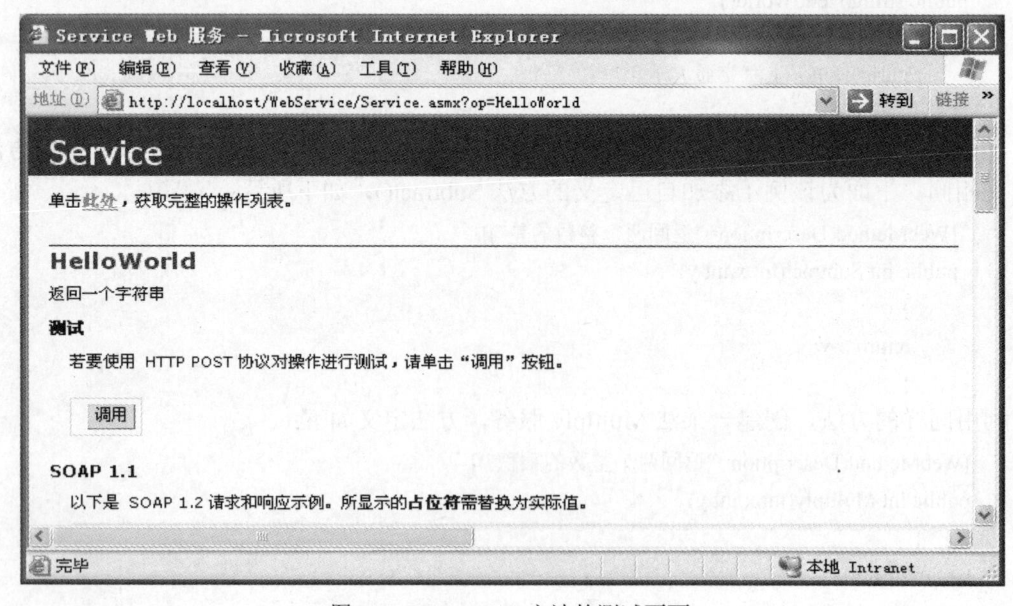

图 7.6 HelloWorld 方法的测试页面

然后单击“调用”按钮，调用 Web 服务的相应方法并显示方法的返回结果，如图 7.7 所示(注意到返回结果为 XML 文件)。图 7.8 为 Subtract 方法的测试页面。

图 7.7 HelloWorld 方法的返回结果

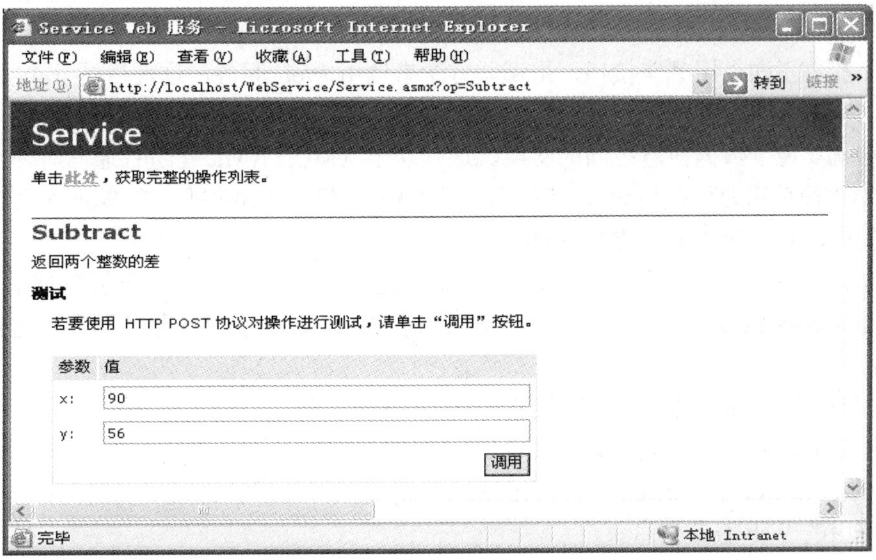

图 7.8 Subtract 方法的测试页面

如果方法有参数，首先在测试页中输入参数，Subtract 的 x 输入 90，y 输入 56。然后单击“调用”按钮，调用 Web 服务的相应方法并显示方法的返回结果，如图 7.9 所示。返回的结果为 XML 文件。

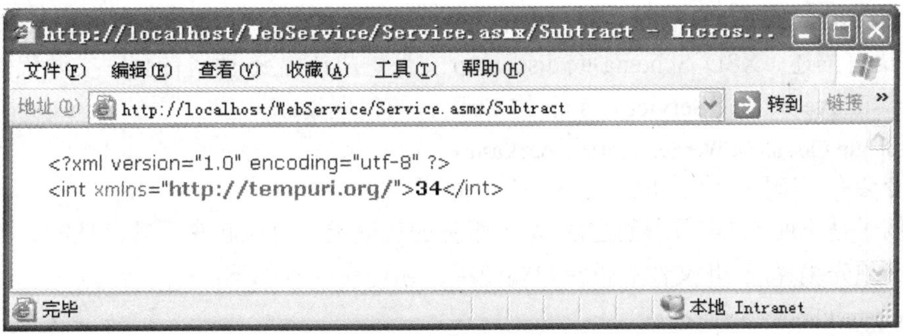

图 7.9 Subtract 方法的返回结果

从上面的测试可以看出，Web 服务的法的返回结果都是使用 XML 进行编码。利用同样的方法，可以测试乘法 Multiply 服务。

为了使用 Web 服务，首先必须先发布 Web 服务，下面我们介绍 Web 服务的发布。

7.2.3 发布 Web 服务

要使用 Web 服务，首先要知道有哪些 Web 服务，这些 Web 服务如何能被使用？

首先要发布这些服务。需要把 Web 服务在网络上注册，能注册 Web 服务的地方称为 UDDI(通用描述、查找和集成协议)服务器，Web 服务在发布时使用 UDDI，类似于登记电话号码簿。如果客户想要调用 Web 服务的话，首先需要知道有哪些服务？有哪些服务可以使用？Web 服务的发现机制是在 UDDI 上获取 Web 服务的描述以后，找到指定的 Web 服务器，想知道其提供什么样的服务，主要靠的是 WSDL.为 Web 服务描述语言，本身也是 XML 文档。用来描述此 Web 服务提供的接口有哪些？如何来使用 Web 服务，这是一种使用说明。获取它之后，才能真正知道用哪些接口，用哪些方法来调用 Web 服务，这就相当于 Web 服务的规格说明，有了此 Web 服务的规格说明之后，才能真正与 Web 服务器交互，就可以直接去调用它。这就实现了数据信息之间的交换。这归功于 XML。XML 在进行通信时使用的协议主要是 SOAP(简单对象访问协议)，其核心还是 XML。没有 XML 就没有 Web 服务达到数据的统一和集成，Web 服务必须支持 XML。

发布 Web 服务的主要工作是将 asmx 文件及其他相关的文件被该 Web 服务使用，而不是把.NET Frameeork 组成部分的文件拷贝到将要提供 Web 服务的 Web 服务器上。这包括以下几个步骤：

(1) 在目标 Web 服务器上的 IIS 中建立虚拟目录。

(2) 将 asmx 文件和 disco 文件放置到该虚拟目录中。asmx 文件将作为客户调用 Web Service 时的 URL 入口点；disco 文件为该 Web 服务提供一个服务的发现机制，来向特定的客户暴露出可用的 Web 服务信息。

(3) 将 Web Service 中使用到的而不是.NET Framework 组成部分的 assembly 文件放到虚拟目录下的 bin 子目录中。

(4) 在客户端程序代码中调用 Web 服务时，与客户端打交道的不是本身 Web 服务类，而是它的代理类。客户端像使用本地对象一样使用代理类对象，由代理类对象负责隐藏与实际的远程 Web 服务的通信。因此，发布 Web 服务的另一个主要工作就是发布代理类。

.NET Framework SDK 中提供了一个命令行工具 wsdl.exe，来帮助开发人员从 Web 服务的 WSDL 语言描述、XSD Schema 或 discomap 文件生成该 Web 服务的代理类源代码。例如我们使用 wsdl.exe 来生成 Service1.asmx 的 C#语言的代理类：

```
wsdl http://localhost/WebService1/Service1.asmx
```

该命令会在当前路径下生成一个 Service1.cs 文件。

这个例子是下面 7.2.4 节所创建的 Web 服务的代理类，对照起来看容易理解。创建了代理类后，必须先编译成 dll 文件后再由户端使用。编译命令行如下：

```
csc /target:library Service1.cs
```

编译器会在当前目录下输出 Service1.dll 文件。在 Visual Studio 2005 环境下，当添加 Web

引用时，自动生成了 Service1.dll，相对简单，下面将详细介绍。

7.2.4 使用 Web 服务

创建 Web 服务的最终目的是为了使用。通常在如下三种应用中引用：

1) 在 Web 应用中引用。

2) 在 Windows 应用中引用。

3) Web 服务自身引用。在 Visual Studio 2005 中访问 Web 服务一般需要以下步骤：

(1) 通过向网站中添加 Web 引用，Visual Studio 2005 自动创建 Web 服务的代理类。

(2) 创建代理类的实例，然后通过调用代理对象的方法来访问 Web 服务。

在这节中，我们将创建一个 ASP.NET Web 应用程序来演示访问 Web 服务。该程序将访问上面创建的 Web 服务。

用 Visual Studio 2005 创建一个网站(ASP.NET Web 应用程序)，名为：SimpleCalculate。在该网站建立 Web 窗体，名为 Use_WebSerbice.aspx，希望通过该程序调用 Web 服务中的相关方法。下面是该窗体页面中所用控件的布局安排，如图 7.10 所示。

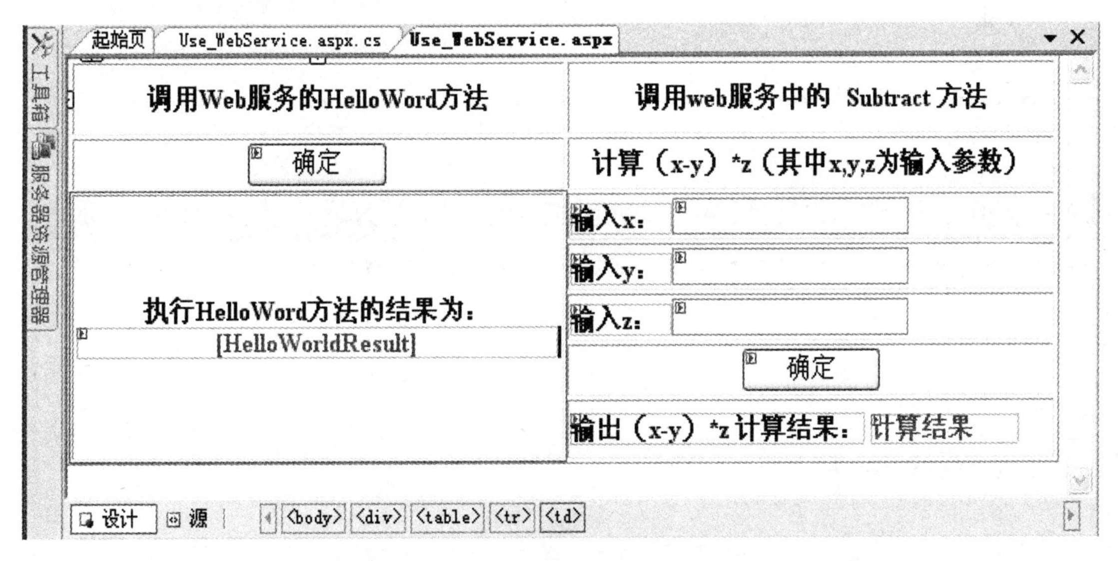

图 7.10 Web 窗体页面中控件的布局安排

按照图 7.10 布局设计好后，为了使用 Web 服务，我们首先需要寻找 Web 服务，在网上或当地计算机上寻找，寻找的方法是，添加 Web 引用。我们按如下步骤首先添加 Web 引用：

(1) 选择“网站” | “添加 Web 引用”命令，打开“添加 Web 引用”对话框，如图 7.11 所示。在这个对话框中，用户可以查找本地计算机上的 Web 服务，也可以查找本地网络上 Web 服务，还可以查找 UDDI 目录上的 Web 服务，在地址栏中直接键入它们的 URL 即可。本例子中在本地网络上查找，点击“本地计算机上的 Web 服务”这时显示 Service 的帮助页面，如图 7.12 所示。点击“Service”，出现如图 7.13 所示的界面。

在图 7.13 中的 Web 引用名中输入“calculate”，然后单击“添加引用(R)”按钮，把引用添加到网站中。

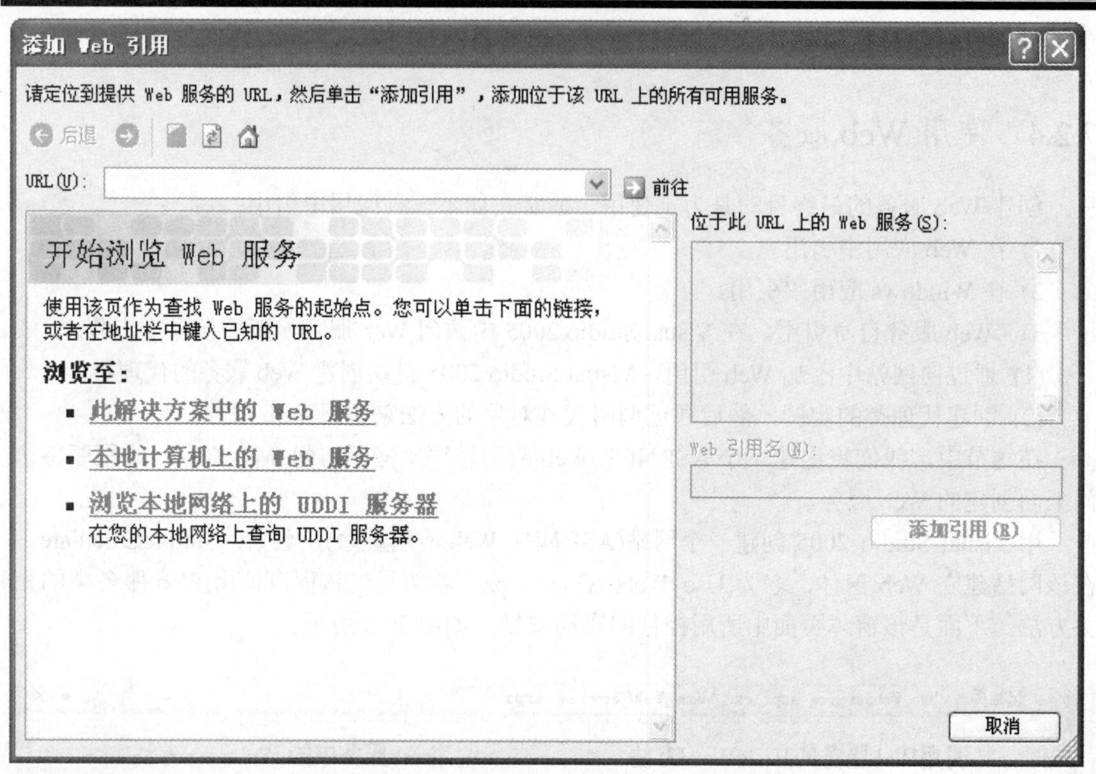

图 7.11 “添加 Web 引用”对话框

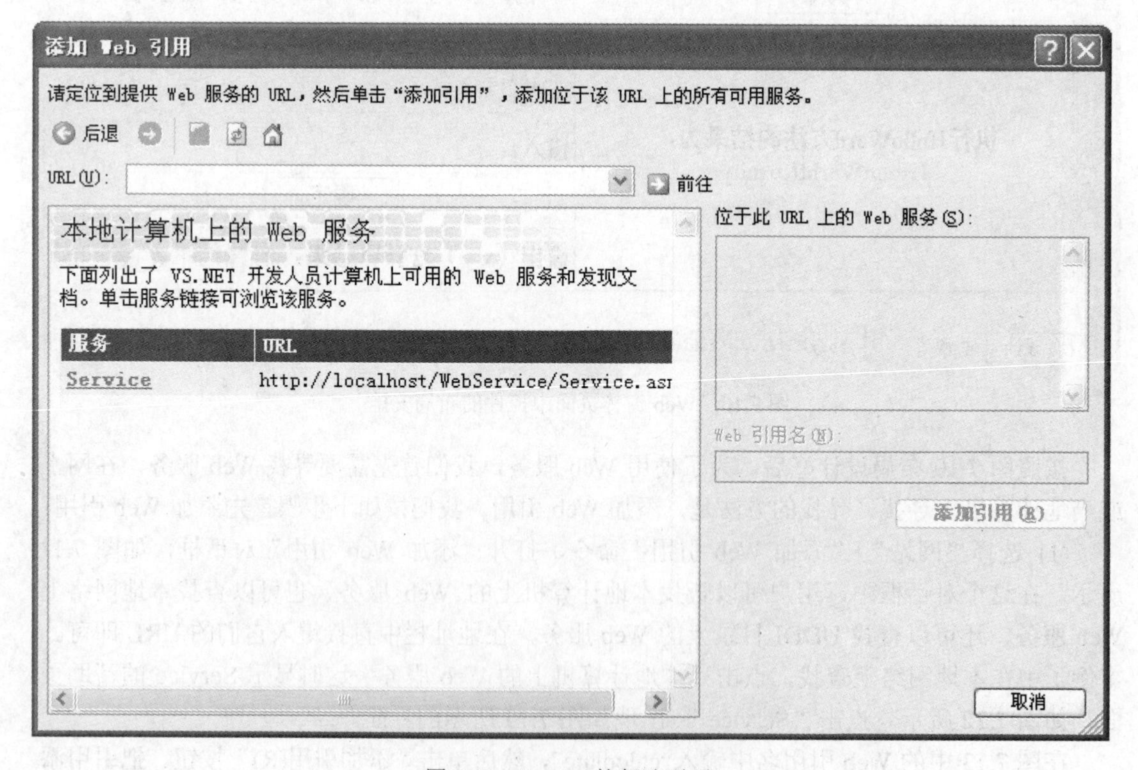

图 7.12 Service 的帮助页面

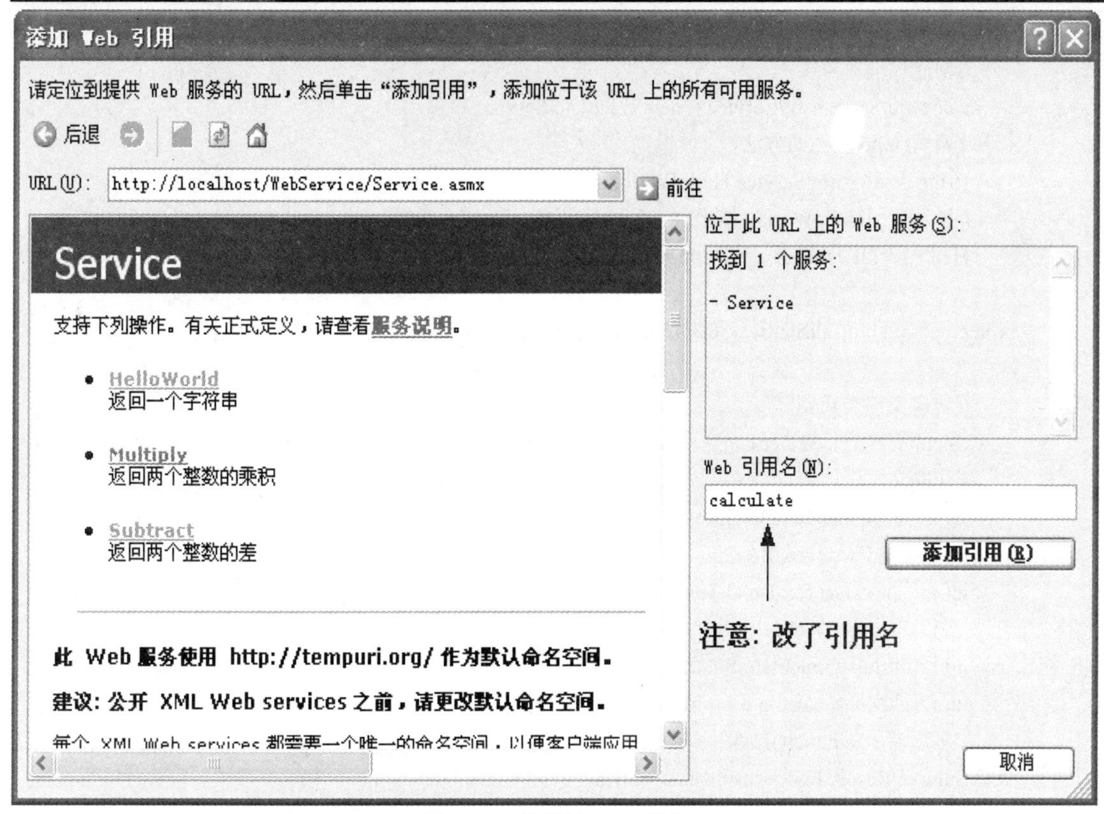

图 7.13 找到的 Web 服务

(2) 执行完第 1 步之后，用户将在“解决方案资源管理器”中看到新添加的 Web 引用，如图 7.14 所示。

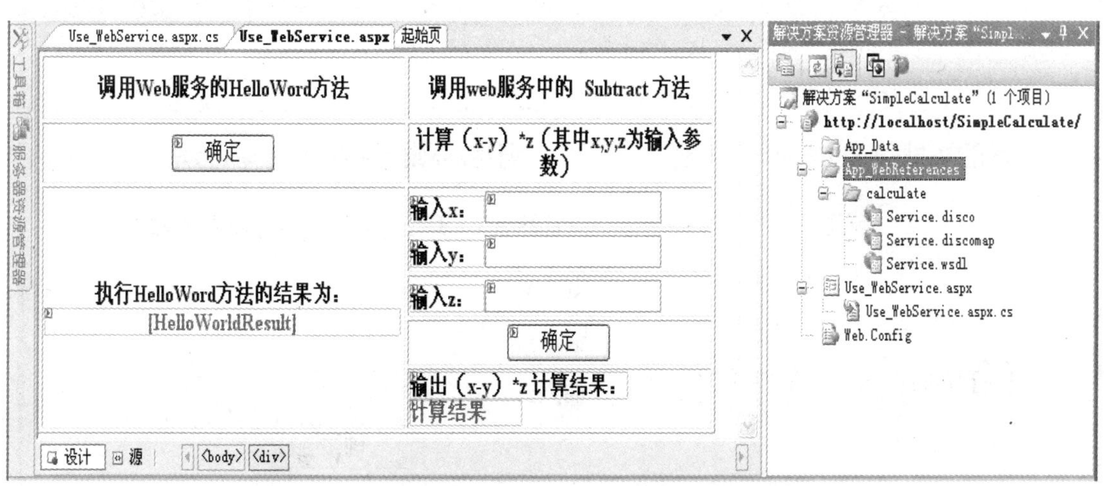

图 7.14 在“解决方案资源管理器”查看新添加的 Web 引用

(3) 打开表单设计视图，然后为 btnCallHelloWorld 和 btnCallSuntract 按钮添加代码，如下所示：

```
protected void btnCallHelloWorld_Click(object sender, EventArgs e)
```

```
    {
    //创建代理对象实例
    calculate.Service myService = new calculate.Service();
    //调用HelloWorld()方法
    string result = myService.HelloWorld();
    //显示调用HelloWorld()结果
    HelloWorldResult.Text = HelloWorldResult.Text + result;
    }
protected void btnCallSuntract_Click(object sender, EventArgs e)
    {
    //创建代理类实例
    calculate.Service calculate = new calculate.Service();
    //获取文本框的值
    int x = int.Parse(TextBox1.Text);
    int y = int.Parse(TextBox2.Text);
    int z = int.Parse(TextBox3.Text);
    //调用Subtract()、Multiply()方法
    int resultSub = calculate.Subtract(x, y);
    int resultMul = calculate.Multiply(resultSub, z);
    //显示调用Subtract()结果
    SubtractResult.Text = resultMul.ToString();
    }
```

(4) 运行程序，如图 7.15 所示。在图 7.15 中输入参数，并单击相应的按钮，如图 7.16 所示。

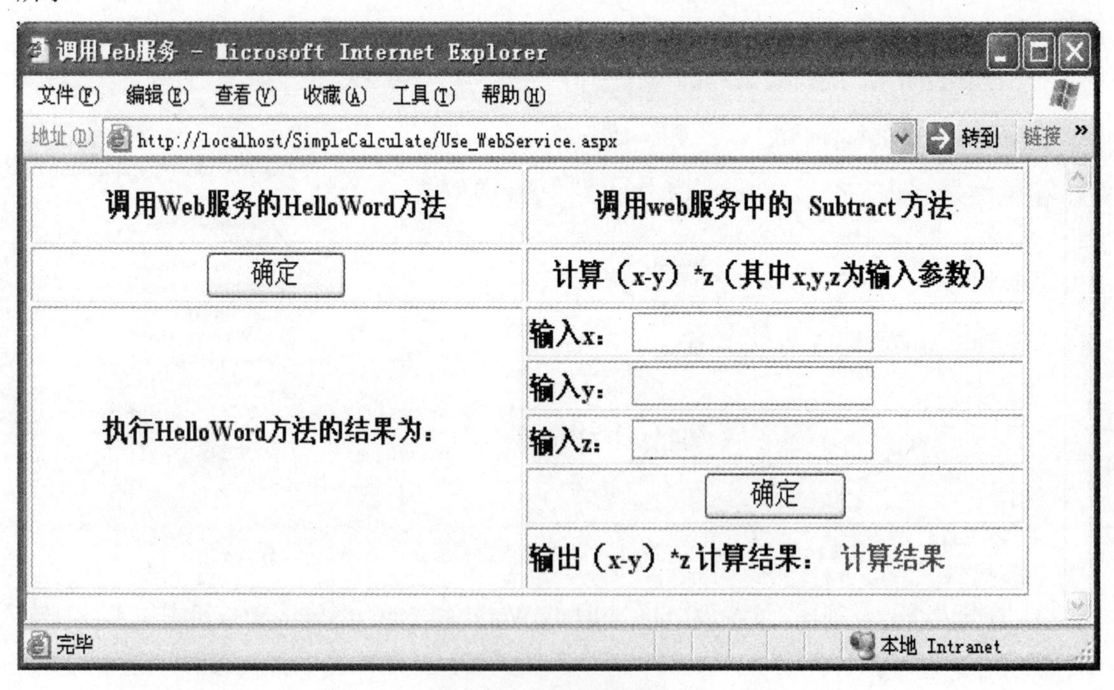

图 7.15 程序运行界面

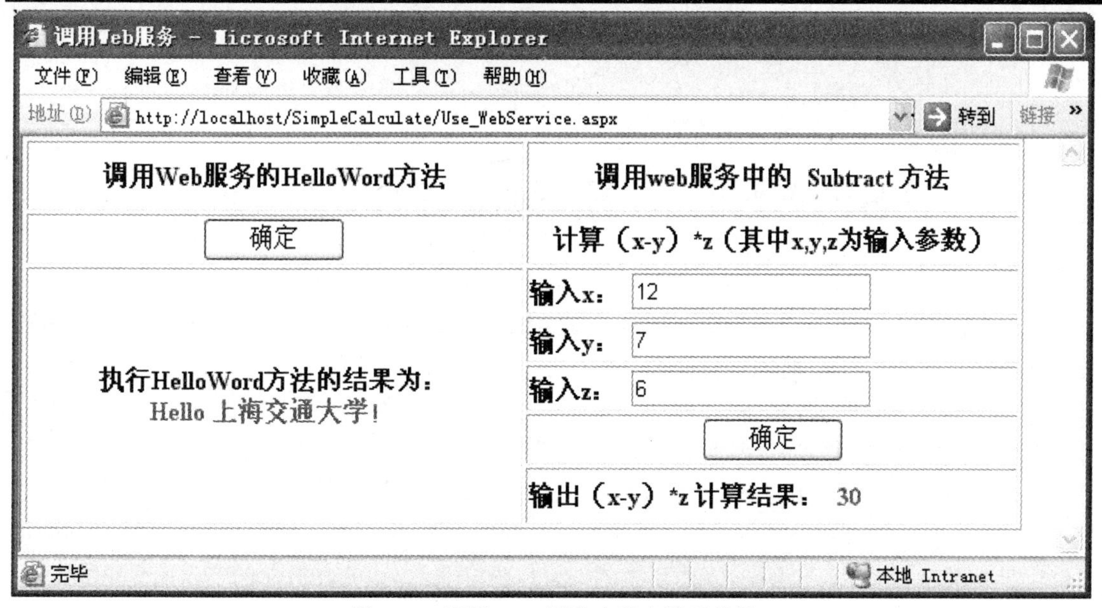

图 7.16 调用 Web 服务中的方法后结果

本章小结

本章介绍了 XML 基础知识、XML 在 ASP.NET 中的应用、Web 服务及其相关技术(SOAP、WSDL 和 UDDI)。通过实例介绍了 Web 服务的创建、发布以及使用，起到了解和入门的作用。更深层次的知识和应用，感兴趣的读者可参考其他相关材料继续深入学习。

习题

(1) 简述 HTML 和 XML 的异同。

(2) 举例说明在 XML 文档中，元素和属性的使用原则。

(3) 在 Web Services 中，代理类是一个很重要的概念，试解释其含义与功能，并比较与一般类的区别。

(4) 自己做一个 Web 服务，用来做加、减、乘、除等基本运算，并在一个应用程序(网站)中调用该服务。

上机操作题

(1) 使用正确的语法结构，创建一个结构良好的包含多条职工信息的 XML 文件(包括职工号、姓名、性别、年龄等必要信息)。使用所学过的 HTML 控件完成一个简单的职工信息管理系统。

(2) 试利用 Web Service 来完成 $Y=(a+b)\times(c-d)$的计算。(其中加法、减法、乘法各由一个服务商提供,a、b、c、d 数据由界面输入)。

(3) 试利用 Web Service 完成判断输入的任意日期是星期几(提示：用 System 名字空间中的枚举 DayOfWeek 类型确定星期几)。

8 ASP.NET 应用程序的设置与安全

通过前面 7 章的学习，知道了如何用用控件和组件创建 ASP.NET 应用程序，但还不知道如何将应用程序作为一个整体进行控制，因为在本章之前创建的应用程序主要由单独的页面组成，偶尔有一些辅助文件起辅助作用。本章介绍如何将页面和辅助文件组合成一个统一的可以在网上运行的应用程序。具体地说，就是讲如何设置 ASP.NET 应用程序，并跟踪调试 ASP.NET 页面和整个应用程序，其中，Global.asax 文件提供了高级事件的处理方法，Web.config 文件记录了关于 Web 应用程序的各种默认设置，还可以根据需要修改 Web.config 文件进行相关改置。本章介绍一些重要设置，同时还将介绍 ASP.NET 中的安全验证和授权机制，以便能把制作的 Web 程序更好地发布到网上。

8.1 ASP.NET 的 Web 应用程序

Web 应用程序工作在 B/S 模式下。即用户通过浏览器访问驻留在 Web 服务器上的多个页面。可以这样来定义一个应用程序：能够在一个 Web 应用服务器的虚拟目录上运行的所有的文件、页面、操作、模块或者能被执行的代码被称为 Web 应用程序。比方说，在一个 Web 服务器上，一个“学生课程管理系统”应用程序将会在“student_class”这个虚拟目录下被发布。一个 Web 应用程序一般包含多个页面，也可被多个用户访问。不同的页面、不同的用户，有时需要共享数据。例如，在基于 Web 的聊天室内，彼此聊天的两个用户事实上就是在共享信息。

在 IIS/ASP.NET 环境下，可以利用 Application 对象定义应用程序范围的变量、声明应用程序范围的对象、设计应用程序范围的事件处理过程等。而 Session 对象则用于定义、声明设计各个用户自己的变量、对象及事件处理过程。Session 对象中的信息只对特定的用户有效。换言之，Seeeion 对象、变量、事件处理过程只属于一位用户。

8.1.1 配置应用程序

设置应用程序的目录结构：一个 Web 站点可以有多个应用程序运行，而每一个应用程序可以用唯一的 URL 来访问，首先应利用 Internet 信息管理器(IIS)设置应用程序的目录为“虚拟目录”。每个“虚拟目录”与一个物理目录相对应，各个应用程序的“虚拟目录”可以不存在任何物理上的关系。如表 8.1 所示。如果从“虚拟目录”来看，http://www.my.com/myapp 与 http://www.my.com/myapp/ myappl 似乎存在某种联系，但实际上看到两者可以完全分布于不同的机器上，更不用说物理目录了。

表 8.1 虚拟目录的概念

应用 URL	物理路径
http://www.my.com	c:\ inetpub \wwwroot
http://www.my.com/myapp	c:\ myapp
http://www.my.com/myapp/myappl	\\computer2\test\myapp

设置相应的配置文件：根据应用程序的具体需要，可以拷入相应的 Global.asax 和 Web.config 配置文件，并且设置相应的选项(配置文件 Global.asax 的设置马上要讲到，Web.config 配置见本章后面)。

Global.asax 主要配置 application_start、applicatoin_end、Session_start、Session_end 等事件。

8.1.2 创建应用程序的典型步骤

配置一个应用程序的过程大致为：把.aspx 文件、.ascx 文件以及各种资源文件分门别类放入应用程序虚拟目录所对应的物理目录中，把类引用所涉及的集合放入应用程序目录下的 bin 目录中。

(1) 指定应用程序所在目录为 IIS 的虚拟目录。

(2) 为应用设置适当的配置权限(配置 Global.asax 和 Web.config 文件)。

(3) 在自己应用程序的虚拟目录下放置事先编好的程序。

8.2 全局应用程序类 Global.asax

除了编写用户界面的应用程序代码，开发者可以为 Web 应用程序编写应用程序级的事件处理应用程序代码，这部分代码不产生用户界面，也不响应单个页面的请求。也就是说，对于外部用户(不合法的用户)这部分代码是不可见的。这些代码处理更高水平的事件的响应，如 Application_Start、Application_End、Session_Start、Session_End 等。开发者将这部分代码写成 Global.asax 文件，放在 Web 应用程序虚拟目录下的根目录中来响应这些事件。如果 Global.asax 文件位于没有被标记为应用程序的目录中，那么 Global.asax 将不起作用。Global.asax 文件也被称为全局应用程序类。在 web 网站中添加该应用程序类，选择“添加新项”菜单，出现如图 8.1 所示的界面，选中“全局应用程序类”，可把 Global.asax 文件添加到网站中。Global.asax 文件的作用有：

(1) 存储于应用程序的根目录中。

(2) 定义应用程序的边界。

(3) 初始化应用程序级或会话级变量。

(4) 连接到数据库。

(5) 发送 Cookie。

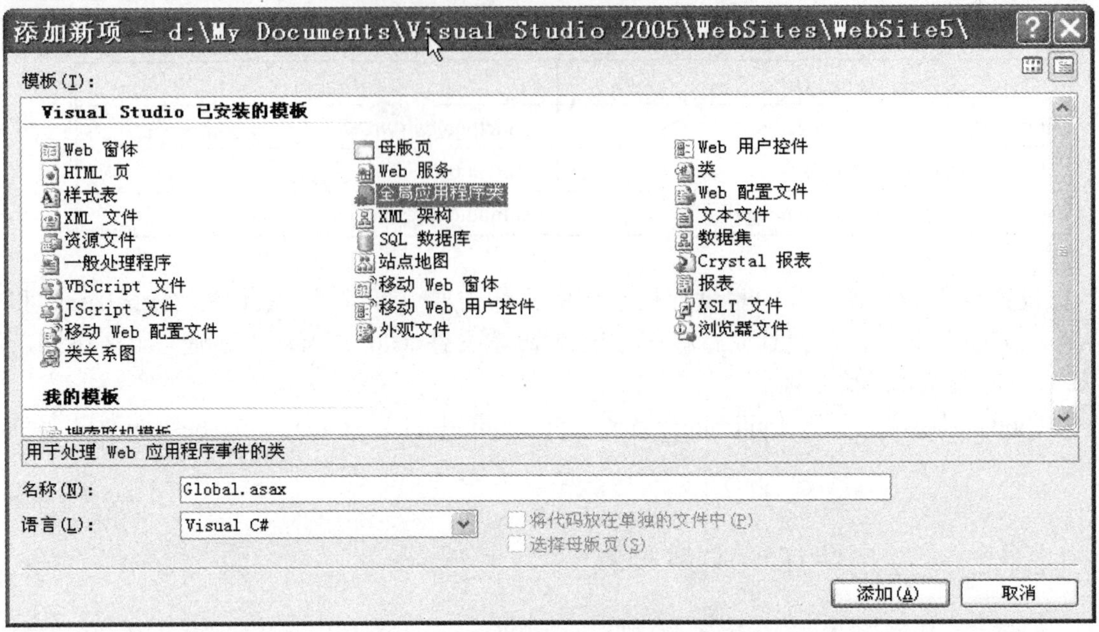

图 8.1 在 VS2005 应用程序中添加 Global.asax 文件

表 8.2 Global.asax 的事件

事 件	何时激发
Application_Start	在调用当前应用程序目录(或子目录)的第一个 ASP.NET 页面时激发
Application_End	在应用程序最后一个会话结束时激发，此外，在使用 Internet 服务管理器管理单元停止 Web 应用程序时也会激发
Application_BeginRequest	在每次页面请求开始时(理论上，在加载或刷新页面时)激发
Application_EndRequest	在每次页面请求结束时(即每次在浏览器执行该页面时)激发
Session_Start	在每次新的会话开始时激发
Session_End	在会话结束时激发

【例 8.1】 应用程序计数器，统计在线人数。

用 Visual Studio 2005 建立应用程序网站：webconfig，在网站中添加全局应用程序类：Global.asax，放入如下代码：

```
//程序清单8-1
void Application_Start(Object sender, EventArgs e)
{
    Application["count"]=0;                    //该事件启动程序时发生，现为在线人数起始值
}
void Session_Start(Object sender, EventArgs e)
{
    Application.Lock();                        //并发控制加锁
    Application["count"]=(int)Application["count"]+1;   //统计在线人数。
    Application.UnLock();                      //并发控制解锁
```

```
}
```

在 Webform1 表单的代码文件 Webform1.aspx.cs 中写入如下代码：

```
protected void Page_Load(object sender, EventArgs e)
{
    //在此处放置用户代码以初始化页面
    Response.Write(Application["count"].ToString());//输出在线人数计数值
}
```

【例 8.2】 记录在线人数和历史访问人数，即多少人在线，多少人曾经访问过这个网站。

首先，需要在 SQL Server 中建立数据库 CountPeople，并建表 CountPeople，只有一个字段 num.为 int 类型。仍用例 8.1 的网站：webconfig。由于要连接 SQL Server 数据库，所以在 Global.asax 文件中需要引入名称空间。格式为：

<%@ Import Namespace = "System.Data.SqlClient" %>，引入位置见图 8.2。

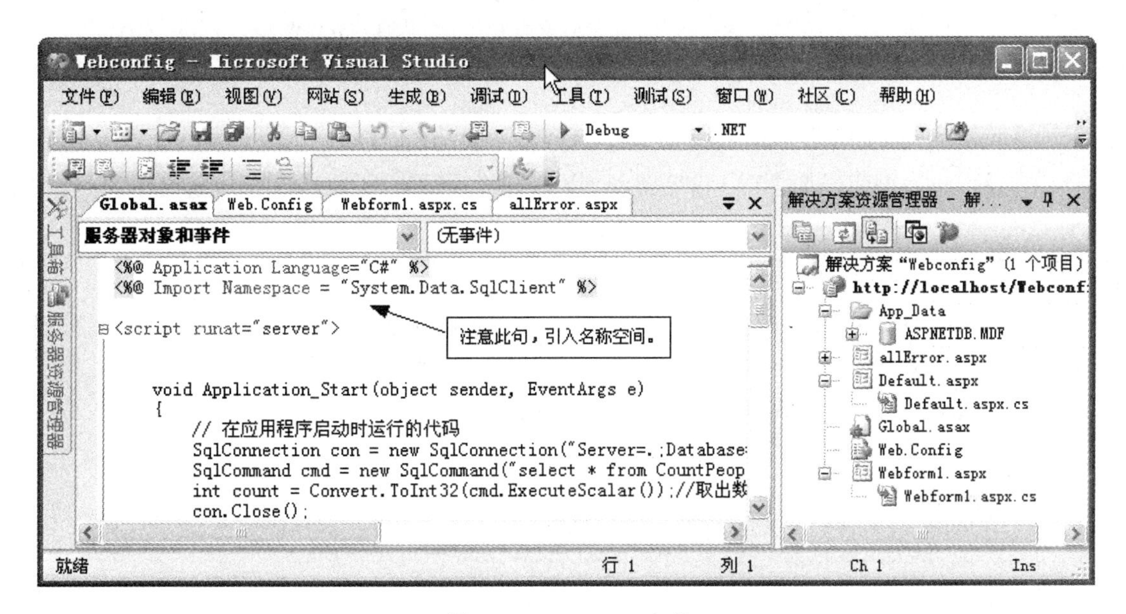

图 8.2　Global.asax 文件

并输入如下代码：

```
//程序清单8-2
void Application_Start(Object sender, EventArgs e)
{
    SqlConnection con=new SqlConnection("Server=.;Database=CountPeople;
        uid=sa;pwd=;");con.Open();
    SqlCommand cmd=new SqlCommand("select * from CountPeople",con);
        int count=Convert.ToInt32(cmd.ExecuteScalar());        //取出数据库中的记录
        con.Close();
        Application["total"]=count;                            //记录历史访问人数
        Application["online"]=0;                               //记录在线人数
}
void Session_Start(Object sender, EventArgs e)
```

```
{
    Application.Lock();                                   //并发控制加锁
    Application["total"]=(int)Application["total"]+1;
    Application["online"]=(int)Application["online"]+1;
    Application.UnLock();                                 //并发控制解锁
}
void Session_End(Object sender, EventArgs e)
{                                                     //会话结束时
    Application.Lock();                                   //并发控制加锁
    Application["online"]=(int)Application["online"]-1;
    Application.UnLock();                                 //并发控制解锁
}
    void Application_End(Object sender, EventArgs e)
{                   //应用程序结束时或服务停止时执行，WWW服务结束时发生
    SqlConnection con=new lConnection("Server=.;Database=CountPeople;uid=sa;
        pwd=;"); con.Open();
    SqlCommand cmd=new SqlCommand("update countPeople set num=
        "+Application["total"].ToString(),con);     cmd.ExecuteNonQuery();
                                                          //更新数据库中的记录
        con.Close();
}
```

在网站中建立一 Web 页，名为：webform1，在此页面中放置标签，并在相应的事件中写入代码如下：

```
protected void Page_Load(object sender, EventArgs e)
  {
    //在此处放置用户代码以初始化页面
    this.LblTotal.Text=Application["total"].ToString();        //历史访问人数
    this.LblOnline.Text=Application["online"].ToString();      //在线人数
  }
```

程序运行图如图 8.3 所示。

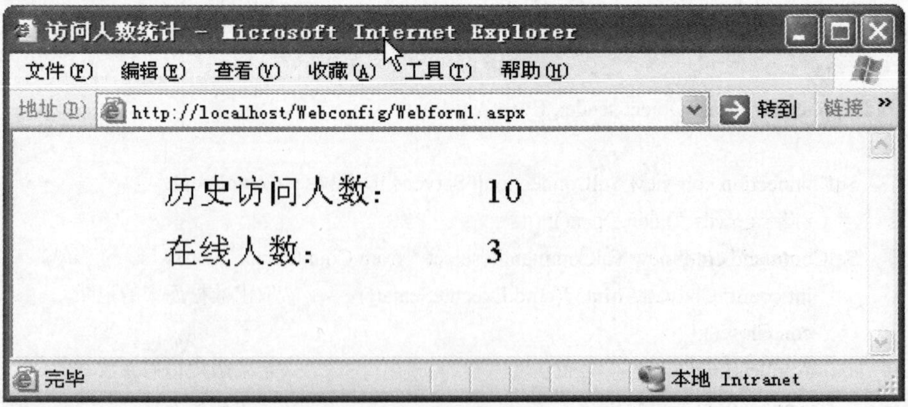

访问人数统计 - Microsoft Internet Explorer
文件(F) 编辑(E) 查看(V) 收藏(A) 工具(T) 帮助(H)
地址(D) http://localhost/Webconfig/Webform1.aspx 转到 链接
历史访问人数： 10
在线人数： 3
完毕 本地 Intranet

图 8.3 访问人数

以上程序执行时，需要注意：一是浏览器关了以后，在线人数还要保存一段时间，涉及会话 Session 的生存期，生存期是由 Web.config 中 timeout 设置的，一般系统默认是 timeout="20"，即 Session 的生存期为 20 分钟。所以一般情况下，在线人数不太准。二是 END 事件的发生。Session_END 事件的发生，是在应用程序关闭时发生。而把历史访问人数写入数据库，涉及到 Application_END 事件何时发生。注意到，不是该应用程序关闭时就发生 Application_END 事件，而是正常关机时才行。实际上关机的效果是服务器上的 WWW 服务被停止了，所以要使 Application_END 事件发生，只要停止服务器上的 WWW 服务即可。

8.3 ASP.NET 的配置文件 Web.config

开发制作 Web 应用程序需要对 Web 应用程序进行一定配置。在 ASP.NET 中这样的设置信息是在应用程序的目录存放在一个称为 Web.config 的配置文件中的。每个应用程序的根目录下有一个 Web.config 文件，Web.config 文件的配置信息以纯文本格式存储，使用标准的 XML 编写。这使得查看和编辑配置信息非常容易，只需要使用一个文本编辑器就可以了。由于配置信息存在文件中，因此，可以随应用程序文件一起保存，从而简化了 ASP.NET 应用程序的部署和安装工作。如果对文件进行了修改，使配置信息生效无须重新启动服务器。

8.3.1 配置文件的概念

ASP.NET 配置文件是文本文件，其中包含 XML 格式的信息，这些信息被存储在名为 machine.config 和 Web.config 的文件中。

machine.Config 是一个为整个机器提供配置设置的根配置文件，应用于驻留在服务器上的所有应用程序。每个计算机上只能有一个 machine.Config 文件。存储在/Windows/ Microsoft. NET/Framework/v2.0.50727/CONFIG 中，定义了一些常用的设置。图 8.4 列出了在记事本中查看到的 machine.config 文件的一部分。

Web.config 在结构上与 machine.Config 一样，但应用到驻留在服务器上的单个应用程序，若没有在 Web.config 中配置一些选项，则以 machine.Config 文件为准；若配置了选项，则以自身为准。即 Web.config 文件中的设置将覆盖 machine.config 文件中的设置。Web 应用程序的每个目录仅可以有一个 Web.config 文件。

可以有任意数目的 Web.config 文件，它们存储在 ASP.NET 应用程序服务器各个目录下。每个 Web.config 文件都将其设置用于其所在目录及子目录中的资源。子目录中的 Web.config 文件可以覆盖或继承父目录中的 Web.config 文件的设置。图 8.5 显示了使用写字板查看一个范例 Web.config 文件的情况。

ASP.NET 使用一种层次式配置系统。假设有一个名称为 myapps 的目录，它包含两个子目录 appl 和 app2；myapps 目录中有一个 Web.config 文件，它允许任何用户查看该目录下的资源；而在 app2 目录下也有一个 Web.config 文件，它只允许拥有特定权限的用户查看文件夹中的资源。则当用户访问 myapps 目录时，可以访问该目录中除子目录之外的所有资源，这里的资源指的是 aspx、asmx 等文件。

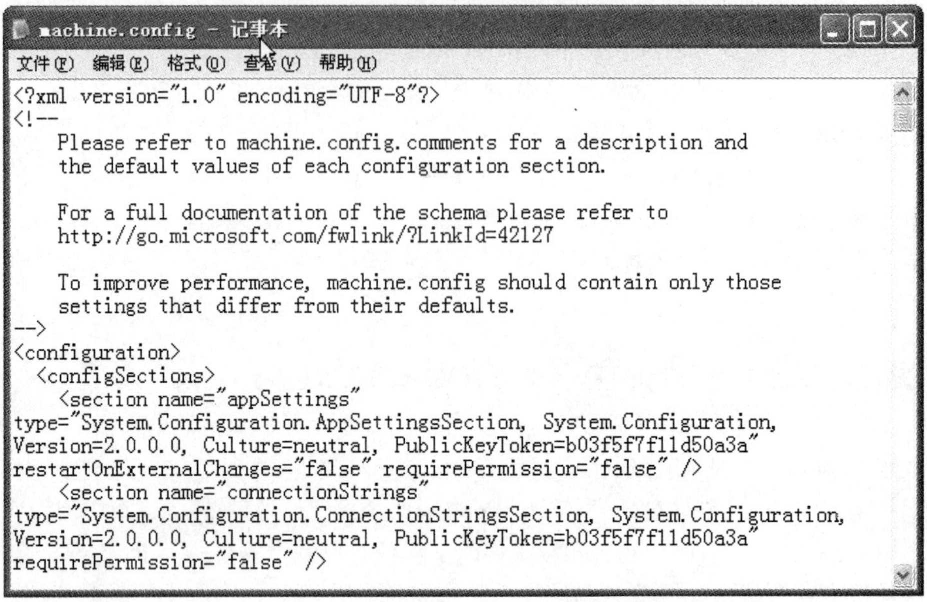

```
machine.config - 记事本
文件(F) 编辑(E) 格式(O) 查看(V) 帮助(H)
<?xml version="1.0" encoding="UTF-8"?>
<!--
    Please refer to machine.config.comments for a description and
    the default values of each configuration section.

    For a full documentation of the schema please refer to
    http://go.microsoft.com/fwlink/?LinkId=42127

    To improve performance, machine.config should contain only those
    settings that differ from their defaults.
-->
<configuration>
  <configSections>
    <section name="appSettings"
type="System.Configuration.AppSettingsSection, System.Configuration,
Version=2.0.0.0, Culture=neutral, PublicKeyToken=b03f5f7f11d50a3a"
restartOnExternalChanges="false" requirePermission="false" />
    <section name="connectionStrings"
type="System.Configuration.ConnectionStringsSection, System.Configuration,
Version=2.0.0.0, Culture=neutral, PublicKeyToken=b03f5f7f11d50a3a"
requirePermission="false" />
```

图 8.4 machine.config 文件的一部分

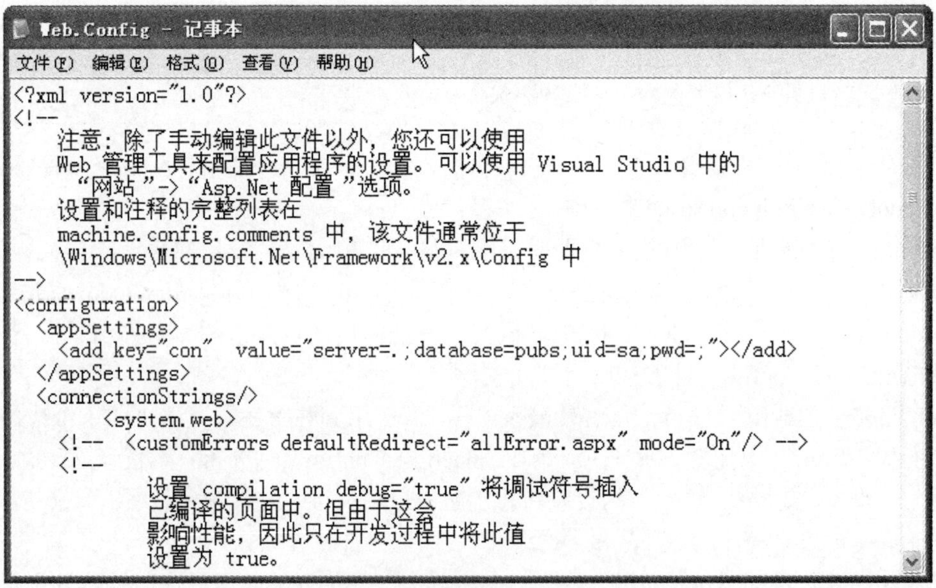

```
Web.Config - 记事本
文件(F) 编辑(E) 格式(O) 查看(V) 帮助(H)
<?xml version="1.0"?>
<!--
    注意: 除了手动编辑此文件以外, 您还可以使用
    Web 管理工具来配置应用程序的设置。可以使用 Visual Studio 中的
     "网站"->"Asp.Net 配置"选项。
    设置和注释的完整列表在
    machine.config.comments 中, 该文件通常位于
    \Windows\Microsoft.Net\Framework\v2.x\Config 中
-->
<configuration>
  <appSettings>
    <add key="con"  value="server=.;database=pubs;uid=sa;pwd=;"></add>
  </appSettings>
  <connectionStrings/>
        <system.web>
    <!-- <customErrors defaultRedirect="allError.aspx" mode="On"/> -->
    <!--
            设置 compilation debug="true" 将调试符号插入
            已编译的页面中。但由于这会
            影响性能, 因此只在开发过程中将此值
            设置为 true。
```

图 8.5 Web.config 文件

另外，用户还可以访问 appl 目录下的所有资源，因为该目录中的 Web.config 文件被设置为允许所有的用户访问。但是，如果 app2 目录下的 Web.config 文件没有明确地允许该用户访问目录 app2，则将不能访问该目录下的任何资源。

配置文件若被修改，ASP.NET 能够及时发现，应用程序将根据新的修改后的配置文件运行，而无须像以前那样重新启动服务器。

当资源首次被访问时，ASP.NET 还会将该资源的配置设置存储在缓存中，这样，以后该资源被请求时，将使用存储在缓存中的设置。

虽然配置文件和其他资源一起位于应用程序文件夹中，但如果试图在浏览器中访问配置文件，将收到访问错误信息，即在浏览器中是不能访问配置文件的。

8.3.2 配置文件的语法规则

所有的配置都必须放在<configuration>和</configuration>标记之间，<configuration>称为根元素。如图 8.5 所示。

```
格式：<configuration>
        配置内容...
      </configuration>
```

注意：配置文件必须是格式正确的，标准的 XML 文本文件，其中的标记和属性是区分大小写的。

表 8.3 给出了一些说明，关于更详细的信息，请参考.NET 框架的 SDK 文档。

表 8.3 ASP.NET 定义的标准配置段

标准配置段	说 明
<httpmodule>	定义了对 HTTP 模板的设置
<httphandlers>	将自请求的 URL 映射到 httpHandler 类
<sessionstat>	设置 HTTP 模块的会话状态
<globalization>	设置应用的公用设置,设置全局参数
<compilation>	设置 ASP.NET 的编译环境
<trace>	设置 ASP.NET 的跟踪特性
<security>	ASP.NET 的安全设置
<browercaps>	对客户浏览器的相关设置

下面介绍一些常用配置段的语法和用法。除了<appSettings>、</appSettings>location 两个外，所有的设置都必须放置在配置段<system.web>和</system.web>之间。<system.web>和</system.web>之间的标记是关于整个应用程序的设置，此设置涉及页面缓冲的设置、程序出错时的设置、身份验证和授权设置等。

8.3.2.1 <appSettings>

该配置段让您能够为 ASP.NET 应用程序定义自定义的属性，如数据库连接字符串。它包含一个子元素：add，该元素包含两个属性 key 和 value。

该配置段专门用于放置自定义值，可以集中地定义所有的应用程序配置。其语法很简单：

```
<appSettings>
    <add key="设置名" value="设置值"></add>
</appSettings>
```

注意，该标记不必放在<system．web>段中，它可以直接位于<configuration>元素下。这样，ASP.NET 应用程序和常规．NET 应用程序可以存取相同的值。

例如：Web.config 文件中<appSettings>和</appSettings>之间的可以作连接数据库的设置如下：

```
<appSettings>
    <add key="con"  value="server=.;database=pubs;uid=sa;pwd=;"></add>
</appSettings>
```

其中，add 指出常量，key 是常量的名称，value 是常量的值。在程序中可以用 ConfigurationSettings.AppSettings["con"]使用这个常量来调用这个连接。

【例 8.3】 建立项目 Webconfig。项目中 Web.config 文件中<appSettings>和</appSettings>之间的设置见图 8.6。

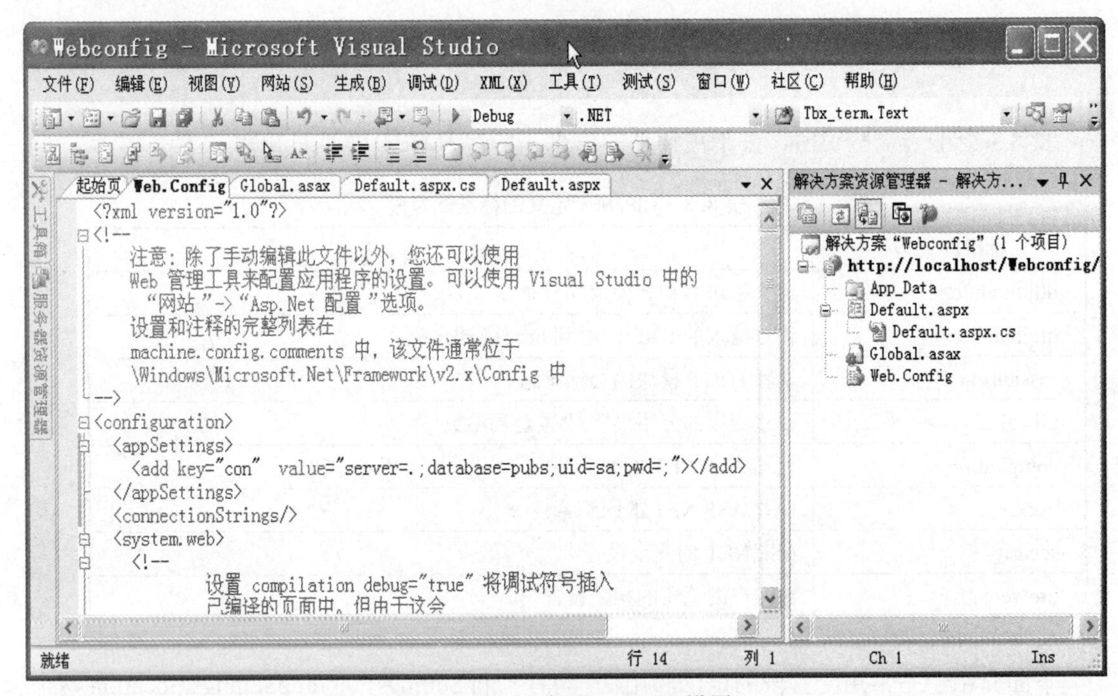

图 8.6 例 8.3 中 Web.config 设置

default 表单的程序文件 default.aspx.cs 中有关程序代码如下：

```
//程序清单8-3
protected void Page_Load(object sender, EventArgs e)
{
    // 在此处放置用户代码以初始化页面
    SqlConnection con=new SqlConnection
        (System.Configuration.ConfigurationSettings.AppSettings ["con"]);
    con.Open();
    SqlCommand cmd = new SqlCommand("select * from employee", con);
    this.GridView1.DataSource = cmd.ExecuteReader();
    this.GridView1.DataBind();
}
```

结果见图 8.7。

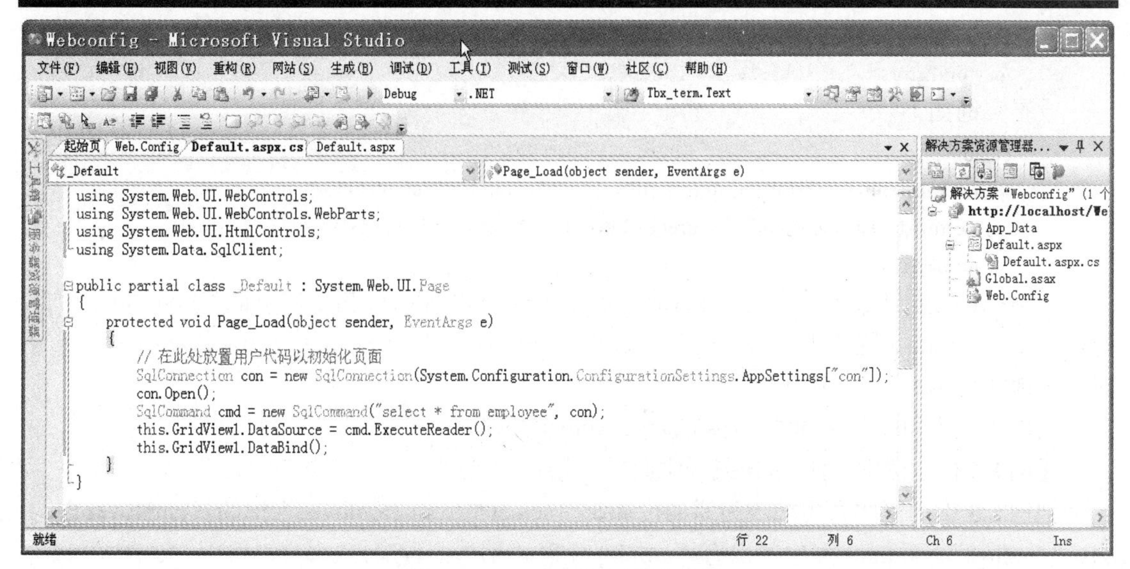

图 8.7 Web.config 示例中代码

当程序运行时，自动连接 pubs 数据库和数据库中表 employee 表，把表中的内容显示在 DataGrid 表格中。运行页面如图 8.8 所示。

无标题页 - Microsoft Internet Explorer

http://localhost/Webconfig/Default.aspx

webconfig示例

emp_id	fname	minit	lname	job_id	job_lvl	pub_id	hire_date
PMA42628M	Paolo	M	Accorti	13	35	0877	1992-8-27 0:00:00
PSA89086M	Pedro	S	Afonso	14	89	1389	1990-12-24 0:00:00
VPA30890F	Victoria	P	Ashworth	6	140	0877	1990-9-13 0:00:00
H-B39728F	Helen		Bennett	12	35	0877	1989-9-21 0:00:00
L-B31947F	Lesley		Brown	7	120	0877	1991-2-13 0:00:00
F-C16315M	Francisco		Chang	4	227	9952	1990-11-3 0:00:00
PTC11962M	Philip	T	Cramer	2	215	9952	1989-11-11 0:00:00
A-C71970F	Aria		Cruz	10	87	1389	1991-10-26 0:00:00
AMD15433F	Ann	M	Devon	3	200	9952	1991-7-16 0:00:00
ARD36773F	Anabela	R	Domingues	8	100	0877	1993-1-27 0:00:00
PHF38899M	Peter	H	Franken	10	75	0877	1992-5-17 0:00:00
PXH22250M	Paul	X	Henriot	5	159	0877	1993-8-19 0:00:00

图 8.8 Web.config 应用示例运行页面

8.3.2.2 <customErrors>

该配置段让您能够为应用程序定义自定义的错误，或覆盖内置的 ASP.NET 错误。例如，当用户试图访问一个有错误的页面时，将看到与图 8.6 类似的错误。虽然该页面足以指出用户所犯的错误，但它可能与站点的设计风格不符。因此，<customErrors>能够为这种错误(或其他错误)指定其他的页面。

其设置语法格式为：

```
<customErrors   defaultRedirect="url"   mode="On|Off|RemoteOnly">
```

```
<error statusCode="statuscode"    redirect="url"/>
</customErrors>
```

设置实例如下：

```
<customErrors
    defaultRedirect="http://localhost/allError.aspx"    mode="RemoteOnly">
    <error statusCode="404"    redirect="http://localhost/Error404 aspx"/>
</customErrors>
```

说明：定义用户出错的处理，出错缺省显示由 defaultredirect 指定的页面，mode 为 on 时，遵循 customerrors 配置段进行出错处理，mode 为 off 时，忽略用户出错，mode 为 Remoteonly 时，本地才显示真正的出错原因。

当出错码为 404 时(找不到资源),显示 redirect 指定的页面。

【例 8.4】 当程序出现错误或异常时，对错误的处理。

把例 8.3 中的程序人为的改为错的，如把“select * from employee”中的“employee”改为：“employ”，而 pups 库中并没有“employ”表。见下面程序：

```
//程序清单8-4
protected void Page_Load(object sender, System.EventArgs e)
{
    //在此处放置用户代码以初始化页面
    ......
    SqlCommand cmd=new SqlCommand("select * from employ",con);
    ......
}
```

所以该程序运行时将出现错误，显示出错窗口如图 8.9 所示。

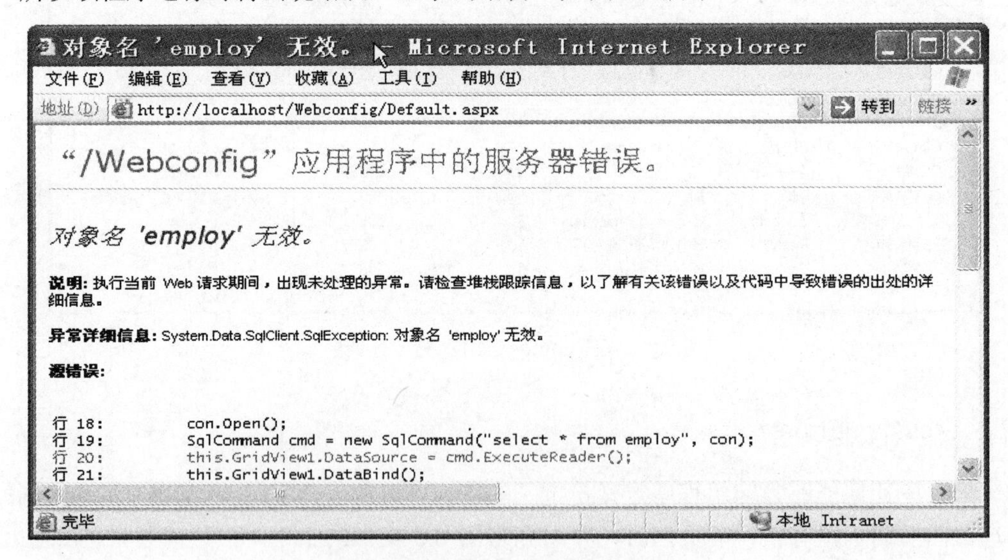

图 8.9 程序运行出现异常的界面

错误处理的目的就是当程序运行出现异常时，不出现类似于图 8.9 的程序错误显示窗口，而是出现可由 Web.config 文件控制转移的指定的错误处理的界面友好的窗口，友好的窗口是由 Web.config 文件中的<customErrors>标记制定的页面。

先在 Web.config 文件的<system.web> 和</system.web>之间设置下面代码：

```
<configuration>
    <system.web>
        <customErrors defaultRedirect="allError.aspx" mode="On"/>
    </system.web>
</configuration>
```

再在项目中建立新的出错处理窗口 allError.aspx，窗口加入标签控件显示相应的文字。

当程序运行由于错误出现异常时，该设置起作用，不会显示出错信息，程序转到由 customErrors defaultRedirect 指定的页面 allError.aspx,此页面当然可以设计的和你的应用程序的整个风格一致。如图 8.10 所示。

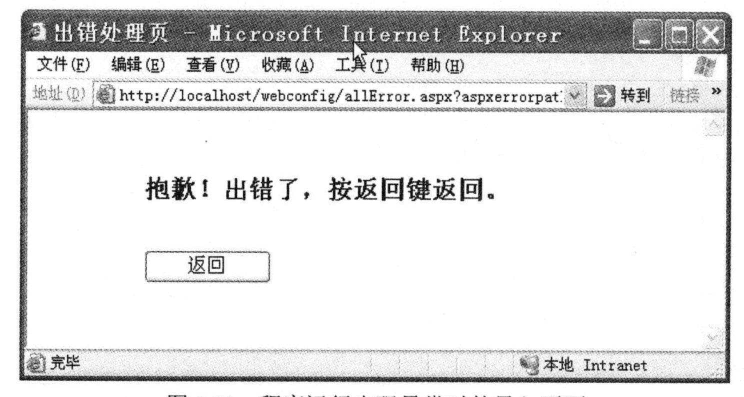

图 8.10 程序运行出现异常时的导入页面

8.3.2.3 <location>

这是另一个不需要放置在<system.web>段中的配置段。其用途在于让您能够将其设置只应用于 Web 服务器的特定位置。它最常用于安全设置，因此将在安全设置中作更深入的讨论。

想像一种简单的情况，站点包含两个页面：defualt.aspx 和 members.aspx。显然，前者是站点的必须的默认页面，因此应该允许任何人访问它。而第二个页面只允许已经注册登录的用户访问，因此需要控制。实现这一目的的代码如下 ：

```
<configuration>
    <location path="members.aspx">
        <system.web>
            <authorization>
                <deny users="?"/>
            </authorization>
        </system.web>
    </location>
</configuration>
```

第二行的<location>标记说明了接下来的设置将应用于的文件的路径，这里是指定的文件：members.aspx，也可以在该属性中指定目录名，如<location path="Webapp">表示下面的设置只对该目录有效，指定了目录 Webapp 的访问权限，使非授权用户不能进入 Webapp 目录。

属性<authorization>和<deny>将在下面进行介绍。注意，在标记<location>中，必须指定<system.web>。<location>本身并不是ASP.NET或.NET专用的，但其内部的所有标记通常都是专用的。

Web.config是层次式的，因此标记：<location>也比须遵守这些规则，请看下面的代码：

```
<configuration>
    <location path="subdirectoryl">
        <system.web>
            <authorization>
                <deny users="?"/>
            </authorization>
        </system.web>
    </location>
</configuration>
```

上述安全设置不但将应用于目录 subdirectoryl，还将被应用于该目录的所有子目录。<location>和</location>是一个区域性标记，一般用来对应某一个目录的配置，也可不在虚拟目录的根目录下的Web.config使用<location>，而放在某个目录下的Web.config中进行配置，但一般放在根目录的Web.config中，比较直观。

8.3.2.4 <pages>

该配置段让能够控制哪些通常需要使用页面编译指令(如@Page)指定的页面选项。区别在于，<pages>中的设置将被应用于站点中的所有页面，而不仅仅是某个特定的页面。其语法如下：

```
<configuration>
    <system.web>
        <pages
            buffer "on"
            enableSessionState="true"
            maintainState="true"
            autoEventWireup="true"
            clientScriptsLocation="/scripts"
            inherits="System. Web.UI.Page"/>
    </system.web>
</configuration>
```

上述代码段包含<pages>元素的所有属性。它启用所有页面的缓冲、会话状态和视图状态以及页面事件。它还指定了将在客户端运行的脚本的位置，并告诉ASP.NET，所有页面都应该从System. Web.UI.Page 类派生而来(这是默认情况)。

如果希望所有页面的行为都类似，则该配置段很有用。但使用时要谨慎，因为默认设置通常足够了，为每个页面专门配置这些值可能导致性能降低或出现错误。

8.3.2.5 <sessionState>

ASP.NET提供了许多定制会话状态途径。例如，可以将会话变量存储在一台完全独立的机器上，以备服务器崩溃或需要替换时的不时之需，确保会话数据不会丢失。也可以将会话状态存储在同一系统的另一个进程中，其作用与前面描述的类似。该配置段包含以下属性：

mode：该属性指定会话信息的存储位置。有效的选项有 off(禁用会话状态)、inproc(将会话信息存储在本地，为默认值)、stateserver(会话信息被存储在另一台机器上)和 sqlserver(将会话信息存储在一个 SQLServer 数据库中)。

cookieless：指示是否使用 cookieless 会话(更详细的信息，请参见第 7 章)。

timeout：空闲多少分钟后，会话将被 ASP.NET 删除(默认为 20 分钟)。

connectionString：当 mode 被设置为 stateserver 时，指定存储状态信息的服务器和名称和端口。

sqlColmectionStfing：当 mode 被设置为 sqlserver 时，指定用于连接到 SQL 服务器 (以存储会话信息)的连接字符串。

该配置段的语法如下：

```
<configuration>
    <system.web>
        <sessionState
            mode="InProc"
            cookieless="false"
            timeout="20"/>
    </system.web>
</configuration>
```

出于安全方面的考虑，将状态信息存储到另一台服务器上好像是个好的方法。但使用另一台服务器来存储状态信息时，将导致系统性能下降，因为 ASP.NET 必须通过网络连接到远程机器，并与之通信，这极大地增加了延迟时间。

8.3.3　ASP.NET 的安全机制

默认情况下，大多数 Web 站点都允许匿名访问，也就是说，任何接入 Internet 的用户都可以进入该站点并查看其中的页面。用户无须验证(身份验证)，便可以访问站点上的任何文件。但是，对于大多数 Web 站点来说，并不是所有的页面都能让人匿名访问。如下订单、下载信息、访问需要付费的信息、甚至管理站点等，通常就要强制访问者提供自己的身份标识。Web 安全就是为限制只有特定用户群才可以访问某些文件而设计的。

Web 安全是一个复杂的主题，常令开发人员和最终用户感到困惑，但在当前的 Internet 中，这又是一个必须解决的问题。首先要解决两个问题。那就是谁有权力进入系统？进入系统以后能进行何种操作？在解决谁能进入系统的问题中，我们通常定制一张允许进入系统的用户的名单，当用户要求进入的时候，我们判断他是否是合法用户。这样一来，问题就转化为如何有效地判别一个用户是否是系统的有效用户，判断用户权限的过程称之为验证(authentication)。当用户进入以后，我们只允许他访问事先指定给他的资源，根据不同权限决定可否得到请求的资源的过程称为授权(authorization)。只有通过授权检查后，用户才能够对相应资源进行操作。在 ASP.NET 环境中，实现上述措施的方法很多，而且实现起来都不复杂。

ASP.NET 和 IIS 结合在一起为用户提供身份验证和授权服务。

在 ASP 时代，实现用户验证有很多的方法，基本思路就是：用登录 Form 提交用户名和用户密码，然后在 ASP 页面中用 Request 得到对应的值，再通过一个用户查找函数到数据库去查找对应的用户名和密码是否匹配，如果匹配，则返回用户验证成功标志，然后将此标记保留在 Session 或者 Cookies 中；否则，返回验证失败。

对于受到保护的页面，则要在每一个页面头放置用户检测代码，用来检查用户验证标志，如果在 Session 或者 Cookies 中查到有登录标志，则允许访问，否则返回一个权限验证错误，拒绝访问，或者是返回登录页面要求登录。

这个思路非常简单，但是在实际的应用中却有很多问题：

(1) 在实际的网站运行中，用户并不是连上网站就立即登录的，比如浏览一个网上商店，用户可以在不登录的情况下浏览大部分内容，并且将自己所想购买的物品放入购物篮中，选购完毕，点击结算的时候，才要求用户登录。在这时候，用户输入他的用户名和密码，点击登录，如果验证成功，才可结算。在 ASP 的处理方案中，程序员必须要手动记录每次要求登录页面的 URL，以便能在登录成功以后返回此页面，因此，要写不少代码。

(2) 几乎每个网站的用户都是分等级的，比如购物网站有铜卡用户、银卡用户、金卡用户等，这些等级都需要在登录的时候加以区分，以针对不同的用户给予不同的优惠等。在 ASP 的处理方案中，需要类似的手动处理来处理用户权限级别，因此，又要写不少代码。

(3) 在网站中针对网页和目录都有不同的访问权限，比如普通会员不能访问金卡会员区，借此来提高不同档次会员的服务门槛。要让一切按部就班地进行，似乎不是容易的事情。若用 ASP 写页面，必须在每个页面头上做权限判断，根据登录用户和口令，到数据库中检索出当前用户的访问权限，然后判断是否有进入的权限，又是很多代码。

用 ASP.NET 技术将能解决以上这些问题，涉及 ASP.NET 最酷的功能之一 Form 验证即可以帮助轻松完成用户验证、等级控制、目录权限控制功能。

8.3.3.1 身份验证

ASP.NET 中的身份验证是通过验证提供程序(Authentication Provider)——包含对来自 Web 客户的请求进行验证的代码的模块实现的。这些提供程序是通过配置文件 Web.config，使用 authentication 标签进行控制的。其基本的语法如下：

```
<configuration>
    <system.web>
        <authentication  mode="Mode"> <!--设定验证方式，见表8.4-->
        </authentication>
    </system.web>
</configuration>
```

Authentication 的参数说明见表 8.4。

如：<authentication mode="Forms">，设定验证方式为表单(forms)验证。

另外，在 authentication 标签中，还可以指定 form 和 credentials 元素，这将在本节后面的“表单验证”一节中进行介绍。

注意：标签 authentication 只能用于根目录的 Web.config 文件中。在其他子目录的

Web.config 文件中使用该标签将导致错误。

表 8.4 Authentication 的参数说明

Mode 选项	说　明
Windows	将 Windows 验证指定为默认的身份验证模式。当使用以下任意形式的 Microsoft Internet 信息服务(IIS)身份验证时使用该模式：基本、简要、集成的 Windows 验证(NTLM/Kerberos)或证书
Forms	将 ASP.NET 基本窗口的身份验证指定为默认的身份验证模式
Passport	将 Microsoft Passport 身份验证指定为默认的身份验证模式
None	不指定任何身份验证。只有匿名用户是预期的或者应用程序可以处理事件以提供其自身的身份验证

ASP.NET 中提供了三种安全机制，即三种验证方式："Windows"、"Forms"、"Passport"。

Windows 验证：Windows 验证是使用 Windows 的账号密码来验证用户的，主要适用于部署在局域网内部的网站，每个使用此网站的人都有一个可以登录网络的账户。

Passport 验证：Passport 验证依靠 Mircosoft Passport 来验证用户身份。Passport 是 Microsoft 公司提供的 Web 服务，是一个大型的用户名和密码数据库。当需要用户验证的时候，将用户名和密码提交给 Passport，如果验证通过，则返回一个验证证明。

Forms 验证：Forms 验证是要求用户在 Web From 中输入用户名和密码来验证用户身份。当用户第一次访问被保护的页面的时候，ASP.NET 会把用户引导到指定的登录页面，当登录成功以后，ASP.NET 会记录一个 Cookies，用来作为用户身份的证明，然后将用户引导回最初要求登录的页面。

Windows 验证不适合在 Internet 上使用，而普通网站也不会把自己的用户库和 Microsoft 的用户库合并，因此最适合一般网站使用的验证方式就是 Forms 验证。接下来将介绍这些验证方法，重点介绍 forms 验证，并领略 Forms 验证的神奇之处。

基于 Forms 的验证(表单验证)可以在 Web.config 文件中使用下面的代码行来启用：

```
<authenticotlon mode="Forms"/>
```

在 ASP.NET 中，可以选择由 ASP.NET 应用程序(而不是 IIS)通过表单验证(Form authentication)进行验证，使验证方案有更大的控制权，可以将用户的证件存储在一个数据库或 XML 文件中，而不是 Windows 操作系统中。使用这种方法，ASP.NET 会将没有经过身份验证的用户重定向引导至 Web 站点的一个登录表单，通过该表单，用户可以提供其证件。如果应用程序根据自定义的方案认可了证件，ASP.NET 将在运行浏览器的计算机上创建一个验证 cookie。该 cookie 包含某种格式的证件或用来获得证件的字符串。以后，整个应用程序都将使用该 cookie 来进行授权。

整个过程(见图 8.11)的步骤如下：

(1) 客户向站点请求被保护的页面。

(2) 如果请求没有包含有效的验证 cookie，Web 服务器将把用户重定向到 Web.config 文件中 Authentication 标签的 loginURL 属性中指定的 URL，该 URL 包含一个供用户登录表单。

(3) 证件被输入到表单中，并通过表单传送被提交。

(4) 如果证件有效(这可以通过多种不同的方法进行确定，本节后面将做更详细的讨论)，则 ASP.NET 将在客户机上创建一个验证 cookie。

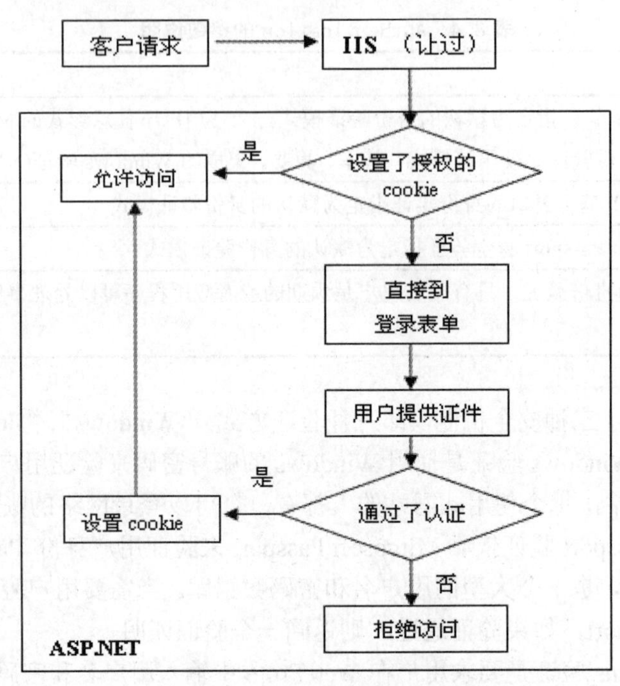

图 8.11　表单的验证过程

(5) 这样用户便能够被重定向到最初请求的页面。

验证 cookie 被设置后，以后的请求都将自动被验证，直至用户关闭浏览器或会话结束。此后，用户必须重新登录。或者您可以将该 cookie 指定为永不过期，这样该用户总是能够通过验证。在基于 FORM 的验证中，一个常用到的对象是 FormAuthentication。FormAuthentication 有 4 个比较重要的方法：

(1) RedirectFromLoginPage 方法：它通常在验证成功以后，从用户的验证页面返回用户。

(2) GetAuthCookie 方法：从 cookie 中取得指定用户名的值。它的参数和 RedirectFromLoginPage 方法是一样的。例如：CookieAuthentication.GetAuthCookie(“Chen”,Flase)表示从当前连接的 cookie 中取出用户名为 chen 的值。

(3) SetAuthCookie 方法：把指定用户名存入 cookie 中，参数和 GetAuthCookie 方法一致。例如： CookieAuthentication.SetAuthCookie(“Chen”,Flase)表示把用户 “Chen”记录到连接过程中存在的 cookie 中。

(4) SignOut 方法：它将用户注销。删除当前用户的验证 Cookie，并在用户再次试图访问限制的资源时强制用户再次登录。它不会理会 Cookie 到底是在内存，还是在硬盘上。

对于表单验证，在 Web.config 中必须进行如下设置：

```
<configuration>
    <system.web>
        <authentication mode="Forms">
            <forms name="name"   loginUrl="loginForm" />
        </authentication>
```

```
    </system.web>
</configuration>
```

Forms 元素参数说明见表 8.5。

表 8.5 Forms 元素参数说明

属 性	选 项	说 明
name		指定要用于身份验证的 HTTP Cookie，默认情况下，name 的值是.ASPXAUTH。如果在单个服务器上正运行着多个应用程序并且每一应用程序均要求唯一的 Cookie，则必须在每一应用程序的 Web.Config 文件中配置 Cookie 名称
loginUrl		指定如果没有找到任何有效的身份验证 Cookie，为登录将请求重定向到的 URL。默认值为 default.aspx
Protection		指定 Cookie 使用的加密类型(如果有)
	All	指定应用程序同时使用数据验证和加密来保护 Cookie。该选项使用已配置的数据验证算法(基于<machineKey>元素)。如果三重 DES(3DES)可用并且密钥足够长(48 位或更多)，则使用三重 DES 进行加密。All 是默认(和建议)值
	None	指定对于将 Cookie 仅用于个性化并且具有较低的安全要求的站点而言，同时禁用加密和验证。这是使用.NET Framework 启用个性化的占用资源最少的方式。但是，不推荐以此方式使用 Cookie
	Encryption	指定使用三重 DES 或 DES 对 Cookie 进行加密，但不对该 Cookie 执行数据验证。以此方式使用的 Cookie 可能会受到精选的纯文本的攻击
	Validation	指定验证方案验证已加密的 Cookie 的内容在转换中是否未被改变。Cookie 是使用 Cookie 验证创建的，方式是：将验证密钥和 Cookie 数据相连接，然后计算消息身份验证代码(MAC)，最后将 MAC 追加到输出 Cookie
timeout		指定以整数分钟为单位的时间量，超过此时间量，Cookie 将过期。默认值是 20。如果 SlidingExpiration 属性为 true，则 timeout 属性是一个弹性值，以收到最后一个请求后指定的分钟数为到期时间。为避免危及性能，以及为避免向启用 Cookie 警告的用户显示多个浏览器警告，在经过了超过一半的指定时间后更新该 Cookie。这可能导致精确性上的损失。持久性 Cookie 不超时
path		为由应用程序发出的 Cookie 指定路径，默认值是正斜杠(/)
RequireSSL		指定是否需要安全连接来转换身份验证 Cookie
	true	指定必须使用安全连接来保护用户凭据
	false	指定在传输 Cookie 时，安全连接不是必需的。默认值为 false
SlidingExp-iration		指定是否启用弹性过期时间。在单个会话期间，弹性过期时间针对每个请求重置当前身份验证 Cookie 的过期时间
	true	指定启用弹性过期时间。在单个会话期间，身份验证 Cookie 被刷新，并且每个后续请求的到期时间被重置。ASP.NET 版本 1.0 的默认值为 true
	false	指定不启用弹性过期时间，并指定 Cookie 在最初发出之后，经过一段设定的时间间隔后失效。默认值为 false

为了方便理解 Form 验证在实际网站中的运用，下面以一个网站为例来说明相关概念。

【例 8.5】建立一个 C#的 Web 项目 credentials(网站)。其中包含一个登录页面 login.aspx，一个登录成功后进入的主页面 main.aspx。先在其配置文件 Web.config 中输入如下代码：

```
<authentication mode="Forms">
    <forms name="autoWeb"   loginUrl="login.aspx"   protection="All">
    </forms>
</authentication>
```

在验证用户时，将创建一个名为 autoWeb 的 cookie。如果该 cookie 不存在，则用户将被重定向到 login.aspx，该页面包含一个让用户输入其证件的表单。

除了 forms 属性外，还可以使用 credentials 属性，该属性提供了用于验证的用户名和密码定义。在 credentials 配置段中，加入了 user 元素。它包含了两个属性：name 和 password，它们指定了有效的用户证件。这里可以包含任意数目的 user 元素。在 Web.config 文件中添加代码后如下，就能够通过 Web.config 来验证用户的证件，而不是手工进行验证。

配置段如下：

```
<configuration>
    <system.web>
        <authentication mode-"Forms">
            <forms name="autoWeb"   loginUrl="login.aspx" >
                <credentials passwordFormat="Clear">
                    <user   name= "aaa" password="aaa"/>
                    <user name= "bbb" password="bbb"/>
                </credentials>
            </forms>
        </authentication>
    </system.web>
</configuration>
```

对以上代码的说明如下：

(1) Credentials 配置段包含验证时 ASP.NET 使用的有效用户身份。

(2) PasswordFormat 指定了发送证件给服务器应该使用的加密方法。该属性的取值可以是 Clear、MD5、SHAl。Clear 表示不加密，使用明文的用户名和密码，MD5、SHAl 是两种著名的加密算法。也可通过加密的方法获得用户名和密码的加密以后的密文。在当前的大多数的 Web 浏览器中，上述值都有效。产生密码散列的方法很简单。如可建立一个表单，表单中放置文本框(TextBox1)和命令按钮(Button1)，代码可如下设置：

```
//程序清单8-5
protected void Button1_Click(object sender, System.EventArgs e)
    {
    //产生MD5格式的密码,并输出
    Response.Write(System.Web.Security.FormsAuthentication.
    HashPasswordForStoringInConfigFile(this.TextBox1.Text,"MD5"));
    }
```

在文本框中输入“aaa”，然后再按命令按钮，经上面 MD5 算法加密后的密文为：

“47BCE5C74F589F4867DBD57E9CA9F808”。“bbb”经上面 MD5 算法加密后的密文为：“08F8E0260C64418510CEFB2B06EEE5CD”。可把上面 Credentials 配置段换为下面代码，输入密码时仍然输入加密前的原码，如“aaa”。

```
<credentials passwordFormat="MD5">
    <user  name= "aaa"  password="47BCE5C74F589F4867DBD57E9CA9F808"/>
    <user  name= "bbb"  password="08F8E0260C64418510CEFB2B06EEE5CD"/>
</credentials>
```

这样，即使有人见到此文本文件，也不可能知道密码是什么。

采用基于 Forms 的验证方式，拒绝匿名用户进入的配置段如下：

```
<configuration>
<security>
<authentication mode="forms">
<deny users="?" /> <!-- 禁止匿名用户登录 -->
</authorization>
</security>
</configuration> …
```

其中，<authorization>一节中，用 deny 标识表示禁止某种用户，“?”代表匿名用户，“*”代表所有用户，当然在 users 后也可以跟指定的用户，表示只拒绝指定的用户。

在项目 credentials 中创建的登录表单(login.aspx)，如图 8.12 所示。

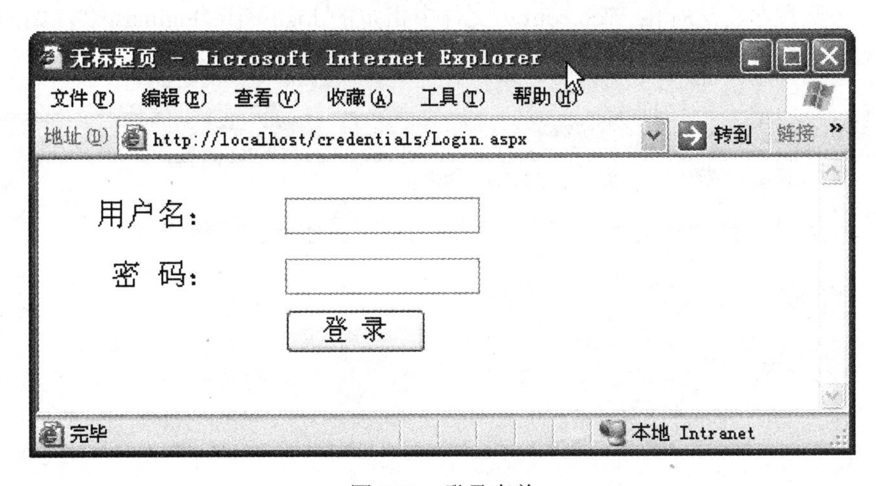

图 8.12 登录表单

下列程序代码是一个使用 credentials 配置段进行验证的登录表单(login.aspx)中命令按钮中的代码。

```
//程序清单8-6
protected void Button1_Click(object sender, EventArgs e)
    {
    //进行验证
    if (System.Web.Security.FormsAuthentication.Authenticate
        (this.TextBox1.Text, this.TextBox2.Text))
```

```
            {
            //调用FormAurhentication对象的SetAuthCookie方法将登录的数据存入cookie.
            System.Web.Security.FormsAuthentication.SetAuthCookie
                (this.TextBox1.Text, false);
            Response.Redirect("Main.aspx");  //转到要登录的页面。
            }
        else
            {
            //用户名和密码不对时的提示
            Response.Write("用户不合法");
            }
        }
```

代码中有调用 FormAurhentication 对象的 SetAuthCookie 方法，该方法创建一个用户 ID 为第一个参数的 cookie；第二个参数 false 指定用户关闭浏览器后，是否保留该 cookie，如果为 True，则即使用户重新启动浏览器后，cookie 也将保留，也就是说，用户下次访问该站点时无需登录。最后，将用户重定向到 main.aspx。

运行登录表单，若输入的用户名和密码不是 credentials 配置段中定义的，将不能登录。给出提示“用户不合法”。

当不经登录直接运行 main.aspx 主页时(在 IE 浏览器地址栏直接输入：http://localhost/credentials/Main.aspx)，由于该应用程序在 web.config 中做了设置：<deny users="?"/>，不允许匿名登录，则程序将运行由 Web.config 文件中指定的 loginUrl="login.aspx"。如图 8.13 所示，注意和图 8.12 的地址栏中的信息不同。

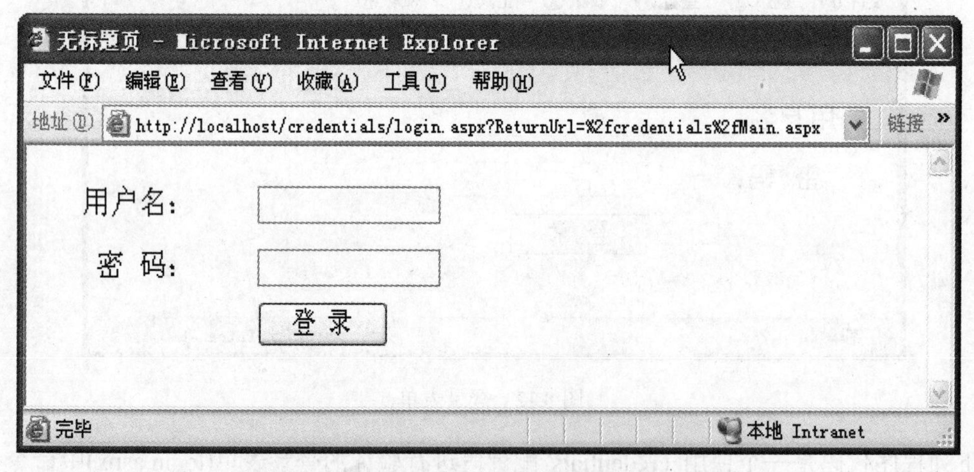

图 8.13 匿名登录 main.aspx 时回到指定的登录页

当输入由项目配置文件 Web.config 中定义的用户名和密码时，如用户名“aaa”和密码“aaa”。则可正常登录到 main.aspx 主页。

8.3.3.2 授权

安全系统提供两项功能：验证和授权。正如前面介绍的，验证指的是根据用户的证件识别其身份；而授权旨在确定通过验证的用户可以访问哪些资源。ASP.NET 提供了两种授权方式：基于 ACL、资源权限的授权方式和 URL 授权。基于 ACL 和资源权限的授权方式有点类似于 Unix 下的文件权限检查，不过它更加严格和完备，当用户请求某个页面时，ASP.NET 检查该页面的 ACL(访问控制列表)和该文件的权限，看该用户是否有权限读取该页面。如果有，则该页面称作“已授权”。这种授权方式主要通过系统管理员对文件的权限的设定来实现。而 URL 授权，对于某个用户的页面请求，并不是从文件权限出发，而是根据系统的配置情况，来决定用户的请求是否是经过授权的。URL 授权的实现，通常是通过设置应用配置文件 Web.config 中关于授权和角色的配置来实现的。

在介绍文件授权的工作原理之前，先简要地介绍一下操作系统是如何处理安全性的。打开 Windows 资源管理器，在配置为 NTFS 文件系统的盘上，如 F 盘上单击鼠标右键，选择“属性”命令。然后单击“安全”选项卡，出现图 8.14 所示的对话框。

图 8.14 Windows 中安全设置

则 Windows 可以针对计算机上不同的用户，为每个文件和文件夹设置安全选项。这些选项包括允许用户读(写)文件、执行应用程序、查看文件夹的内容，如图 8.12 中的 Power Users 部分所示。这些文件和文件权限被存储在 Windows 操作系统的访问控制列表(ACL)中。修改这些列表很容易，只需在“安全”选项卡中选中(或不选中)每个用户对应的复选框即可。

使用文件授权时，ASP.NET 与 Windows 交互，将用户身份与 ACL 关联起来。当通过验证的用户试图访问 Web 服务器上的文件时，Windows 将检查相应的 ACL，以确定该角色或身份是否被允许查看该文件。这一切都是自动进行的、不可见的，这是一种实现安全性的简单方式。文件验证和模拟一道来确定 ACL 权限。

但是，如果 Web 站点包含 50 个不同的目录，其中每个目录中都有多个文件，则设置 ACL 将是一项令人头痛的工作。因此，ASP.NET 也可以允许使用 URL 验证。

URL 授权控制对资源的访问权限，可以使一些用户和角色对资源有存取权限，也可以拒绝某些用户和角色对资源的存取。甚至还可以决定能够存取资源的 HTTP 方法(例如：不允许 Get，允许 Post 等)。

对于授权用户的控制，ASP.NET 通过配置文件 Web.config 中的<authorization>标记来控制。如例 8.5 中，把<deny users="?"/>改为<deny users="?,bbb"/>。虽然程序中有两个用户 aaa 和 bbb 可以进入，但此处既禁止匿名用户登录，也禁止了 bbb 登录。符号"*"和"？"在<allow>和<deny>标识中有特殊的含义。"*"表示任何用户，"？"表示匿名用户。

我们还可以在 Web.config 中设置用户和密码，当用户在登录验证窗口输入用户和密码后，将其带入 FormsAuthentication.Authenticate，由它来验证用户是否是合法用户。如例 8.5 中登录表单(login.aspx)中命令按钮的代码。在 Web.config 中设置用户和密码使用 credentials 标记和<deny>标识表示拒绝对资源的访问相对应，<allow>标识表示允许对资源的访问。它们都有两个属性，users 表示用户。下面是一个实例：

```
<!--Web.config->
… <configuration>
<security>
<authorization>
<allow   users="nobody@163.net" /> <!—只允许名为nobody@163.net的用户登录-->
<allow   users="Admin" /> <!—只允许名为admin的用户登录-->
<deny users="*" /> <!—拒绝所用用户登录-->
</authorization>
</security>
</configuration> …
```

它表明了这样一个事实，用户"nobody@163.net"和"Admin"有访问本站点的权力，其他用户对本站点的访问将被拒绝。也就是用户 nobody@163.net 和 Admin 分别是授权用户。

同样，我们可以定义多个用户被授权或禁止，它们之间以"，"分隔。例如：

```
… <allow   users="Chen,Li,Wang" />
<deny users ="Admin,Everyone" /> …
```

表示用户"Chen"、"Li"、"Wang"是授权用户，但是用户"Admin"或者是"Everyone"的被排除在外。它的效果和分开写是一样的，如上例也可以写为：

```
… <allow users="Chen" />
<allow users="Li" />
<allow users="Wang" />
<deny users="Admin" />
<deny users="Everyone" /> …
```

此外，还可以决定用户的某种 HTTP 方法是否可以被允许，方法是使用 verb 属性来表明对那种 HTTP 方法操作。例如：

```
… <allow verb=post users="Chen,Li" />
```

```
<deny verb=get users="everyone" /> …
```

表示允许用户“Chen”，“Li”采用 post 方法访问资源，可以发送(post)页面，而拒绝用户 everyone 的 get 方式，拒绝其获取(get)页面。

又如：

```
… <authorization>
<allow users="*" />
<deny users="?" />
</authorization>
```

表示除了匿名用户以外的所有用户都被允许访问本站点。

由于 ASP.NET 中用的是树型分层，所以其配置文件也是呈层次结构，这也就导致了用户的授权不是单一的结果，它取决于沿树型结构上所有配置文件指定的结果的合集，而且越接近叶节点的配置越是有效。

例如：访问 http:www.my.com/MyApp/a.aspx 在 http:www.my.com 的根目录下的配置文件 Web.config 有如下内容：

```
… <security>
    <authorization>
        <allow users="*" />
    </authorization>
</security> …
```

而在 http:www.my.com 目录下的 MyApp 目录下有配置文件 Web.config 内容如下：

```
… <security>
    <authorization>
        <allow users="Chen" />
        <deny users="*" />
    </authorization>
<security> …
```

那么，授权用户的集合到底是怎样的呢？ASP.NET 首先取得站点根目录下的配置，即所有用户都被允许访问，然后 ASP.NET 进入 Myapp 子目录取得其下的配置，除用户“Chen”以外所有的用户被拒绝，最后合并两个授权集合，如果两者之间有冲突，以后者为准。所以对 Myapp 子目录而言，最终的授权集合为用户“Chen”,被允许访问，其他用户被拒绝。

注意：使用 allow 和 deny 标记指定的权限适用于包含相应的 Web.config 文件的目录及其子目录，换句话说，它和 Web.config 文件中的其他内容一样，遵循层次式配置的规律.

以下代码允许任何人访问任何目录。在没有指定其他验证或授权方法时，这是 ASP.NET 的默认行为。

```
<authorization>
    <allow users="*" />
</authorization>
```

除了指定用户外，ASP.NET 还允许根据用户如何访问资源来指定授权信息。Verb 属性指定可以采取两种 HTTP 操作来访问资源：GET 或 POST。例如，下面的代码段允许所有的用户获取页面，但只有 clpayne 可以发送(post)页面。

```
<authorization>
```

```
        <allow verb="GET" users="*"/>
        <allow verb="POST" users="clpayne"/>
        <deny verb="POST" users="?"/>
    </authorization>
```

为何需要实现这种方案呢？假设使用 ASP．NEY 实现了一项很有用的功能，如一个抵押贷款计算器。如果想让每个人都可以查看该计算器，并以基本的方式与之交互，但只允许注册用户使用它，因为它需要向服务器发送数据。大体上，所有用户都被允许使用一些基本功能，以促使他们注册，从而获得对计算器的所有访问权。

虽然这种层次式配置系统很容易实现，但它不提供细致的控制。例如，Web.config 文件中的设置将应用于其所在的目录及子目录中。如果要覆盖这些安全设置，则需要在相应的目录中也建立一个 Web.config 文件。这与使用 ACL 时遇到的麻烦类似。在 ASP.NET 的配置中可方便地解决此类问题，即 Web.config 文件允许使用 location 标记，以更为细致地控制用户对资源的访问权。可以在许多 Web.config 文件中设置该标记，它根据站点的目录结构指定哪些资源(目录或文件)受到限制。例如，可以在根目录下使用下述代码描述的 Web.config 文件，它将控制该目录下的多个目录的授权。

在一个 Web.config 文件中控制多个目录的授权。如：

```
<configuration>                                 1
    <location path="MyApp/account.aspx">        2
        <system.web>                            3
            <authorization>                     4
                <deny users="?"/>               5
            </authorization>                    6
        </system.web>                           7
    </location>                                 8
    <location path="MyApp/subdir2/">            9
        <system.web>                            10
            <authorization>                     11
                <deny users="?"/>               12
            </authorization>                    13
        </system.web>                           14
    </location>                                 15
</configuration>                                16
```

分析：第 2 行设置了文件 MyApp/account．aspx 的安全信息。在第 4 行的<authorization>标记中，禁止任何匿名用户访问该文件。第 9 行设置了目录 MyApp/subdir2 的授权属性，同样是禁止任何匿名用户访问该目录。在这里可以为任意数量的目录指定授权信息，而不管其在文件层次结构中的深度如何。

注意，location 标记在 authorization 标记的外面，初学者常犯的错误是将他们放在这些标记的里面。还需要注意的是，对于每一个需要指定的授权信息的目录，都需要使用一个不同的 location 标记。其更详细的使用可参见第 9 章。

本章小结

本章介绍了控制应用程序的各个方面，从 UI 到会话状态的行为。是以两个概念为中心：文件 Global.asax 和 Web.config。知道应用程序由虚拟目录中的所有文件组成。这包括动态链接库(DLL 文件)、.asax 页面、图像等。在运行阶段，服务器上的应用程序是以 HttpApplication 对象描述的，该对象包含控制应用程序所需的属性和方法，在 Global.asax 中可以利用这些属性和方法。该 XML 文件包含大量的配置，可以使用它们来控制应用程序的行为，如安全控制。本章着重介绍基于表单的 Forms 验证。Forms 验证让开发人员能够借助内置的 FormAuthenticaiton 对象，创建自定义的验证机制。

授权的实现方式有两种：文件授权和 URL 授权。文件授权依赖于 Windows 的访问控制列表，在单文件和目录的基础上确定用户的权限。URL 验证将用户和角色映射到请求的 URL 指定的目录。Web.config 文件中的 allow 和 deny 元素控制哪些用户可以访问明哪些资源；而 location 则对访问权提供了更为细致的控制。

习题

(1) 使用属性 configurationSection. AppSettings 可以访问<appsettings>配置段吗?

(2) 可以在浏览器中查看 global.asax 文件吗?

(3) 假设 sales 中的 Web.config 文件也包含以下设置：

```
<location path="hr/*.aspx*">
    <authorization>
        <deny users="?" />
    </authorization>
</location>
```

请解释：这对于防止进入 hr 而言，是一种很充分的安全措施吗？

(4) 对于上述问题，提出一个更佳的解决方案。

(5) 验证和授权的区别何在?

(6) 在 Windows 中，匿名用户的账户是什么?

(7) 编写一些代码，设置授权 cookie，并重定向到原来的 URL。

(8) SetAuthCookie 方法的第二个参数有何作用?

(9) 下面的代码能够运行吗?

```
<configuration>
    <authentication mode="Forms">
        <forms name="AuthCookie"   loginUrl="Webfig/login.aspx">
        </forms>
    </authentication>
</configuration>
```

(10) 在 ASP.NET 中，Web.config 的验证配置段中的统配符“*”和“?”的含义是什么?

(11) 如何对数据进行编码和解码?

(12) ASP.NET 安全系统能够保护非 ASP.NET 资源吗?

上机操作题

(1) 创建一个登录页面，它根据数据库中的数据来验证用户的证件。

(2) 创建一个 Web.config 文件，它使用 form 验证并将匿名用户重定向到一个登录页面。

(3) 为应用程序创建一个 Web.config 文件，完成以下工作：

① 打开应用程序的调试模式。

② 将自定义错误设置为显示页面 error.aspx。

9　程序设计实例

本章综合前面所学的知识，用开发工具 Visual Studio2005 开发制作一个“学生课程管理系统”，目标是提高学生选课和成绩管理工作的效率，此系统可以对学生个人信息、课程和任课教师信息、所选课程信息进行管理及维护。学生可以通过此系统进行个人信息管理、考试成绩查询以及完成选课功能。系统开发的总体任务是实现学生选课和成绩管理的系统化、规范化。

9.1　系统总体设计

9.1.1　系统功能描述

学生课程管理系统的功能包括管理员的操作功能和学生的操作功能两大部分。

1) 管理员的操作功能：管理员权限最大，可以对学生、班级、课程等情况进行统一的管理，细分如下：

(1) 学生信息的浏览；学生信息的添加；学生信息的修改、删除。

(2) 班级管理信息的浏览；班级管理信息的添加；班级管理信息的修改、删除。

(3) 教师信息的添加；教师权限的修改；管理员可将教师的权限设为管理员。

(4) 学校基本课程的浏览；学校基本课程的添加；学校基本课程修改、删除。

(5) 学校对所设课程进行教师分配。

(6) 学生成绩信息的浏览与统计，可按成绩具体范围(如系、班级等)、课号、年度、统计内容方面对成绩进行统计；学生成绩信息的添加；学生成绩信息的修改、删除。

(7) 学生选课信息的管理，包括修改与删除；学生选课人数的统计。

(8) 为了保证系统的安全性，除了管理员用户，不允许其他用户进入该模块。在 web.config 中进行控制。

2) 学生的操作功能：学生只是利用此系统进行与自己有关的信息查询、输入等，不能操作和修改其他信息，学生所具有的操作功能如下：

(1) 浏览个人基本信息；学生登录系统后，修改个人信息，为了保证系统的安全性，学生只能修改个人密码，浏览课程信息，进行选课等。

(2) 学生利用此系统选修课程，在选课过程中，学生可查询待选课程的基本信息及教师情况，并可浏览当前选此课的人数；浏览个人的选课情况；浏览个人成绩信息。

9.1.2 系统性能

一般的性能需求是指相互消息传递顺利，协议分析正确，界面友好，运行时间满足使用需要，安全性得到完全保证。就实际情况，在高系统配置、高网络带宽很容易得到保证的情况下，我们最需要考虑的性能需求就是系统安全性问题。要限定相应的目录访问，如其他用户不能随意访问管理员目录。进行了认证与授权。尤其要注意认证，在此使用 forms 验证，简单地说就是确定谁是特定用户，并针对安全性验证该用户的身份。在识别用户之后，就要利用一种方法向用户授权，从而能够使用系统的特定功能。也就是说，需要一种方法来决定允许特定用户进行什么样的操作。在配置文件 Web.config 中进行了相关的设置。

这些都是进行下一步系统设计时需要考虑的性能方面的内容。

9.2 系统功能模块分析

学生课程管理系统的主要功能包括以下两个方面：用户(管理员)的管理，含学生、教师、课程、班级、选课、成绩等有关信息的管理。学生对个人信息的管理等功能，含修改密码、课程信息、选课操作、所选课程、成绩查询等功能，其功能结构图设计如图 9.1 所示。

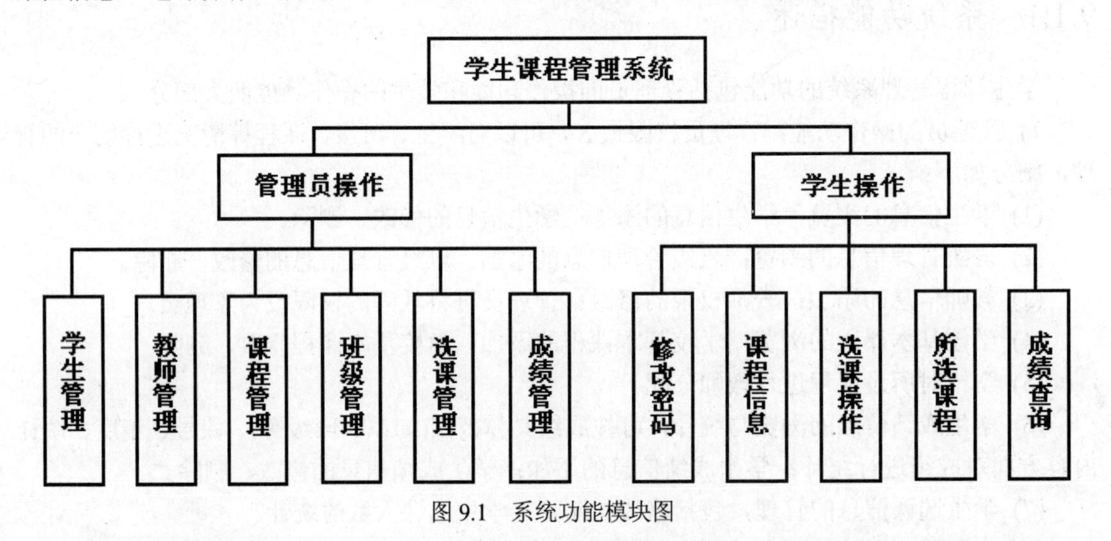

图 9.1 系统功能模块图

9.2.1 管理员模块

管理员模块主要由 6 个子模块构成，如图 9.1 所示。主要负责管理员、教师以及学生信息等相关的管理和维护功能。

(1) 学生管理子模块：该模块主要负责管理所有在校注册学生的个人信息。它为用户管理模块的一个子模块。主要功能包括添加、删除、修改、查找学生信息。每个学生有唯一的学号，管理员添加新生后，新生即可登录此系统浏览个人信息，登录此系统的用户名和密码默认都是此学生的学号。

(2) 教师管理子模块：该模块主要负责管理系统管理员的信息。它为用户管理模块的一个子模块。主要功能是将本校教师的权限设为管理员。管理员可添加新教师信息，每个教师有唯一的编号，之后通过把教师加为管理员，可使此教师拥有管理员的权限，从而此教师可登录系统进行管理员的相关操作。

(3) 课程管理模块：该模块负责管理所有的课程信息。主要功能包括添加、删除、修改、查找课程信息。只有管理员才具有对课程信息进行维护的权限。课程的类型分三种：公共课、专业课和选修课。课程管理模块是选课管理模块的基础，只有在课程管理中添有选修课的信息，学生才能进行选课。

(4) 班级管理模块：该模块负责班级的管理。主要功能包括添加、删除和修改班级信息，以及对班级信息的查询。只有管理员才具有对班级管理信息进行维护的权限。学生信息的添加是建立在班级信息维护的基础上，每个学生必然属于特定的班级。并且在管理员对学生成绩查询统计时，可以统计各个班级的平均分、最高分等。

(5) 选课管理模块：该模块负责选课的管理。主要功能包括删除、统计学生选课信息。它以在课程管理系统中维护好的信息作为基础，既可对选修课程进行管理，也可统计选修课人数，并根据学生选课时间的先后决定最终选修此课的同学。

(6) 成绩管理模块：学生学的每一门课显然最后要有成绩，查询的内容包括课程名称、学分、成绩等。只有管理员可录入学生每一门课的成绩，并能进行修改，学生只能查询自己所学课程的成绩，并且可以查询每一学期学生所学课程及所获总学分，前提是成绩必须及格，否则将没有此课的学分。

9.2.2 学生操作模块

学生操作模块主要有 5 个方面的功能。学生只能进入此模块，可操作有关个人的信息，如修改个人的登录密码、浏览相关的课程信息、进行选课操作、查看自己已经选修的课程、查询自己的成绩等功能。

9.3 数据库设计和建立

在系统中设立 8 个表：除了有学生、班级、教师、课程基本表分别记录学生、班级、教师、课程的基本信息外，考虑到便于系统管理员管理学生用户，还设计了用户表，记录用户登录系统时的用户名、密码以及权限。同时对于学生选课和教师教课都应该有记录，因此设计了学生选课和教师教课表。学生选课表里，包含了学生选课的内容和各门课的成绩，便于管理员对成绩的录入、修改以及用户对成绩的查询和检索；教师教课表的内容主要是包含教师所教课程的信息，为便于查询操作，还设置了学年表。

用户信息数据表(Users)，用于存储学生管理系统中所有参与人员的信息，包括教师登录信息、学生登录信息，这样做的目的是可以方便系统判断用户登录的类型，以及对用户类型的统一管理。用户信息没有包括太多的内容，主要有用户登录号、用户密码、用户权限代码，读者可以根据自己的具体需要添加字段，表 9.1 显示了表中各个字段的数据类型、大小以及简短描述。

表 9.1 用户信息数据表(Users)

列　名	数据类型	宽度	字 段 描 述
User_id	Varchar	20	用户名，设为主键
User_Password	Varchar	20	用户登录本系统时的用户密码
User_Power	Int	4	用户的类型，0 为本校注册学生，1 为管理员

在系统中，最重要的对象是学生，系统设计了学生信息数据表(student)，用于存储本校所有学生信息，其中包括在校生，也包括已毕业学生。表 9.2 中显示了表中各个字段的数据类型、大小以及简短描述。

表 9.2 学生信息数据表(Student)

列　名	数据类型	宽度	字 段 描 述
Student_id	Varchar	20	学生的学号，设为主键
Student_name	Varchar	20	学生姓名
Student_sex	Char	4	学生性别
Student_nation	Char	4	学生民族
Student_birthday	Datetime	8	学生出生日期
Student_time	Datetime	8	学生入学时间
Student_classid	Varchar	50	学生所在班级号
Student_home	Varchar	50	学生家庭所在地
Student_else	Varchar	50	备注

学生所在班级信息相对独立，系统用班级信息数据表(class)记录本学校所有班级信息。表 9.3 中显示了表中各个字段的数据类型、大小以及简短描述。

表 9.3 班级信息数据表(Class)

列　名	数据类型	宽度	字 段 描 述
Class_id	Varchar	20	班级号，设为主键
Class_name	Varchar	50	班级全称
Class_departmemt	Varchar	50	班级所在系别
Class_college	Varchar	50	记录班级所在学院
Class_teacherid	Varchar	20	记录本班级班主任号

系统构建教师信息数据表(teacher)用来存储本校所有教师信息，教师信息表给出一个较为简单的结构。表 9.4 显示了表中各个字段的数据类型、大小以及简短描述。

每一个教师讲授什么课程都有记录，而且一门课可能会有多个老师授课。因此必须包括课程名称、年度、学期、班级号等，以便管理员或学生查询信息，系统采用教师–课程记录数据表(teacher_course)记录以上信息。如表 9.5 所示，表中各个字段的数据类型、大小以及简短描述。

表 9.4 教师信息数据表(teacher)

列　　名	数据类型	宽度	字 段 描 述
Teacher_id	Varchar	50	记录教师号，设为主键
Teacher_name	Varchar	50	记录教师姓名
Teacher_college	Varchar	50	记录教师所在系

表 9.5 教师–课程记录数据表(teacher_course)

列　　名	数据类型	宽度	字 段 描 述
ID	Int	4	教师-课程记录的唯一 ID 号，设为主键
Teacher id	Varchar	50	教师号
Course id	Varchar	50	教师所任课程号
Class id	Varchar	50	教师所教班级号
Course_year	Char	5	年度学期
Course_men	Int	4	教师所任选修课程限报人数

学生总是离不开课程，系统设计了课程信息数据表(course)，用于存储本校所有课程信息，其中包括课程类型、学分等。如表 9.6 所示，显示了表中各个字段的数据类型、大小以及简短描述。

表 9.6 课程信息数据表(teacher_course)

列　　名	数据类型	宽度	字 段 描 述
Course_id	Varchar	50	课程号，设为主键
Course_name	Varchar	50	课程名
Course_period	Int	4	课程学时
Class_credit	Int	4	课程学分
Course_kind	Lm	4	课程类型，0 为公共课，1 为专业课，2 为选修课
Course_describe	Varchar	50	课程具体描述

学生所学课程都会有成绩，并且每个学生每一门课只有一个成绩。系统设计了学生–课程信息数据表(student-course)，用于存储本校所有学生所学课程信息，表 9.7 显示了表中各个字段的数据类型、大小以及简短描述。

表 9.7 学生-课程记录数据表(student_course)

列 名	数据类型	宽度	字 段 描 述
ID	BigInt	8	学生-课程记录的惟一 ID 号，设为主键
Studen_id	Varchar	50	学生学号
Course_id	Varchar	50	学生所学课程号
Stude_rade	Int	4	学生成绩
Course_year	Char	5	学年（和一学年表：X_year 对应）

系统使用 Microsoft SQL Server 2000 建立数据库，库名为 S_Class。库中设计的七个表及表间相关关系如图 9.2 所示。

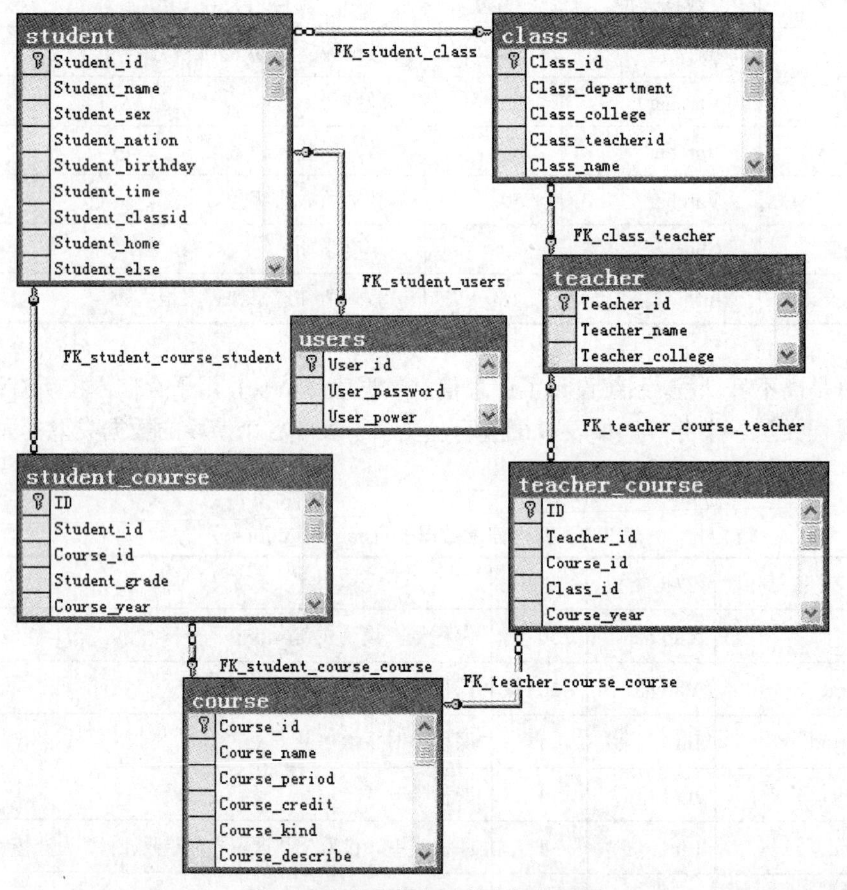

图 9.2 建立数据库及其表间关系图

构建了数据库的表结构后，接下来创建负责表中信息选择、添加、更新以及删除的相关存储过程。系统使用了几个存储过程。具体操作如下所示：

(1) select_student_1 存储过程。该存储过程用于从 student 表中查询特定的学生个人信息，具体内容包括学生的姓名、性别、民族、出生日期、入学时间、所在班级、籍贯及备注信息。存储过程中涉及的表中各字段的含义都已在表字段分析中描述过，在本系统中，由于在很多情况下都需要判断学生信息的有效性，即此学生是否是已注册学生，调用此存储过程即可方便地根据学号判断学生信息的有效性；此存储过程还可在学生浏览个人信息时使用，调用它将快速地反应学生的基本信息。以下代码表示了这一存储过程。

```
CREATE PROCEDURE [select_student_l]
 (@Student_id   [varchar](50)
)
AS
select *
from student
where Student_id=@Student_id
```

(2) Insert_student_1 存储过程。通过此过程往 student 表中添加新的学生基本信息，具体内容包括学生编号、学生姓名、性别、民族、出生年月、入学时间、所在班级、籍贯及备注信息。该存储过程在系统注册学生信息时被调用，每个学生有唯一的学生编号，在添加时，输入的学号要保证唯一性，否则系统会提示出错。以下代码表示了这一存储过程。

```
CREATE PROCEDURE [insert_student_1 ]
(@Student_id [varchar](50),
    @Student_name [varchar](50),
    @Student_sex [char](5),
    @Student_nation [char](5),
    @Student_birthday [datetime],
    @StudenLtime [datetime],
    @Student classid [varchar](50),
    @Student_home [varchar](50),
    @Student_else [varchar](50))
AS INSERT INTO [Student_Class].[dbo].[student]
    ( [Student_id],
     [Student_name],
     [Student_sex],
     [Student_nation],
     [Student_birthday],
     [Student_time],
     [Student_classid],
     [Student_home],
     [Student_else])
VALUES
(@Student id,
    @Student_name,
    @Student_sex,
    @Student_nation,
    @Student_birthday,
    @Student_time,
    @Student_classid,
    @Student_home,
```

@Student_else)

同理，可创建往课程信息表 course 中添加新课程信息的存储过程：insert_course_1。往班级信息表 class 中添加班级信息的存储过程：Insert_class_1。更新 student 表中的特定的学生信息情况的存储过程：Update_ student_1(代码略)。

9.4 系统配置

通过 web.config 来配置应用程序，下面介绍其配置方法。

9.4.1 连接数据库

为保持系统良好的可移植性，便于在网上发布应用程序，在系统中建立了一个统一连接数据库。将程序中用到的所有连接字符串信息统一放于 Web.Config 配置文档中，在程序中通过这一配置调用，进行数据库连接。

对于数据库调用字符串，由于数据库使用的是本地数据库，Data Source(数据源)设置为（local）；UID(用户 ID)赋值为系统默认的 sa：PWD(连接密码)赋值为空；DATABASE(数据库名称)，为上一节中创建的 S_Class。

(1) 使用 Web.Config 统一连接数据库。Web.Config 配置文档的相关主要代码如下：

```
<configuration>
<appSettings>
<add key="dsn" value="Data Source=(local);UID=sa;PWD=;DATABASE=S_Class"/>
</appSettings>
</configuration>
```

在每个需要连接数据库的程序中读取 Web.Config 配置文档中的数据库设置信息，只要使用如下语句即可。

```
string strconn= ConfigurationSettings.AppSettings["dsn"];
    SqlConnection cn=new SqlConnection(strconn);
    cn.Open();
```

只要在程序文件中加入这几行代码，就可以将数据库连接字段读取到字符串 strconn 中，就可在所有的页面使用所连接的数据库了。

(2) 使用类来统一连接数据库。使用连接类来统一连接数据库，建立一个 DB.CS 类，类中方法连接数据库的代码方法如下：

```
public static SqlConnection createCon()
{
    return new SqlConnection("Server=.;DataBase= S_Class;uid=sa;pwd=;");
}
```

在每个页面中连接数据库时，加入下列代码即可。

```
SqlConnection cn = DB.createCon();     //对应DB类中的方法
```

当然，在页面需要引入名称空间：

```
using System.Data.SqlClient;
```

示例采用的是这种方法连接的数据库。

9.4.2 设置用户验证和授权

在系统中专门建一目录为 manager，把不允许学生浏览的管理员模块的所有应用程序放入该目录，以便在 Web.Config 中控制。

先在 Web.Config 中设置用户名和密码，代码清单如下：

```
<authentication mode="Forms"> <!-- 设定验证方式为forms（表单）验证 -->
    <forms name="autoCre" loginUrl="login.aspx" protection="All">
        <!--没有通过验证时转到login.aspx -->
    <credentials passwordFormat="Clear"> <!-- 指定密码为明文 -->
        <user name="manager" password="123456"/>
            <!-- 可登录的用户名和密码， 密码也可加密-->
        <user name="admin" password="666"/>
            <!-- 可登录的用户名和密码，密码也可加密-->
    </credentials>
    </forms>
</authentication>
```

然后设置目录 manager 的访问权限。

```
<location path="manager"> <!-- 指定有访问权限的目录为: manager-->
    <system.web>
        <authorization>
            <allow users ="manager,admin"/>
                <!-- 指定允许访问目录manager的用户 -->
            <deny users="*"/> <!-- 禁止所有非指定访问用户的访问 -->
        </authorization>
    </system.web>
</location>
```

系统配置以后，只有用户名为 manager 和 admin 的两个用户才能访问 manager 目录中的文件，任何人若直接浏览该目录下的文件时，将转到 login.aspx 页面，要求重新登录。

若要把教师加为管理员用户，可对 web.config 做相应的改造，如示例中，可根据 users 表中的 User_power 字段值使之能够登录管理员模块。

9.4.3 建立站点地图

站点地图配置如下：

```
<?xml version="1.0" encoding="utf-8" ?>
<siteMap xmlns="http://schemas.microsoft.com/AspNet/SiteMap-File-1.0" >
  <siteMapNode url="default.aspx" title="登录页"  description="Home">
    <siteMapNode url="query.aspx" title="学生操作"  description="学生操作">
```

```
      <siteMapNode url="course_student.aspx" title="课程信息"  description="课程信息"/>
      <siteMapNode url="course_teacher.aspx" title="课程相关信息"  description="课程相关信息"/>
      <siteMapNode url="grade_query.aspx" title="课程成绩查询"  description="课程成绩查询"/>
      <siteMapNode url="modifycourse.aspx" title="授课修改"  description="授课修改"/>
      <siteMapNode url="sortcourse.aspx" title="选修课浏览"  description="选修课浏览"/>
      <siteMapNode url="sortcourse2.aspx" title="所修课程浏览"  description="所修课程浏览"/>
      <siteMapNode url="updatepwd.aspx" title="修改密码"  description="修改密码"/>
    </siteMapNode>
    <siteMapNode url="manager/manage.aspx" title="管理员操作"  description="管理员操作">
      <siteMapNode url="manager/addclass.aspx" title="添加班级信息"  description="添加班级信息"/>
      <siteMapNode url="manager/addcourse.aspx" title="添加课程信息"  description="添加课程信息"/>
      <siteMapNode url="manager/addgrade.aspx" title="学生成绩录入"  description="学生成绩录入"/>
      <siteMapNode url="manager/addstudentcourse.aspx" title="添加必修课" description="添加必修课"/>
      <siteMapNode url="manager/addteacher.aspx" title="添加教师信息"  description="添加教师信息"/>
      <siteMapNode url="manager/assigncourse.aspx" title="课程分配"  description="课程分配"/>
      <siteMapNode url="manager/classes.aspx" title="班级管理"  description="班级管理"/>
      <siteMapNode url="manager/course.aspx" title="课程管理"  description="课程管理"/>
      <siteMapNode url="manager/grade_manage.aspx" title="成绩管理"  description="成绩管理"/>
      <siteMapNode url="manager/pwdmodify.aspx" title="教师密码修改"  description="教师密码修改"/>
      <siteMapNode url="manager/student.aspx" title="学生管理"  description="学生管理" />
      <siteMapNode url="manager/student_course.aspx" title="选课管理"  description="选课管理"/>
      <siteMapNode url="manager/teacher.aspx" title="教师信息管理"  description="教师信息管理"/>
      <siteMapNode url="manager/userlist.aspx" title="管理员列表"  description="管理员列表"/>
    </siteMapNode>
  </siteMapNode>
</siteMap>
```

站点地图须配合导航控件 SiteMapPath 使用，见综合示例。

9.5 主要界面及相关代码分析

9.5.1 学生课程管理系统首页

学生课程管理系统首页如图 9.3 所示。

登录页面具有自动识别用户类别的功能，不同用户登录时将根据其不同的身份进入不同的功能页面，系统用户包括管理员和学生，在用户身份验证通过后，系统利用 Session 变量记录其用户号、用户身份，分别进入管理员模块和学生操作模块。并伴随用户对系统进行操作的整个生命周期。

下面给出学生课程管理系统首页(default.aspx.cs)的后台支持类主要代码，前台脚本代码(default.aspx)可以通过使用.NET 集成开发环境，依照所给界面设计方案可以很方便地完成。

图 9.3　学生课程管理系统首页

```
//程序清单9-1
protected void Btn_enter_Click(object sender, System.EventArgs e)
    { //从文件web.config中读取连接字符串，并连接本地计算机的S_Class数据库
    String str_id= Tbx_userid.Text;
    string strconn= ConfigurationSettings.AppSettings["dsn"];
        SqlConnection cn=new SqlConnection(strconn);
        cn.Open(); //打开连接
//构造SQL语句，检验用户名和密码是否正确
        string strsql="select * from users where User_id='"+Tbx_userid.Text+"'and
            User_password='"+Tbx_userpwd.Text+"'";
        SqlCommand cm=new SqlCommand(strsql,cn);
        SqlDataReader dr=cm.ExecuteReader();
//先检查输入的用户名和密码是否在　配置文件web.config中，
if(System.Web.Security.FormsAuthentication.Authenticate
    (this.Tbx_userid.Text,this.Tbx_userpwd.Text))
        {//用户名和密码若在　配置文件web.config中，则进入管理员模块。
        System.Web.Security.FormsAuthentication.RedirectFromLoginPage
            (this.Tbx_userid.Text,false);
            Response.Redirect("manager/student.aspx");
        }//否则，看是否在数据库表中，若在表中，进入学生
        else if(dr.Read())
        {//保存当前用户名到Session。
            Session["User_id"]=dr["User_id"];
            Session["user_power"]=dr["User_power"];
            if((int)Session["User_power"]==0)
            { //进入学生操作页面
```

```
                Response.Redirect("query.aspx");
            }
            else if((int)Session["User_power"]==1)
            {
                Response.Redirect("manager/manage.aspx");
            }
        }
        else
        {
            Lbl_note.Text="对不起，登陆失败！";
        }
        cn.Close();    //关闭连接
    }
}
```

可把程序改造为示例中的模式，可使添加的教师管理员登录到管理员模块。

9.5.2 管理员操作模块

该模块的程序代码都放到名为“manager”的子目录中，便于在配置文件 Web.config 中统一控制。即不通过登录，是不能直接浏览该目录下的文件的，若直接浏览，将转到 Web.config 中指定的 login.aspx 页面，让你必须重新登录，若登录成功，出现如图 9.4 所示的主页面，点击相应的连接，就可进入各页面了。

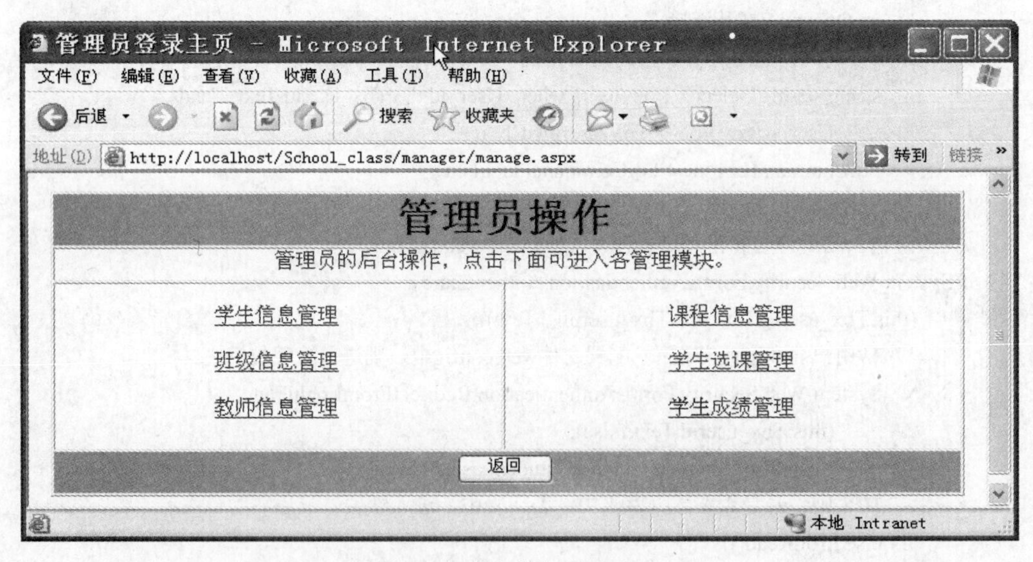

图 9.4 学生信息维护页面

9.5.2.1 学生信息管理页面

学生信息维护页面窗体如图 9.5 所示，其所属的学生信息维护模块是学生课程管理系统中管理学生学籍的部分。学生信息维护页面主要是负责所有学生个人信息的浏览，以及与其他管理页面的链接，页面采用 DataGrid 控件的 Dglstudent 与 DataSet 数据集的绑定返回所有学生信息，可以对学生信息进行修改或删除。

此页中，“查询学生”按钮的 click 事件窗体把 Panel 的 Visible 属性重设为 true 显示输入查询条件的表格。根据提示，用户输入查询条件，确定按钮的 click 事件，通过生成 SQL 语句实现查询功能，查询的结果最终显示在 DataGrid 控件 Dgd_student 中，在该控件中设置了“编辑”和“删除”列，提供数据的修改、删除操作。在“显示所有信息”控件的 click 事件 Btn_all_Click()事件中，完成 DataGrid 控件 Dgd_student 控件的数据绑定操作，使其显示所有学生信息。同时，令容纳查询条件的 Panel 控件的 Visible 属性设为 false，因为此时系统不接受直接的查询条件，只有当触发“查询学生”按钮的 Click 事件后，才重新显示查询条件。学生信息维护页面的后台支持类(student.aspx.cs)主要代码如下：

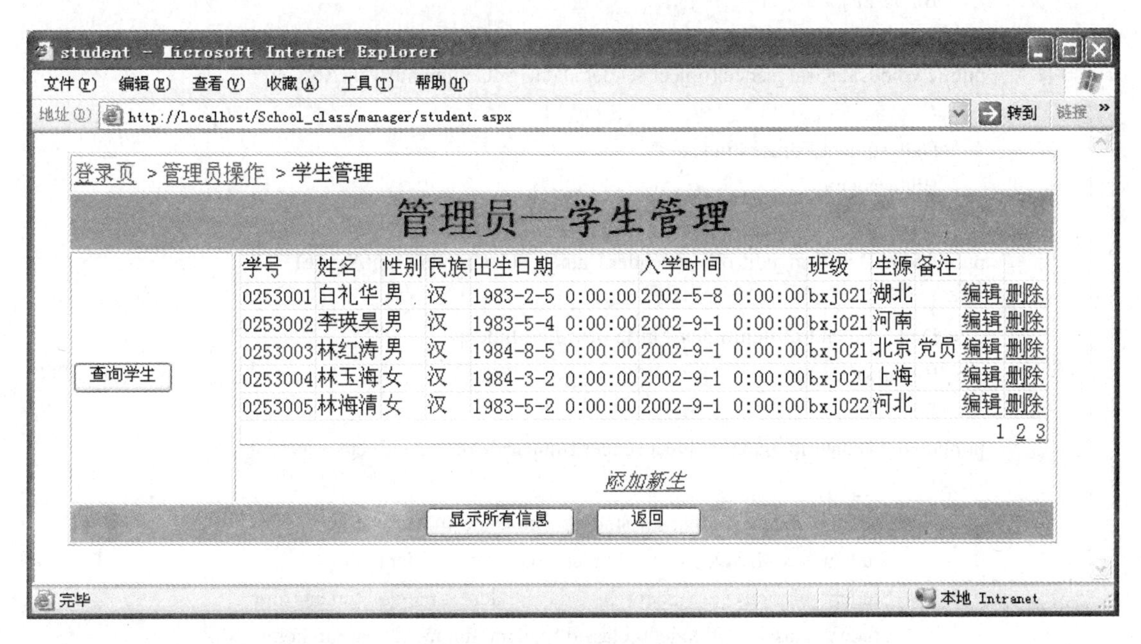

图 9.5 学生信息维护页面

```
//程序清单9-2
public partial class student : System.Web.UI.Page
    {
    SqlConnection cn = DB.createCon(); //对应DB类中的方法
    protected System.Web.UI.WebControls.LinkButton Lbtn_student;
    string strsql;
    protected void Page_Load(object sender, System.EventArgs e)
        {
        // 在此处放置用户代码以初始化页面
        if(!IsPostBack)
        Bindgrid();
        }
```

```
private void Btn_search_Click(object sender, System.EventArgs e)
    {
    Pnl_sort.Visible=true;
    }
private void Btn_all_Click(object sender, System.EventArgs e)
    {
    Pnl_sort.Visible=false;
    Bindgrid();
    }
public void DataGrid_Page(object sender,DataGridPageChangedEventArgs e)
    {
    Dgd_student.CurrentPageIndex=e.NewPageIndex;
    Bindgrid();
    }
public void DataGrid_cancel(object sender,DataGridCommandEventArgs e)
    {
    Dgd_student.EditItemIndex=-1;
    Bindgrid();
    }
public void DataGrid_edit(object sender,DataGridCommandEventArgs e)
    {
    Dgd_student.EditItemIndex=(int)e.Item.ItemIndex;
    Bindgrid();
    }
public void DataGrid_update(object sender,DataGridCommandEventArgs e)
    {
    string strsql="update student set Student_name=@Student_name,
        Student_sex=@Student_sex,Student_nation=@Student_nation,
        Student_birthday=@Student_birthday,Student_time=@Student_time,
        Student_classid=@Student_classid,Student_home=@Student_home,
        Student_else=@Student_else where Student_id=@Student_id";
    SqlCommand cm=new SqlCommand(strsql,cn);
    try
    {
    cm.Parameters.Add(new SqlParameter("@Student_name",SqlDbType.VarChar,50));
    cm.Parameters.Add(new SqlParameter("@Student_sex",SqlDbType.Char,10));
    cm.Parameters.Add(new SqlParameter("@Student_nation",SqlDbType.Char,10));
    cm.Parameters.Add(new SqlParameter("@Student_birthday",SqlDbType.DateTime,8));
    cm.Parameters.Add(new SqlParameter("@Student_time",SqlDbType.DateTime,8));
    cm.Parameters.Add(new SqlParameter("@Student_classid",SqlDbType.VarChar,50));
    cm.Parameters.Add(new SqlParameter("@Student_home",SqlDbType.VarChar,50));
    cm.Parameters.Add(new SqlParameter("@Student_else",SqlDbType.VarChar,50));
    cm.Parameters.Add(new SqlParameter ("@Student_id",SqlDbType.VarChar,50));
```

```
string colvalue=((TextBox)e.Item.Cells[1].Controls[0]).Text;
cm.Parameters["@Student_name"].Value=colvalue;
colvalue=((TextBox)e.Item.Cells[2].Controls[0]).Text;
cm.Parameters["@Student_sex"].Value=colvalue;
colvalue=((TextBox)e.Item.Cells[3].Controls[0]).Text;
cm.Parameters["@Student_nation"].Value=colvalue;
colvalue=((TextBox)e.Item.Cells[4].Controls[0]).Text;
cm.Parameters["@Student_birthday"].Value=colvalue;
colvalue=((TextBox)e.Item.Cells[5].Controls[0]).Text;
cm.Parameters["@Student_time"].Value=colvalue;
colvalue=((TextBox)e.Item.Cells[6].Controls[0]).Text;
cm.Parameters["@Student_classid"].Value=colvalue;
colvalue=((TextBox)e.Item.Cells[7].Controls[0]).Text;
cm.Parameters["@Student_home"].Value=colvalue;
colvalue=((TextBox)e.Item.Cells[8].Controls[0]).Text;
cm.Parameters["@Student_else"].Value=colvalue;
cm.Parameters["@Student_id"].Value=Dgd_student.DataKeys [(int)e.Item.ItemIndex];
cm.Connection.Open();
    cm.ExecuteNonQuery();
    Lbl_note.Text="编辑成功";
    Dgd_student.EditItemIndex=-1;
}
catch
    {
    Lbl_note.Text="编辑失败，请检查输入！";
    Lbl_note.Style["color"]="red";
    }
cm.Connection.Close();
Bindgrid();
}
public void DataGrid_delete(object sender,DataGridCommandEventArgs e)
    {
    string strsql="delete from student where Student_id=@userid";
    SqlCommand cm=new SqlCommand(strsql,cn);
    cm.Parameters.Add(new SqlParameter("@userid",SqlDbType.VarChar,50));
    cm.Parameters["@userid"].Value=Dgd_student.DataKeys[(int)e.Item.ItemIndex];
    cm.Connection.Open();
    try
        {
        cm.ExecuteNonQuery();
        Lbl_note.Text="删除成功";
        }
    catch(SqlException)
```

```
            {
            Lbl_note.Text="删除失败";
            Lbl_note.Style["color"]="red";
            }
        cm.Connection.Close();
        Bindgrid();
        }
    public void Bindgrid()
        {strsql="select * from student";
        SqlDataAdapter da=new SqlDataAdapter(strsql,cn);
        DataSet ds=new DataSet();
        da.Fill(ds);
        Dgd_student.DataSource=ds;
        Dgd_student.DataBind();
        }
    private void Btn_ok_Click(object sender, System.EventArgs e)
        {
        strsql="select * from student   where Student_id='"+Tbx_sortid.Text+"'or
            Student_name='"+Tbx_name.Text+"'";
        SqlDataAdapter da=new SqlDataAdapter(strsql,cn);
        DataSet ds=new DataSet();
        da.Fill(ds);
        Dgd_student.DataSource=ds;
        Dgd_student.DataBind();
        }
    }
```

9.5.2.2 课程信息管理主页面

课程信息管理页面窗体如图 9.6 所示，它与学生信息维护页面非常相似。在页面初始加载时，就进行 DataGrid 控件 Dgd_course 的绑定操作，完成课程信息的显示，Dgd_course 控件第 0 列——“授课信息”列下的链接信息指向与此课程相关内容的显示页面，例如任课老师的信息、对课程的简介等。管理员也可以在此页面对课程信息进行编辑和删除。

管理员可以浏览所有课程信息，也可以设定条件进行相关查询。查询方式为组合条件查询，条件内容为课号和课名，由控件 Tbx_name 和 Tbx_id 接收输入信息，在“查询”按钮 Btn_search 控件的 Click()事件中，通过判断 Tbx_name 和 Tbx_id 控件是否为空信息设定相应的 SQL 查询语句。在这个语句中，select 的条件是异或关系，条件是可以选择的，通过有条件查询，将查询结果显示到 DataGrid 控件中，为了浏览清晰，通过上一页、下一页浏览所有信息。“添加新课”按钮指向 addcourse.aspx 页，用于添加新的课程，“课程分配”按钮指向 assigncourse.aspx 页，为某年度的课程分配相应的教师，“添加学生必修课”按钮指向 addstudentcourse.aspx 页，为学生添加某年度需要学习的基础课及专业课。DataGrid 控件 Dgd_course“授课信息”超级链接列指向 course_teacher.aspx 页，浏览为课程分配的教师情况，该页的显示方式系统采用_blank，即在不覆盖原浏览器信息的基础上创建新的浏览器用于显示新信息，以便用户对信息进行比较；“授课修改”超级链接列指向 modifycourse.aspx 页，在其中可修改某年度课程已分配的教师名。

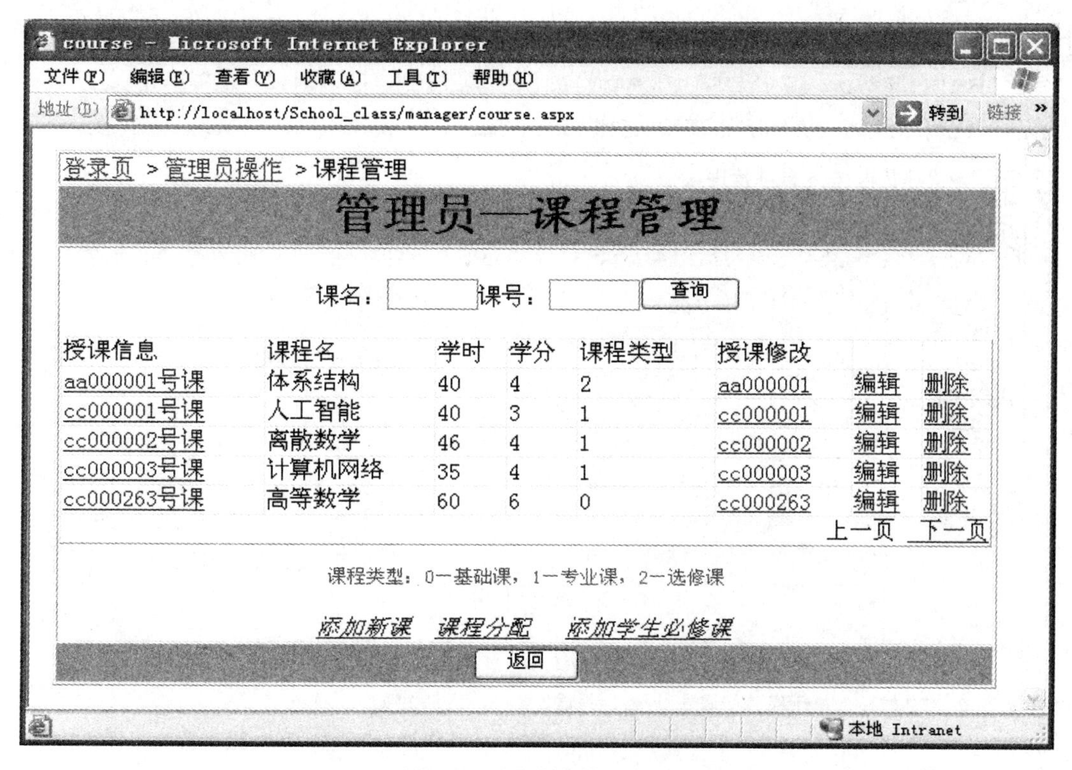

图 9.6 课程信息管理页面

以下是课程信息管理页的后台支持类(course.aspx.cs)的主要代码：

```
//程序清单9-3
public partial class course : System.Web.UI.Page
    {
    SqlConnection cn = DB.createCon(); //对应DB类中的方法
    string strsql;
    protected void Page_Load(object sender, System.EventArgs e)
        {
        // 在此处放置用户代码以初始化页面
        if(!IsPostBack)
        }
    }
```

其余程序参考示例程序中的代码。

9.5.2.3 成绩信息管理页面

成绩管理页面窗体如图 9.7 所示，该页面完成的功能较多，包括按选定的条件进行限定条件的成绩查询。同时，也可根据成绩范围对包含在该范围中的学生成绩进行统计，具体统计这门课的平均分、最高分、参加考试总人数以及优秀人数和不及格人数。此页面实现的关键就在于根据条件生成 SQL 语句。当“查询”、“统计”操作被触发，系统将完成对数据库中多个表的操作。

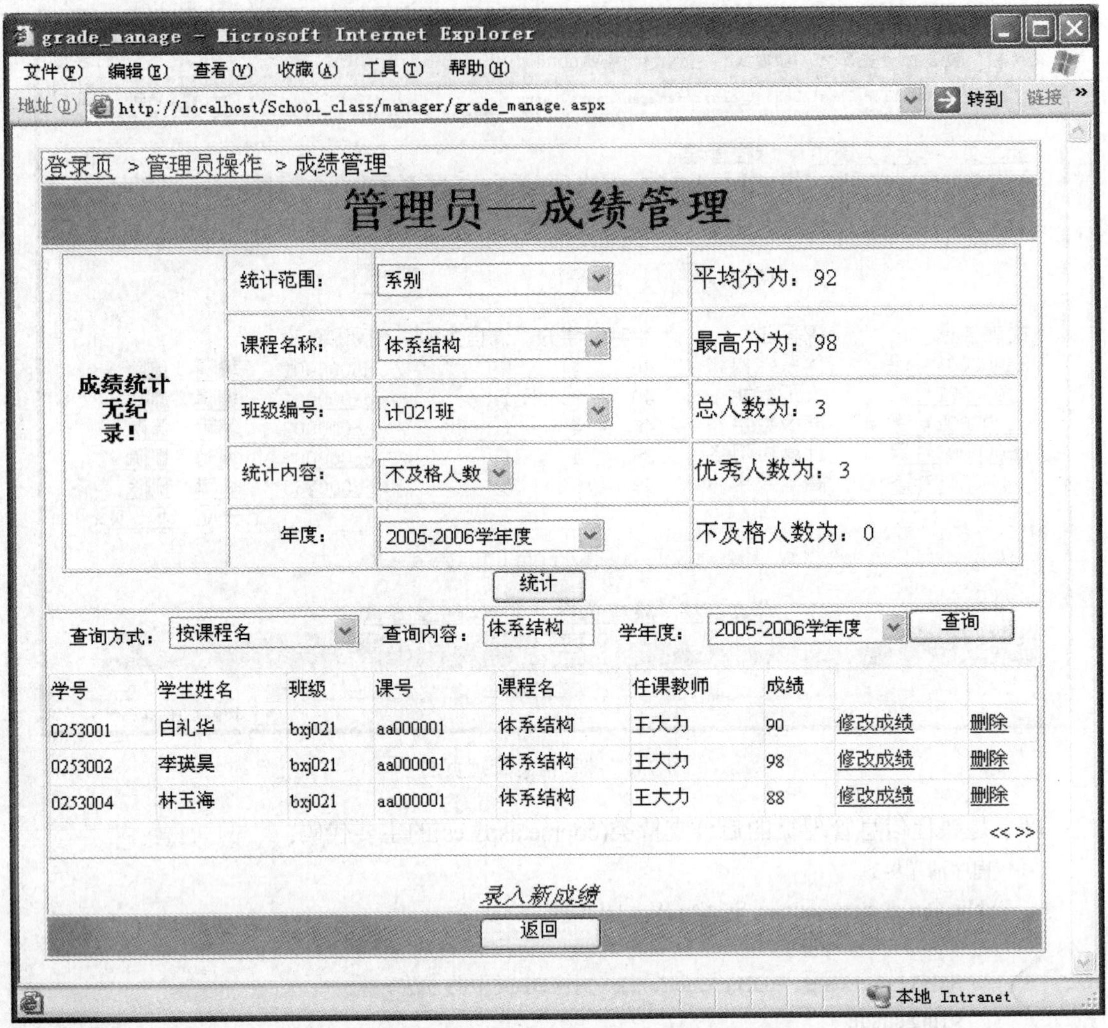

grade_manage - Microsoft Internet Explorer

文件(F)　编辑(E)　查看(V)　收藏(A)　工具(T)　帮助(H)

地址(D) http://localhost/School_class/manager/grade_manage.aspx　转到　链接 »

登录页 > 管理员操作 > 成绩管理

管理员—成绩管理

成绩统计无纪录!	统计范围：	系别	平均分为：92
	课程名称：	体系结构	最高分为：98
	班级编号：	计021班	总人数为：3
	统计内容：	不及格人数	优秀人数为：3
	年度：	2005-2006学年度	不及格人数为：0

统计

查询方式：按课程名　查询内容：体系结构　学年度：2005-2006学年度　查询

学号	学生姓名	班级	课号	课程名	任课教师	成绩		
0253001	白礼华	bxj021	aa000001	体系结构	王大力	90	修改成绩	删除
0253002	李瑛昊	bxj021	aa000001	体系结构	王大力	98	修改成绩	删除
0253004	林玉海	bxj021	aa000001	体系结构	王大力	88	修改成绩	删除

<< >>

录入新成绩

返回

本地 Intranet

图 9.7　学生成绩管理页面

查询方式下拉列表框 Ddl_way 控件包含“按课号”、“按课名”、“按学号”4 类查询条件，文本框控件 Tbx_name 中录入查询内容，用下拉列表框选定年度信息，按钮控件 Btn_search 的 Click()事件完成组合条件查询。用户可以通过 DataGrid 控件 Dgd_grade 的“修改成绩”列所完成的修改功能对查询出的成绩进行修改，也可以删除选中的记录。

在成绩统计中，“统计范围”下拉列表框 Ddl_stat 控件包含了“系别”、“班级”、“学校”等查询条件，录入成绩具体范围、课号、年度、统计内容后，通过 Button 控件 Bm count 的 Click()事件完成组合条件查询，并且在该事件中完成的统计数据将显示于 Label 控件 Lbl_average、Lbl_high、Lbl_all、Lbl_a、Lbl_unpass 中，分别表示成绩平均分、最高分、所有学生人数、优秀学生人数和不及格学生人数。匹配过程用到了 SQL Server 2000 数据库中的

AVG()、MAX()、COUNT()等统计函数。

以下是成绩管理页面的后台支持类(grade_manage.aspx.cs)的统计内容的主要相关代码，特别要注意到如何填充下拉列表框，读者可以重点参见 SQL 语句来理解。

```
//程序清单9-4
public partial class grade_manage : System.Web.UI.Page
{
string strsql;
SqlConnection cn = DB.createCon(); //对应DB类中的方法
    protected void Page_Load(object sender, System.EventArgs e)
        {
        if (!IsPostBack)
            {
            //填充下拉列表框
            showdd("select * from class"); //调用下面程序showdd(string SelectA)
            showdd2("select * from course"); //调用下面程序showdd2(string SelectA)
            showdd3("select * from X_year"); //调用下面程序showdd3(string SelectA)
            }
        }
    private void showdd(string SelectA)
        {
        SqlConnection myconn = DB.createCon(); //对应DB类中的方法
        this.SqlDataSource1.ConnectionString = myconn.ConnectionString.ToString();
        this.SqlDataSource1.SelectCommand = SelectA; //接收的SQL 字符串
        }
    private void showdd2(string SelectA)
        {
        SqlConnection myconn = DB.createCon(); //对应DB类中的方法
        this.SqlDataSource2.ConnectionString = myconn.ConnectionString.ToString();
        this.SqlDataSource2.SelectCommand = SelectA; //接收的SQL 字符串
        }
    private void showdd3(string SelectA)
        {
        SqlConnection myconn = DB.createCon(); //对应DB类中的方法
        this.SqlDataSource3.ConnectionString = myconn.ConnectionString.ToString();
        this.SqlDataSource3.SelectCommand = SelectA; //接收的SQL 字符串
        }
    protected void Btn_count_Click(object sender, System.EventArgs e)
        {
        if(Ddl_stat.SelectedItem.Value=="系别")
            {
            if(Ddl_content.SelectedItem.Text=="总人数")
                {
                strsql = "select AVG(Student_grade),MAX(Student_grade),
```

```
            COUNT(*) from student_course,student,class where Course_id='" +
            this.Dropdownlist2.SelectedItem.Value + "' and student_course.Course_year='" +
            this.Dropdownlist3.SelectedItem.Value + "'and student_course.Student_id=
            student.Student_id and student.Student_Classid=
            class.Class_id and class.Class_id='"+
            this.Dropdownlist1.SelectedItem.Value + "' ";
        //strsql="select AVG(Student_grade),MAX(Student_grade),
            COUNT(*) from student_course,student,class where Course_id='"+
            this.Dropdownlist2.SelectedItem.Value+"' and student_course.Course_year='"+
            this.Dropdownlist3.SelectedItem.Value+"'and student_course.Student_id=
            student.Student_id and student.Student_Classid=class.Class_id";
        }
    else if(Ddl_content.SelectedItem.Text=="优秀人数")
        {
        strsql="select AVG(Student_grade),MAX(Student_grade),
            COUNT(*) from student_course,student,class where Course_id='"+
            this.Dropdownlist2.SelectedItem.Value+"' and student_course.Course_year='"+
            this.Dropdownlist3.SelectedItem.Value+"'and student_course.Student_id=
            student.Student_id and student.Student_Classid=
            class.Class_id and Student_grade>=85";
        }
    else if(Ddl_content.SelectedItem.Text=="不及格人数")
        {
        strsql="select AVG(Student_grade),MAX(Student_grade),
            COUNT(*) from student_course,student,class where Course_id='"+
            this.Dropdownlist2.SelectedItem.Value+"' and student_course.Course_year='"+
            this.Dropdownlist3.SelectedItem.Value+"'and student_course.Student_id=
            student.Student_id and student.Student_Classid=
            class.Class_id and Student_grade<60";
        }
    else
        {
        strsql="select AVG(Student_grade),MAX(Student_grade) from student_course,
            student, class where Course_id='"+
            this.Dropdownlist2.SelectedItem.Value+"' and student_course.Course_year='"+
            this.Dropdownlist3.SelectedItem.Value+"'and student_course.Student_id=
            student.Student_id and student.Student_Classid=class.Class_id";
        }
    }
else if(Ddl_stat.SelectedItem.Value=="学院")
    {
    if(Ddl_content.SelectedItem.Text=="总人数")
        {
```

```
            strsql="select AVG(Student_grade),MAX(Student_grade),
                COUNT(*) from student_course,student,class where Course_id='"+
                this.Dropdownlist2.SelectedItem.Value+"' and student_course.Course_year='"+
                this.Dropdownlist3.SelectedItem.Value+"'and student_course.Student_id=
                student.Student_id and student.Student_Classid=
                class.Class_id and class.Class_id='"+this.Dropdownlist1.SelectedItem.Value+"' ";
            }
        else if(Ddl_content.SelectedItem.Text=="优秀人数")
            {
            strsql="select AVG(Student_grade),MAX(Student_grade),
                COUNT(*) from student_course,student,class where Course_id='"+
                this.Dropdownlist2.SelectedItem.Value+"'and student_course.Course_year='"+
                this.Dropdownlist3.SelectedItem.Value+"'and student_course.Student_id=
                student.Student_id and student.Student_Classid=
                class.Class_id and class.Class_id='"+
                this.Dropdownlist1.SelectedItem.Value+"'and Student_grade>=85 ";
            }
        else if(Ddl_content.SelectedItem.Text=="不及格人数")
            {
            strsql="select AVG(Student_grade),MAX(Student_grade),
                COUNT(*) from student_course,student,class where Course_id='"+
                this.Dropdownlist2.SelectedItem.Value+"' and student_course.Course_year='"+
                this.Dropdownlist3.SelectedItem.Value+"'and student_course.Student_id=
                student.Student_id and student.Student_Classid=
                class.Class_id and class.Class_id='"+
                this.Dropdownlist1.SelectedItem.Value+"'and Student_grade<60 ";
            }
        else
            {
            strsql="select AVG(Student_grade),MAX(Student_grade) from student_course,
                student,class where Course_id='"+
                this.Dropdownlist2.SelectedItem.Value+"' and student_course.Course_year='"+
                this.Dropdownlist3.SelectedItem.Value+"'and student_course.Student_id=
                student.Student_id and student.Student_Classid=
                class.Class_id and class.Class_id='"+this.Dropdownlist1.SelectedItem.Value+"' ";
            }
        }
    else if(Ddl_stat.SelectedItem.Value=="班级")
        {
        if(Ddl_content.SelectedItem.Text=="总人数")
            {
            strsql="select AVG(Student_grade),MAX(Student_grade),
                COUNT(*) from student_course,student where Course_id='"+
```

```
            this.Dropdownlist2.SelectedItem.Value+"' and student_course.Course_year='"+
            this.Dropdownlist3.SelectedItem.Value+"' and student_course.Student_id=
            student.Student_id and student.Student_Classid='"+
            this.Dropdownlist1.SelectedItem.Value+"'";
        }
    else if(Ddl_content.SelectedItem.Text=="优秀人数")
        {
        strsql="select AVG(Student_grade),MAX(Student_grade),
            COUNT(*) from student_course,student where Course_id='"+
            this.Dropdownlist2.SelectedItem.Value+"' and student_course.Course_year='"+
            this.Dropdownlist3.SelectedItem.Value+"' and student_course.Student_id=
            student.Student_id and student.Student_Classid='"+
            this.Dropdownlist1.SelectedItem.Value+"'and Student_grade>=85";
        }
    else if(Ddl_content.SelectedItem.Text=="不及格人数")
        {
        strsql="select AVG(Student_grade),MAX(Student_grade),
            COUNT(*) from student_course,student where Course_id='"+
            this.Dropdownlist2.SelectedItem.Value+"' and student_course.Course_year='"+
            this.Dropdownlist3.SelectedItem.Value+"' and student_course.Student_id=
            student.Student_id and student.Student_Classid='"+
            this.Dropdownlist1.SelectedItem.Value+"'and Student_grade<60";
        }
    else
        {
        strsql="select AVG(Student_grade),MAX(Student_grade) from student_course,
            student where Course_id='"+
            this.Dropdownlist2.SelectedItem.Value+"' and student_course.Course_year='"+
            this.Dropdownlist3.SelectedItem.Value+"' and student_course.Student_id=
            student.Student_id and student.Student_Classid='"+
            this.Dropdownlist1.SelectedItem.Value+"'";
        }
    }
  }
SqlCommand cm=new SqlCommand(strsql,cn);
cn.Open();
SqlDataReader dr=cm.ExecuteReader();
if(dr.Read())
    {
    if(Ddl_content.SelectedItem.Text=="均分")
        {
        Lbl_average.Visible=true;
        Lbl_average.Text="平均分为："+dr[0].ToString();
```

```
            }
        else if(Ddl_content.SelectedItem.Text=="最高分")
            {
            Lbl_high.Visible=true;
            Lbl_high.Text="最高分为："+dr[1].ToString();
            }
        else if(Ddl_content.SelectedItem.Text=="总人数")
            {
            Lbl_all.Visible=true;
            Lbl_all.Text="总人数为："+dr[2].ToString();
            }
        else if(Ddl_content.SelectedItem.Text=="优秀人数")
            {
            Lbl_a.Visible=true;
            Lbl_a.Text="优秀人数为："+dr[2].ToString();
            }
        else if(Ddl_content.SelectedItem.Text=="不及格人数")
            {
            Lbl_unpass.Visible=true;
            Lbl_unpass.Text="不及格人数为："+dr[2].ToString();
            }
        else
            {Lbl_note.Text="无此信息";
            }
            cn.Close();
        }
}
```

9.5.2.4 学生选课管理页面

在图 9.8 的管理页面中，下拉列表框 Ddl_course 和 Ddl_teacher 的数据在页面初始化事件 Page_Load()中进行绑定，绑定内容为数据库中的所有课程和教师信息。用户可以根据系统所提供的待输入条件对选课的学生信息以及总人数进行统计，统计结果分别显示于 Label 控件的 Lbl_all 和 DataGrid 控件的 Dgd_sort 中。若某门课的人数超出预定人数，管理员有权删除选课时间靠后的同学，通过 Dgd_sort 控件的“删除”列即可直接完成。

以下是后台支持类(student course.aspx.cs)的主要相关代码：

```
//程序清单9-5
public partial class student_course : System.Web.UI.Page
{
SqlConnection cn = DB.createCon(); //对应DB类中的方法
    protected void Page_Load(object sender, System.EventArgs e)
        {
        SqlConnection cn0 = DB.createCon(); //对应DB类中的方法
```

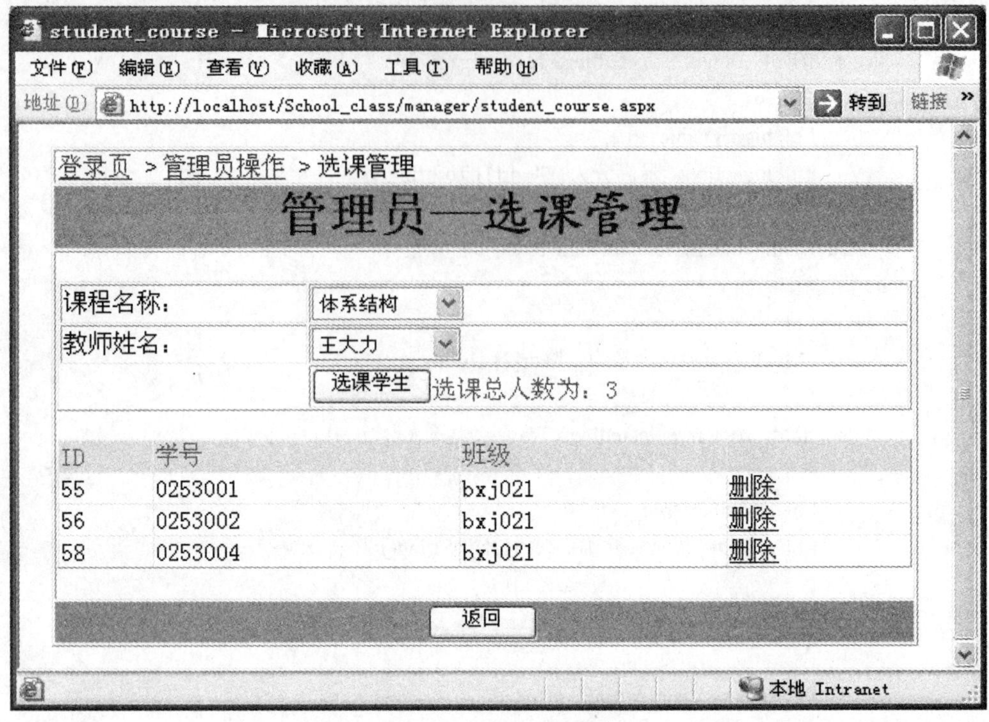

图 9.8 选课管理页面

```
if(!IsPostBack)
{
//教师名称下拉列表框绑定
cn0.Open ();
string mysql="select * from teacher";
SqlCommand cm0=new SqlCommand   (mysql,cn0);
SqlDataReader dr0=cm0.ExecuteReader ();
while(dr0.Read ())
    {
    Ddl_teacher.Items .Add (new ListItem(dr0["Teacher_name"].ToString(),
        dr0["Teacher_id"].ToString()) );
    }
cn0.Close ();
//课程名称下拉列表框绑定
cn0.Open ();
string mysql1="select * from course";
SqlCommand cm1=new SqlCommand   (mysql1,cn0);
SqlDataReader dr1=cm1.ExecuteReader ();
while(dr1.Read ())
    {
    Ddl_course.Items .Add (new ListItem(dr1["Course_name"].ToString(),
        dr1["Course_id"].ToString()) );
    }
```

```
                cn0.Close ();
                }
            }
        protected void Btn_student_Click(object sender, System.EventArgs e)
            {
            Bindgrid();
            }
        public void Bindgrid()
            {
            string strsql = "select student_course.ID,student.Student_id,
                student.Student_Classid from student_course,student,
                teacher_course where student_course.Course_id='" +
                Ddl_course.SelectedItem.Value + "' and teacher_course.Teacher_id='" +
                Ddl_teacher.SelectedItem.Value + "'and student_course.Course_id=
                teacher_course.Course_id and student.Student_id=student_course.Student_id";
            SqlDataAdapter da=new SqlDataAdapter(strsql,cn);
            DataSet ds=new DataSet();
            da.Fill(ds);
            Dgd_sort.DataSource=ds;
            Dgd_sort.DataBind();
            string strsq="select COUNT(*) from student_course,student,
                teacher_course where student_course.Course_id='"+
                Ddl_course.SelectedItem.Value+"' and teacher_course.Teacher_id='"+
                Ddl_teacher.SelectedItem.Value+"'and student_course.Course_id=
                teacher_course.Course_id and student.Student_id=student_course.Student_id";
            SqlCommand cm1=new SqlCommand(strsq,cn);
            cn.Open();
            SqlDataReader dr=cm1.ExecuteReader();
            if(dr.Read())
                {
                Lbl_all.Text="选课总人数为："+dr[0].ToString();
                }
            else
                {
                Lbl_all.Text="无人选此课";
                }
            cn.Close();
    }
```

9.5.3 学生操作模块

学生通过图 9.3 学生课程管理系统首页登录后，首先进入学生操作总控页面，如图 9.9 所示。

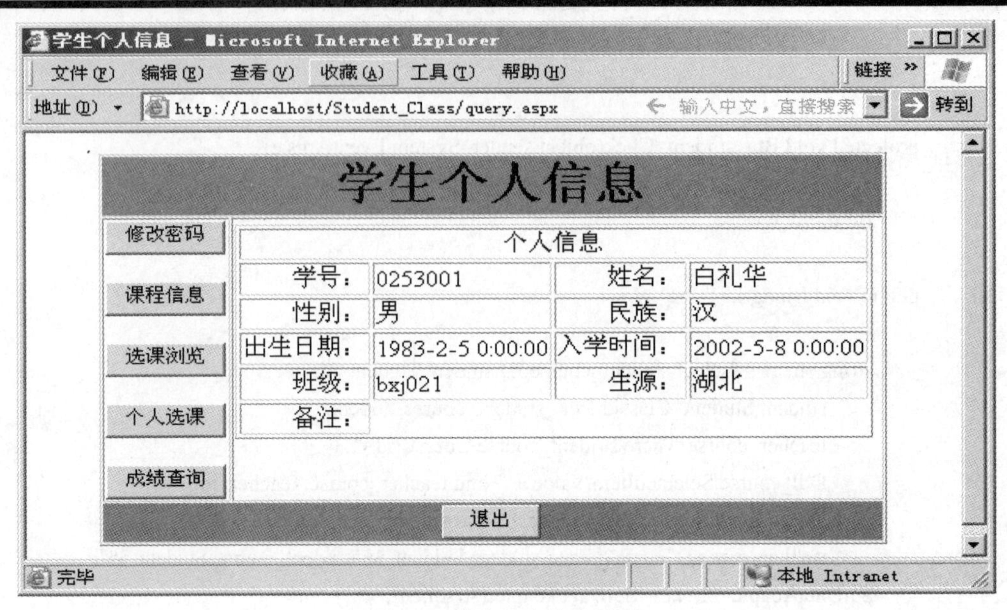

图 9.9 学生个人信息页面

学生可做相关的操作，如修改密码，查看课程信息，查看可选课程，进行选课，查询成绩等。

9.5.3.1 学生选修课浏览页面

点击“选课浏览”按钮可进入学生选课页面窗体如图 9.10 所示。此页面会将本年度的所有选修课进行列表，让学生浏览本学期待选课程的相应教师、学分、学时等重要信息，可通过课名查询某门课程，根据选此课人数、教师等情况来确定是否选择此课。

sortcourse - Microsoft Internet Explorer

文件(F) 编辑(E) 查看(V) 收藏(A) 工具(T) 帮助(H)

地址(D) http://localhost/School_class/sortcourse.aspx 转到 链接

登录页 > 学生操作 > 选修课浏览

学生—选修课浏览

选 课

课号：

选课

课名： 查询

课号	课名	任课教师	学分	学时	限报人数
mc000011	管理信息系统	李国强	2	20	130
mc000011	管理信息系统	李国强	2	20	130
mc000021	汇编语言	郑文章	6	50	100
mc000021	汇编语言	郑文章	6	50	100
aa000001	体系结构	王大力	4	40	100
sj000034	数值分析	刘立峰	2	20	80

返 回

完毕 本地 Intranet

图 9.10 学生选修课浏览页面

课名下拉列表框 Ddl_Course 控件数据在页面初始化事件 Page_Load()中进行绑定，内容为数据库中现存的所有选修课程。

在该页中，选课主要是通过左侧页面来实现，系统将“是否选此课”及 Button 控件“是”和“否”按钮封装到一个名为 Pnyes 的 Panel 容器中，初始时其 Visible 属性为 false。学生在右方的表格中对所有符合条件的信息进行浏览后，根据所得信息在 Tbx_courseid 以及 Tbx_year 文本框中输入相应课号及年度信息，通过“选课”按钮的 Click 事件触发 Bm_sort_Click()事件，由系统判断该课是否存在进而确定是否设置 Panel 的 Visible 属性的 true 值。如果存在，设置 Panel 控件可见，即显示选课所要使用的控件，并且通过 Label 控件 Lblall 将已经选此课的学生人数经过统计后显示，学生可根据该课程的限报人数，现在人数的多少及学分、学时等情况决定是否选择此课。如果不存在所填入的课号，提示警告信息“无此课”，不做任何操作。

学生选课页面后台支持类(sortcourse.spx.cs)的主要相关代码见示例：

9.5.3.2 个人所修课程浏览页面

点击“个人选课”按钮可进入学生所修课程浏览页面，如图 9.11 所示，可查看自己已选的课程。

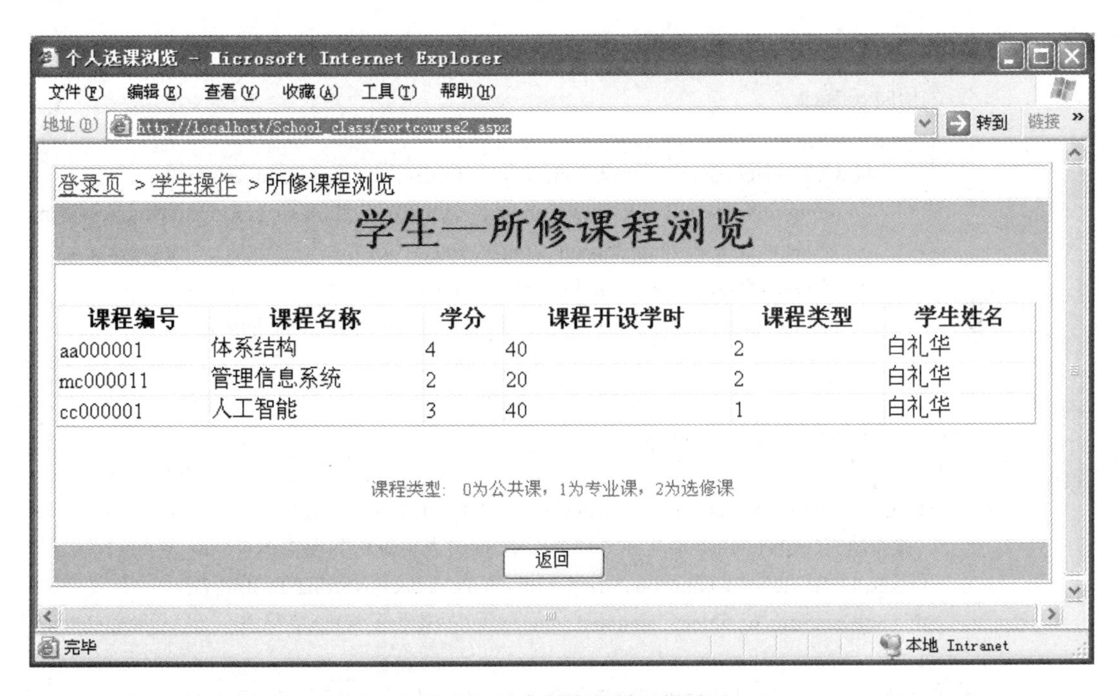

图 9.11 学生所修课程浏览页面

其在开发工具 Visual Studio2005 中编辑界面如图 9.12 所示。

以下是学生所修课程浏览页面后台支持类(sortcourse2.spx.cs)的主要相关代码：注意 GridView 控件和 SqlDataSource1 控件的配合使用及其数据的绑定。

```
//程序清单9-7
public partial class sortcourse2 : System.Web.UI.Page
```

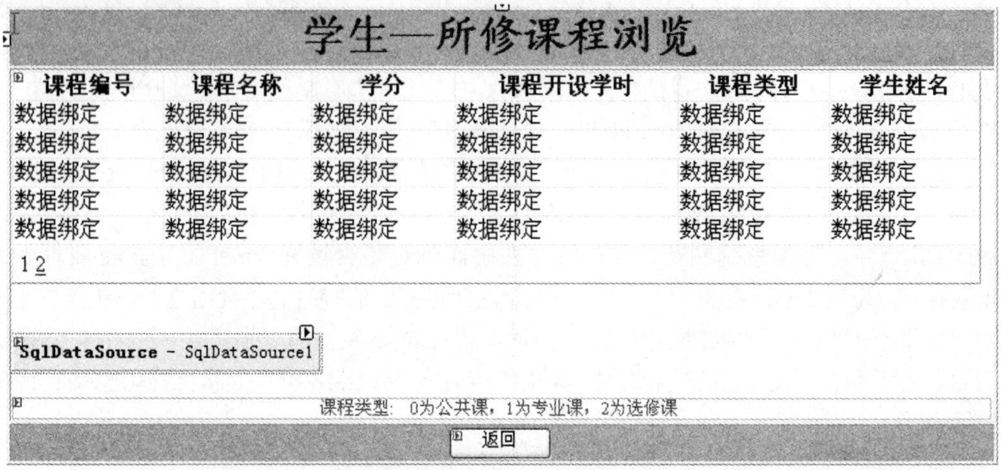

学生—所修课程浏览					
课程编号	课程名称	学分	课程开设学时	课程类型	学生姓名
数据绑定	数据绑定	数据绑定	数据绑定	数据绑定	数据绑定
数据绑定	数据绑定	数据绑定	数据绑定	数据绑定	数据绑定
数据绑定	数据绑定	数据绑定	数据绑定	数据绑定	数据绑定
数据绑定	数据绑定	数据绑定	数据绑定	数据绑定	数据绑定
数据绑定	数据绑定	数据绑定	数据绑定	数据绑定	数据绑定
1 2					

SqlDataSource - SqlDataSource1

课程类型：0为公共课，1为专业课，2为选修课

返回

图 9.12 学生所修课程编辑页面

```
{
protected System.Web.UI.WebControls.TextBox Tbx_student;
protected void Page_Load(object sender, System.EventArgs e)
    {
    SqlConnection cn = DB.createCon(); //对应DB类中的方法
    if(!IsPostBack)
        {
        showdd("select course.Course_name,course.Course_id,course.Course_credit,
            course.Course_period,student.student_name,Course.Course_kind from course,student,
            student_course where student_Course.student_id='" +
            Session["User_id"] + "' and student_course.Course_id=
            course.Course_id and student_course.student_id=student.student_id");
        }
    }
private void showdd(string SelectA)
    {
    SqlConnection    myconn = DB.createCon(); //对应DB类中的方法
    //操作填充GridView1表,要先在界面的GridView1表中做相关设置
    this.SqlDataSource1.ConnectionString = myconn.ConnectionString.ToString();
    this.SqlDataSource1.SelectCommand = SelectA;   //接收的SQL 字符串
    }
protected void GridView1_PageIndexChanging(object sender, GridViewPageEventArgs e)
    {//分页
    showdd("select course.Course_name,course.Course_id,course.Course_credit,
        course.Course_period,student.student_name,Course.Course_kind from course,student,
        student_course where student_Course.student_id='" +
        Session["User_id"] + "' and student_course.Course_id=
        course.Course_id and student_course.student_id=student.student_id");
```

```
        }
    }
```

9.5.3.3　学生课程信息页面

点击“课程信息”按钮可进入学生课程信息页面如图 9.13 所示，可查看学校所开设课程的信息。

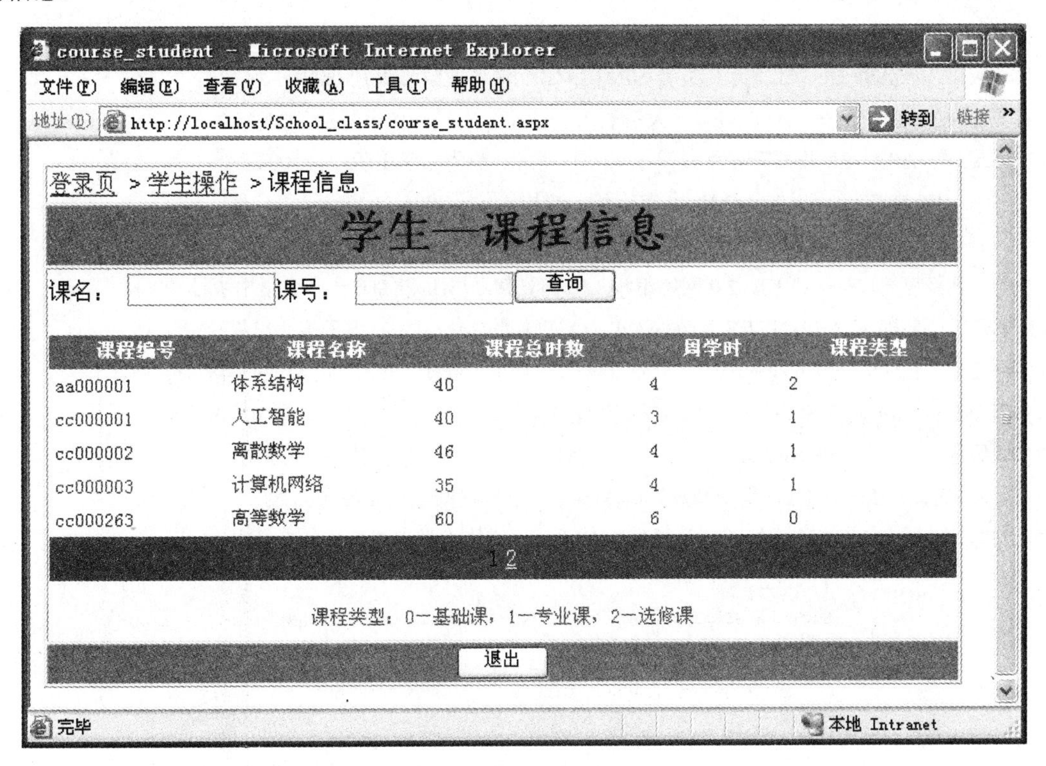

图 9.13　学生所修课程信息

以上给出了系统主要功能模块的界面设计及代码分析，由于篇幅原因还有一些模块代码分析在此略去。比如修改密码页面，添加新课页面等，读者只要结合本书配发的代码中的完整系统代码，对程序加以分析，便能掌握。

本章小结

本章介绍了一个综合实例：学生课程管理系统。该实例是学校进行学生课程管理的主要部分，已经基本能够适应现代化学校学生课程管理的需要。通过该实例的学习，起到抛砖引玉的作用，希望读者能对复杂流程单页面处理的方法有所掌握。并对本书介绍的内容能较全面地掌握。

参 考 文 献

[1] Chris Payne[美]. ASP.NET 从入门到精通[M]. 赵斌, 等, 译. 北京: 人民邮电出版社, 2002.

[2] A.Russell Jones[美]. ASP.NET 与 C#从入门到精通[M]. 陈永春, 等, 译. 北京: 电子工业出版社, 2003.

[3] 李应伟, 等. ASP.NET 数据库高级教程[M]. 北京: 清华大学出版社, 2004.

[4] 季九峰. 专家门诊－－ASP.NET 开发答疑[M]. 北京: 人民邮电出版社，2004.

[5] 吴晨, 等. ASP.NET 数据库项目案例导航[M]. 北京: 清华大学出版社，2004.

[6] 郝刚. ASP.NET2.0 开发指南[M]. 北京: 人民邮电出版社 2006.

[7] Dino Esposito[意]. ASP.NET2.0 技术内幕[M]. 施平安, 译. 北京: 清华大学出版社, 2006.

[8] 李玉林, 王岩, 等. ASP.NET2.0 网络编程从入门到精通[M]. 北京: 清华大学出版社, 2006.

[9] 郭瑞军，郭磬军. ASP_NET 2_0 数据库开发实例精粹[M]. 北京: 电子工业出版社, 2006.

[10] 奚江华. 圣殿祭司的 ASP.NET 2.0 开发详解——使用 C#[M]. 北京: 电子工业出版社, 2006.

[11] Dino Esposito[意]. ASP.NET2.0 高级编程[M]. 施平安, 译. 北京: 清华大学出版社, 2006.

[12] 林昱翔. 新一代 ASP.NET2.0 网站开发实战[M]. 北京: 清华大学出版社, 2007.

[13] 杨云, 王毅. ASP.NET 2.0 程序开发详解[M]. 北京: 人民邮电出版社, 2007.

[14] 冯方, 等. ASP.NET2.0 上机练习与提高[M]. 北京: 清华大学出版社, 2007.